电子信息
工学结合模式
系列教材

21世纪高职高专规划教材

单片机应用设计与制作

——基于Keil和Proteus开发仿真平台

（第2版）

王 平 主编

清华大学出版社
北京

内 容 简 介

本书基于 8051 单片机设计了 6 个学习情境，分别是 LED 电子彩灯、LED 电子钟、电子琴、数字电压表、数字温度控制器和电子日历的设计与制作。每个学习情境包括多个任务案例，每个任务案例都有 Keil 项目程序和 Proteus 仿真电路。程序设计以 C 语言为主，涉及汇编语言及 C 语言编程、单片机硬件结构及存储器、中断/定时系统、时钟计时、串行通信、电子音乐、模数转换、数字温度检测、PWM 调速、字符/点阵液晶显示、I^2C 总线和实时时钟等应用的设计与制作等内容。本书所有任务案例可以在清华大学出版社网站（http://www.tup.com.cn）下载。

本书基于工程过程设计教学内容，以任务为导向，实践性强，适应职业岗位的实际工作需求，可作为高职高专院校相关专业的教学用书，也适用于单片机爱好者或工程技术人员学习参考。

图书在版编目（CIP）数据

单片机应用设计与制作：基于 Keil 和 Proteus 开发仿真平台/王平主编. --2 版. --北京：清华大学出版社，2016（2022.1重印）

21 世纪高职高专规划教材. 电子信息工学结合模式系列教材

ISBN 978-7-302-43177-0

Ⅰ. ①单…　Ⅱ. ①王…　Ⅲ. ①单片微型计算机－高等职业教育－教材　Ⅳ. ①TP368.1

中国版本图书馆 CIP 数据核字（2016）第 034846 号

责任编辑： 孟毅新
封面设计： 傅瑞学
责任校对： 袁　芳
责任印制： 刘海龙

出版发行： 清华大学出版社
网　　址： http://www.tup.com.cn，http://www.wqbook.com
地　　址： 北京清华大学学研大厦 A 座　　**邮　　编：** 100084
社 总 机： 010-62770175　　**邮　　购：** 010-62786544
投稿与读者服务： 010-62776969，c-service@tup.tsinghua.edu.cn
质量反馈： 010-62772015，zhiliang@tup.tsinghua.edu.cn
课件下载： http://www.tup.com.cn，010-62770175-4278

印 装 者： 三河市少明印务有限公司
经　　销： 全国新华书店
开　　本： 185mm×260mm　　**印　　张：** 20.5　　**字　　数：** 470 千字
版　　次： 2012 年 1 月第 1 版　2016 年 6 月第 2 版　　**印　　次：** 2022 年 1 月第 6 次印刷
定　　价： 59.00 元

产品编号：065695-02

PREFACE 第2版前言

本书通过对单片机应用工作过程的分析，编写了6个学习情境(学习单元)的单片机应用学习、设计和制作内容，是基于工作过程的单片机应用与设计课程教材。本书以工作任务作为课程的载体组织教学内容，每个学习情境确定了学习情境任务描述(包括学习目标、学习与工作内容和学业评价要求)。本书的主要特点有以下几个方面。

(1) 以任务组织教与学

以任务为导向，将工作与学习相结合，既能通过学习性任务系统地学习单片机的知识，又能通过学习和工作的过程得到综合能力的培养和训练，教材的内容和编排体现了工学结合的职业教育特征。

(2) 依据职业工作任务，设计学习情境

根据职业工作任务的分析和归纳，按照职业成长和认知规律，根据教育、教学原理，设计了6个学习情境，6个学习情境的工作任务来源于实际的职业工作任务，具备了典型工作过程的要素。

(3) 根据职业岗位需求，采用以汇编语言为基础，以C语言为主的编程语言

在目前实际的单片机开发应用工作中，C语言以其优良的可读性，便于改进、扩充和移植，便于合作编程，成为目前单片机开发和应用的主要语言，但在一些实时性要求较高的应用和一些小型应用项目中，汇编语言仍然是很有效的编程语言，所以本书的单片机应用以C语言作为主要编程语言，以汇编语言作为要求基本掌握的编程语言，避免学生学完单片机课程后，却看不懂单片机指令系统的状况出现。以C语言为主，基本掌握汇编语言的学习方式，适应职业岗位的实际工作需求。

(4) 基于Keil和Proteus的开发仿真平台

Keil μVision是目前流行和优秀的MCS-51系列单片机软件集成开发环境，集成了文件编辑、编译连接、项目管理和软件仿真调试等多种功能，也是职业工作岗位使用最多的MCS-51系列单片机软件开发平台。Proteus是一款功能很强的EDA工具软件，可以直接在原理图的虚拟原型上进行单片机和外围电路的仿真，能够与Keil连接调试，实时、动态地模拟器件的动作，具有虚拟信号发生器、示波器、逻辑分析仪等多种测量分析工具，在单片机应用电路的仿真中具有突出的优势，是一款流行的单

片机应用仿真软件。本书的任务和案例都有Keil和Proteus的开发项目和仿真电路电子文档，方便学习和应用，拉近了单片机学习和职业岗位应用的距离，仿真演示的直观性增加了学习者对单片机学习的兴趣。

本书基于8051单片机软件开发平台Keil和硬件仿真平台Proteus，设计了6个学习情境，分别是单片机LED电子彩灯、LED电子钟、电子琴、数字电压表、数字温度控制器和电子日历的设计与制作。每个学习情境包括多个任务案例，每个任务案例都有Keil项目程序和Proteus仿真电路，设计语言包含了汇编语言和C语言，应用设计以单片机C语言程序设计为主，涉及单片机硬件结构、指令系统、I/O接口、中断系统、定时器/计数器、串行通信、矩阵键盘、A/D和D/A转换、18B20数字温度计、PWM电机调速、1602字符/12864点阵液晶显示模块、I^2C总线、E^2PROM存储器和1302实时时钟的应用设计等内容。

本书使用的软件其电气图形符号和字母符号与现行国家标准不一致，本书未作修改，特此说明。

本课程建议教学学时为112学时，包含学习和设计制作，学时分配如下表。

序号	学 习 情 境	学习课时
1	学习情境1　LED电子彩灯的设计与制作	24
2	学习情境2　LED电子钟的设计与制作	22
3	学习情境3　电子琴的设计与制作	16
4	学习情境4　数字电压表的设计与制作	14
5	学习情境5　数字温度控制器的设计与制作	16
6	学习情境6　电子日历的设计与制作	16
7	机动	4
合计		112

本书在第1版的基础上，对内容进行了充实和整理，仍由王平担任主编，并对全书进行了统稿和整理。王平编写了学习情境1(1.0、1.4)、学习情境3和附录；唐明军编写了学习情境1(1.5、1.6)和学习情境2(2.0～2.4)；马梅编写了学习情境2(2.5～2.9)；陈景忠编写了学习情境4；薛亚平编写了学习情境5；薛亚平、单丹共同编写了学习情境6；周惠忠、唐菲、徐秋参加了本书前期的部分工作。

由于编者水平有限，书中难免有不足之处，恳请读者批评、指正，编者的联系邮箱是wangp@ypi.edu.cn。

编　者

2016年5月

CONTENTS

目录

CHAPTER 1

学习情境 1

LED 电子彩灯的设计与制作

1.0 学习情境任务描述

LED 电子彩灯在装饰广告、景观照明和环境美化等多个方面应用广泛，本学习情境的工作任务是采用单片机进行一个模拟的 LED 电子彩灯的设计制作。从认识单片机开始本学习情境的学习和工作，通过对最小单片机系统的构成，对单片机程序设计工具软件 Keil μVision 和单片机应用仿真软件 Proteus 的了解和使用，学会单片机最基本的使用方法，能够完成用单片机点亮一个 LED 的任务；然后通过对单片机信号引脚、结构、存储器和汇编语言的学习，学会用单片机控制多只 LED 的点亮和熄灭时间，学会移动点亮 LED，学会设置花式点亮 LED。在收集单片机控制电子彩灯相关资讯的基础上，进行 LED 电子彩灯的任务分析和计划制订、硬件电路和软件程序的设计，完成 LED 电子彩灯的制作调试和运行演示，并完成工作任务的评价。

1.0.1 学习目标

(1) 掌握 MCS-51 单片机最小系统的构成和应用。

(2) 掌握单片机程序设计工具软件 Keil μVision 和应用仿真软件 Proteus 的操作使用。

(3) 掌握 MCS-51 单片机信号引脚、内部资源和存储器的功能。

(4) 了解 MCS-51 单片机的指令系统。

(5) 能进行简单的单片机应用硬件电路图设计。

(6) 能进行简单的单片机汇编语言程序设计。

(7) 能进行单片机控制多只 LED 闪烁时间和点亮花式的设计。

(8) 能按照设计任务书要求，完成 LED 电子彩灯的设计调试和制作。

1.0.2 学习与工作内容

本学习情境要求根据工作任务书(见表 1-1)的要求，学习单片机的基础知识，学习单片机开发软件和原理图仿真软件的使用，学习单片机的指令系统，查阅资料，制订工作方案和计划，完成 LED 电子彩灯的设计与制作，需要完成以下的工作任务。

表 1-1 LED 电子彩灯设计制作任务书

设计制作任务	采用单片机控制方式,设计制作一组 LED 彩灯,能够对彩灯的花样和速度进行设定控制
彩灯功能要求	控制 8 只 LED 彩灯,首先是 8 只灯全部闪亮,各工作小组闪亮次数分别为 2 次、3 次、4 次、5 次、6 次;其次是循环点亮这 8 只彩灯,先左移循环点亮,再右移循环点亮,然后有 5 种设定花样,不断循环重复以上花样形成 LED 广告彩灯,各工作小组 LED 闪烁点亮和熄灭时间分别为 0.3s、0.5s、0.8s、1.0s、1.2s
工具	(1) 单片机开发和电路设计软件:Keil μVision、Proteus (2) PC 及软件程序、示波器、万用表、电烙铁、装配工具
材料	元器件(套)、焊料、焊剂

(1) 认识、了解单片机,学习单片机工具软件 Keil 和仿真软件 Proteus 的使用,能应用单片机控制一个 LED 的闪烁点亮。

(2) 学习单片机的信号引脚、内部结构和存储器知识,学习单片机汇编语言程序设计。

(3) 学习单片机控制多只 LED 的亮灭时间和点亮花式。

(4) 划分工作小组,以小组为单位开展电子彩灯设计与制作的工作。

(5) 根据设计任务书的要求,查阅收集相关资料,制订完成任务的方案和计划。

(6) 根据设计任务书的要求,设计出电子彩灯的硬件电路图。

(7) 根据任务要求和电路图,整理出所需要的器件和工具仪器清单。

(8) 根据电子彩灯功能要求和硬件电路原理图,绘制程序流程图。

(9) 根据电子彩灯功能要求和程序流程图,编写软件源程序并进行编译调试。

(10) 进行软硬件的调试和仿真运行,电路的安装制作,演示汇报。

(11) 进行工作任务的学业评价,完成工作任务的设计制作报告。

1.0.3 学业评价

本学习情境的学业根据工作任务的工作过程进行考核评价,注重学习和工作过程的考核评价,依据完成任务中实际的学习和工作过程分为 11 个评分项目,根据各项目主要完成主体的不同,分别对个人和小组进行考核评价,考核评价表如表 1-2 所示。

表 1-2 学习情境 1 考核评价表

项目名称	分值	组别									
		第一组			第二组			第三组			…
		学生 A	学生 B	学生 C	学生 D	学生 E	学生 F	学生 G	学生 H	学生 I	…
最小单片机系统	5										
单片机开发工具 Keil 软件学习	10										
电路仿真软件 Proteus 学习	5										

续表

项目名称	分值	组　别									
		第　一　组			第　二　组			第　三　组			…
		学生 A	学生 B	学生 C	学生 D	学生 E	学生 F	学生 G	学生 H	学生 I	…
单片机引脚信号与内部结构	10										
单片机存储器	5										
指令系统学习	5										
单片机控制 LED	5										
电子彩灯硬件电路设计	10										
电子彩灯软件程序设计	10										
调试仿真	5										
安装制作	10										
设计制作报告	10										
团队及合作能力	10										

1.1　任务 1　认识单片机

1.1.1　单片机的外观

刚开始接触单片机的时候，可能首先就会产生这样的一个疑问：单片机是什么，单片机能有什么用呢？图 1-1 所示就是单片机的外形照片，是两种不同的外形封装。所以从外观上看，单片机就是一只集成电路芯片，外壳一般由塑料或陶瓷制成，有多只引脚分布在外壳的两边或四边，同一型号的单片机可以有不同的外形，这些不同的外形和引脚形式称为单片机的不同封装形式。常见的封装有双列直插式的 DIP 封装，以及适用于表面安装的 PLCC 和 QFP 等方形封装，如图 1-1 所示。

(a) DIP封装　(b) PLCC封装

图 1-1　单片机外形封装

1.1.2　单片机的应用领域

已经看到了单片机的外形，那么这样的单片机都在哪些地方使用了呢？先从我们生活的周边开始说起吧，当你早晨乘车回家时，乘坐的汽车上就会装着单片机。现在的汽车上往往使用着多只单片机，汽车的动力控制、外部探测和音像系统都会使用单片机进行控制和管理，路上的行人和车辆在交通灯的指挥下有序地行走和运行，交通灯的控制器里也会有单片机在工作着。

当你到家以后，打开空调要得到一个舒适的温度，家用空调的遥控器和空调主机的控制器里，也都使用着单片机，单片机对空调的运行进行控制和管理。当你坐下来拿起电视遥控器准备看电视时，或许你现在就会想到，电视的遥控器和电视机里也会装着单片机；在家用的电冰箱、洗衣机和电饭煲里都会有单片机在为我们工作着。

我们身上穿着的衣服的各种面料是由纺织企业生产制造的，现代纺织企业大量采用了各种类型的无梭织机生产制造种类繁多的纺织品，现代高速无梭织机达到了每分钟投纬千次的高效高速，这样高速运行的复杂设备需要能力强大的指挥者来指挥协调各个部件的稳定运行，这个指挥者也常常是由单片机来充当的。

单片机的应用领域几乎无所不至，从工业制造、交通运输、通信设备到家用电器等领域，到处都有它的身影。单片机的应用大致可以归纳为以下几个方面。

1. 在智能仪器仪表中的应用

在各类仪器仪表中引入单片机，使仪器仪表智能化，提高测试的自动化程度和精度，简化仪器仪表的硬件结构。例如，应用在智能电表、压力仪表、温度仪表等方面。

2. 在工业方面的应用

单片机广泛地用于工业生产过程的自动控制、制造过程的自动检测与处理、工业机器人、工业生产的安全控制等领域中。

3. 在通信领域的应用

单片机在程控电话交换机、手机、电话机、智能调制解调器、智能线路运行控制等方面得到广泛的应用。

4. 军用导航领域的应用

单片机也广泛地应用在航天航空系统、电子干扰系统、火控系统、导弹系统等方面。

5. 在日常生活中的应用

目前各种家用电器已普遍采用单片机代替传统的控制电路。例如，单片机广泛用在洗衣机、电冰箱、空调、微波炉、电风扇及许多高级电子玩具、电子字典、数码相机、摄像机等方面，提高了家用电器的自动化程度，增强了使用功能。

6. 在交通运输领域的应用

单片机还广泛应用于道路交通、轨道交通、船舶制造和车辆制造业，应用于汽车的点火控制、变速控制、防滑刹车和节能控制等多项控制中。

1.1.3 MCS-51 系列单片机

单片机也称作“单片微型计算机”“微控制器”“嵌入式微控制器”。随着单片机在智能化控制和微型化方向的不断发展，国际上已经更多地称其为 MCU(Micro Controller Unit)。

单片机就是把 CPU、RAM(数据存储器)、ROM(程序存储器)、定时器/计数器和输入/输出接口等部件都集成在一个电路芯片上的微型计算机，有些单片机还集成了 A/D 和 D/A 转换电路、PWM 电路和串行总线接口等其他功能部件。

单片机应用面很广，发展很快。目前，单片机正朝着高性能和多品种方向发展，今后单片机的发展趋势将是进一步向着低功耗、小体积、大容量、高性能、低价格和外围电路内装化等几个方向发展。

在单片机家族中，MCS-51 系列单片机是其中的佼佼者，Intel 公司将 80C51 内核的使用权以多种方式转让给世界许多著名的 IC 制造厂商，如 Philips、NEC、Atmel、华邦等。这些公司在保持与 80C51 单片机兼容的基础上开发了众多新一代的 51 系列单片机，这样，MCS-51 系列单片机就变成了有很多制造厂商支持的、多品种的单片机系列产品。

在未来相当长的时期内，8 位单片机仍是单片机的主流机型。这是因为 8 位廉价型单片机会逐渐侵入 4 位机领域，而 8 位增强型单片机在速度及功能上有取代16 位单片机的趋势。因此未来的主流机型很可能是 8 位机与 32 位机共同发展的时代。

1.2　任务 2　让单片机动起来

1.2.1　最简单的单片机系统

我们现在看到的单片机是一片集成了多个功能模块的集成电路芯片，要让它工作起来，在硬件上还需要其他的器件和电路与单片机连接起来，构成一个单片机的工作系统，一个实际的单片机系统如图 1-2 所示。从软件方面看，还需要将程序装入单片机，单片机才能按我们的要求运行。

图 1-2　一个实际的单片机系统

下面从最简单的单片机系统开始学习，图 1-3 所示为一个最简单的单片机系统电路图。要使单片机工作运行起来，首先要有电源，图中的 V_{CC} 就是提供直流 5V 电源的正端，V_{SS} 是电源的负端；其次单片机工作需要时钟，C_2、C_3、Y1 和单片机的内部电路构成了时钟电路;最后单片机要稳定工作,需要复位电路,C_1 和 R_2 的电路为单片机提供复位信号,这个最简单的单片机系统功能就是点亮一只 LED 发光二极管,R_1 是 LED 发光二极管 D1 的限流电阻。

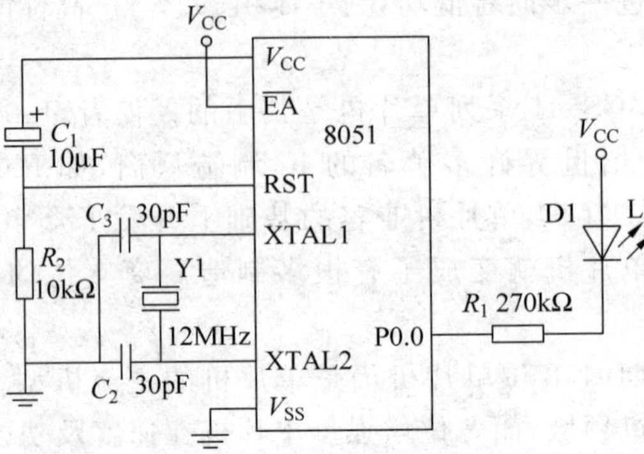

图 1-3　单片机最简系统电路图

图 1-3 所示为一个控制单只 LED 发光二极管 D1 点亮的电路。按照图中的电路连接好以后,通上电,单片机就可以开始工作了。但要使单片机按照要求进行工作,仅有硬件电路还不行,还需要编写要求单片机如何工作的程序,然后将其装入单片机中,单片机按照程序的规定和外部电路配合起来,就能实现对 LED 点亮和熄灭的控制了。

1.2.2　如何使用单片机

将电路连接好以后,就需要将程序装入单片机中。要点亮这只发光二极管,就需要将发光二极管的负端接到低电平,电阻 R_1 连接到单片机的一个输出引脚上,这个引脚的名字叫 P0.0,只要 P0.0 为低电平,发光二极管就可以点亮了。单片机能听懂的“将 P0.0 变为低电平”的话是这样的:CLR P0.0。其中 CLR 是英文 Clear 的缩写,有清除、清空的意思,这里表达的是清 0 指令,使 P0.0 变成了低电平,就点亮了发光二极管 D1。

那么又如何将 D1 熄灭呢?只要将 P0.0 变为高电平,D1 不能导通,发光二极管就熄灭了。单片机能听懂的“将 P0.0 变为高电平”的话是这样的:SETB P0.0。其中 SETB 是英文 Set bit 的缩写,是置位的意思,这里表达的是置 1 指令,使 P0.0 变成了高电平,就熄灭了发光二极管 D1。

由于单片机的运行速度很快,要使人的眼睛看清楚发光二极管 D1 的点亮和熄灭,需要让单片机将引脚 P0.0 在低电平和高电平的时间都延长一点,对这样的一个要求,单片机能听懂的话如下。

```
CLR     P0.0            ;点亮 D1
ACALL   DELAY           ;延长一点时间
SETB    P0.0            ;熄灭 D1
ACALL   DELAY           ;延长一点时间
```

这样的一段程序要装入到单片机中去,还要将它转换成能直接装入单片机中的二进制或十六进制文件，这个过程通过单片机的开发软件完成。上面写的程序叫作源程序，通过单片机开发软件对源程序的汇编，就得到了最终能装入单片机的二进制或十六进制文件。这个最终装入单片机中的程序，也叫目标程序。现在选择目标文件的十六进制. hex 代码文件装入单片机中。

将目标代码装入单片机中的方法如下。

1. 采用编程器烧写单片机

编程器是一个专门用于将代码装到存储器里的小设备，现在的存储器就在单片机里面，所以就可以使用编程器将目标文件的代码装入单片机中，这个装入的过程又称为烧写。制作过程是：将单片机插到编程器的插座上，用编程器上的小扳手将单片机引脚夹紧（锁住），而编程器通过 USB 口（串口或并口）和计算机相连，通过计算机里的一个和编程器配套的软件程序控制编程器的工作，将. hex 文件的代码烧写到单片机里的存储器中，烧写完成后，单片机里就有了需要装入的程序，再将单片机装到应用电路中去，接好电路，加上电源，单片机就能按照要求工作运行了。采用编程器烧写单片机的过程如图 1-4 所示。

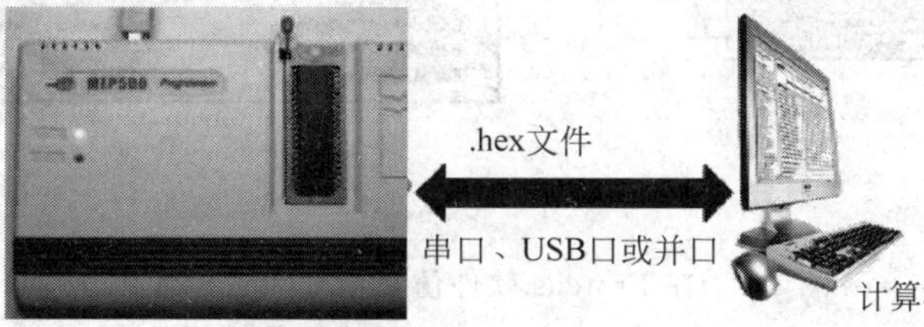

图 1-4　编程器烧写目标程序

2. 采用下载电缆烧写单片机

新一代的很多单片机具有在线下载功能，就不需要使用编程器来烧写程序了，单片机能够在应用电路即目标系统中，通过下载电缆将目标文件代码下载到单片机中，将下载电缆的一端连接到计算机的 USB 口（串口或并口），另一端接到单片机的在线下载端口，在计算机上使用单片机下载程序，就能将目标文件的代码下载到单片机中的存储器去，单片机就能在应用系统中工作运行了。在线下载电缆的连接如图 1-5 所示。

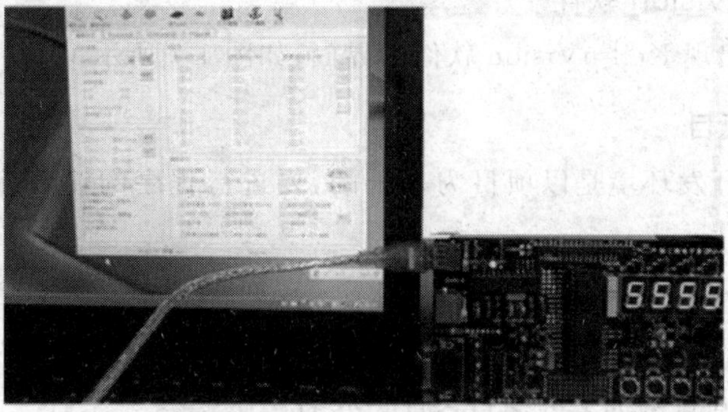

图 1-5　在线下载电缆的连接

3. 在软件仿真模式中将目标代码装入单片机

单片机应用系统的仿真运行是一种很常用的学习工作方式，在 Proteus 的软件仿真环境中，通过 CPU 的 Edit Component 对话框中的 Program File 栏加入 HEX 文件目标代码，如图 1-6 所示。在电路和程序都正确的状态下，就可以进行单片机应用系统的仿真运行了。

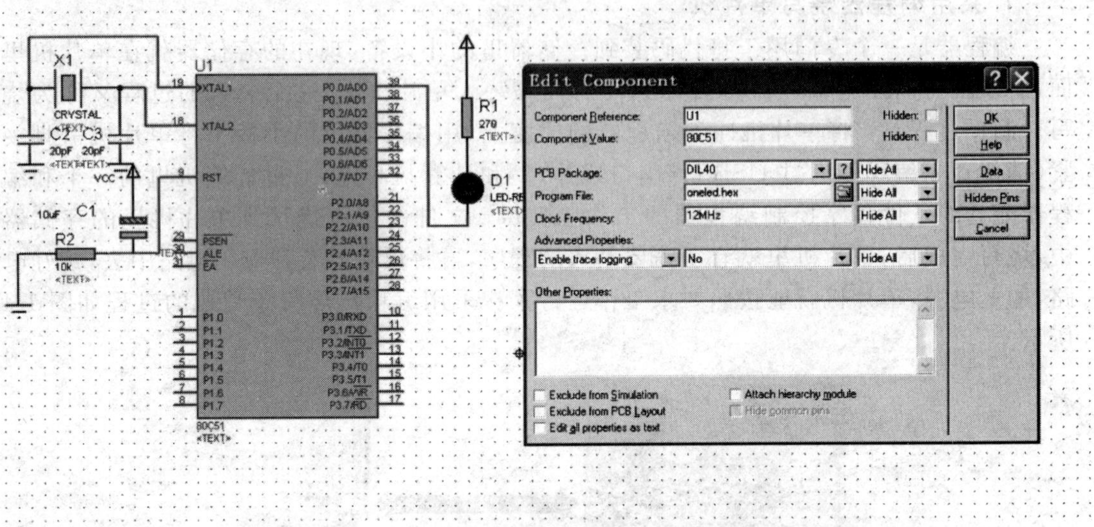

图 1-6　在 Proteus 软件仿真中加入目标代码

1.2.3　Keil μVision 软件的操作使用

Keil μVision 是目前较为流行和优秀的 MCS-51 系列单片机软件集成开发环境(IDE)，集成了文件编辑、编译连接、项目管理和软件仿真调试等多种功能。要使用 Keil 软件，必须先安装它。对于学习者，下载一份能编译 2KB 程序的 DEMO 版软件，基本可以满足一般的个人学习和小型应用的开发。

1. 启动 Keil μVision 软件

启动软件后，出现 Keil μVision 软件的界面，如图 1-7 所示。

2. 新建一个项目

Keil μVision 开发环境是以项目为基础的，要进行程序的输入编辑首先需要建立一个项目，步骤如下。

(1) 选择 Project→New Project 菜单命令，如图 1-8 所示。接着弹出一个标准 Windows 文件窗口，如图 1-9 所示。这里建立的新项目名称取为 LED，保存后的文件扩展名为.uv2，是 Keil 自动加上的项目文件扩展名。

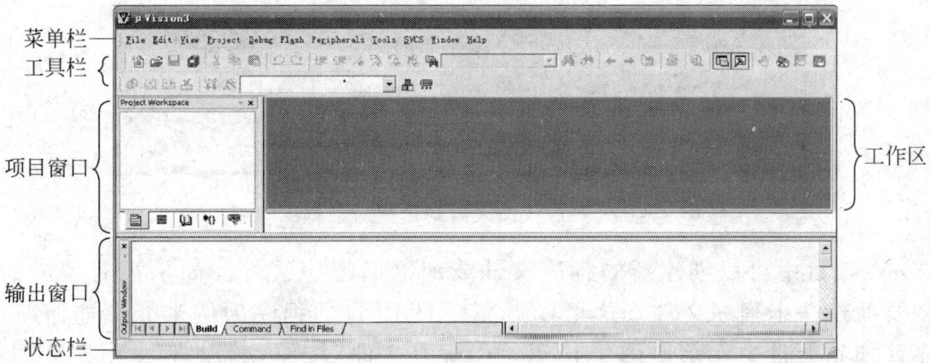

图 1-7　Keil μVision 软件的界面

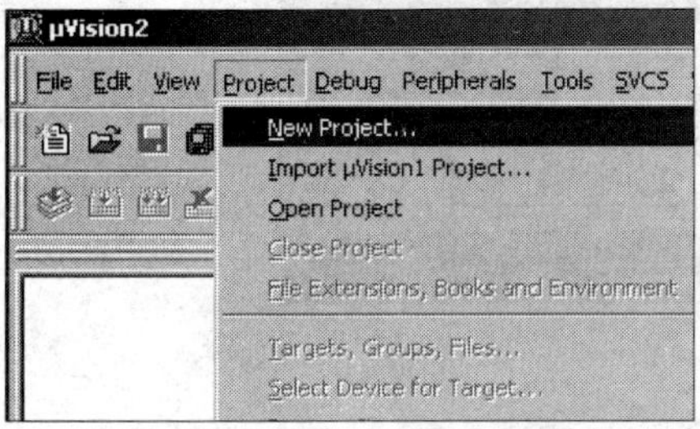

图 1-8　New Project 菜单

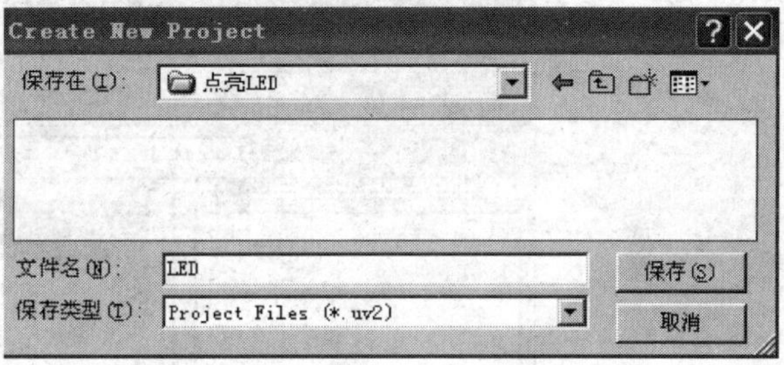

图 1-9　建立一个新项目

(2) 选择单片机，这里选择常用的 Ateml 公司的 AT89C51 单片机。此时界面如图 1-10 所示。AT89C51 单片机的功能和特点在图中右边有简单的介绍。单击“确定”按钮后，会弹出一个确认对话框，提示是否把 8051 的启动代码复制到项目中并添加代码文件，如图 1-11 所示。现在不需要加入这些代码，单击“否”按钮。

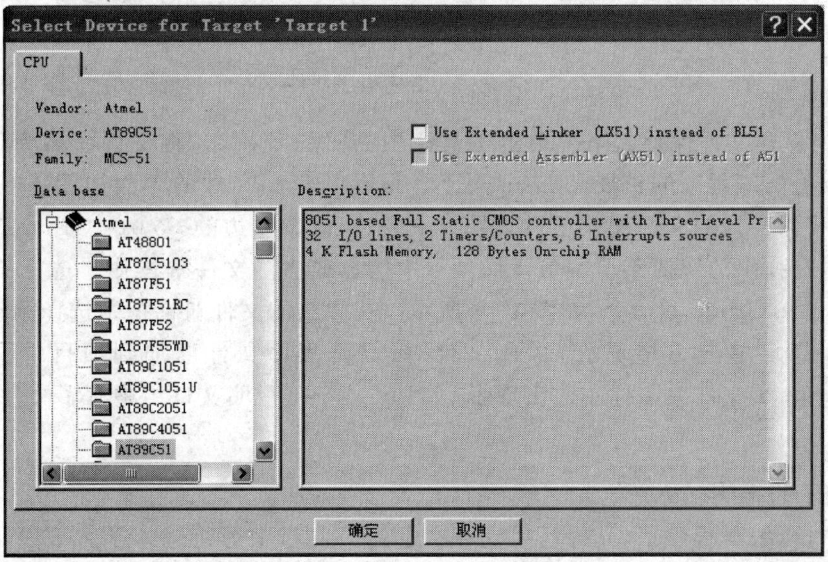

图 1-10　选择单片机的出产公司和型号

图 1-11　加入启动代码对话框

(3) 在项目中可以创建新的程序文件或加入旧程序文件。如果没有现成的程序,那么就要新建一个程序文件。这里以点亮一只 LED 的程序为例来介绍如何新建一个新程序并加到项目中。单击图 1-12 中的"新建文件"按钮,会出现一个新的文字编辑窗口。

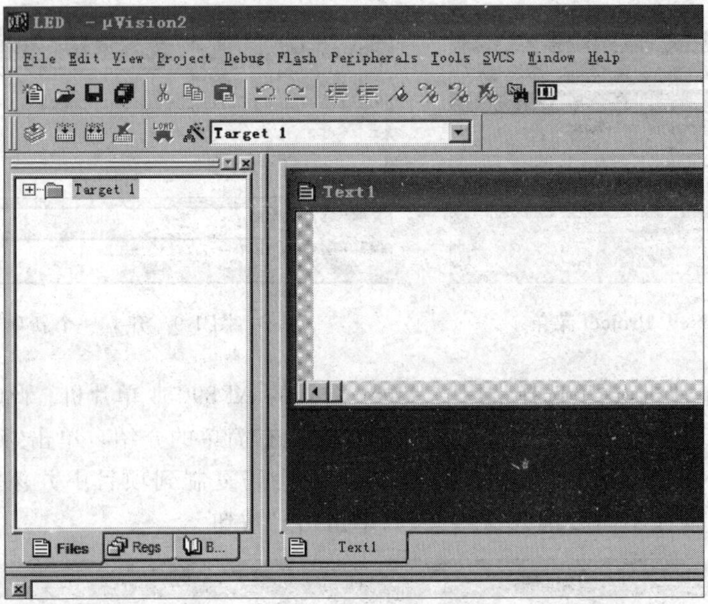

图 1-12　新建程序文件

(4) 将新建文件保存起来。单击工具栏中的"保存"按钮,将文件命名为 LED. asm,注意,需要将汇编程序的扩展名. asm 写上。保存新程序文件的界面如图 1-13 所示。下一步就要将保存好的文件加入项目文件组中去,在窗口左边的 Source Group 1 文件夹图标上右击,在弹出的快捷菜单中可以做项目中增加或去除文件等操作。选择 Add File to Group'Source Group 1'命令,如图 1-14 所示。在弹出的文件对话框中选择刚刚保存的文件(见图 1-15),单击 Add 按钮,关闭文件对话框,程序文件已加到项目中了。这时在 Source Group 1 文件夹图标左边出现了一个小"+"号,说明文件组中有了文件,单击它可以展开查看。

3. 程序的编辑输入

现在可以编写程序了,光标已出现在文本编辑窗口中等待输入了。下面是一段点亮一只 LED 的程序。

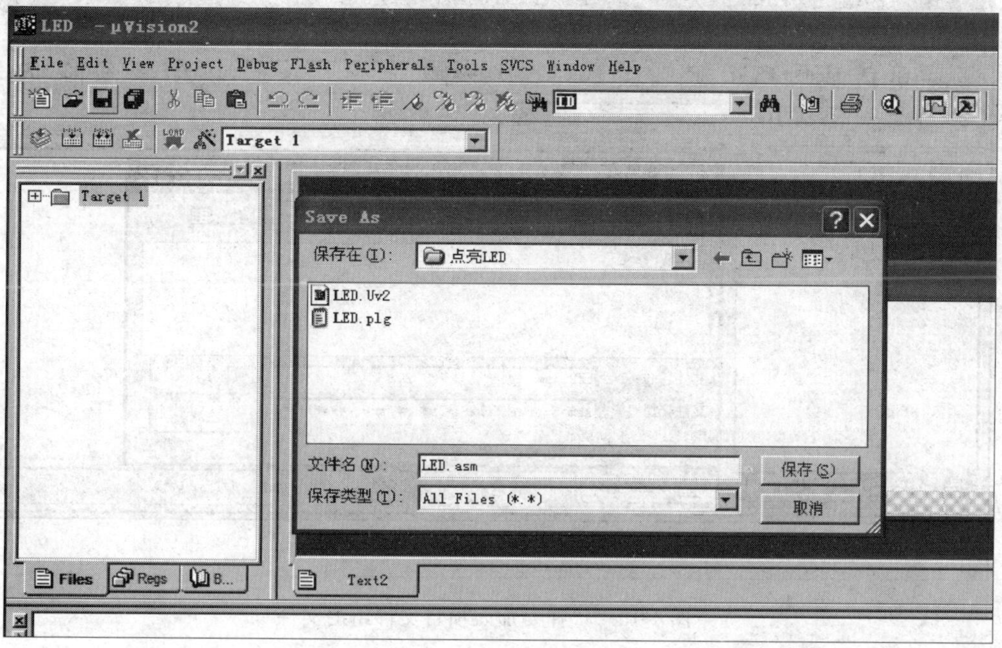

图 1-13　保存新程序文件

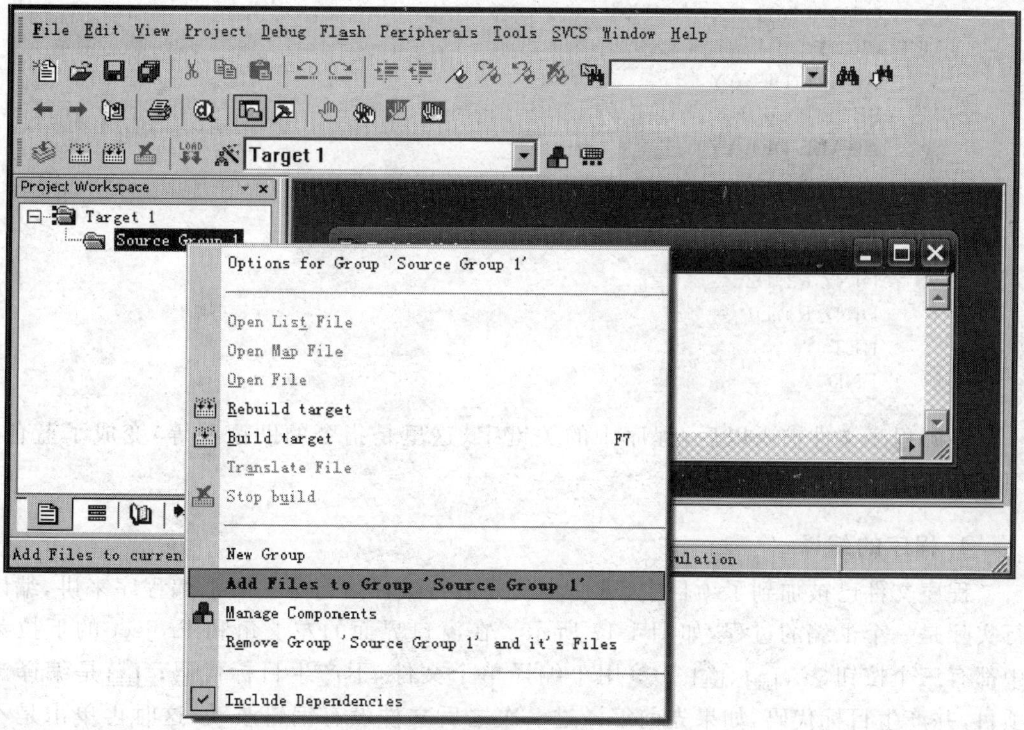

图 1-14　把文件加入项目文件组

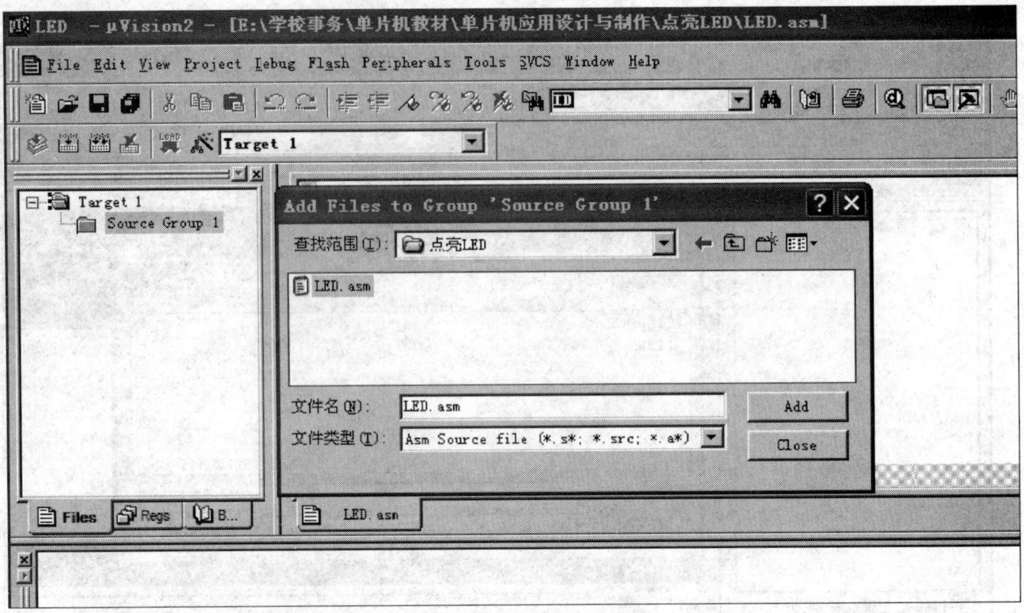

图 1-15 选择要加入项目文件组的文件

```
        ORG 0000H
        LJMP START
        ORG 0030H
START:  CLR P0.0
        ACALL DELAY
        SETB P0.0
        ACALL DELAY
        LJMP START
DELAY:  MOV R1,#200
D1:     MOV R2,#250
D2:     DJNZ R2,D2
        DJNZ R1,D1
        RET
        END
```

将源程序文件输入以后，程序中的关键字(这里是指令的助记符等)变成了蓝色，如图 1-16 所示。

4. 程序的编译

程序文件已被加到了项目中，下一步就要进行编译运行了。对汇编程序来讲，编译运行实际是一个汇编的过程，如图 1-17 所示。在窗口界面的左上角和 Project 的下拉菜单中都有三个按钮 、 、 。 用于编译单个文件，不产生目标代码； 是编译当前项目，并产生目标代码，如果先前编译过一次之后文件没有编辑改动，这时再单击是不会重新编译的； 是重新编译当前项目中的所有文件，并产生目标代码，每单击一次均会再次编译链接一次，不管程序是否有改动。

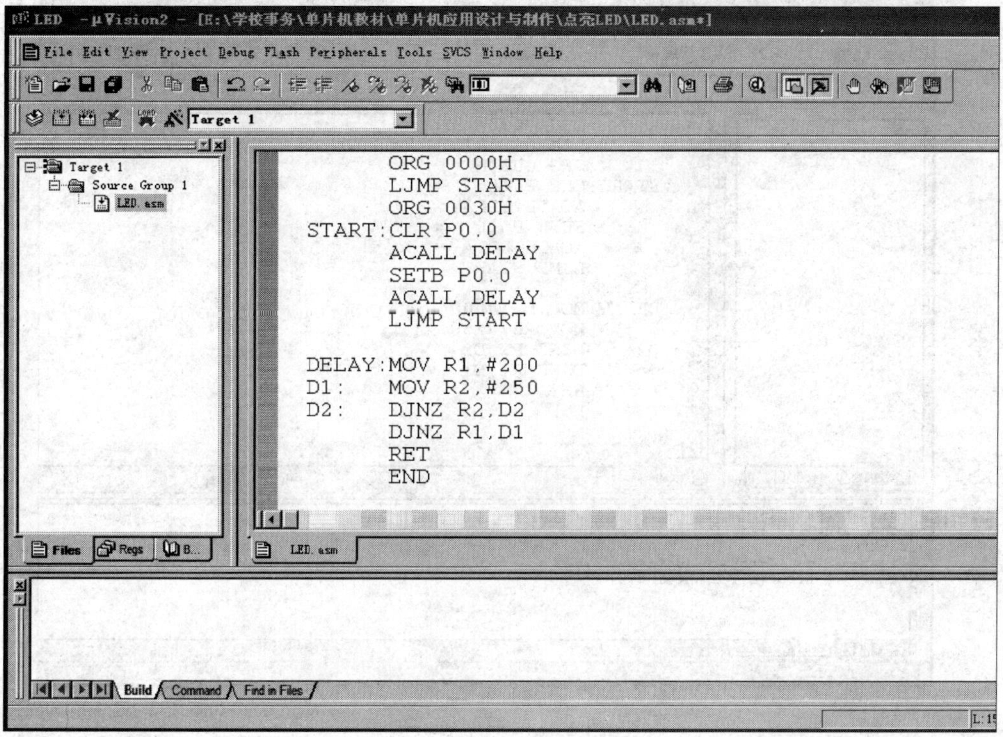

图 1-16　源程序输入完成

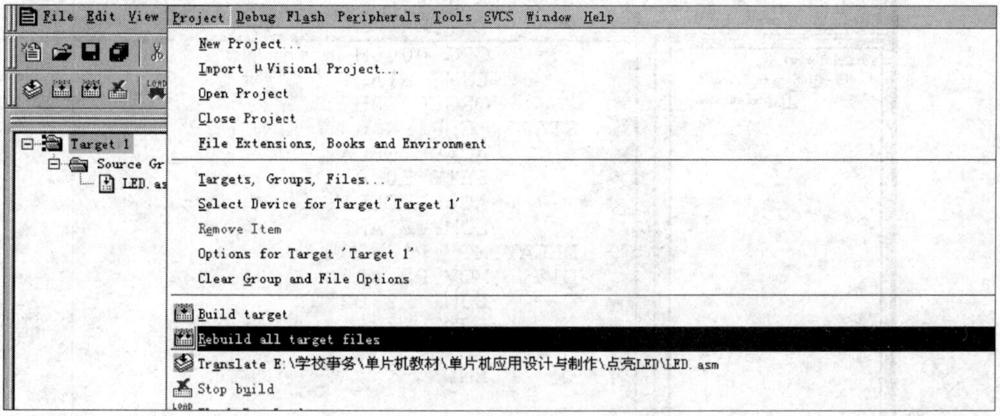

图 1-17　编译项目

编译过程中的信息将出现在输出窗口中的 Build 页。如果源程序中有错误，会出现错误提示，双击错误行，能够得到出错的位置；如果没有错误，会提示“"LED"-0 Error(s)，0 Warning(s)”，如图 1-18 所示。

5. 常见编译错误提示

在刚开始编写程序时，常常会出现一些程序书写上的错误。程序输入时出现的一个典型的编写错误，如图 1-19 所示。在程序输入时仅仅写错了标号 START 后面的一个冒

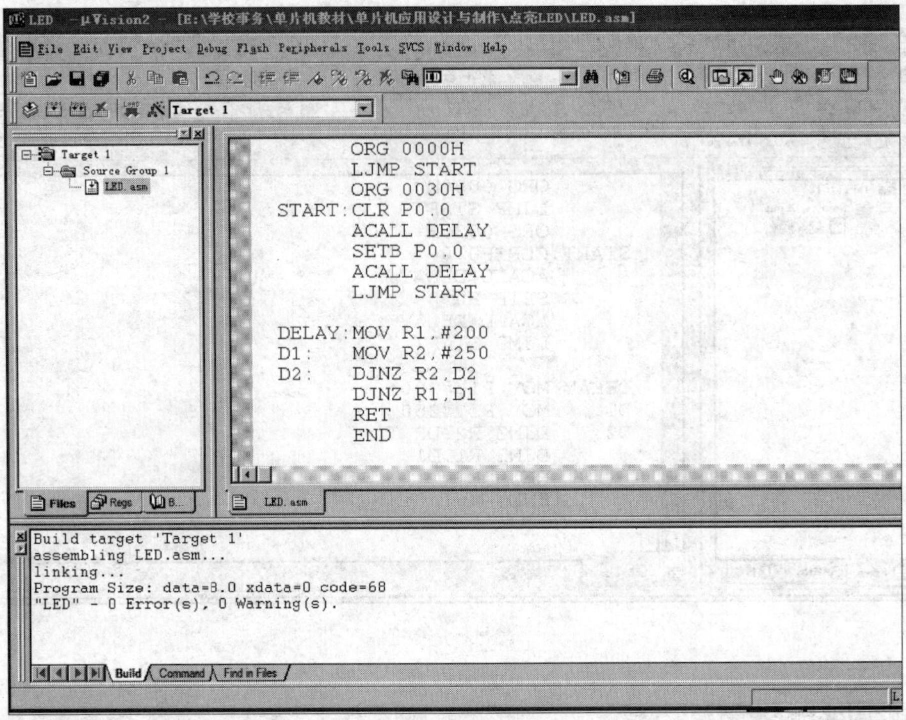

图 1-18　程序通过编译

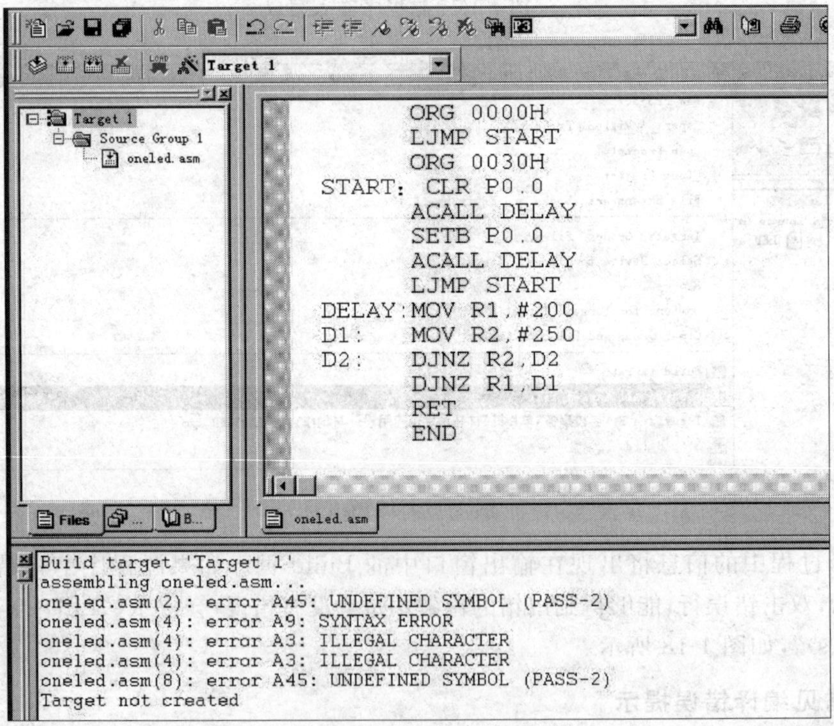

图 1-19　编译时的错误提示

号(输入了一个中文输入状态的冒号),结果出现了五个错误提示。第一个错误提示说明在第四行有未定义的标识符,第二个错误提示说明在第四行有语法错误,第三个和第四个错误提示说明第四行有非法字符,第五个错误提示也是说明第四行有未定义的标识符。当把 START 后的冒号改正后,这些错误就全去除了。

Keil 在默认状态下不生成 HEX 文件,要在源程序编译后产生 HEX 文件,需要先设置一下。单击工具栏中的按钮,出现项目设置对话框,如图 1-20 所示。选择 Output 选项卡,选中 Create HEX File 复选框,单击“确定”按钮。经过这个设置后,编译后就会生成一个名为 LED. hex 的目标代码文件(见图 1-21),为以后单片机的运行提供 HEX 文件。

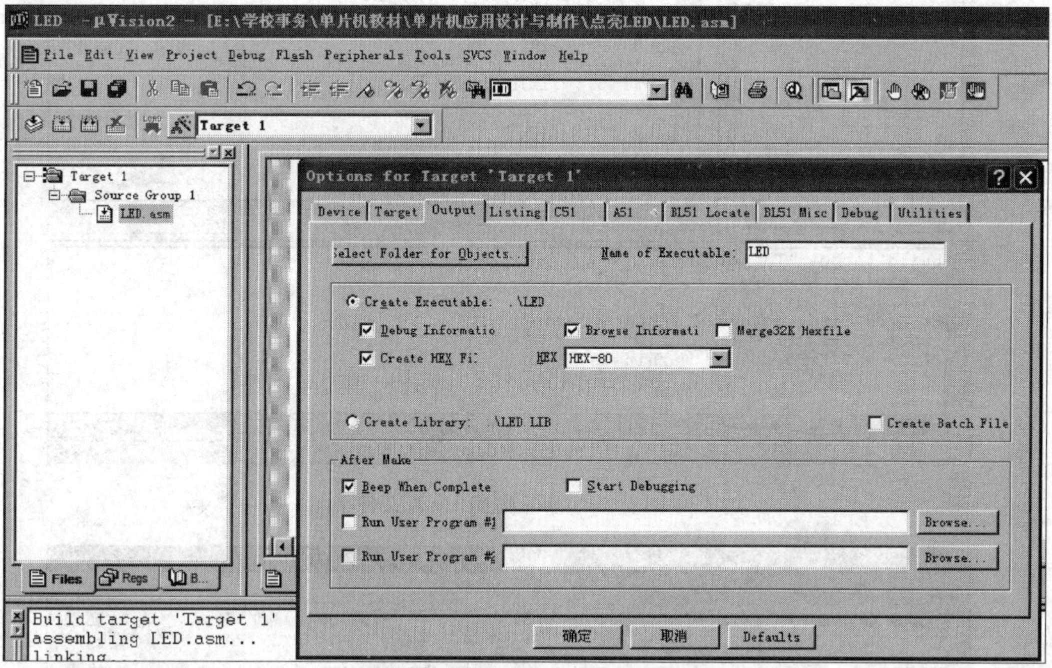

图 1-20　项目设置对话框

6. 软件调试运行

编译成功后,单击工具栏中的“调试”按钮,进入调试状态,如图 1-22 所示。在调试状态下,单击 Step 按钮,进行单步调试;单击 Step Over 按钮,跳过子程序单步运行;单击 Run 按钮,全速运行;在全速运行时,单击 Halt 按钮暂停运行;单击 Reset 按钮,单片机复位。

调试工具按钮如图 1-23 所示。各按钮的功能从左到右依次为:复位、全速运行、暂停、单步运行、跳过子程序单步运行、运行完成当前子程序、运行到当前行、下一状态、打开跟踪、观察跟踪、反汇编窗口、观察窗口、代码作用范围窗口、串行窗口、存储器窗口、性能分析窗口和工具。

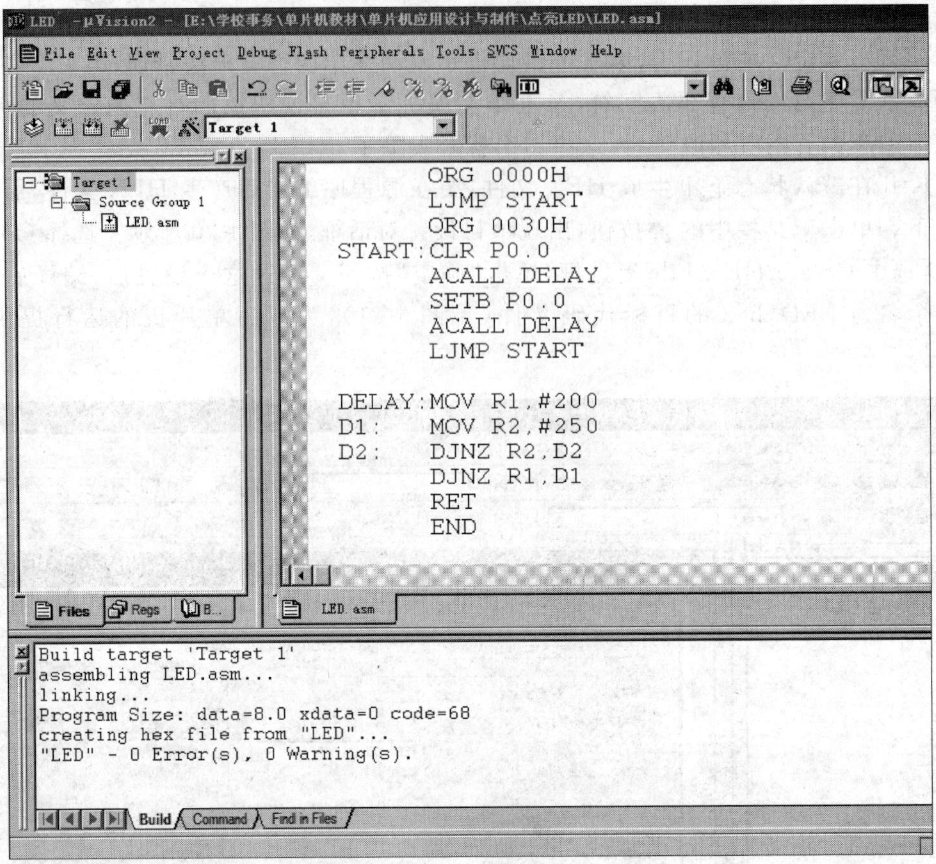

图 1-21　编译生成 HEX 文件

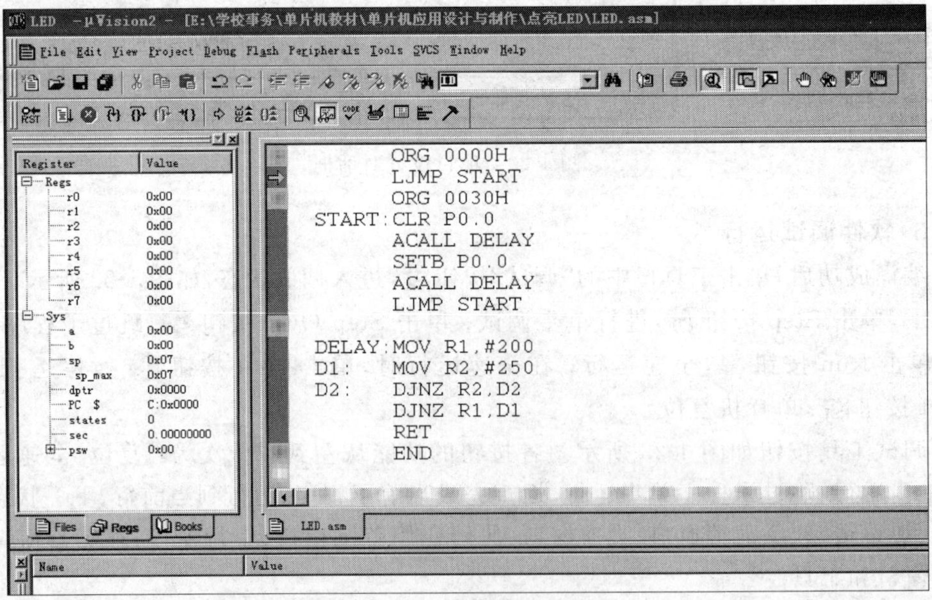

图 1-22　程序调试状态

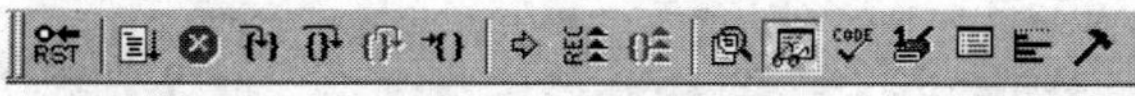

图 1-23　调试工具按钮

单步调试过程举例如下。

通过单步调试,观察 DELAY 延时子程序的延时时间。由于延时时间和晶振的频率相关,单击按钮,先将晶振频率设置为 12MHz,如图 1-24 所示。

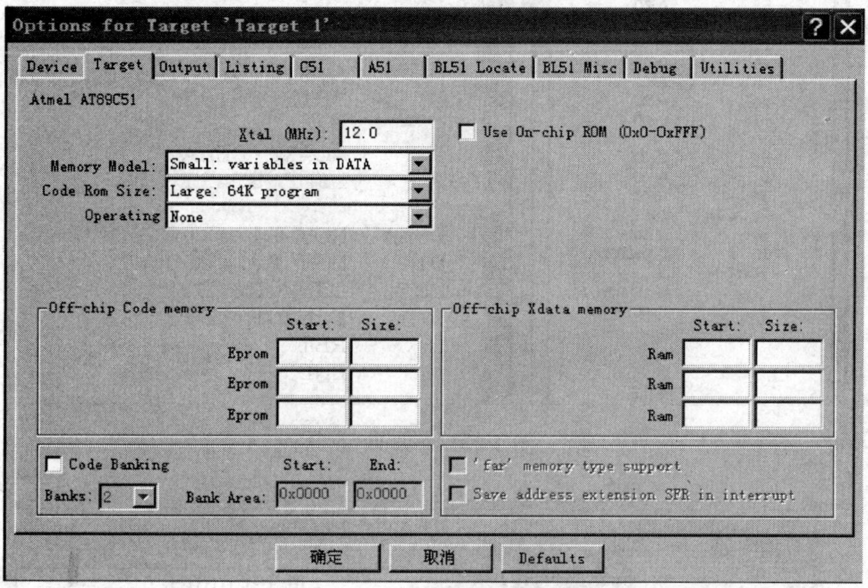

图 1-24　设置晶振参数

在调试状态下,先单击"复位"按钮,sec 值归零。通过"单步调试"按钮,将程序运行到箭头指向"ACALL DELAY"一行。程序运行到此时,sec 的当前时间为 0.00000300s,如图 1-25 所示。然后单击按钮,将 DELAY 子程序运行完成,这时 sec 指示的当前时间为 0.10060800s,如图 1-26 所示。这段时间差约为 0.1s,即这段延时程序约延时 0.1s。

进入调试模式后,选择菜单 Peripherals,在下拉菜单中选择 I/O-Ports_Port 0 命令,出现 P0 口的调试窗口,如图 1-27 所示。可以看到 P0.1～P0.7 各位均是打√的,这里以√表示 1,而 P0.0 则是在跳动,表示 P0.0 在 0 和 1 之间变动,在电路中就会在低电平和高电平之间变化,接在 P0.0 引脚上的 LED 灯就会在点亮和熄灭状态闪烁。

1.2.4　Proteus 软件的操作使用

Proteus 是一款功能很强的 EDA 工具软件,其中的 ISIS 可以直接在原理图的虚拟原型上进行单片机和外围电路的仿真,能够与 Keil 连接调试,实时、动态地模拟器件的动

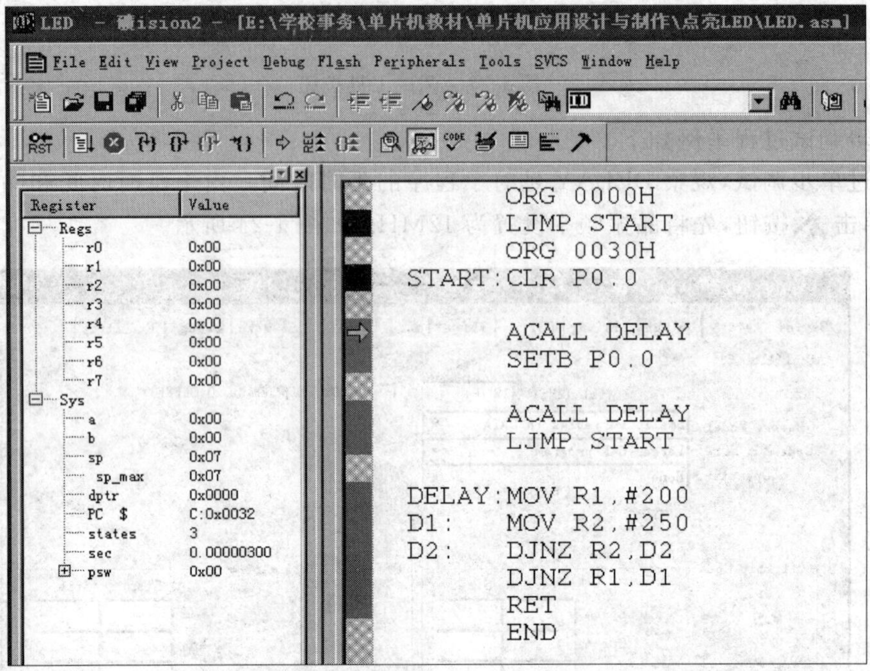

图 1-25 单步调试(1)

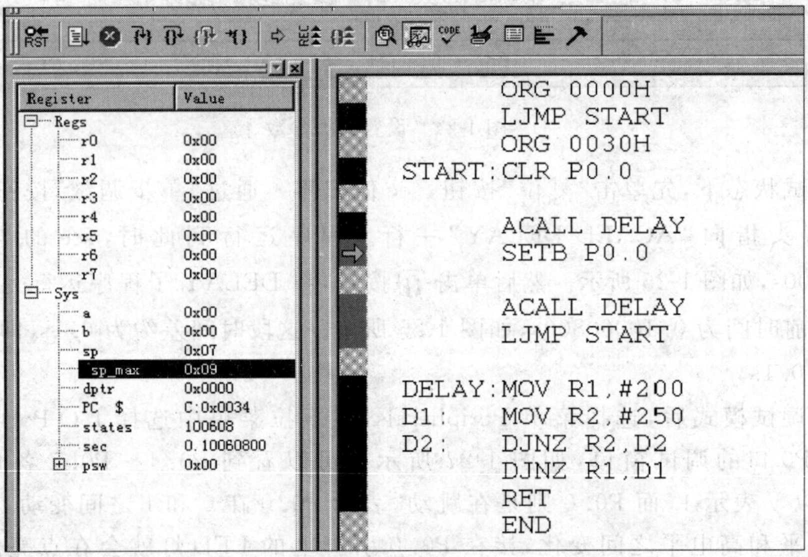

图 1-26 单步调试(2)

作,具有虚拟信号发生器、示波器、逻辑分析仪等多种测量分析工具,在单片机应用电路的仿真中具有突出的优势,是一款流行的单片机应用仿真软件。

1. Proteus 的操作界面

启动程序后,出现如图 1-28 所示的窗口界面,各窗口和操作的说明如下。

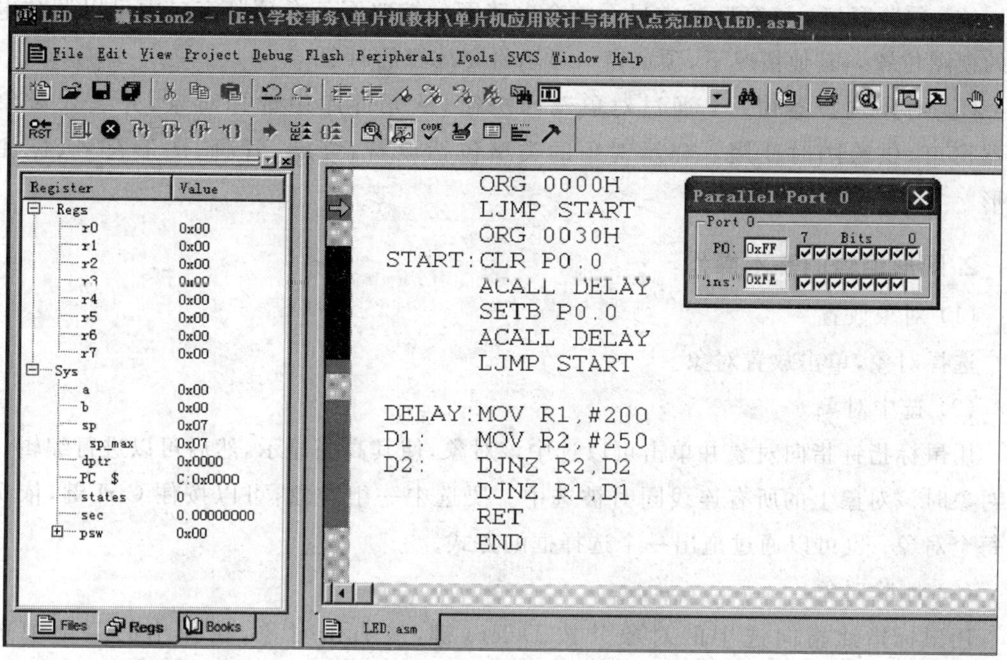

图 1-27　P0.0 端口的状态

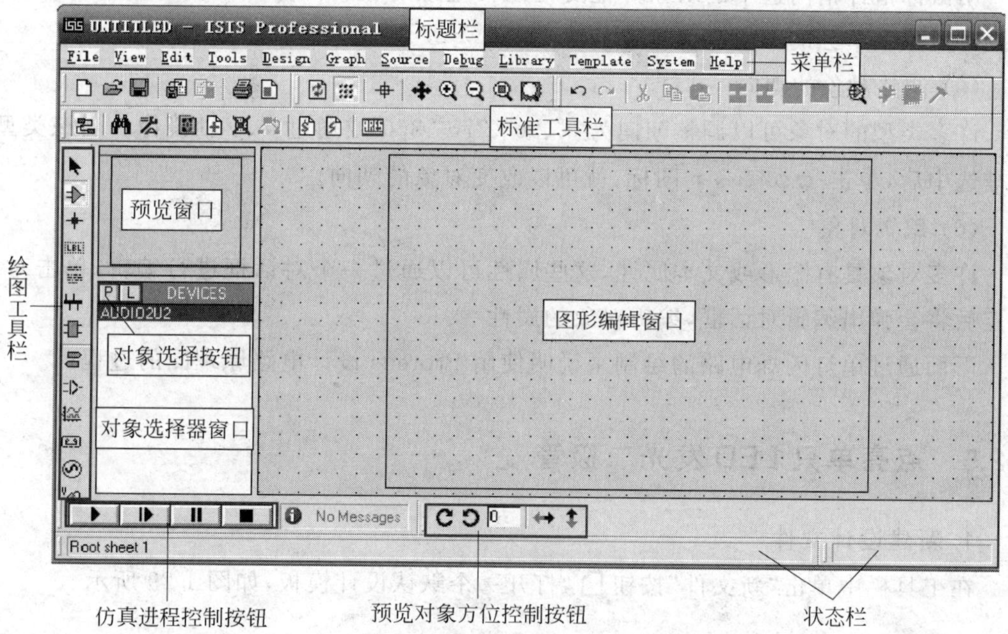

图 1-28　Proteus 的操作界面

(1) 图形编辑窗口：在图形编辑窗口内完成电路原理图的编辑和绘制。

(2) 预览窗口：该窗口通常显示整个电路图的缩略图。在预览窗口中可以调整电路图的视图位置。其他情况下，预览窗口显示将要放置的对象。

(3) 对象选择器窗口：通过对象选择按钮，从元件库中选择对象，并置入对象选择器窗口，供绘图时使用。显示对象的类型包括设备、终端、管脚、图形符号、标注和图形。

2. 图形编辑的基本操作

(1) 对象放置

选择对象，单击放置对象。

(2) 选中对象

用鼠标指针指向对象并单击可以选中该对象，使其高亮显示，然后可以进行编辑。选中对象时该对象上的所有连线同时被选中。要选中一组对象，可以按住 Ctrl 键，依次单击每个对象；也可以通过拖出一个选择框的方式。

(3) 删除对象

用鼠标指针指向选中的对象并按 Delete 键，或右击对象，在弹出的菜单中选择 Delete Object 命令删除该对象，同时删除该对象的所有连线。

(4) 拖动对象

用鼠标指针指向选中的对象并拖曳可以移动该对象。该方式不仅对整个对象有效，而且对对象中单独的 labels 也有效。

(5) 调整对象的朝向

许多类型的对象可以调整朝向为 0°、90°、270°、360°或通过 x、y 轴镜像。当该类型对象被选中后，单击  图标，就可以改变对象的朝向。

(6) 编辑对象

许多对象具有图形或文本属性，这些属性可以通过一个对话框进行编辑，单击对象，确定后将会弹出编辑对话框，编辑对象的属性。

下面通过单灯闪烁电路的绘制来说明使用 Proteus 设计电路原理图的过程。

1.2.5 点亮单只 LED 发光二极管

1. 新建设计文件

在工具栏中单击“新文件”按钮 ，打开一个默认设计模板，如图 1-29 所示。

2. 提取元件

单击“元件模式”按钮 ，再单击“元件选择”按钮 ，如图 1-30 所示。

弹出 Pick Devices 页面，在 Keywords 文本框中输入 AT89C51，系统在对象库中进行

图 1-29　默认设计模板

搜索，并将搜索结果显示在 Results 列表框中，如图 1-31 所示。

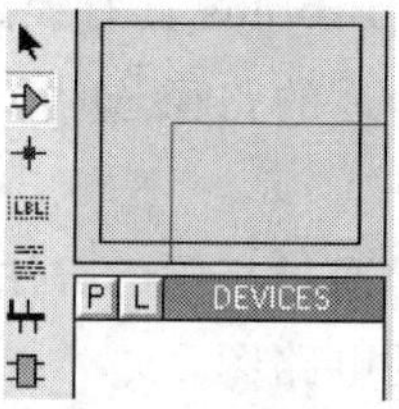

图 1-30　对象选择器按钮

如果不知道元件的具体名字，可以通过元件的类别来查找。单击“元件选择”按钮 P，在全部分类中选择 Microprocessor ICs 选项，再在子目录 8051 Family 中选择 AT89C51 元件，如图 1-32 所示。

用同样的方法将单片机点亮单只 LED 的元件分别添加到元件选择表中。将元件放入图形编辑窗口，如图 1-33(a)所示。对于电源和接地端子等，单击“终端模式”按钮，选择电源和接地端子，如图 1-33(b)所示。

3. 连接元器件

将元件在图中布局好后，就可以进行电路图的连线了。Proteus 具有较强的电路图布线功能，下面来操作将发光二极管 D1 的下端连接到 AT89C51 的 39 号引脚(P0.0)。当鼠标的指针靠近 D1 下端的连接点时，鼠标指针的旁边就会出现一个“□”号，表明找到了 D1 的连接点，单击，移动鼠标(不用拖动鼠标)，将鼠标的指针靠近 AT89C51 的 39 号引脚的连接点时，鼠标指针的旁边就会出现一个“□”号，表明找到了 AT89C51 的 39 号引脚的连接点，同时屏幕上出现了粉红色的连接线，单击，粉红色的连接线变成了深绿色。

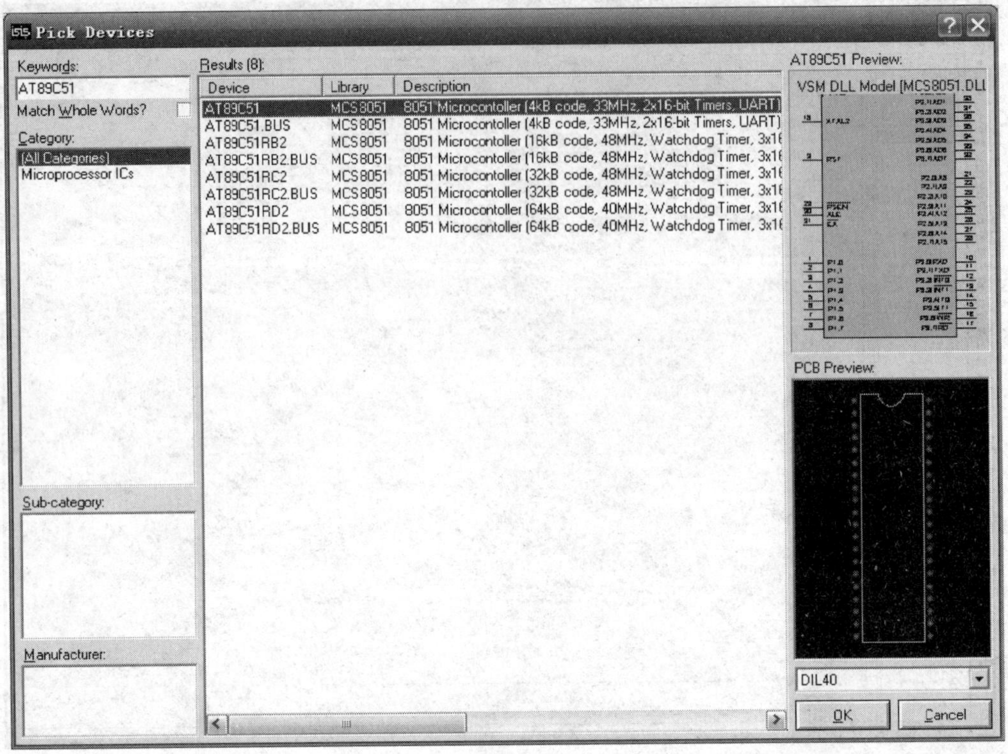

图 1-31 提取元件

Proteus 具有线路自动路径功能(简称 WAR),当选中两个连接点后,WAR 将选择一个合适的路径连线。WAR 可通过使用标准工具栏里的 WAR 命令按钮来关闭或打开。

通过相同的方法,可以将其余元件的连接线一一地连好,就可以绘制出如图 1-34 所示的电路图。

4. 加入 HEX 文件

原理图编辑完成后,选中 AT89C51 元件,选择编辑属性 Edit Properties 命令,出现如图 1-35 所示的对话框。在 Program File 文本框中单击右侧图标,出现文件浏览对话框,找到用 Keil 已经产生的目标文件 LED. hex 后,将其装入单片机中,如图 1-36所示。

5. 仿真调试

有 4 个仿真调试按钮,从左到右分别是“运行”“单步”“暂停”和“停止运行”。单击“运行”按钮,就可以观察到电路仿真运行的状况。元件引脚上的高低电平分别用红色和蓝色的小方块来表示。灰色表示不确定的电平,可以观察到发光二极管 D1 在以 0.1 秒的间隔不停地闪烁,如图 1-37 所示。

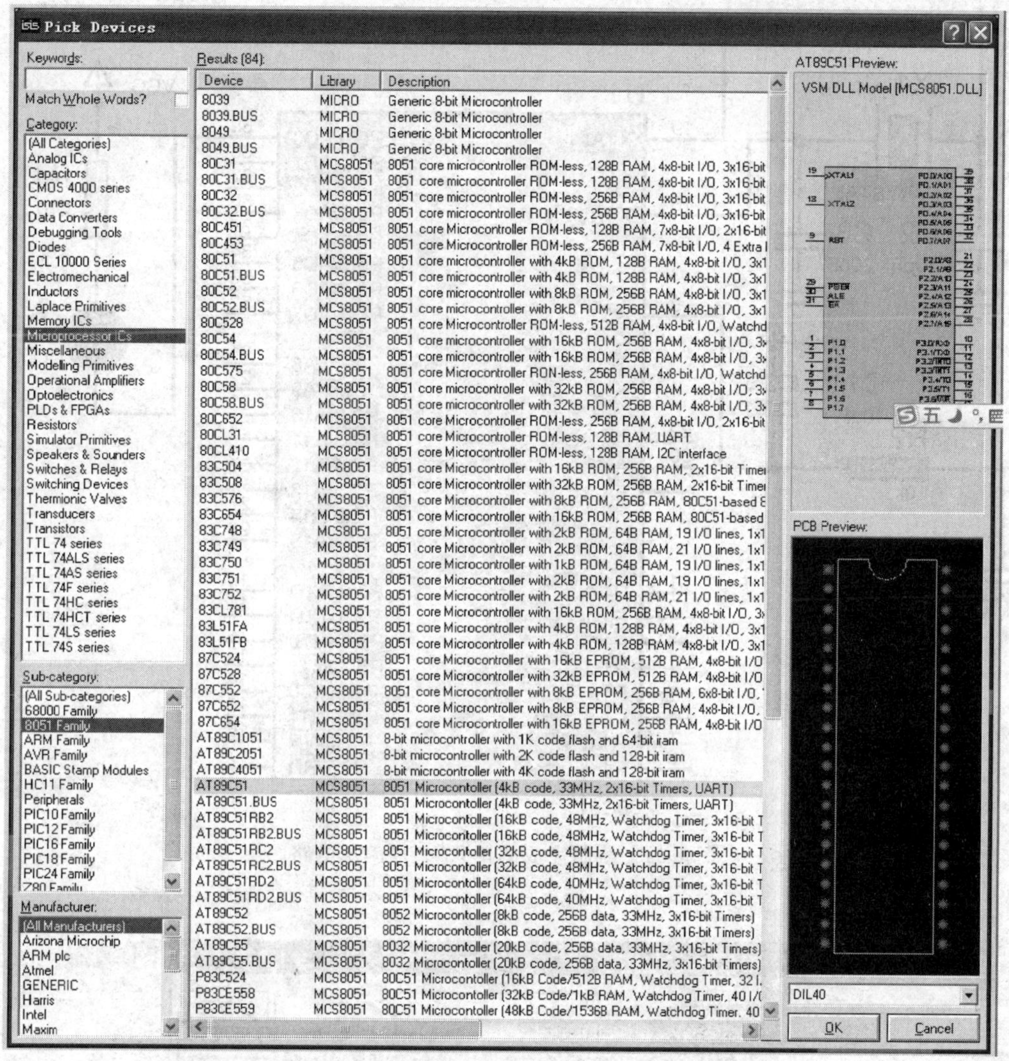

图 1-32　按照分类选择元件

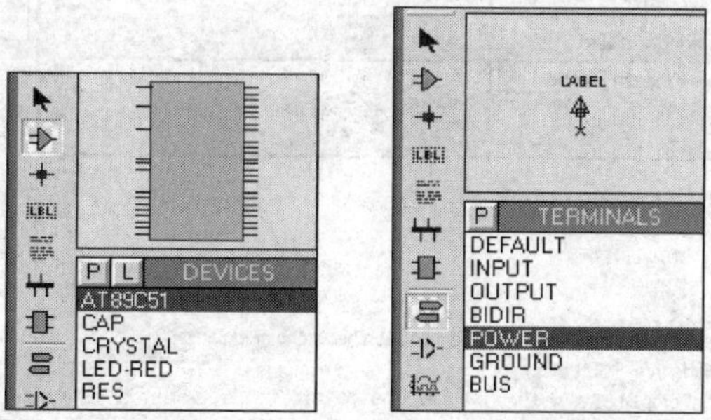

(a)　　(b)

图 1-33　元件和终端列表

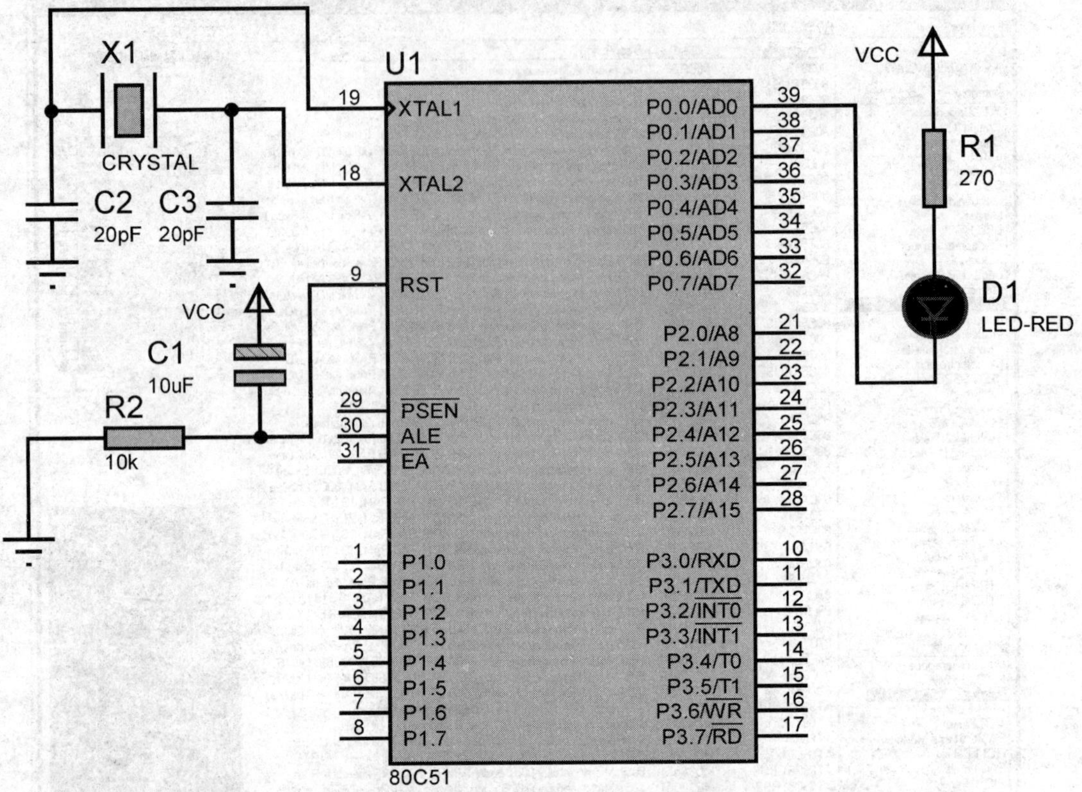

图 1-34　绘制完成的单只 LED 闪烁电路图

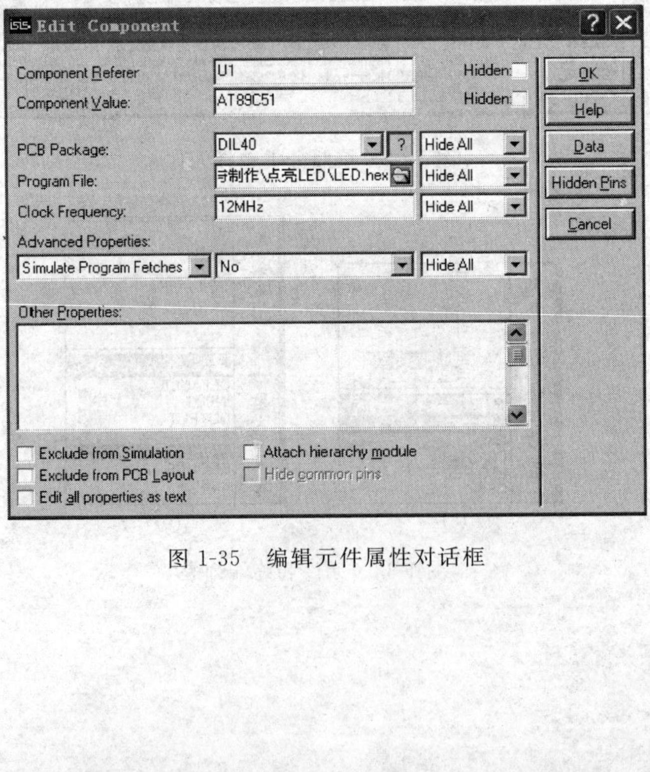

图 1-35　编辑元件属性对话框

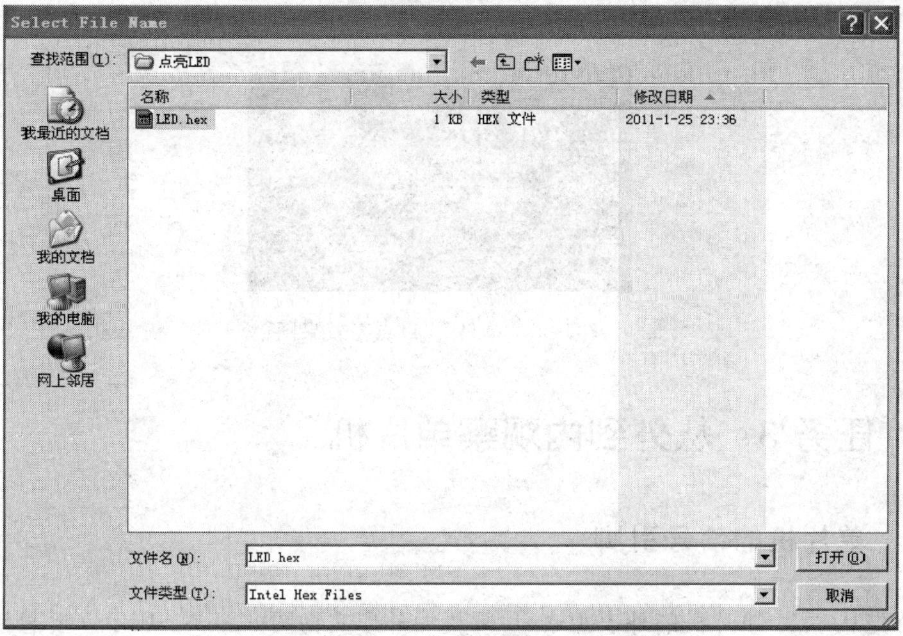

图 1-36　将 HEX 文件装入单片机中

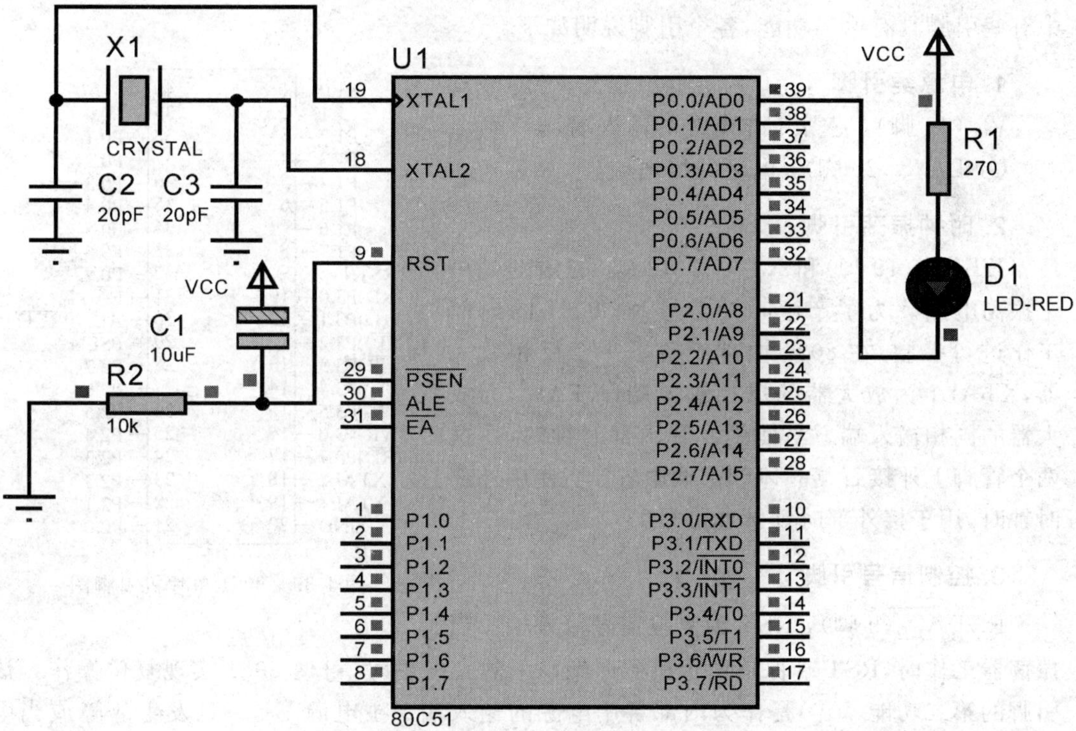

图 1-37　仿真运行

仿真完成后,进行实物的装配和调试,然后将目标文件通过下载线下载到单片机芯片中,单只 LED 点亮的效果如图 1-38 所示。

图 1-38 单只 LED 点亮效果图

1.3 任务 3 从外到内观察单片机

1.3.1 单片机的信号引脚

首先从 8051 单片机的外表观察,单片机的外形实物图如图 1-1 所示。要想使用单片机就要了解其各个引脚的功能,8051 单片机的引脚图如图 1-39 所示。40 个引脚可以分为四类:电源类引脚 2 个、时钟类引脚 2 个、并行 I/O 类引脚 32 个、控制类引脚 4 个。其中有些引脚具有第二功能,各个引脚说明如下。

1. 电源类引脚

V_{CC}(40 脚):芯片工作电源的输入端,+5V。

GND(V_{SS},20 脚):电源的接地端。

2. 时钟振荡引脚

XTAL1(19 脚)和 XTAL2(18 脚)的内部是一个振荡电路。为了产生时钟信号,对 8051 的内部工作进行控制,在 8051 内部设置了一个反相放大器,XTAL1 为放大器的反相输入端,XTAL2 为放大器的同相输入端。当使用芯片内部时钟时,在这两个管脚上外接石英晶体和微调电容;当使用外部时钟时,用于接外部时钟脉冲信号。

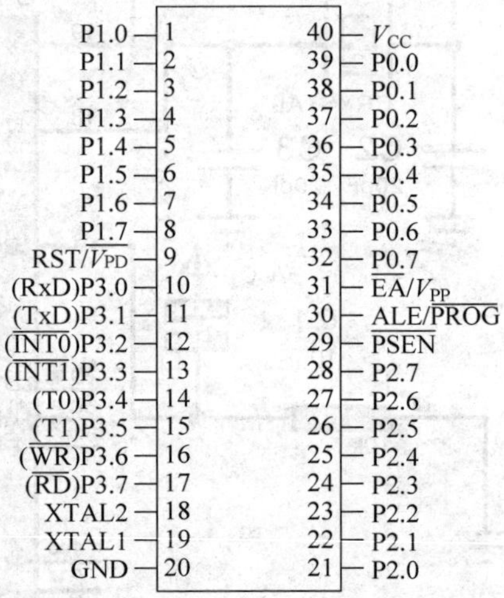

图 1-39 8051 单片机引脚图

3. 控制信号引脚

RST/$\overline{V_{PD}}$(9 脚):RST 为复位信号输入端。当振荡器工作时,RST 端保持两个机器周期以上的高电平时,可使 8051 实现复位操作。该引脚的第二功能($\overline{V_{PD}}$)是作为内部备用电源的输入端。主电源 V_{CC} 一旦发生故障或当电压降低到电平规定值时,可通过 $\overline{V_{PD}}$ 为单片机内部 RAM 提供电源,以保护片内 RAM 中的信息不丢失,使系统在上电后能继续正常运行。

ALE/$\overline{\text{PROG}}$(30脚)：ALE为地址锁存允许输出信号。在访问外部存储器时，8051通过P0口输出片外存储器的低8位地址，ALE用于将片外存储器的低8位地址锁存到外部地址锁存器中。在不访问外部存储器时，ALE以时钟振荡频率的1/6的固定频率输出，因而它又可用作外部时钟信号以及外部定时信号。此引脚的第二功能$\overline{\text{PROG}}$是对8751型单片机内部EPROM编程/校验时的编程脉冲输入端。

$\overline{\text{PSEN}}$(29脚)：外部程序存储器ROM的读选通信号输出端。当访问外部ROM时，$\overline{\text{PSEN}}$定时产生负脉冲，用于选通片外程序存储器信号。

$\overline{\text{EA}}$/V_{PP}(31脚)：$\overline{\text{EA}}$访问内/外部程序存储器控制信号。当$\overline{\text{EA}}$高电平时，对ROM的读操作先从内部4KB开始，当地址范围超出4KB时自动切换到外部进行；当$\overline{\text{EA}}$为低电平时，对ROM的读操作限定在外部程序存储器。

4. 并行I/O口

8051型单片机有32条I/O线，构成4个8位双向端口，其基本功能如下。

P0口(32～39脚)：是一个8位漏极开路型的双向I/O口，访问外部存储器时，分时提供低8位地址和8位双向数据总线。

P1口(1～8脚)：是一个带内部上拉电阻的8位准双向I/O口。

P2口(21～28脚)：是一个带内部上拉电阻的8位准双向I/O口，在访问外部存储器时，输出高8位地址。

P3口(10～17脚)：是一个带内部上拉电阻的8位准双向I/O口。在系统中，这8个引脚都有各自的第二功能，详见表1-3。

表1-3　P3口各位的第二功能

P3口引脚	第二功能	P3口引脚	第二功能
P3.0	RxD(串行口输入端)	P3.4	T0(定时器0外部输入)
P3.1	TxD(串行口输出端)	P3.5	T1(定时器0外部输入)
P3.2	$\overline{\text{INT0}}$(外部中断0输入)	P3.6	$\overline{\text{WR}}$(外部数据存储器写脉冲输出)
P3.3	$\overline{\text{INT1}}$(外部中断1输入)	P3.7	$\overline{\text{RD}}$(外部数据存储器读脉冲输出)

1.3.2　单片机的内部结构

MCS-51单片机是在一块芯片中集成了CPU、RAM、ROM、定时器/计数器和多种功能的I/O线等一台计算机所需要的基本功能部件。MCS-51单片机内包含下列部件。

(1) 一个8位CPU。

(2) 一个片内振荡器及时钟电路。

(3) 4KB的ROM程序存储器。

(4) 256B的RAM数据存储器。

(5) 两个16位定时器/计数器。

(6) 可寻址64KB外部数据存储器和64KB程序存储器空间的控制电路。

(7) 32条可编程的I/O线(4个8位并行I/O端口)。

(8) 一个可编程全双工串行口。

(9) 具有5个中断源、两个优先级嵌套中断结构。

8051单片机内部结构框图如图1-40所示。各功能部件由内部总线连接在一起。

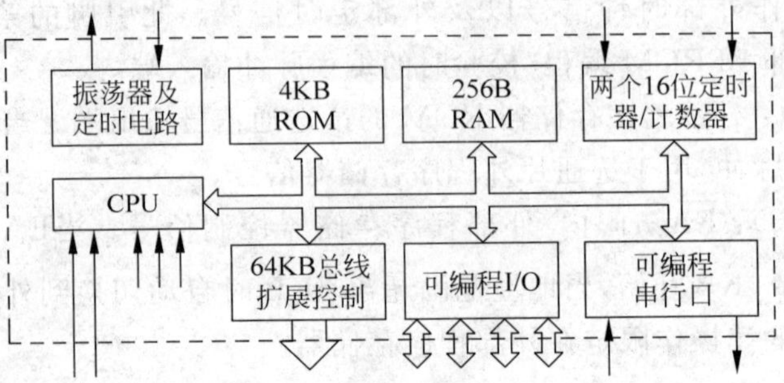

图1-40 8051单片机内部结构框图

1. CPU

中央处理器CPU是单片机的核心部件,由运算器、控制器组成。

(1) 运算器。运算器的功能主要是进行算术和逻辑运算,它由算术逻辑单元ALU、累加器ACC、B寄存器、PSW状态字寄存器和两个暂存器组成。ALU是运算器的核心部件,基本的算术逻辑运算都在其中进行。操作数暂存于累加器和相应的寄存器中,操作结果存于累加器,操作结果的状态保存于状态寄存器(PSW)中。

位处理器是单片机中运算器的重要组成部分,又称布尔处理器,专门用来处理位操作,位处理器以状态寄存器中的进位标志位CY为累加器。

(2) 控制器。控制器的功能是控制单片机各部件协调动作。它由程序计数器PC、PC加1寄存器、指令寄存器、指令译码器、定时与控制电路组成。其工作过程就是执行程序的过程,而程序的执行是在控制器的管理下进行的。首先,从片内外程序存储器ROM中取出指令,送到指令寄存器中。通过指令寄存器再送至指令译码器,将指令代码译成电平信号,与系统时钟一起,用以控制系统各部件进行相应的操作,完成指令的执行。

2. 内部存储器

存储器是用来存放程序和数据的部件,程序存储器和数据存储器空间是互相独立的,物理结构也不同。程序存储器为只读存储器(ROM);数据存储器为随机存取存储器(RAM)。

(1) 内部程序存储器。8051单片机共有4KB的ROM单元,主要用于存放程序、原始数据和表格内容,因为单片机工作时程序是不必修改的,所以程序存储器是只读存储器。

(2) 内部数据存储器。8051单片机共有256B的RAM单元,其中高128单元被特殊功能寄存器占用,能提供给用户使用的只是低128单元,称内部RAM,主要用于存放可随机存取的数据以及运算结果。

3. 定时器/计数器

8051单片机共有两个16位的定时器/计数器,用于实现定时或计数功能,并可用定时计数结果对单片机以及系统进行控制。

4. 并行 I/O 口

8051 型单片机共有 4 个 8 位的并行 I/O 口(P0、P1、P2、P3),以实现数据的并行输入与输出。

5. 串行口

8051 型单片机有一个全双工的串行口,实现单片机与其他设备之间串行数据的传递。

6. 中断控制系统

8051 型单片机共设有 5 个中断源,其中外部中断 2 个、定时/计数中断 2 个、串行中断 1 个,二级优先级,可实现二级中断嵌套。

7. 时钟电路

8051 型单片机芯片内有时钟电路,但石英晶体和微调电容需要外接。时钟电路为单片机产生时钟脉冲序列,作为单片机工作的时间基准。

1.3.3　单片机的并行端口

8051 单片机设有 4 个 8 位共计 32 条 I/O 线的并行双向端口,分别记作 P0、P1、P2、P3。每条 I/O 线都能独立用作输入输出线,每个端口均是由锁存器、输出驱动电路和输入缓冲器组成,对外呈现为一组引脚,对内则对应一个 8 位的特殊功能寄存器,具有字节寻址和位寻址功能。下面分别介绍这些 I/O 端口的结构与特性。

1. P0 口结构与功能

P0 口字节地址为 80H,位地址为 80H～87H。其位结构如图 1-41 所示。电路主要由一个锁存器、两个三态数据输入缓冲器、数据输出驱动和控制电路构成。

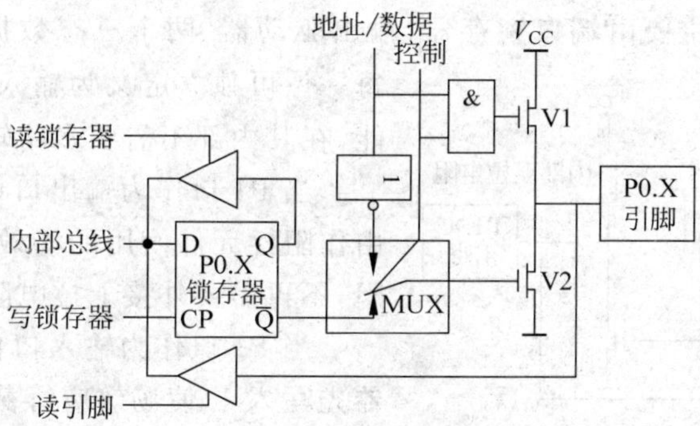

图 1-41　P0 口位结构

P0 口不仅可以作为通用的 I/O 口使用,而且可以作为单片机系统的地址/数据总线使用。在 P0 口的内部电路中有一个多路转接电子开关 MUX。在控制信号的作用下,MUX 可以分别接通锁存器输出或地址/数据线。

(1) P0 口作为通用输出

P0 口作为输出口使用时,内部的控制信号为低电平,封锁与门,将输出驱动电路上面的场效应管 V1 截止,同时使多路转接开关 MUX 接通锁存器 $\overline{Q}$ 端的输出通路。输出锁存器在 CP 脉冲的配合下,将内部总线传来的信息反映到输出端并锁存。由于输出电路是漏极开路电路,需要外接上拉电阻。

(2) P0 口作为通用输入

P0 口作为输入口使用时,应区分读引脚和读锁存器两种情况。所谓读引脚就是直接读取 P0.X 引脚的状态,这时在"读引脚"信号的控制下把缓冲器打开,将端口引脚上的数据经缓冲器通过内部总线读进来。上面一个缓冲器读取锁存器中 Q 端的数据。结构上的这种安排是为了适应读、修改、写这类指令的需要,对于这类指令,不直接读引脚而读锁存器是为了避免错读引脚上的电平信号。

单片机的控制器会根据执行指令的不同而自动选择相应的输入方式。P0 口在作为一般输入口使用时,在读取引脚之前应向锁存器写入 1,使上下两个场效应管均处于截止状态,使外接的状态不受内部信号的影响,然后再来读取引脚信息。

(3) P0 口作为地址/数据总线使用

P0 口输出地址时,控制信号为高电平,转换开关 MUX 将反相器输出端与输出级场效应管 V2 接通,同时打开了上面的与门,内部总线上的地址或数据信号通过与门驱动 V1 管,又通过反相器驱动 V2 管,这时内部总线上的地址或数据信号就传送到 P0 口的引脚上。输出驱动电路由于上下两个场效应晶体管形成推挽式电路结构,负载能力大大提高;当输入数据时,数据信号则直接从引脚通过输入缓冲器进入内部总线。P0 口作为地址/数据总线使用时,无须外接上拉电阻。

2. P1 口结构与功能

P1 口是通用 I/O 口,字节地址为 90H,位地址为 90H~97H。其位结构如图 1-42 所示。由图可见,电路主要由端口锁存器、输出驱动器、两个三态数据输入缓冲器等组成。每一位可独立定义为输入与输出。没有第二功能,在其内部不需要多路转接开关 MUX。

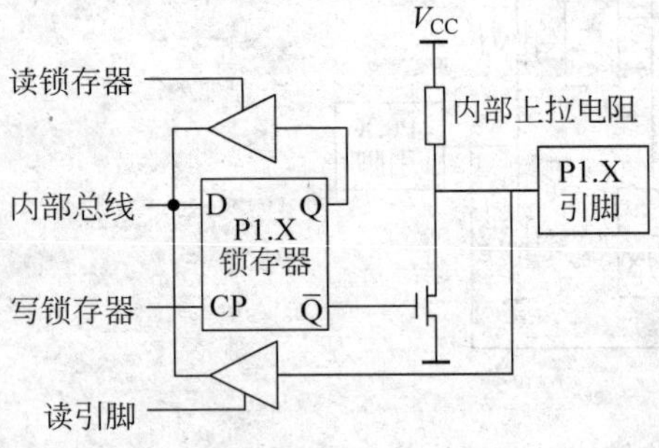

图 1-42　P1 口位结构

当 P1 口作为输出口使用时,在输出级内部由作阻性元件使用的场效应晶体管组成上拉电阻,不再需要外接上拉电阻。

当 P1 口作为输入口使用时,仍需要向锁存器先写入 1,使场效应管截止,再读取输入信号。其输入也分为"读引脚"方式和"读锁存器"方式两种。

3. P2 口结构与功能

P2 口字节地址为 0A0H,位地址为 0A0H~0A7H。其位结构如图 1-43 所示。

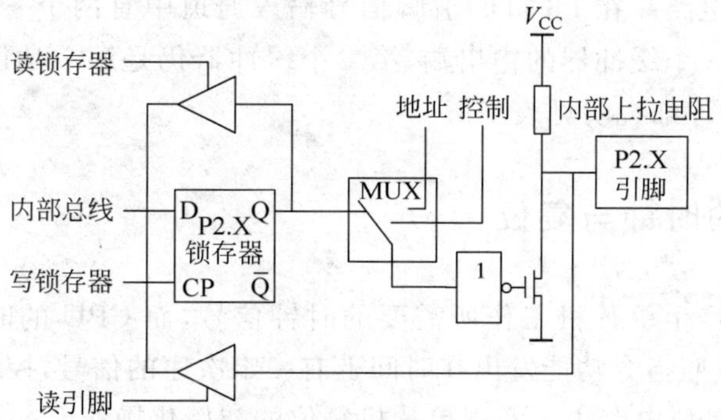

图 1-43　P2 口位结构

(1) P2 口作为通用 I/O 口使用

在 P2 口作为一般 I/O 口使用时，与 P1 口类似。用于输出时不需要外接上拉电阻，当用于输入时，仍需要向锁存器先写入 1，然后再读取。其输入也分为"读引脚"方式和"读锁存器"方式两种。

(2) P2 口作为高 8 位地址总线使用

在 P2 口电路中也有一个多路转接开关 MUX，这与 P0 口类似。当 P2 口作为高 8 位地址总线使用时，MUX 应拨向地址线端；当 P2 口作为一般 I/O 口使用时，MUX 应拨向锁存器的 Q 端。

4. P3 口结构与功能

P3 口字节地址为 0B0H，位地址为 0B0H～0B7H。其位结构如图 1-44 所示。

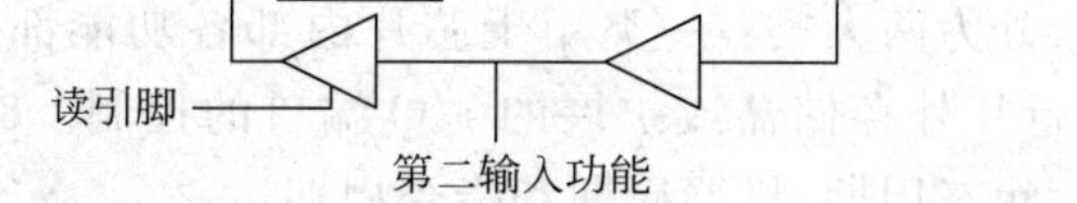

图 1-44　P3 口位结构

(1) P3 口作为通用 I/O 口使用

当 P3 口作为通用 I/O 口使用时，第二输出功能端为 1，其工作原理与 P1 口类似。

(2) P3 口作为第二功能使用

P3 口的第二功能实际上就是系统具有控制功能的控制线。当 P3 口作为第二功能使用时，锁存器 Q 端输出为 1，打开与非门，使第二功能信号从与非门场效应晶体管送至端口引脚，实现第二功能的信号输出；输入时，端口引脚信号通过缓冲器和第二输入功能端输入到相应的控制电路。在 P3 口的引脚信号输入通道中有两个三态缓冲器,第二功能的输入信号取自第一个缓冲器的输出端,第二个缓冲器仍是第一功能的读引脚信号缓冲器。P3 口第二功能详细说明见表 1-3。

1.3.4 单片机的时钟与复位

时钟电路用于产生单片机工作所需要的时钟信号,而 CPU 的时序是指控制器在统一的时钟信号下,按照指令功能发出在时间上有一定次序的信号,控制和启动相关逻辑电路完成指令操作;复位电路主要实现单片机复位的初始化操作。

1. 时钟电路

MCS-51 的时钟信号可以由两种方式产生,一种是内部方式,利用芯片内部的振荡电路;另一种是外部方式。

(1) 内部时钟方式

单片机内部有一个用于构成振荡器的高增益反相放大器,引脚 XTAL1 和 XTAL2 分别是此放大器的输入端和输出端。这个放大器与片外晶体构成一个自激振荡器,如图 1-45 所示。外接晶体以及电容 C_1 和 C_2 构成并联谐振电路,外接电容的参数会影响振荡器的稳定性、起振的快速性和温度的稳定性,晶体一般选用 6MHz、12MHz、11.0592MHz 和 24MHz,电容 C_1 和 C_2 的容值一般取用 20pF 或 33pF,可以参考器件手册推荐的参数。

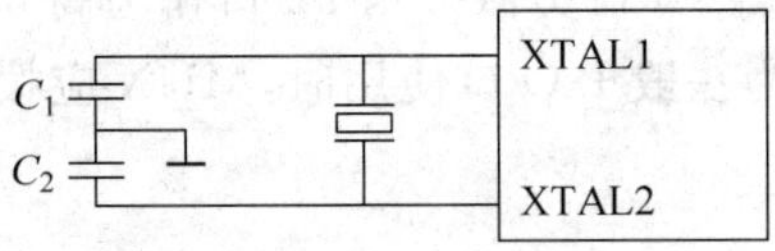

图 1-45 内部方式时钟电路

(2) 外部时钟方式

外部方式的时钟很少用,一般将 XTAL1 接地,XTAL2 接外部时钟源。具体应用可以参考器件手册的介绍。

2. CPU 时序

单片机的时序是指 CPU 在执行指令时所需控制信号的时间顺序。时序信号是以时钟脉冲为基准产生的,分为两大类:一类用于芯片内部各功能部件的控制;另一类用于通过单片机的引脚进行片外存储器或扩展的 I/O 端口的控制。8051 单片机时序涉及的时间周期有时钟周期、状态周期、机器周期和指令周期。

(1) 时钟周期 P

时钟周期是单片机中最小的时序单位,它是内部的时钟振荡频率 f_{OSC} 的倒数,又称振荡周期。例如,若某单片机的时钟频率 $f_{OSC}=12\text{MHz}$,则时钟周期 $P=1/f_{OSC}=0.0833\mu\text{s}$。时钟脉冲是系统的基本工作脉冲,它控制着单片机的工作节奏。

(2) 状态周期 S

状态周期是由连续的两个时钟周期组成的,即 1 个状态周期=2 个时钟周期。若某单片机的时钟频率 $f_{OSC}=12\text{MHz}$,则状态周期 $S=2/f_{OSC}=0.167\mu\text{s}$。通常把一个状态的前后两个振荡脉冲用 P1、P2 来表示。

（3）机器周期

机器周期是单片机完成某种基本操作所需要的时间。指令的执行速度和机器周期有关，一个机器周期由6个状态周期即12个振荡周期组成，分别用S1～S6来表示。这样，一个机器周期中的12个振荡周期就可以表示为S1P1、S1P2、S2P1、S2P2、…、S6P2。当单片机系统的时钟频率 $f_{OSC}=12MHz$ 时，它的一个机器周期就等于 $12/f_{OSC}$，也就是 $1\mu s$。

（4）指令周期

指令周期是执行一条指令所需要的时间，由于执行不同的指令所需要的时间长短不同，单片机的指令可分为单机器周期指令、双机器周期指令和四机器周期指令三种。

3. 复位

复位是单片机的初始化操作，其目的是使CPU及各个寄存器处于一个确定的初始状态，把PC初始化为0000H，使单片机从0000H单元开始执行程序。当单片机的RST引脚上输入两个机器周期以上的高电平信号时，单片机才能够被复位。复位操作将使部分特殊功能寄存器恢复到初始状态，如表1-4所示。

表1-4　单片机复位后的特殊功能寄存器初态

特殊功能寄存器	初　　态	特殊功能寄存器	初　　态
ACC	00H	TMOD	00H
B	00H	TCON	00H
PSW	00H	TH0	00H
SP	07H	TL0	00H
DPL	00H	TH1	00H
DPH	00H	TL1	00H
P0～P3	0FFH	SCON	00H
IP	×××00000B	SBUF	不定
IE	0××00000B	PCON	0×××××××B

上电复位方式：单片机接通电源后，通过RC电路来实现单片机的上电复位，如图1-46(a)所示。

手动复位方式：按键被按下时，RST端接高电平而实现手动复位，如图1-46(b)所示。

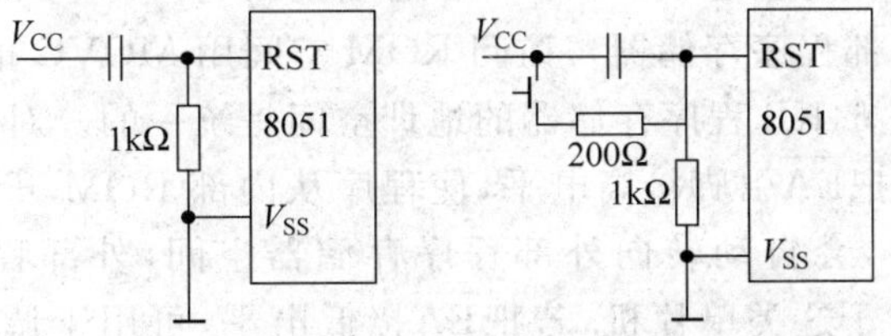

(a) 上电复位电路　　(b) 手动复位电路

图1-46　复位电路

1.4 任务 4 认识单片机的存储器组织

1.4.1 初识单片机的存储器

单片机的存储器就像是单片机所需要的程序和数据的家，MCS-51 单片机存储器分为程序存储器和数据存储器两大类。从组织结构上看，MCS-51 单片机采用的是哈佛结构，程序存储器和数据存储器互相分离，分开编址，就好像是在不同的房间里，程序存储器用来存放程序和需要用的常数，而数据存储器通常用来存放程序运行中所需要的数据或变量。

单片机的存储器从物理上可分为四个部分：片内程序存储器、片外程序存储器、片内数据存储器和片外数据存储器。从操作的角度，即逻辑上 8051 划分为 3 个存储器地址空间：(片内、片外)统一编址的 64KB 程序存储器(ROM)地址空间，256B 的内部数据存储器(RAM)地址空间和 64KB 的外部数据存储器(RAM)地址空间。存储器的组织结构如图 1-47 所示。

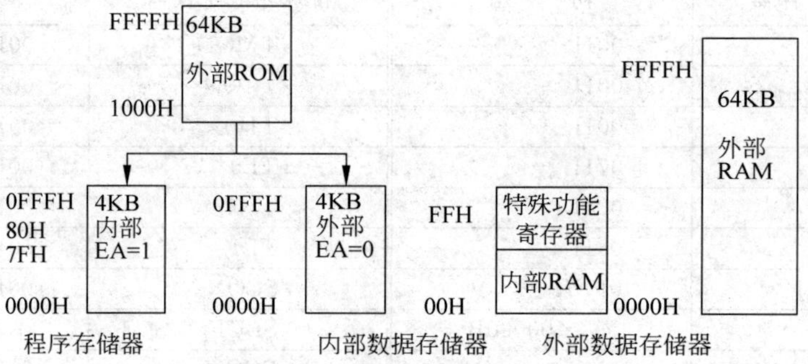

图 1-47 8051 的存储器组织结构

1.4.2 单片机的程序存储器

程序存储器用来存放编制好的固定程序和表格常数。程序存储器以程序计数器 PC 作地址指针，通过 16 位地址总线，可寻址的地址空间为 64KB。在 8051 片内有 4KB 的 ROM 程序存储器(内部程序存储器)，访问 ROM 空间用 MOVC 指令。

80C51 单片机中，64KB 程序存储器的地址空间是统一的。对于有内部 ROM 的单片机，在正常运行时，应把 $\overline{EA}$ 引脚接高电平，使程序从内部 ROM 开始执行。当 PC 值超出内部 ROM 的容量时，会自动转向外部程序存储器空间，外部程序存储器地址空间为 1000H～FFFFH。对于这类单片机，若把 $\overline{EA}$ 接低电平，可用于调试程序，即把要调试的程序放在与内部 ROM 空间重叠的外部程序存储器内进行调试和修改。

80C51 单片机复位后程序计数器 PC 的内容为 0000H，因此系统从 0000H 单元开始取指令，并执行程序，它是系统执行程序的起始地址。通常在该单元中存放一条跳转指令，而用户程序从跳转地址开始存放，以避开5个中断入口地址。

除了0000H单元，ROM中还有另外的5个特殊的单元，分别对应单片机5个中断源的入口地址，如表1-5所示。

表1-5 8051单片机中断入口地址

中断源	中断入口地址	中断源	中断入口地址
外部中断0	0003H	定时器T1中断	001BH
定时器T0中断	000BH	串行口中断	0023H
外部中断1	0013H		

1.4.3 单片机的数据存储器

数据存储器用来存放运算的中间结果、标志位，以及数据的暂存和缓冲等。MCS-51单片机的数据存储器有两个地址空间：一个为内部数据存储器，访问内部数据存储器用MOV指令；另一个为外部数据存储器，访问外部数据存储器用MOVX指令。

内部数据存储器是最灵活的地址空间，分为00H～7FH单元组成的低128B地址空间，是供用户使用的RAM区；80H～FFH单元组成的高128B地址空间，是特殊功能寄存器（又称SFR）区。8052单片机将这一高128B作为RAM区。

片内数据存储器低128单元按照功能不同，可分为工作寄存器区、位寻址区、用户RAM区三个区域，如图1-48所示。

图1-48 内部数据存储器

（1）工作寄存器区（00H～1FH）。工作寄存器区占内部RAM的前32个单元，地址为00H～1FH，共分4组，每组有8个寄存器，每个寄存器都是8位，在组内按R0～R7编号，用于存放操作数及中间结果等。由于它们的功能及作用预先不作规定，所以称为工作寄存器。4组工作寄存器在任一时刻，CPU只使用其中一组，正在使用的这些寄存器称为当前寄存器，由状态寄存器PSW中的RS0和RS1两位组合来确定，如表1-6所示。

表1-6 RS0和RS1选择当前寄存器

RS0	RS1	工作寄存器区
0	0	0区，地址为00H～07H
1	0	1区，地址为08H～0FH
0	1	2区，地址为10H～17H
1	1	3区，地址为18H～0FH

（2）位寻址区（20H～2FH）。内部RAM的20H～2FH单元为位寻址区，有16个单元，共有128位，该区的每一位都有一个位地址，依次编址00H～7FH。位寻址区的16个单元可以进行字节操作，也可以对单元中的某一位单独进行位操作，其中所有位均可以直接寻址，如表1-7所示。

表 1-7 内部 RAM 位寻址区的位地址分布

单元地址	位地址							
2FH	7FH	7EH	7DH	7CH	7BH	7AH	79H	78H
2EH	77H	76H	75H	74H	73H	72H	71H	70H
2DH	6FH	6EH	6DH	6CH	6BH	6AH	69H	68H
2CH	67H	66H	65H	64H	63H	62H	61H	60H
2BH	5FH	5EH	5DH	5CH	5BH	5AH	59H	58H
2AH	57H	56H	55H	54H	53H	52H	51H	50H
29H	4FH	4EH	4DH	4CH	4BH	4AH	49H	48H
28H	47H	46H	45H	44H	43H	42H	41H	40H
27H	3FH	3EH	3DH	3CH	3BH	3AH	39H	38H
26H	37H	36H	35H	34H	33H	32H	31H	30H
25H	2FH	2EH	2DH	2CH	2BH	2AH	29H	28H
24H	27H	26H	25H	24H	23H	22H	21H	20H
23H	1FH	1EH	1DH	1CH	1BH	1AH	19H	18H
22H	17H	16H	15H	14H	13H	12H	11H	10H
21H	0FH	0EH	0DH	0CH	0BH	0AH	09H	08H
20H	07H	06H	05H	04H	03H	02H	01H	00H

(3) 用户 RAM 区(30H～7FH)。内部 RAM 中地址为 30H～7FH 的 80 个单元是用户 RAM 区,也是数据缓冲区,通常用来存放用户数据,也是栈常用的区域。

1.4.4 单片机的特殊功能寄存器

内部数据存储器的高 128 单元是特殊功能寄存器区。特殊功能寄存器一般用于存放相应功能部件的控制命令、状态和数据。这些寄存器的功能已作了专门的规定,称为特殊功能寄存器(Special Function Register,SFR)。它们离散地分布在 80H～FFH 的 RAM 空间中。8051 的特殊功能寄存器除了程序计数器 PC 外,共有 21 个,如表 1-8 所示。

表 1-8 8051 特殊功能寄存器一览表

名 称	SFR 符号	MSB	位地址/定义						LSB	字节地址
B 寄存器	B	F7H	F6H	F5H	F4H	F3H	F2H	F1H	F0H	F0H
累加器	ACC	E7H	E6H	E5H	E4H	E3H	E2H	E1H	E0H	E0H
程序状态字	PSW	D7H	D6H	D5H	D4H	D3H	D2H	D1H	D0H	D0H
		CY	AC	F0	RS1	RS0	OV		P	
中断优先级	IP	BFH	BEH	BDH	BCH	BBH	BAH	B9H	B8H	B8H
					PS	PT1	PX1	PT0	PX0	
P3 口	P3	B7H	B6H	B5H	B4H	B3H	B2H	B1H	B0H	B0H
		P3.7	P3.6	P3.5	P3.4	P3.3	P3.2	P3.1	P3.0	

续表

名　称	SFR符号	MSB	位地址/定义						LSB	字节地址
中断允许控制	IE	AFH	AEH	ADH	ACH	ABH	AAH	A9H	A8H	A8H
		EA			ES	ET1	EX1	ET0	EX0	
P2口	P2	A7H	A6H	A5H	A4H	A3H	A2H	A1H	A0H	A0H
		P2.7	P2.6	P2.5	P2.4	P2.3	P2.2	P2.1	P2.0	
串行数据缓冲	SBUF									(99H)
串行口控制	SCON	9FH	9EH	9DH	9CH	9BH	9AH	99H	98H	98H
		SM0	SM1	SM2	REN	TB8	RB8	TI	RI	
P1口	P1	97H	96H	95H	94H	93H	92H	91H	90H	90H
		P1.7	P1.6	P1.5	P1.4	P1.3	P1.2	P1.1	P1.0	
T1高8位	TH1									(8DH)
T0高8位	TH0									(8CH)
T1低8位	TL1									(8BH)
T0低8位	TL0									(8AH)
定时模式	TMOD	GATE	C/T	M1	M0	GATE	C/T	M1	M0	(89H)
定时器控制	TCON	8FH	8EH	8DH	8CH	8BH	8AH	89H	88H	88H
		TF1	TR1	TF0	TR0	IE1	IT1	IE0	IT0	
电源控制	PCON	SMOD				GF1	GF0	PD	IDL	(87H)
数据指针高8位	DPH									(83H)
数据指针低8位	DPL									(82H)
栈指针	SP									(81H)
P0口	P0	87H	86H	85H	84H	83H	82H	81H	80H	80H
		P0.7	P0.6	P0.5	P0.4	P0.3	P0.2	P0.1	P0.0	

下面介绍程序计数器PC以及较为常用的几个特殊功能寄存器。

(1) 程序计数器PC(Program Counter)。它是一个16位的计数器，用于存放一条要执行的指令地址，寻址范围达64KB。PC有自动加1的功能，以实现程序的顺序执行。PC没有地址，是不可寻址的，用户无法对它进行读写，但在执行转移、调用、返回等指令时，能自动改变其内容，以改变程序的执行顺序。

(2) 累加器A(Accumulator)。最常用的特殊功能寄存器。其主要功能为存放操作数以及存放运算的中间结果。单片机中大部分单操作数指令的操作数取自累加器，多操作数指令中的一个操作数也取自累加器。加、减、乘、除算术运算指令的运算结果都存放于累加器A或AB寄存器中。指令系统中用A作为累加器的助记符。

(3) 寄存器B。主要用于乘除法的运算。乘法运算时，B为乘数，乘积的高位存于B中；除法运算时，B为除数，并将余数存于B中。也可以作为一般数据寄存器来使用。

(4) 程序状态字PSW(Program Status Word)。用于存放指令执行时的状态信息。其中有些位的状态是根据指令执行结果后，由硬件自动设置的，如表1-9所示。其各位说明如下。

表 1-9 程序状态字

PSW.7	PSW.6	PSW.5	PSW.4	PSW.3	PSW.2	PSW.1	PSW.0
CY	AC	F0	RS1	RS0	OV	—	P

① CY(PSW.7)：进位标志。是存放算术运算的进位标志，当进行加法或减法运算时，最高位有进位或借位，CY 被硬件置 1，否则被清零。在位操作中作为位累加器使用。

② AC(PSW.6)：辅助进位标志。在加法或减法运算中，当低 4 位向高 4 位进位或借位时，AC 被硬件置 1；否则被清零。

③ F0(PSW.5)：用户标志。是用户定义的一个状态标记，可以用软件对 F0 进行置位或复位；也可以通过测试 F0 来控制程序的转向。

④ RS1、RS0(PSW.4、PSW.3)：工作寄存器组选择控制位。可用软件设置这两位的状态，来选择对应寄存器组，对应关系如表 1-6 所示。被选中的寄存器称为当前寄存器。

⑤ OV(PSW.2)：溢出标志。执行算术指令时，由硬件置位或清零，以指示溢出状态。

若用 C6′表示 D6 位向 D7 位有进位，用 C7′表示 D7 向进位位有进位，则有 $OV = C6' \oplus C7'$。在带符号的加减运算中，OV=1 表示加减运算的结果超出了累加器 A 所能表示的范围(−128～+127)，即产生溢出，因此运算结果错误。在乘法运算中 OV=1 表示乘积超过 255，溢出；否则 OV=0。在除法运算中，OV=1 表示被除数为 0，除法不能进行；反之 OV=0，除法可以正常进行。

⑥ P(PSW.0)：奇偶标志位。用来表示累加器中 1 的个数的奇偶性，若 P=0，表示 1 的个数为偶数；P=1，表示 1 的个数为奇数。

(5) 数据指针 DPTR(Data Pointer)。该寄存器为 16 位寄存器，既可以按 16 位寄存器使用，也可以作为两个 8 位寄存器使用。高位字节寄存器用 DPH 表示，低位字节寄存器用 DPL 表示。在访问外部数据存储器时，用 DPTR 作为地址指针，寻址整个 64KB 外部数据存储器空间；在变址寻址中，DPTR 作为基址寄存器，对程序存储器空间进行访问。

(6) 栈指针寄存器 SP(Stack Pointer)。该寄存器用来存放栈的栈顶地址，系统复位后，SP 初始化为 07H，SP 的初始值越小，栈深度就可以越深。栈指针的值可以由软件改变，因此栈在内部 RAM 中的位置比较灵活。

1.4.5 单片机的片外数据存储器

当单片机内部数据存储器不能满足使用要求时，就需要扩展片外数据存储器，MCS-51 具有扩展 64KB 外部数据存储器和 I/O 口的能力，片外数据存储器和外部 I/O 统一编址，对外部数据存储器的访问采用 MOVX 指令，用间接寻址方式，R0、R1 和 DPTR 都可作为间址寄存器。

1.5　任务5　探究单片机能听懂的话

1.5.1　单片机使用的语言

在单片机应用开发中用到的语言分别有单片机的机器指令、汇编语言和单片机C语言。机器指令是用二进制代码表示的，单片机能直接识别和执行的一种语言；汇编语言是将机器指令用便于记忆和理解的助记符和符号地址来表达的语言，是机器指令的符号化表示；单片机C语言是面向用户的语言，具有优越的可读性和可移植性。

无论是用汇编语言编写的汇编源程序，还是用C语言编写的C语言源程序，单片机都是无法直接听懂的，需要由一个“翻译”将源程序翻译成机器指令。将汇编源程序翻译成机器指令代码的过程叫作汇编，将C语言源程序翻译成机器指令代码的过程叫作编译，汇编和编译可由Keil μVision完成。

1.5.2　认识单片机的汇编语言

汇编语言是用来代替机器指令进行程序设计的语言，由助记符、保留字和伪指令等组成。用汇编语言编写的程序称为汇编源程序。汇编语言程序结构简单、执行速度快、程序易优化、编译后占用存储空间小，是单片机应用开发中常用的程序设计语言。

汇编语言尤其适用于对实时性要求较高的底层程序的编写。

1.5.3　汇编语言的指令格式与寻址方式

指令是规定计算机进行操作的命令。计算机能够执行的各种指令的集合称为指令系统。不同种类的单片机指令系统一般是互不兼容的。MCS-51系列单片机共有111条指令，按照功能可以划分为五类：数据传送类指令(28条)、算术运算类指令(24条)、逻辑运算类指令(25条)、控制转移类指令(17条)、位操作类指令(17条)。MCS-51系列单片机的指令系统较为丰富，学习过程中首先要了解指令格式，具体指令则要在使用中不断熟悉，灵活运用。

1. 汇编语言指令格式

指令的表示形式称为指令格式。MCS-51汇编语言指令由四部分组成：标号、操作码、操作数和注释。具体格式如下。

[标号：]　操作码　[操作数][，操作数]　[；注释]

其中，方括号内为可选项。各部分之间必须用分隔符隔开，即标号要以“：”结尾，操作码和操作数之间要有一个或多个空格，操作数和操作数之间要用“，”隔开，注释开始之前要加“；”。例如：

```
START: MOV   A, #40H    ;A←#40H
```

(1) 标号

标号是由字母、数字组成的标识符,一般由 1～8 个字符组成,但第一个字符必须是字母。标号不能与系统专用的关键字同名。

标号是指令的符号地址,是一个可选项,并不是每一条指令都要有一个标号,而是根据需要而定。在程序设计过程中,适当地使用标号,便于程序的查询、修改。通常,标号在转移、调用和分支指令中作为目的地址的标识用。

使用标号应遵循下列规则。

① 标号后面必须跟冒号。

② 标号不能使用汇编语言中已经定义过的符号名,如指令助记符、寄存器名。

③ 标号只在本程序中有效,并且在同一个程序中不能使用相同的标号。

(2) 操作码

操作码是指令中唯一不可缺少的部分,表示指令的操作功能,用助记符表示。

(3) 操作数

操作数是可选项。在 MCS-51 指令中,按操作码的要求,操作数一般有以下几种形式:没有操作数项或操作数隐含在操作码中,如 RET 指令;只有一个操作数,如“CLR P1.0”指令;有两个操作数,如“MOV A,#40H”指令,操作数之间以逗号相隔;有三个操作数,如“CJNE A,#00H,NEXT”指令,操作数之间也以逗号相隔。

(4) 注释

注释主要用来解释该条指令或一段程序的功能,以提高程序的可读性。注释可有可无,在汇编时并不生成目的代码,对 MCU 执行指令无影响。注释前必须加“;”。

2. 指令系统标识符

指令的书写必须遵循一定的规则,为了叙述方便,我们对于指令系统标识符采用如表 1-10 所示的约定。

表 1-10 指令描述约定

符 号	含 义
R*n*	表示当前工作寄存器区的工作寄存器 R0～R7,*n*=0～7
@R*i*	表示作为片内 RAM 或片外 RAM 低 8 位间接寻址的地址指针 R0～R1,*i*=0,1
#data	表示在指令中的 8 位立即数,即 00H～FFH
#data16	表示在指令中的 16 位立即数,即 0000H～FFFFH
addr16	表示 16 位目的地址,用于 LCALL 和 LJMP 指令中对 64KB 程序存储空间寻址
addr11	表示 11 位目的地址,用于 ACALL 和 AJMP 指令中对 2KB 程序存储空间寻址
direct	表示 8 位片内 RAM 和特殊功能寄存器直接地址,即 00H～FFH
rel	表示带符号的 8 位地址偏移量(−128～+127),用于 SJMP 和条件转移指令中
bit	表示片内 RAM 或 SFR 的直接寻址位地址
/bit	表示对 bit 位先取反再参与运算,但不影响该位的原值
(X)	表示 X 地址单元中的内容,或 X 作为间接寻址寄存器时所指单元的内容
((X))	表示将 X 地址单元中的内容作为地址,该地址单元中的内容用((X))表示
$	表示当前指令起始地址,即 PC 的当前值

续表

符　号	含　义
DPTR	表示数据指针,可用作16位的地址寄存器
←	将←后面的内容传送到前面去

3. 寻址方式

操作数是指令的重要组成部分,它指定了参加运算的数或数所在单元的地址。寻找操作数或者操作数地址的方式称为寻址方式。寻址方式越丰富,CPU的功能就越强。

MCS 51系列单片机的指令系统中共有7种寻址方式,分别为立即寻址、直接寻址、寄存器寻址、寄存器间接寻址、变址寻址、相对寻址和位寻址。

(1) 立即寻址

立即寻址是指指令中直接给出参与实际操作的数据(即立即数)。为了与直接寻址中的直接地址相区别,立即数要用前缀"#"号来标识。例如:

```
MOV   A,#30H      ;将立即数30H送入累加器A中
```

(2) 直接寻址

直接寻址是指指令中直接给出操作数的地址,即指令操作数为存储单元的地址,真正的数据在存储单元中。直接寻址方式只能给出8位地址,因此,能用直接寻址方式的地址空间有如下几种。

① 片内数据存储器(00H～7FH)。在指令中直接以单元地址形式给出,例如:

```
MOV   A,30H       ;将片内地址为30H单元内的数据送入累加器A中
```

② 特殊功能寄存器SFR。SFR除了可以以单元地址形式给出外,还可以以寄存器符号形式给出。例如:

```
MOV   A,90H       ;将SFR中90H的内容送入累加器A中
```

其中,90H是P1寄存器的直接地址,而P1是其符号地址,因此上述指令可以写成:

```
MOV   A,P1
```

③ 位地址空间。在指令中直接给出位地址,例如:

```
MOV   C,30H       ;将位地址为30H的位单元中的内容送入位累加器CY中
```

(3) 寄存器寻址

寄存器寻址是指指令中给出存放操作数的寄存器。寄存器包括选定工作寄存器R0～R7、累加器A、寄存器B、数据指针DPTR、进位位CY、栈指针SP及其他特殊功能寄存器。例如:

```
MOV   A,R1        ;将寄存器R1中的数据送入累加器A中
```

(4) 寄存器间接寻址

寄存器间接寻址是指指令中给出的寄存器内容是操作数的地址,从该地址中取出的才是操作数。执行指令时,首先根据寄存器的内容,找到所需要的操作数地址,再由该地

址找到操作数并完成相应操作。为了区别寄存器寻址和寄存器间接寻址，在寄存器间接寻址中，应在寄存器的名称前面加前缀“@”。

在 MCS-51 指令系统中，用于寄存器间接寻址的寄存器有 R0、R1 和 DPTR，寄存器间接寻址的寻址范围如下。

① 片内 RAM 的低 128B 单元，只能采用 R0 或 R1 作为间接寻址寄存器，例如：

```
MOV    A,@R0            ;将 R0 所指的片内 RAM 单元的数据送入累加器 A 中
```

② 片外 RAM 的 64KB 单元，使用 DPTR 作为间接寻址寄存器，例如：

```
MOVX   A,@DPTR          ;将 DPTR 所指的片外 RAM 单元的数据送入累加器 A 中
```

③ 片外 RAM 低 256B 单元，除了可使用 DPTR 作为间址寄存器外，也可使用 R0 或 R1 作间址寄存器，例如：

```
MOVX   A,@R0            ;将 R0 所指的片外 RAM 单元的数据送入累加器 A 中
```

(5) 变址寻址

变址寻址是指将基址寄存器与变址寄存器的内容相加，把相加结果作为操作数的地址。指令中把 DPTR 或 PC 作为基址寄存器，累加器 A 作为变址寄存器。变址寻址主要用于查表操作。例如：

```
MOVC   A,@A+DPTR        ;将 DPTR 和 A 的内容相加所得到的程序存储器地址单元中的内容
                        ;送入累加器 A 中
MOVC   A,@A+PC          ;将当前的 PC 值和 A 的内容相加所得到的程序存储器地址单元中
                        ;的内容送入累加器 A 中
```

注意：变址寻址只能在 64KB 程序存储器的范围内寻址，不能对数据存储器进行变址寻址。

(6) 相对寻址

相对寻址是指程序计数器 PC 的当前内容与指令中给出的相对偏移量 rel 相加，其结果作为跳转指令的转移地址(也称目的地址)。相对偏移量 rel 用补码表示，其范围为 −128～+127。该类寻址方式主要用于相对转移指令。转移的目的地址可用如下公式表示。

目的地址 = 转移指令所在地址 + 转移指令字节数 + rel

例如：

```
SJMP   rel              ;PC目的 =PC源 +2+rel
```

(7) 位寻址

位寻址是指对位寻址空间按位进行寻址的操作。在需要进行位处理时，借助于进位位 CY 作为位操作累加器，可对内部 RAM 中的位寻址区(20H～2FH)和 11 个可位寻址特殊功能寄存器 SFR 的位寻址单元进行操作。位寻址有以下三种不同的写法。

① 直接位地址写法。例如：

```
MOV    C,40H            ;其中 40H 就是位地址
```

② 单元地址加位数写法。例如：

MOV C,28H.2 ;其中28H.2就是以字节地址28H的第2位形式来表示的

③ 寄存器名加位数写法，在指令格式中直接采用位定义名称，这种方式只适用于可以位寻址的SFR，如CLR P1.0。

1.5.4 数据传送指令

数据传送指令是MCS-51指令系统中最基本也是使用最频繁的指令，用于将“源操作数”中的数据传送到“目的操作数”，源操作数不变，而目的操作数被传送后的源操作数所代替。数据传送指令包括内部RAM、寄存器、外部RAM以及程序存储器之间的数据传送，此外数据交换指令、栈操作也属于数据传送的范围。

在29条数据传送类指令中，用到8种助记符MOV、MOVX、MOVC、XCH、XCHD、SWAP、PUSH和POP。数据传送指令执行后，除了奇偶标志P会受到以累加器A为目的操作数指令的影响，其他标志均不受影响。

1. 片内RAM数据传送指令

(1) 以累加器A为目的操作数的传送指令如表1-11所示。

表1-11 以累加器A为目的操作数的传送指令

助记符	指令功能	指令说明	周期数	字节数
MOV A,R*n*	A←R*n*	*n*=0～7	1	1
MOV A,direct	A←(direct)		1	2
MOV A,@R*i*	A←(R*i*)	*i*=0,1	1	1
MOV A,#data	A←#data		1	2

(2) 以寄存器R*n*为目的操作数的传送指令如表1-12所示。

表1-12 以寄存器R*n*为目的操作数的传送指令

助记符	指令功能	指令说明	周期数	字节数
MOV R*n*,A	R*n*←A	*n*=0～7	1	1
MOV R*n*,direct	R*n*←(direct)	*n*=0～7	1	2
MOV R*n*,#data	R*n*←#data	*n*=0～7	1	2
MOV DPTR,#data16	(DPTR)←#data16		2	3

(3) 以直接地址为目的操作数的传送指令如表1-13所示。

表1-13 以直接地址为目的操作数的传送指令

助记符	指令功能	指令说明	周期数	字节数
MOV direct,A	(direct)←A		1	2
MOV direct,R*n*	(direct)←R*n*	*n*=0～7	1	2
MOV dir1,dir2	(dir1)←(dir2)		2	3
MOV direct,@R*i*	(direct)←(R*i*)	*i*=0,1	2	2
MOV direct,#data	(direct)←#data		2	3

(4) 以寄存器间址@Ri 为目的操作数的传送指令如表 1-14 所示。

表 1-14 以寄存器间址@Ri 为目的操作数的传送指令

助 记 符	指 令 功 能	指令说明	周期数	字节数
MOV @Ri,A	(Ri)←A	i=0,1	1	1
MOV @Ri,direct	(Ri)←(direct)	i=0,1	2	2
MOV @Ri,#data	(Ri)←#data	i=0,1	1	2

2. 外部数据传送指令

外部数据传送指令如表 1-15 所示。

表 1-15 外部数据传送指令

助 记 符	指 令 功 能	指 令 说 明	周期数	字节数
MOVX A,@DPTR	A←(DPTR)	读外 RAM 64KB 单元	2	1
MOVX A,@Ri	A←(Ri)	读外 RAM 低 256B 单元	2	1
MOVX @DPTR,A	(DPTR)←A	写外 RAM 64KB 单元	2	1
MOVX @Ri,A	(Ri)←A	写外 RAM 低 256B 单元	2	1

注意:

(1) 外部 RAM 只能通过累加器 A 进行数据传送。

(2) 累加器 A 与外部 RAM 之间传送数据时只能用间接寻址方式,间接寻址寄存器为 DPTR、R0、R1。

例 1-1 将片外 RAM 2050H 单元中的数据传送到片外 RAM 2670H 单元中去。

解: 程序段如下。

```
MOV     DPTR,#2050H
MOVX    A,@DPTR          ;先将片外 RAM 2050H 单元中的内容传送到 A 中
MOV     DPTR,#2670H
MOVX    @DPTR,A          ;再将 A 中的内容传送到片外 RAM 2670H 单元中
```

例 1-2 将片外 RAM 2000H 单元中的数据传送到片外 RAM 20H 单元中去。

解: 程序段如下。

```
MOV     DPTR,#2000H
MOVX    A,@DPTR          ;先将片内 RAM 2000H 单元中的内容传送到 A 中
MOV     R0,#20H
MOVX    @R0,A            ;再将 A 中的内容传送到片外 RAM 20H 单元中
```

3. 查表指令

查表指令如表 1-16 所示。

表 1-16 查表指令

助 记 符	指令功能	指令说明	周期数	字节数
MOVC A,@A+ DPTR	A←(A+DPTR)	读取远程表	2	1
MOVC A,@A+ PC	A←(A+PC)	读取本地表	2	1

例 1-3 有一个 0～4 的平方表,表首址为 SQTB,如图 1-49 所示。以 DPTR 为基址指针,设 A=3,用查表法求其平方值。

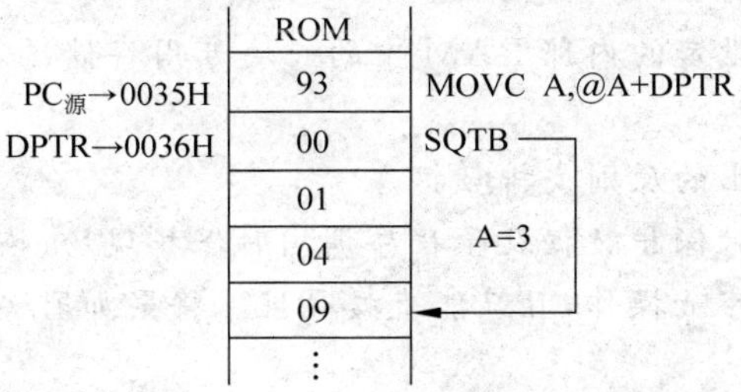

图 1-49 查远程表

解:程序段如下。

```
        ORG     0030H
START:  MOV     A,#03H              ;所查数正好为离表首址的偏移量
        MOV     DPTR,#SQTB          ;送平方表首址
        MOVC    A,@A+DPTR           ;查平方表
SQTB:   DB      00H,01H,04H,09H,10H ;建立平方表区域
        END     START
```

4. 交换指令

(1) 字节交换指令如表 1-17 所示。

表 1-17 字节交换指令

助 记 符	指 令 功 能	指 令 说 明	周期数	字节数
XCH A,R*n*	A↔R*n*	R*n* 内容与 A 内容互换	1	1
XCH A,direct	A↔direct	内 RAM/SFR 单元与 A 内容互换	1	2
XCH A,@R*i*	A↔(R*i*)	内 RAM 单元与 A 内容互换	1	1

(2) 半字节交换指令如表 1-18 所示。

表 1-18 半字节交换指令

助 记 符	指 令 功 能	指 令 说 明	周期数	字节数
XCHD A,@R*i*	$A_{3\sim0}\leftrightarrow(Ri)_{3\sim0}$	低 4 位交换,高 4 位不变	1	1
SWAP A	$(A)_{3\sim0}\leftrightarrow(A)_{7\sim4}$	高、低 4 位互相交换	1	1

5. 栈操作指令

栈操作指令如表 1-19 所示。

表1-19 栈操作指令

助记符	指令功能	指令说明	周期数	字节数
PUSH direct	SP←SP+1 (SP)←(direct)	将SP加1,然后内RAM/SFR送栈顶	2	2
POP direct	(direct)←(SP) SP←SP−1	栈顶内容送内RAM/SFR,然后SP减1	2	2

说明:

(1) 栈是用户自己设定的内部RAM中的一块专用存储区,使用时一定先设栈指针;栈指针默认为SP=07H。

(2) 栈遵循后进先出的原则安排数据。

(3) 栈通常用于临时保护数据及子程序调用时保护现场/恢复现场。

(4) 栈操作必须是字节操作,且只能直接寻址。将累加器A入栈、出栈指令可写成

```
PUSH/POP    ACC
```

或

```
PUSH/POP    0E0H
```

而不能写成

```
PUSH/POP    A
```

例1-4 设栈指针为40H,将累加器A和DPTR中的内容压入其中,然后根据需要再将它们弹出,编写实现该功能的程序段。

解: 程序段如下。

```
MOV     SP,#40H       ;设置栈指针,SP=40H,为栈底地址
PUSH    ACC           ;SP←SP+1,SP=41H,(SP)←ACC
PUSH    DPH           ;SP←SP+1,SP=42H,(SP)←DPH
PUSH    DPL           ;SP←SP+1,SP=43H,(SP)←DPL
 ⋮
POP     DPL           ;DPL←(SP),SP←SP−1,SP=42H
POP     DPH           ;DPH←(SP),SP←SP−1,SP=41H
POP     ACC           ;ACC←(SP),SP←SP−1,SP=40H
```

1.5.5 算术运算指令

MCS-51算术运算指令能对8位无符号数进行加、减、乘、除运算;借助溢出标志,可对有符号数进行补码运算;借助进位标志,可进行多字节加、减运算;还可以对压缩BCD进行运算。在24条算术运算指令中,用到8种助记符ADD、ADDC、SUBB、INC、DEC、DA、MUL和DIV。算术运算指令执行后,运算结果保留在累加器A中,同时,除了加1和减1指令外,均影响程序状态字PSW的相关标志位。这些标志位是进位位CY(指令中用C表示)、溢出标志OV、半进位位AC和奇偶校验位P。

1. 加法和减法指令

(1) 加法指令如表1-20所示。

表1-20 加法指令

助 记 符	指令功能	指令说明	周期数	字节数
ADD A,R*n*	A←A+R*n*	*n*=0～7	1	1
ADD A,direct	A←A+(direct)		1	1
ADD A,@R*i*	A←A+(R*i*)	*i*=0,1	1	1
ADD A,#data	A←A+#data		1	1
ADDC A,R*n*	A←A+R*n*+CY	*n*=0～7	1	1
ADDC A,direct	A←A+(direct)+CY		1	2
ADDC A,@R*i*	A←A+(R*i*)+CY	*i*=0,1	1	1
ADDC A,#data	A←A+#data+CY		1	2

说明:

① ADD与ADDC的区别在于是否加进位位CY。

② 指令执行结果均在累加器A中。

③ 以上指令结果均影响程序状态字寄存器PSW的CY、OV、AC和P标志。

(2) 减法指令如表1-21所示。

表1-21 减法指令

助 记 符	指 令 功 能	指令说明	周期数	字节数
SUBB A,R*n*	A←A−R*n*−CY	*n*=0～7	1	1
SUBB A,direct	A←A−(direct)−CY		1	2
SUBB A,@R*i*	A←A−(R*i*)−CY	*i*=0,1	1	1
SUBB A,#data	A←A−#data−CY		1	2

说明:

① 减法指令中没有不带借位的,所以在需要时,必须先将CY清0。

② 指令执行结果均在累加器A中。

③ 减法指令结果影响程序状态字寄存器PSW的CY、OV、AC和P标志。

(3) 加1、减1指令如表1-22所示。

表1-22 加1、减1指令

助 记 符	指 令 功 能	指 令 说 明	周期数	字节数
INC A	A←A+1	影响PSW的P标志	1	1
INC R*n*	R*n*←R*n*+1	*n*=0～7	1	1
INC direct	(direct)←(direct)+1		1	2
INC @R*i*	(R*i*)←(R*i*)+1	*i*=0,1	1	1
INC DPTR	DPTR←DPTR+1		2	1
DEC A	A←A−1	影响PSW的P标志	1	1
DEC R*n*	R*n*←R*n*−1	*n*=0～7	1	1
DEC direct	(direct)←(direct)+1		1	2
DEC @R*i*	(R*i*)←(R*i*)−1	*i*=0,1	1	1

说明：以上指令结果通常不影响程序状态字寄存器 PSW。

例 1-5 分别指出指令 INC R0 和 INC @R0 的执行结果。设 R0=20H,(20H)=01H。

解：

```
INC   R0      ;R0+1=20H+1=21H→R0,R0=21H
INC   @R0     ;(R0)+1=(20H)+1→(R0),(30H)=02H,R0 中内容不变
```

(4) 十进制调整指令如表 1-23 所示。

表 1-23 十进制调整指令

助记符	指令功能	指令说明	周期数	字节数
DA A	对 A 进行 BCD 码调整	和大于 9 或大于等于 16,加 6 调整	1	1

BCD(Binary Coded Decimal)码是用二进制形式表示十进制数,BCD 码用 4 位二进制码表示一位十进制数,这 4 位二进制数的权为 8421,因此 BCD 码又称为 8421 码。十进制数码 0～9 所对应的 BCD 码如表 1-24 所示。

表 1-24 十进制数与 BCD 码对应表

十进制数	0	1	2	3	4	5	6	7	8	9
BCD 码	0000	0001	0010	0011	0100	0101	0110	0111	1000	1001

十进制调整指令的功能是对累加器 A 中的压缩 BCD 码的加法结果进行十进制调整。所谓压缩 BCD 码,就是指在一个字节中存放两位 BCD 码。具体调整规则如下。

① 若 AC=1 或累加器低 4 位 $A_L>9$,则 A←A+06H。

② 若 CY=1 或累加器高 4 位 $A_H>9$,则 A←A+06H。

注意：

① 十进制调整指令只影响程序状态字寄存器 PSW 的 CY 标志。BCD 码相加后,若 CY=1,表示 BCD 码和已大于或等于十进制数 100。

② DA A 指令将 A 中的二进制码自动调整为 BCD 码。

③ DA A 指令只能跟在 ADD 或 ADDC 加法指令后,不适用于减法。

2. 乘法和除法指令

乘法和除法指令如表 1-25 所示。

表 1-25 乘法和除法指令

助记符	指令功能	指令说明	周期数	字节数
MUL AB	BA←A×B	无符号数相乘,高位存 B,低位存 A	4	1
DIV AB	BA←A/B	无符号数相除,商取整存 A,余数存 B	4	1

说明：

(1) 乘法结果影响程序状态字寄存器 PSW 的 OV(积超过 0FFH,则置 1；否则为 0)和 CY(总是清 0)以及 P 标志。

(2) 除法结果影响程序状态字寄存器 PSW 的 OV(除数为 0,则置 1；否则为 0)和

CY(总是清0)以及P标志。

(3) 当除数为0时,除法无意义。

1.5.6 逻辑运算指令

MCS-51逻辑运算指令包括了对字节的与、或、非、异或指令,累加器A的清零和取反指令,以及移位指令等。在24条逻辑运算指令中,用到9种助记符,即ANL、ORL、XRL、CLR、CPL、RL、RLC、RR和RRC。

(1) 逻辑与指令如表1-26所示。

表1-26 逻辑与指令

助记符	指令功能	指令说明	周期数	字节数
ANL A,R*n*	A←A∧R*n*	按位相与	1	1
ANL A,direct	A←A∧(direct)		1	2
ANL A,@R*i*	A←A∧(R*i*)		1	1
ANL A,#data	A←A∧#data		1	2
ANL dir,A	(dir)←(dir)∧A		1	2
ANL dir,#data	(dir)←(dir)∧#data		2	3

(2) 逻辑或指令如表1-27所示。

表1-27 逻辑或指令

助记符	指令功能	指令说明	周期数	字节数
ORL A,R*n*	A←A∨R*n*	按位相或	1	1
ORL A,direct	A←A∨(direct)		1	2
ORL A,@R*i*	A←A∨(R*i*)		1	1
ORL A,#data	A←A∨#data		1	2
ORL dir,A	(dir)←(dir)∨A		1	2
ORL dir,#data	(dir)←(dir)∨#data		2	3

(3) 逻辑异或指令如表1-28所示。

表1-28 逻辑异或指令

助记符	指令功能	指令说明	周期数	字节数
XRL A,R*n*	A←A⊕R*n*	按位异或	1	1
XRL A,direct	A←A⊕(direct)		1	2
XRL A,@R*i*	A←A⊕(R*i*)		1	1
XRL A,#data	A←A⊕#data		1	2
XRL dir,A	(dir)←(dir)⊕A		1	2
XRL dir,#data	(dir)←(dir)⊕#data		2	3

(4) 累加器 A 清零、取反指令如表 1-29 所示。

表 1-29 累加器 A 清零、取反指令

助记符	指令功能	指令说明	周期数	字节数
CLR A	A←00H	累加器 A 清零	1	1
CPL A	$A \leftarrow \overline{A}$	累加器 A 取反	1	1

(5) 移位指令。此处介绍的移位指令均是针对累加器 A 的单操作数、单字节和单周期指令。除带进位位循环移位指令影响 CY 和 P 标志外,其他指令均不影响标志位。移位指令如表 1-30 所示。

表 1-30 移位指令

助 记 符	指 令 功 能	指 令 说 明	周期数	字节数
RL A	循环左移 1 位	←A7←–A0←	1	1
RLC A	带进位循环左移 1 位	CY–A7←–A0	1	1
RR A	循环右移 1 位	→A7→–A0→	1	1
RRC A	带进位循环右移 1 位	CY→A7→–A0	1	1

1.5.7 控制转移指令

MCS-51 控制转移指令又称跳转指令,通过改变 PC 的指向来改变程序执行的流向。控制转移指令可分为无条件转移、条件转移、子程序调用和返回等。在 16 条控制转移类指令中,用到 12 种助记符,即 LJMP、AJMP、SJMP、JMP、JZ、JNZ、CJNE、DJNZ、LCALL、ACALL、RET 和 RETI。

1. 无条件转移指令

无条件转移指令有长转移 LJMP、绝对转移 AJMP、相对转移 SJMP 和变址转移 JMP。所有无条件转移指令均不影响标志位,如表 1-31 所示。

表 1-31 无条件转移指令

助 记 符	指 令 功 能	指 令 说 明	周期数	字节数
LJMP addr16	PC←addr16	长转移 64KB 寻址	2	3
AJMP addr11	$PC_{10\sim0}$←addr11	短转移 2KB 寻址	2	2
SJMP rel	PC←PC+rel	相对转移−80H～7FH	2	2
JMP A+DPTR	PC←A+DPTR	间接转移 64KB 相对寻址	2	1

说明：

(1) 在实际应用中，LJMP、AJMP 和 SJMP 后面的 addr16、addr11 或 rel 都是用标号来代替的，不一定写出它们的具体地址。

(2) 变址转移指令通常用于散转(多分支)程序。

2. 条件转移指令

(1) 累加器 A 判零转移指令如表 1-32 所示。

表 1-32　累加器 A 判零转移指令

助记符	指令功能	指令说明	周期数	字节数
JZ　rel	PC←PC+2，若 A=0，则 PC←PC+rel	A=0，相对转移	2	2
JNZ　rel	PC←PC+2，若 A≠0，则 PC←PC+rel	A≠0，相对转移	2	2

(2) 比较不等转移指令如表 1-33 所示。

表 1-33　比较不等转移指令

助　记　符	指令功能	指令说明	周期数	字节数
CJNE A，direct，rel	若 A≠(direct)，则 PC←PC+3+rel；否则 PC←PC+3 若 A≥(direct)，则 CY=0；否则 CY=1	A≠(direct)，相对转移	2	3
CJNE A，#data，rel	若 A≠#data，则 PC←PC+3+rel；否则 PC←PC+3 若 A≥#data，则 CY=0；否则 CY=1	A≠#data，相对转移	2	3
CJNE R*n*，#data，rel	若 R*n*≠#data，则 PC←PC+3+rel；否则 PC←PC+3 若 R*n*≥#data，则 CY=0；否则 CY=1	R*n*≠#data，相对转移	2	3
CJNE @R*i*，#data，rel	若(R*i*)≠#data，则 PC←PC+3+rel；否则 PC←PC+3 若(R*i*)≥#data，则 CY=0；否则 CY=1	(R*i*)≠#data，相对转移	2	3

(3) 减 1 非零转移指令如表 1-34 所示。

表 1-34　减 1 非零转移指令

助　记　符	指令功能	指令说明	周期数	字节数
DJNZ　R*n*，rel	R*n*←R*n*−1，若 R*n*≠0，则 PC←PC+2+rel；否则 PC←PC+2	R*n* 减 1 非零转移	2	2

续表

助 记 符	指 令 功 能	指令说明	周期数	字节数
DJNZ direct,rel	(direct)←(direct)－1,若(direct)≠0,则 PC←PC＋3＋rel;否则 PC←PC＋3	(direct)－1,非零转移	2	3

3. 子程序调用和返回指令

(1) 子程序调用指令如表1-35所示。

表1-35 子程序调用指令

助 记 符	指 令 功 能	指令说明	周期数	字节数
LCALL addr16	PC←PC＋3 SP←SP＋1,SP←PC_L SP←SP＋1,SP←PC_H PC←addr16	长调用,64KB寻址	2	3
ACALL addr11	PC←PC＋2 SP←SP＋1,SP←PC_L SP←SP＋1,SP←PC_H $PC_{0\sim10}$←addr11	短调用,2KB寻址	2	2

(2) 返回指令如表1-36所示。

表1-36 返回指令

助记符	指 令 功 能	指令说明	周期数	字节数
RET	PC_H←SP,SP←SP－1 PC_L←SP,SP←SP－1 子程序返回指令	从子程序调用	2	1
RETI	PC_H←SP,SP←SP－1 PC_L←SP,SP←SP－1 中断返回指令	从中断返回	2	1

(3) 空操作指令如表1-37所示。

表1-37 空操作指令

助记符	指 令 功 能	指 令 说 明	周期数	字节数
NOP	PC←PC＋1,空操作	消耗1个机器周期	1	1

1.5.8 位操作指令

MCS-51布尔处理器具有丰富的位处理功能,以PSW中的进位标志CY为位累加器C,对于片内RAM或SFR中的可位寻址区,以位为对象进行位操作处理。位操作指令分为位传送、位置1和位清零、位运算、位控制转移指令四类。位操作指令也称为布尔变量操作指令，对布尔变量的寻址分CY和直接地址两种。在17条指令中，用到11种助记符，即CLR、SETB、ANL、ORL、CPL、MOV、JC、JNC、JB、JNB和JBC。

(1) 位置1和位清零指令如表1-38所示。

表1-38　位置1和位清零指令

助记符	指令功能	指令说明	周期数	字节数
CLR C	CY←0	CY清零，影响CY标志	1	1
CLR bit	bit←0	位清零指令，不影响PSW	1	2
SETB C	CY←1	CY置1，影响CY标志	1	1
SETB bit	bit←1	位置1指令，不影响PSW	1	2

(2) 位逻辑运算指令如表1-39所示。

表1-39　位逻辑运算指令

助记符	指令功能	指令说明	周期数	字节数
ANL C,bit	CY←CY∧(bit)	位与指令	2	2
ANL C,/bit	CY←CY∧(bit)	位与指令	2	2
ORL C,bit	CY←CY∨bit	位或指令	2	2
ORL C,/bit	CY←CY∨(bit)	位或指令	2	2
CPL C	CY←$\overline{CY}$	位取反指令	2	1
CPL bit	bit←$\overline{(bit)}$	位取反指令	2	2

(3) 位传送指令如表1-40所示。

表1-40　位传送指令

助记符	指令功能	指令说明	周期数	字节数
MOV C,bit	CY←(bit)	位地址bit中的内容送CY	2	2
MOV bit,C	(bit)←CY	CY中的内容送位地址bit	2	2

说明：位传送指令必须与进位位C同时进行，不能在其他两个位之间传送。

例1-6　用位操作指令编程计算逻辑方程P1.7=ACC.0×(B.0+P2.3)+/P3.1，其中"+"表示逻辑或；"×"表示逻辑与。

解：程序段如下。

```
MOV   C,B.0       ;C←B.0
ORL   C,P2.3      ;C←C或P2.3
ANL   C,ACC.0     ;C←C或ACC.0,即C←ACC.0×(B.0+P2.3)
ORL   C,/P3.1     ;C←C或/P3.1,即C←ACC.0×(B.0+P2.3)+/P3.1
MOV   P1.7,C      ;P1.7←C
```

(4) 位控制转移指令如表 1-41 所示。

表 1-41　位控制转移指令

助　记　符	指 令 功 能	指令说明	周期数	字节数
JC　rel	若 CY=1,则 PC←PC+2+rel; 否则 PC←PC+2	CY=1,相对转移	2	2
JNC　rel	若 CY≠1,则 PC←PC+2+rel; 否则 PC←PC+2	CY≠1,相对转移	2	2
JB　bit,rel	若(bit)=1,则 PC←PC+3+rel; 否则 PC←PC+3	(bit)=1,相对转移	2	3
JNB　bit,rel	若(bit)=0,则 PC←PC+3+rel; 否则 PC←PC+3	(bit)=0,相对转移	2	3
JBC　bit,rel	若(bit)=1,则 PC←PC+3+rel, 且(bit)←0;否则 PC←PC+3	(bit)=1,相对转移, 并使该位清零	2	3

说明:JBC 与 JB 指令的区别在于前者转移后同时把寻址位清零,后者只转移而不清零寻址位。

1.5.9　伪指令

在用 A51 汇编程序(Assembler)汇编用户源程序时,需要用伪指令来提供相关的汇编信息。伪指令是指示和控制汇编过程的一些命令,同时也为编程提供了方便。伪指令是针对 Assembler 的,不是针对 CPU 的,不产生目的指令,所以称其为“伪”指令。下面介绍一些常用的伪指令。

1. 汇编起始伪指令 ORG

格式:

```
[标号:]  ORG  nn          ;nn 是 16 位的地址或者标号
```

功能:指示其后的目的程序或数据块存放在以 nn 为起始地址的程序存储器中,总是出现在每段源程序或数据块的开始。例如:

```
ORG   1000H               ;表示下面指令 MOV A,#20H 存放于 1000H 开始的单元
MOV   A,#20H
```

2. 汇编结束伪指令 END

格式:

```
END  [nn]                 ;nn 是 16 位的地址或者标号
```

功能:汇编语言源程序结束标志,必须放在源程序的末尾。例如:

```
END  START                ;表示源程序到此结束,目的程序从 START 单元开始执行
```

3. 赋值伪指令 EQU

格式：

```
标号  EQU  表达式
```

功能：赋值指令也称等值指令，它是将操作数字段中的地址或者数据赋给一个标号，标号不能重定义。表达式可以是 8 位或 16 位二进制数值，赋值后的标号可以是地址或立即数。例如：

```
VAL     EQU     45+3     ;将表达式的值48赋给VAL
START   EQU     VAL      ;将已定义的VAL值赋给START
REG1    EQU     R1       ;寄存器符号的重新定义
```

4. 地址赋值伪指令 DATA

格式：

```
标号  DATA  nn  ;nn是16位的地址或者标号
```

功能：将地址 nn 赋给标号，标号不能重定义。例如：

```
PORT1    DATA    90H     ;将P1口寄存器的地址90H赋给PORT1
SRBUF    DATA    SBUF    ;将串行数据缓冲SBUF地址90H赋给SRBUF
```

5. 定义字节数据伪指令 DB

格式：

```
[标号:]  DB  字节数据项或项表
```

功能：将项或项表中的字节数据依次存放到以标号为起始地址的当前存储单元中。字节数据可以是字节常数、字符或字符串。例如：

```
TAB: DB  00H,01H,04H,09H,10H            ;从TAB起建立0~4的平方表
MSG: DB  'Press A Key To Continue',0    ;从地址MSG起,依次将字符串中的字符按ASCII
                                        ;码连续存放,最后放0
```

6. 定义字数据伪指令 DW

格式：

```
[标号:]  DW  字数据项或项表
```

功能：与 DB 类似，但 DW 定义的数据项为字，包括两个字节，存放时高位在前，低位在后。例如：

```
TAB: DW  1234H,56H,"AB"
;从地址TAB起,依次把项表中的12H、34H、00H、56H以及ASCII码A和B连续存放
```

7. 定义存储区伪指令 DS

格式：

```
[标号:]  DS  表达式
```

功能：从指定的地址开始，保留指定数目的存储单元作为备用空间，供程序运行使用。汇编时，对这些单元不进行赋值。“表达式”常为一个数值，代表预留存储单元数量。例如：

```
BUF: DS  10          ;表示从 BUF 地址处开始,保留 10 个字节存储单元
```

注意：DB、DW、DS 伪指令只能应用于程序存储器，不能对数据存储器操作。

8. 位定义伪指令 BIT

格式：

```
字符名称   BIT    位地址
```

功能：将位地址赋值给指定的符号名称，通常用于位符号地址的定义。例如：

```
X    BIT    P3.0      ;将位地址 P3.0 赋值给变量 X
                      ;在后续的编程中,X 即可作为位地址 P3.0 使用
```

1.5.10 如何进行汇编语言程序设计

1. 汇编语言程序设计的步骤

汇编语言程序设计不仅需要设计者掌握该类型单片机的指令系统、硬件结构及其相关存储器结构和配置等内容，还需掌握汇编语言程序设计的一般步骤。汇编语言程序设计的一般步骤如下。

(1) 任务分析

解决问题之前，首先要分析单片机应用系统的控制要求、控制环境和硬件资源，明确设计任务、技术指标等。

(2) 建立数学模型，确定算法

程序设计时，数学模型的建立是程序设计中至关重要的一步，具体来说，建立数学模型就是描述各个输入变量和输出变量之间的数学关系。算法是解决一个实际问题的具体方法，是程序设计的依据。

通过任务分析，明确了系统应该实现的功能和技术指标，将一个具体任务抽象出数学模型。然后对诸多算法进行分析比较，合理优化，从中确定最优算法。

(3) 绘制程序流程图

绘制程序流程图是解题步骤及其算法进一步具体化的重要环节，也是程序设计的重要环节，它直观清晰地体现了程序的设计思路。程序流程图由预先约定的各种图形、符号、流程线及必要的文字符号构成。

绘制流程图时，先画出简单的功能流程图(粗框图)，再对功能流程图进行扩展和具体化，即把功能图上每一个粗框图转变为具体存储器或 I/O 口操作，从而绘制出详细的程序流程图，即细框图。

(4) 编写汇编源程序

根据程序流程图,精心选择合适的指令和寻址方式,实现流程图中每一个框内的功能要求,完成源程序的编写。

(5) 上机调试程序

将编写好的源程序进行编译,获得可执行目标程序,通常需要进行仿真调试,排除程序中的错误,反复进行,直至得出正确结果。同时,在不断的调试中还要尽量优化程序,缩短程序的长度,提高运算速度,节省存储空间。

2. 结构化程序设计

同高级语言程序一样,从程序流程的角度来看,汇编语言程序的基本结构分为顺序结构、分支结构和循环结构。这三种基本结构可以组成各种复杂程序。

1) 顺序结构程序设计

顺序结构是最简单、最基本的程序结构,这种程序中程序流向是唯一的,既无分支、循环,也不调用子程序,程序按顺序一条一条地执行指令。

2) 分支结构程序设计

在实际问题中,并不是所有的程序都是按顺序依次执行的,通常都会有各种分支。所谓分支结构程序就是利用条件转移指令,使程序执行某一指令后,根据条件是否满足来改变程序执行的流向。在MCS-51单片机指令系统中用于判断分支条件的指令有累加器A判零转移指令JZ(JNZ)、比较不等转移指令(CJNE)、减1非零转移指令(DJNZ)和位条件转移指令JC(JNC)、JB(JNB)、JBC等。

分支结构程序的设计要点:①先建立可供条件转移指令测试的条件;②选用合适的条件转移指令;③在转移的目的地址处设定标号。

例1-7 已知40H单元中有一变量X,要求编写一段程序,按下述要求为Y赋值,结果存入41H单元中。

$$Y=\begin{cases}X+1 & X>0\\0 & X=0\\-1 & X<0\end{cases}$$

解:本题的算法流程如图1-50所示。首先用累加器A判零转移指令,判断X是否为0;若非0,接着用位状态转移指令,判断X是正还是负。经两次判断,形成三条分支。

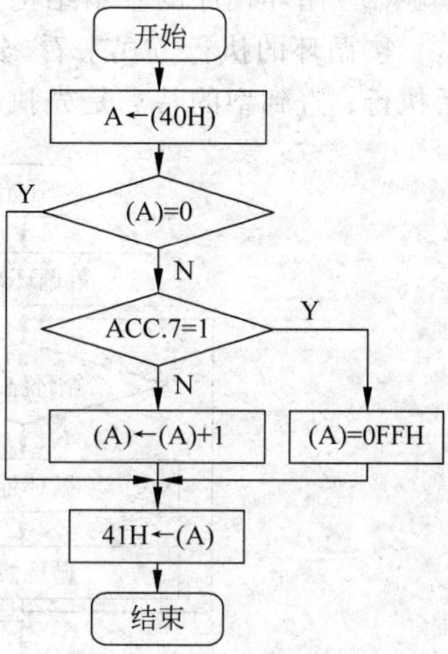

图1-50　例1-7算法流程图

汇编源程序如下。

```
        ORG     0000H
        LJMP    START
        ORG     0030H
START:  MOV     A,40H
```

```
        JZ      LP1          ;X = 0,转 LP1 处理
        JNB     ACC.7,LP2    ;X>0,转 LP2 处理
        MOV     A,#0FFH      ;X<0,则 Y=-1
        SJMP    LP1
LP2:    ADD     A,#01        ;X >0,Y=X+1
LP1:    MOV     41H,A        ;存结果
        END
```

3）循环结构程序设计

在程序运行时，有时需要连续重复执行某段程序，这时采用循环结构程序最适宜。循环结构程序可以缩短程序的长度，节省存储空间，是程序设计中常见的方式。

(1) 循环程序的组成

典型的循环结构包含以下4部分。

① 循环初始化。循环初始化程序段主要用于完成循环前的准备工作。例如循环控制计数初值的设置、地址指针的起始地址的设置、其他变量初始值的设置等。

② 循环体。循环体是循环重复执行部分，是循环程序结构的核心，用于完成实际的处理工作。循环体中包括循环变量的修改。每循环一次，充当循环变量的计数器或指针减1。

③ 循环控制。根据循环结束条件，判断是否结束循环。若不满足，继续循环；否则终止循环。

④ 循环结束。这部分是对循环程序执行的结果进行分析、处理和存储。

(2) 循环程序的基本结构

按循环的执行方式来看，分当型循环和直到型循环两种结构。当型的特点是先判断后执行；直到型的特点是先执行，后判断。两种循环结构如图1-51所示。

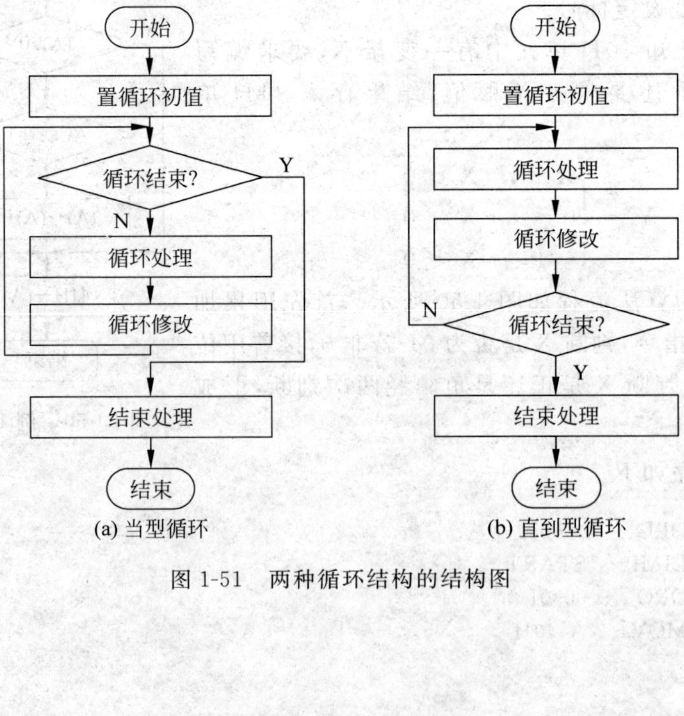

(a) 当型循环　　(b) 直到型循环

图1-51　两种循环结构的结构图

此外，按照循环的终止条件来看，循环结构分为计数循环和条件循环。计数循环的循环次数是事先确定的；条件循环是循环次数未知，但循环终止条件已知。具体情况将在下面的例子中说明。

(3) 循环程序的实例

在循环语句中的循环体内，若不含另外的循环程序，称为单重循环。

循环语句的循环体内又包含另外的完整的循环程序，称为循环的嵌套。循环的嵌套可以是多重的，多重循环中的许多规则同高级语言一样；循环嵌套必须层次分明，不允许产生内外层循环交叉；循环执行是由内向外，逐层循环，可以从循环体内转移到体外，反之则不行。最常见的多重循环是由 DJNZ 指令构成的软件延时程序，它是常用程序之一。

例 1-8 50ms 延时程序。

解：延时程序与 MCS-51 执行指令的时间有关，若使用 12MHz 晶振，一个机器周期为 1μs，计算执行一条指令以至一个循环所需要的时间，给出相应的循环次数，便可以达到延时目的。执行一条 DJNZ 指令的时间为 2μs，可用双重循环方法达到延时 50ms。汇编源程序如下。

```
DELAY: MOV   R0, #200
D0:    MOV   R1, #125
       DJNZ  R1, $
       DJNZ  R0, D0
       RET
```

以上延时程序不太精确，它没有考虑到除 DJNZ 指令外其他指令的执行时间，如把其他指令的执行时间计算在内，它的延时时间为：

$$1 + (125 \times 2 + 1 + 2) \times 200 + 2 = 50.603(\text{ms})$$

如果要求比较精确的延时，可按如下修改。

```
DELAY: MOV   R0, #200
D0:    MOV   R1, #123
       NOP
       DJNZ  R1, $
       DJNZ  R0, D0
       RET
```

实际延时时间为：$1+(123\times2+1+1+2)\times200+2=50.003(\text{ms})$。

注意：

① 用软件实现延时时，如果有中断，将影响定时的准确性。

② 若需要延时更长的时间，可采用更多重的循环。

3. 子程序设计

1) 子程序的概述

在实际问题中，经常遇到需要多次重复使用的基本操作。如果每次都从头开始编制一段程序,不仅麻烦,而且浪费存储空间。因此,我们将需要多次重复使用的基本操作编写成相对独立的程序段,这种相对独立而且能被调用的程序段称为子程序。调用子程序的程序称为主程序或调用程序。当主程序或其他调用程序需要调用子程序时,通过执行调用子程序指令(ACALL 或 LCALL)即可,直至遇到子程序末尾的返回指令(RET),返回到主程序或调用程序。

调用子程序有以下几个优点。

(1) 避免对相同程序段的重复编制。

(2) 简化程序的逻辑结构,同时便于程序调试。

(3) 节省存储器空间。

2) 子程序的结构

子程序结构与一般程序结构有很多相同的地方,也是由顺序结构、分支结构和循环结构 3 种基本结构组成,但子程序还有其独特的结构特点。

(1) 入口有标号。子程序的第一条指令前必须有标号,也就是该子程序的入口地址。这样主程序或调用程序才能对其进行调用。

(2) 尾缀 RET。RET 为子程序返回指令,以便正确返回主程序或调用程序的断点处,继续执行。子程序的调用与返回示意图如图 1-52 所示。

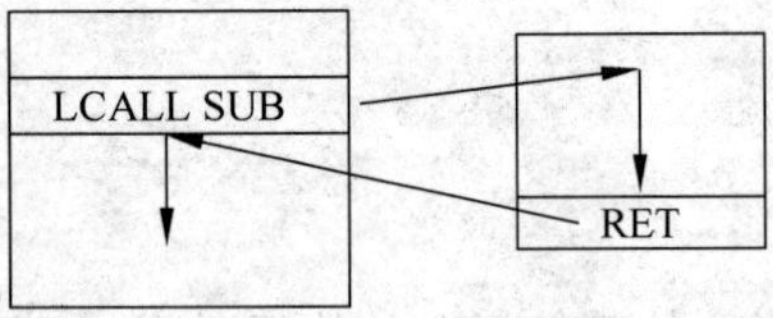

图 1-52 子程序的调用和返回

(3) 现场保护与恢复。在编制子程序过程中经常会用到一些通用单元,如工作寄存器、累加器、数据指针 DPTR 以及 PSW 等。而这些工作单元在调用它的主程序中也会用到,为此,需要将子程序用到的这些通用编程资源加以保护,称为保护现场。在子程序执行完后需恢复这些单元的内容,称为恢复现场。

3) 参数传递

在调用子程序时,有时需要传递一些参数给子程序中相应的变量,这些数据称为入口参数。子程序执行完后,有时要返回一些结果给调用程序,这些结果数据称为出口参数。这种调用程序与子程序之间的信息传递称为参数传递。

4) 子程序设计举例

在实际的单片机应用系统软件设计中,为了使程序结构更加清晰,易于设计、修改,增强程序可读性,基本上都要使用子程序结构。在调用子程序前,以程序注释的形式对子程序进行说明,说明内容如下。

子程序名:提供给主程序调用的名字。

子程序功能:简要说明子程序能完成的主要功能。

入口参数:主程序需要向子程序提供的参数。

出口参数:子程序执行完之后向主程序返回的参数。

占用资源:该子程序中使用了哪些存储单元、寄存器等。

（1）代码转换子程序设计

计算机能识别处理的是二进制码，而输入输出设备经常使用的是BCD码和ASCII码。因此，汇编语言程序设计中经常会遇到代码转换的问题。

例1-9 二进制数转换成BCD码：将累加器A中的二进制数转换成BCD码，结果仍存放在累加器A中。

解：① 题意分析。转换方法是将累加器A中的二进制数除以100、10，所得商即为百、十位数，余数为个位数。

② 汇编语言源程序如下。

```
;程序名：BINBCD1
;功能：0～FFH内的二进制数转换为BCD码
;入口条件：A存放要转换的二进制数
;出口条件：R0存放BCD码百、十、个位数的地址
BINBCD1: MOV  B,#100
         DIV  AB
         MOV  @R0,A
         INC  R0
         MOV  A,#10
         XCH  A,B
         DIV  AB
         MOV  @R0,A
         INC  R0
         XCH  A,B
         MOV  @R0,A
         RET
```

（2）算术运算子程序设计

MCS-51指令系统中提供了单字节算术运算指令。对于多字节运算则必须由用户自己编程实现，这里提供简单的多字节运算子程序实例。

例1-10 多字节无符号数的加法：设两个N字节的无符号数分别存放在内部RAM中以FIR和SEC开始的单元中，相加后的结果要求存放在SEC数据区。

解：① 题意分析。通过循环程序，用单字节加法指令实现多字节加法运算。

② 汇编语言源程序如下。

```
;程序名：MADD
;功能：实现多字节无符号数的相加
;入口条件：R0指向被加数低字节单元FIR，R1指向加数低字节单元SEC，字节数存放在R7中
;出口条件：R1指向和数高字节单元
MADD: CLR   C
LOOP:  MOV   A,@R0
       ADDC  A,@R1
       MOV   @R1,A
       INC   R0
       INC   R1
```

```
        DJNZ  R7,LOOP
        JNC   DONE
        MOV   @R1,#01H
        RET
DONE:   DEC   R1
        RET
```

4. 查表程序

查表程序是一种常用程序,它广泛应用于 LED 显示控制、数据补偿、数值计算、转换等功能程序中,这类程序具有简单、执行速度快等特点。

MCS-51 指令系统中,用于查表的指令有两条。

```
MOVC    A,@A+DPTR
MOVC    A,@A+PC
```

当用 DPTR 作基址寄存器时,查表的步骤分三步。

(1) 基址值(表格首地址)→DPTR。

(2) 变址值(表中要查的项与表格首地址之间的间隔字节数)→A。

(3) 执行 MOVC A,@A+DPTR 指令。

当用 PC 作基址寄存器时,其表格首地址与 PC 值间距不能超过 256B,且编程要事先计算好偏移量,比较麻烦。因此,一般情况下用 DPTR 作基址寄存器。

例 1-11 有一变量在片内 RAM 的 20H 单元中,取值范围为 00H~05H。编制一段程序,利用查表指令求变量的平方值,并存入片内 RAM 的 21H 单元中。

解: ① 题意分析。表格是指在程序中定义的一串有序的常数,如平方表、字形码、键码表等。它预先定义在程序的数据区中。查表程序的关键是表格的定义和实现查表的方法。

② 汇编语言源程序如下。

```
        ORG   0030H
START:  MOV   DPTR,#TABLE
        MOV   A,20H
        MOVC  A,@A+DPTR
        MOV   21H,A
TABLE:  DB    00H,01H,04H,09H,10H,19H
        END
```

1.6 任务 6 LED 电子彩灯的设计与制作

1.6.1 任务与计划

LED 电子彩灯的工作任务要求:采用单片机控制方式,设计制作 LED 电子彩灯,能够对彩灯的花样和速度进行设定控制。8只LED电子彩灯，首先是8只灯全部闪亮，闪亮次数为4次；然后循环点亮这8只彩灯，先左移循环点亮，再右移循环点亮，然后有5种设定花样，不断循环重复以上花样形成LED广告彩灯，LED闪烁点亮和熄灭时间为0.2s。

工作计划：首先进行工作任务分析，根据任务要求，学习LED的相关知识，收集单片机控制LED灯的相关资料，结合单片机4个I/O端口的功能和使用方法，进行LED电子彩灯方案设计，然后进行硬件电路、流程图设计和软件程序编写，在完成程序的调试和编译后，进行LED电子彩灯的仿真运行，综合电路和程序进行系统调试纠错，运行正常后进行演示评价。

1.6.2 循环点亮 LED

用单片机的P1端口循环点亮8只LED电子彩灯，先左移循环点亮，再右移循环点亮，LED闪烁点亮和熄灭时间为100ms。LED的阳极通过220Ω限流电阻连接到+5V电源上，P1端口接到LED的阴极。P1端口引脚输出低电平时对应LED点亮，输出高电平时对应LED熄灭。具体硬件电路如图1-53所示。

程序设计采用循环左移、循环右移指令实现LED的循环点亮。汇编源程序如下。

```
ORG     0000H
        AJMP    START
        ORG     0030H
START:  MOV     R2,#07H          ;左移次数
        MOV     A,#0FEH
LOOP1:  MOV     P1,A             ;点亮左边第一个LED
        ACALL   DELAY
        RL      A                ;依次左移
        DJNZ    R2,LOOP1
        MOV     R2,#07H
LOOP2:  MOV     P1,A             ;点亮右边第一个LED
        RR      A                ;依次右移
        ACALL   DELAY
        DJNZ    R2,LOOP2
        LJMP    START
DELAY:  MOV     R0,#255          ;100ms延时子程序
D0:     MOV     R1,#195
        DJNZ    R1,$
        DJNZ    R0,D0
        RET
        END
```

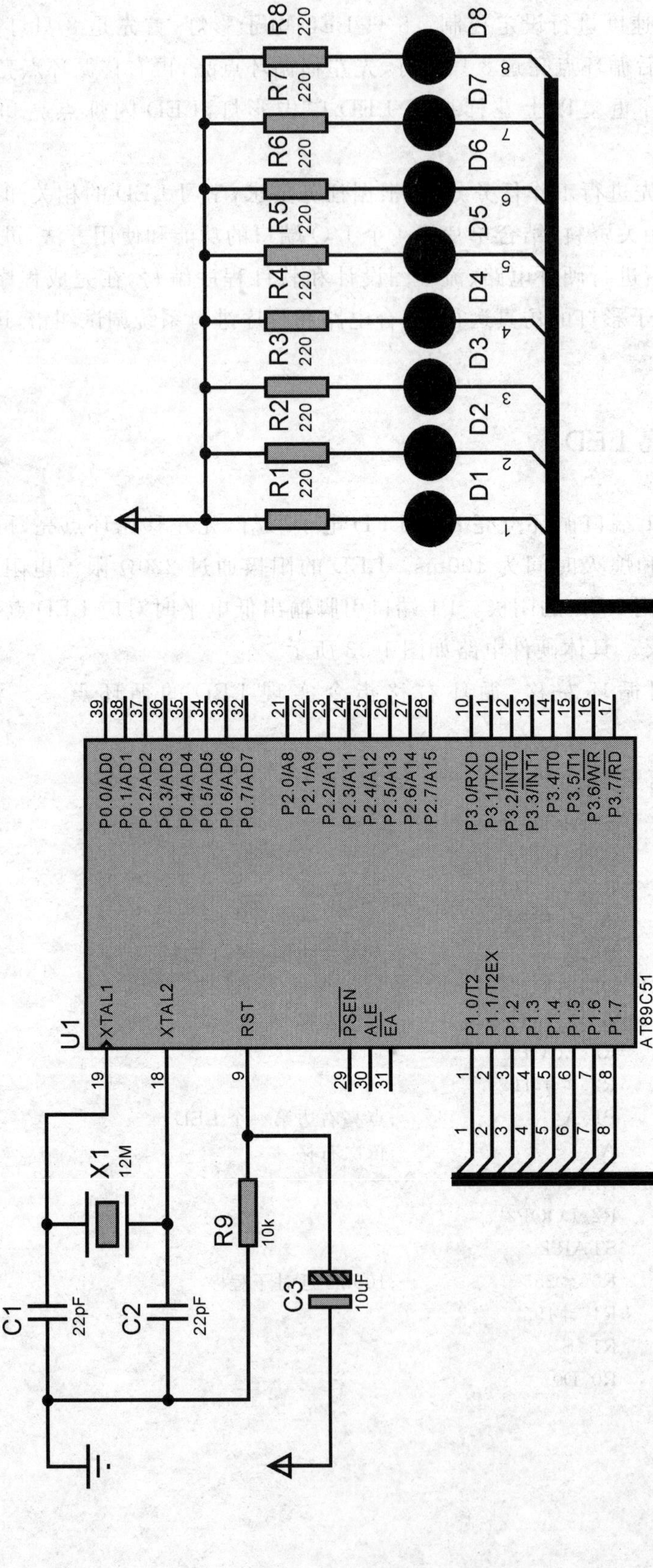

图 1-53　循环点亮 LED 电路图

1.6.3　硬件电路与软件程序设计

1. 确定设计方案

根据工作任务要求，选用 AT89C51 单片机、时钟电路、复位电路、电源和 8 个 LED 构成最小工作系统，完成对 8 个 LED 电子彩灯的控制。该系统方案设计框图如图 1-54 所示。

2. 硬件电路设计

根据工作任务和方案设计框图，选择器件的型号和参数，确定硬件电路图。硬件电路原理图如图 1-53 所示。

3. 软件程序设计

(1) 程序设计流程图

根据工作任务要求，结合方案设计和硬件电路设计，绘制 LED 电子彩灯程序设计流程图。系统程序设计采用查表的方式实现 LED 电子彩灯不同的花样效果，LED 点亮和熄灭时间 0.2s 采用软件延时的方式实现。系统主程序参考流程图如图 1-55 所示。

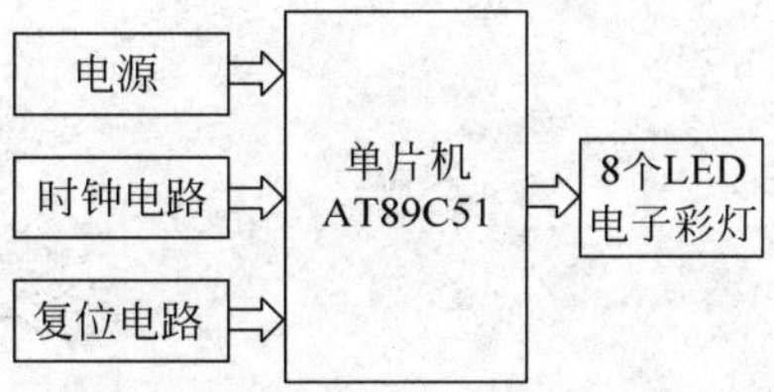

图 1-54　系统方案设计框图

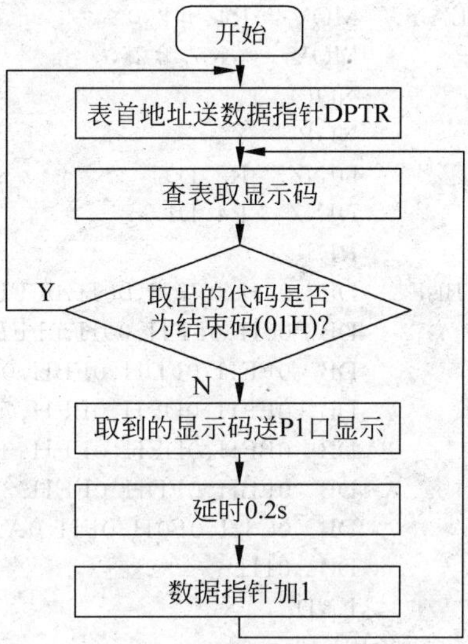

图 1-55　系统主程序流程图

(2) 汇编源程序

查表程序的关键是表格的定义和实现查表的方法。程序设计过程中首先建立表格，通过查表指令 MOVC A,@A+DPTR 来实现控制功能，更改表格中的代码可以改变 LED 电子彩灯的显示效果。

延时程序采用软件延时方式，单片机 $f_{OSC}=12MHz$ 的晶振，0.2s 延时子程序设计如下。

```
DELAY: MOV    R4, #200                ;延时 200ms 的循环次数
D1:    MOV    R5, #250                ;延时 1ms 的循环次数
D0:    NOP                            ;T机器 =1μs
       NOP                            ;T机器 =1μs
       DJNZ   R5,D0                   ;T机器 =2μs
       DJNZ   R4,D1
       RET
```

系统汇编源程序如下。

```
        ORG     0000H
        AJMP    START
        ORG     0030H
START:  MOV     DPTR, #TABLE          ;数据指针指向表头地址
LOOP1:  MOV     A, #00H               ;设置地址偏移量
        MOVC    A,@A+DPTR             ;根据 DPRT 到表内取显示码
        CJNE    A, #01H,LOOP2         ;判断是否是结束码
        LJMP    START
LOOP2:  MOV     P1,A                  ;将取到的显示码送 P1 口显示
        LCALL   DELAY
        INC     DPTR                  ;数据指针加 1
        LJMP    LOOP1
DELAY:  MOV     R4, #200              ;延时子程序
D1:     MOV     R5, #250
D0:     NOP
        NOP
        DJNZ    R5,D0
        DJNZ    R4,D1
        RET
TABLE:  DB  00H,0FFH,00H,0FFH         ;显示码表
        DB  00H,0FFH,00H,0FFH
        DB  0FEH,0FDH,0FBH,0F7H
        DB  0EFH,0DFH,0BFH,7FH
        DB  0BFH,0DFH,0EFH,0F7H
        DB  0FBH,0FDH,0FEH,3CH
        DB  0C3H,0F0H,0FH,0AAH
        DB  01H
        END
```

1.6.4 调试与仿真运行

1. 调试并运行程序

运用 Keil 开发软件进行源程序的编辑,然后经编译调试后输出 HEX 等目标文件。

2. Proteus 仿真运行

运用 Proteus 仿真软件绘制硬件电路原理图,将 HEX 文件加载到单片机中。在仿真环境中单击 ▶ 按钮,进入仿真运行状态。LED 电子彩灯仿真运行效果如图 1-56 所示。

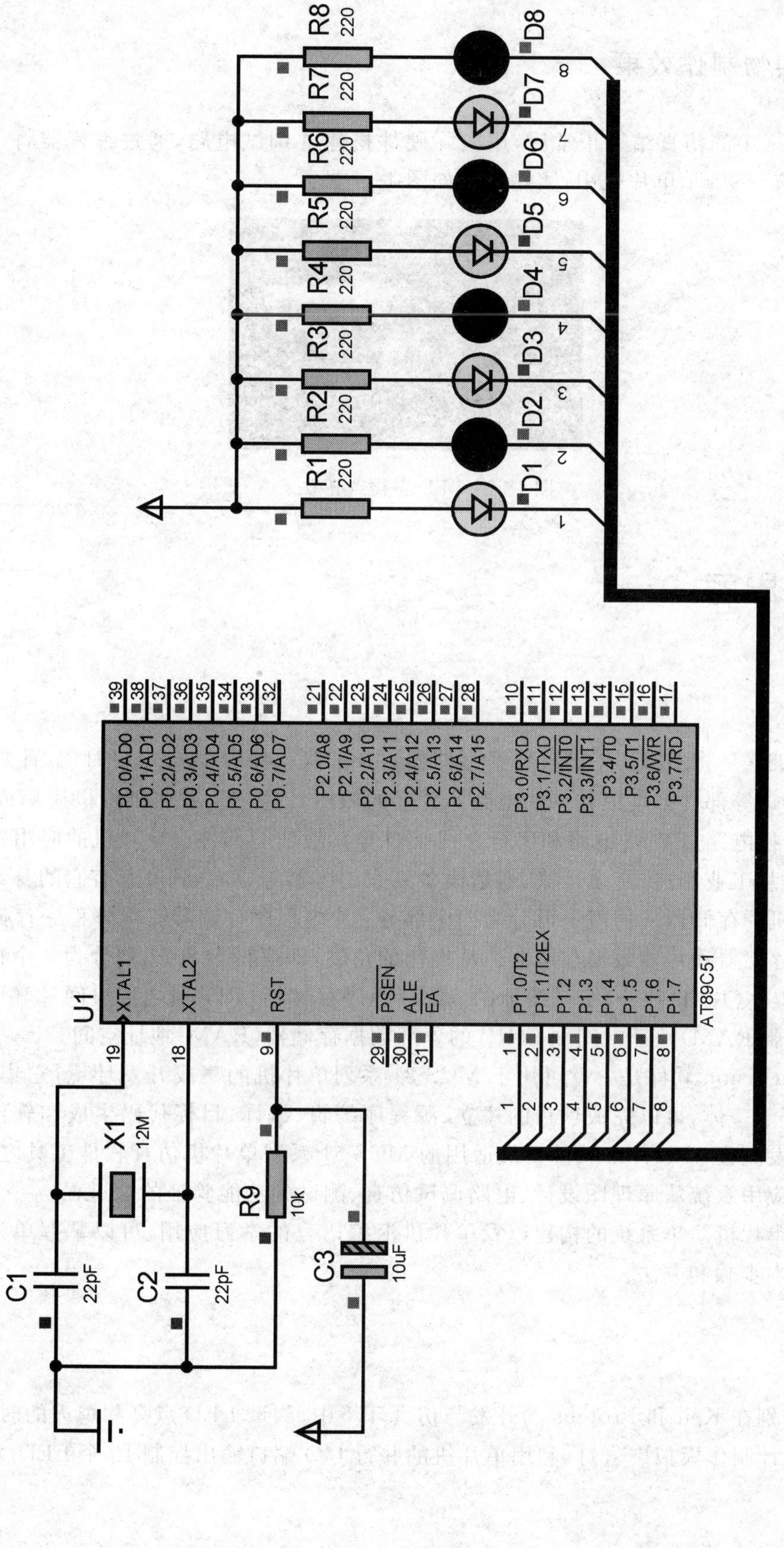

图 1-56　LED 电子彩灯仿真运行效果图

1.6.5 实物制作效果

Proteus 中的仿真结果正常后，用实际硬件搭建并调试电路，通过编程器将 HEX 文件下载到 AT89C51 单片机中，实物效果如图 1-57 所示。

图 1-57 LED 实物点亮效果图

总结与思考

总结

单片机就是将 CPU、RAM(数据存储器)、ROM(程序存储器)、定时器/计数器和输入/输出接口等部件都集成在一块电路芯片上的微型计算机。有些单片机还集成了 A/D 和 D/A 转换电路、PWM 电路和串行总线接口等其他功能部件。单片机的应用领域几乎无所不至，从工业制造、交通运输、通信设备到家用电器等领域，到处都有它的身影。

单片机的存储器从物理上可分为四个部分：片内程序存储器和片外程序存储器以及片内数据存储器和片外数据存储器。从操作的角度，即逻辑上 8051 划分为 3 个存储器地址空间：程序(片内、片外)统一编址的 64KB 程序存储器(ROM)地址空间、256B 的内部数据存储器(RAM)地址空间和 64KB 的外部数据存储器(RAM)地址空间。

Keil μVision 软件是一款可用于 MCS-51 系列单片机的集成开发环境，它集编辑、编译、调试等于一体，可以完成项目的建立、源程序编辑、编译、目标代码生成和软件仿真等完整的开发流程；Proteus 软件是最适用的 MCS-51 系列单片机仿真软件工具之一，能完成单片机应用系统从原理图设计、电路调试仿真、测试到功能验证的全过程。

通过单片机简单系统的构建以及单片机汇编语言的学习应用，可以掌握单片机应用开发的基本步骤和方法。

思考

1. 分别在 Keil 和 Proteus 的开发与仿真环境中，测试 LED 点亮和熄灭的时间。
2. 设计制作模拟广告灯，利用单片机的并行 I/O 端口输出控制 16 个 LED，利用循环结构程序和查表的方式使其输出五种以上广告灯效果。

习题 1

1-1 单片机最小系统的基本配置有哪些电路？各起到什么作用？

1-2 简述使用 Keil μVision 3 软件进行项目开发的基本步骤。

1-3 设单片机晶振频率为 12MHz，求振荡周期、状态周期、机器周期各为多少？

1-4 从用户使用的角度看，8051 单片机有几个存储空间？指令中各用什么助记符？寻址范围各为多少？

1-5 8051 单片机片内 RAM 的容量有多少？可分为几个区？叙述各区的寻址方式。

1-6 简述 MCS-51 单片机指令系统中的 7 种寻址方式，并给出相应的实例。

1-7 利用查表法求 $Y=X^2$，设 $X(0\leqslant X\leqslant 5)$ 在片内 RAM 的 30H 单元中，要求查表求 Y，并存入片内 RAM31H 单元中。

1-8 单片机晶振频率为 12MHz，编程实现软件延时 20ms 的程序。

1-9 给出 LED 彩灯电路中限流电阻的计算方法，并简述限流电阻的取值和哪些因素有关。

1-10 简述汇编语言程序设计的一般步骤。

1-11 编写将 25H 的内容和 32H 的内容进行交换的程序。

1-12 将内部 RAM 25H 单元内容送入外部 RAM 1200H 单元中。

1-13 将外部 RAM 1500H 单元内容送入外部 RAM 1800H 单元中。

1-14 将外部 ROM 2200H 单元内容送入外部 RAM 1000H 单元中。

1-15 将外部 RAM 中从 1200H 开始的 50 个存储单元的内容设置为 0FFH。

CHAPTER 2

学习情境 2

LED 电子钟的设计与制作

2.0 学习情境任务描述

电子钟在日常生活中有广泛的应用，本学习情境的工作任务是采用单片机来设计一个 LED 电子钟，通过 LED 数码管实现时间的显示。从单片机的中断系统开始本学习情境的学习和工作，通过学习单片机的中断系统以及单片机定时器/计数器的工作方式，能够设计并制作简易方波发生器；通过认识 LED 显示器，能够设计并制作简易计时器；通过认识单片机 C 语言，学会利用 C 语言完成电子秒表的设计；通过学习 LED 的静态、动态显示方式，完成简易 LED 广告牌和电子密码锁的设计；在收集 LED 电子钟的相关资料的基础上，进行单片机 LED 电子钟的任务分析和计划制订、硬件电路和软件程序的设计，完成单片机 LED 电子钟的制作调试和运行演示，并完成工作任务的评价。

2.0.1 学习目标

(1) 掌握单片机定时器/计数器和中断系统及其应用。

(2) 掌握 LED 显示器的动态扫描显示应用。

(3) 掌握单片机 C 语言程序设计基本方法。

(4) 能进行简易方波发生器的设计。

(5) 能进行简易计时器的设计。

(6) 能利用 C 语言完成电子秒表的程序设计。

(7) 能进行简易 LED 广告牌及电子密码锁的设计。

(8) 能按照设计任务书的要求，完成 LED 电子钟的设计调试与制作。

2.0.2 学习与工作内容

本学习情境要求根据工作任务书(见表 2-1)的要求，学习单片机的中断系统、定时器/计数器的工作方式、LED 显示器以及单片机 C 语言程序设计的相关知识，查阅收集资料，制订工作方案和计划，完成 LED 电子钟的设计与制作，需要完成以下工作任务。

(1) 了解单片机的中断系统以及定时器/计数器，学习中断程序设计方法和单片机定时器/计数器的工作方式。

表 2-1　LED 电子钟设计制作任务书

设计制作任务	采用单片机控制方式，设计制作 LED 电子钟，通过 LED 显示器实现时间的实时显示
LED 电子钟功能要求	LED 电子钟能显示 6 位时间数值：时、分、秒。程序设计采用中断方式，能够进行时间调整，通过 LED 显示器实时显示时间数值
工具	(1) 单片机开发和电路设计仿真软件：Keil μVision 软件、Proteus 软件 (2) PC 及软件程序、示波器、万用表、电烙铁、装配工具
材料	元器件(套)、焊料、焊剂

(2) 学习 LED 显示器及其显示方式。

(3) 认识单片机 C 语言，学习 C 语言程序设计。

(4) 划分工作小组，以小组为单位开展简易方波发生器、简易计时器、电子秒表、简易 LED 显示牌、密码锁以及 LED 电子钟设计与制作的工作。

(5) 根据设计任务书的要求，查阅收集相关资料，制订完成任务的方案和计划。

(6) 根据设计任务书的要求，设计出 LED 电子钟的硬件电路图。

(7) 根据任务要求和电路图，整理出所需要的器件和工具仪器清单。

(8) 根据 LED 电子钟的功能要求和硬件电路原理图，绘制程序流程图。

(9) 根据 LED 电子钟的功能要求和程序流程图，编写软件源程序并进行编译调试。

(10) 进行软硬件的调试和仿真运行，电路的安装制作，演示汇报。

(11) 进行工作任务的学业评价，完成工作任务的设计制作报告。

2.0.3　学业评价

本学习情境的学业根据工作任务的完成过程进行考核评价，注重学习和工作过程的考核评价，依据完成任务中实际的学习和工作过程分为 10 个评分项目，根据各项目主要完成主体的不同，分别对个人和小组进行考核评价，考核评价表如表 2-2 所示。

表 2-2　学习情境 2 考核评价表

项目名称	分值	组别									
		第一组			第二组			第三组			…
		学生 A	学生 B	学生 C	学生 D	学生 E	学生 F	学生 G	学生 H	学生 I	…
单片机中断系统学习	5										
单片机定时器/计数器学习	10										
LED 显示器的学习	5										
单片机 C 语言的学习	10										
LED 电子钟硬件电路设计	10										

续表

项目名称	分值	组别									
		第一组			第二组			第三组			…
		学生 A	学生 B	学生 C	学生 D	学生 E	学生 F	学生 G	学生 H	学生 I	…
LED 电子钟软件程序设计	15										
调试仿真	5										
安装制作	10										
设计制作报告	15										
团队及合作能力	15										

2.1 任务 1 认识单片机的中断系统

2.1.1 什么是单片机的中断

1. 中断的概念

单片机在执行程序的过程中，由于某种随机而又必须紧急处理的事件的出现，暂时中断当前程序的执行而转去执行需要急办的处理程序，待处理程序执行完后，再继续执行原来被中断的程序。这个过程叫作“中断”。

在日常生活中，“中断”的现象也比较普遍。例如，小李正在家中打扫卫生，突然电话铃响了，小李立即停止打扫卫生，转身去接电话，接完电话后，回头继续打扫卫生。在这里，接电话就是随机而又紧急的事件，必须去处理。

“中断”之后所执行的相应的处理程序通常称为“中断服务子程序”，原来正常运行的程序称为“主程序”。主程序被断开的位置(或地址)称为“断点”。引起中断的原因，或能发出中断申请的来源，称为“中断源”。中断源要求服务的请求称为“中断请求”(或“中断申请”)。中断过程的示意图如图 2-1 所示。

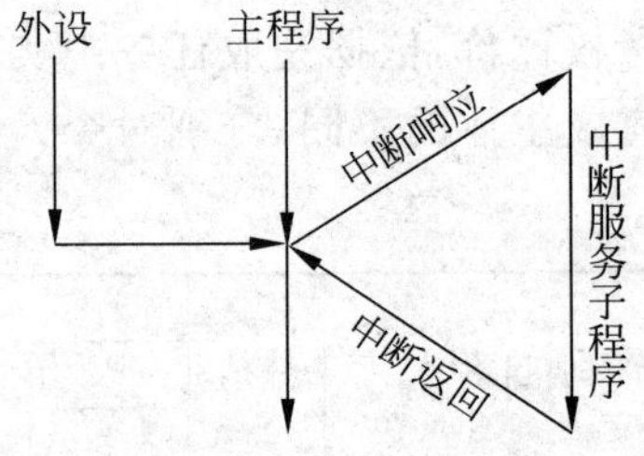

图 2-1 中断过程示意图

2. 中断的特点

(1) 实现分时操作

数据传送时，慢速的外设远远跟不上快速的 CPU 的节拍，中断可以解决快速的 CPU 与慢速的外设之间的矛盾，使 CPU 可以与外设同时并行工作，实现分时操作。只有外设向 CPU 发出中断请求时，CPU 才转而为之服务，从而大大提高了 CPU 的利用率。

(2) 实现实时处理

在实时控制中，现场的各种参数、信息均随时间和现场而变化。这些外界变量可根据要求随时向 CPU 发出中断申请，请求 CPU 及时处理。如中断条件满足，CPU 及时响应，进行相应处理，从而实现实时处理。

(3) 进行故障处理

针对难以预料的情况，如断电、出错故障等，可由故障源向 CPU 发出中断请求，再由 CPU 转到相应的故障处理程序进行处理，提高了计算机系统本身的可靠性。

2.1.2　单片机中断的应用

1. MCS-51 中断系统的结构

MCS-51 中断系统的结构框图如图 2-2 所示。

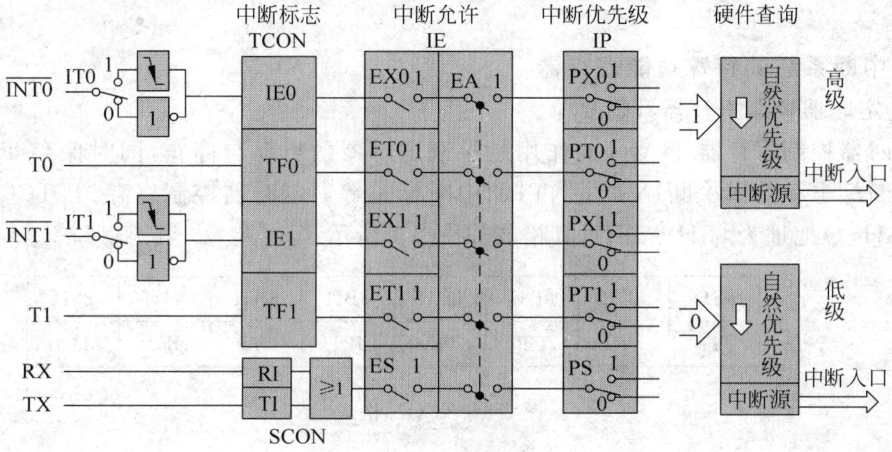

图 2-2　中断系统结构框图

由图 2-2 可知，MCS-51 单片机的中断系统涉及 5 个中断源、4 个与中断相关的特殊功能寄存器以及硬件查询电路。其中，5 个中断源分别是外部中断请求$\overline{INT0}$、外部中断 1 请求$\overline{INT1}$、定时器 T0 溢出中断请求 TF0、定时器 T1 溢出中断请求 TF1 和串行中断请求 RI 或 TI。4 个特殊功能寄存器分别为定时/计数器控制器寄存器 TCON、串行口控制寄存器 SCON、中断允许控制寄存器 IE 和中断优先级控制寄存器 IP。硬件查询电路和中断优先级控制寄存器共同决定 5 个中断源的自然优先级别。

2. 单片机中断源

MCS-51 单片机的 5 个中断源中，有 2 个外部中断，其余均为内部中断。这些中断源可分为三类：外部中断源、定时器溢出中断源和串行口中断源。

(1) 外部中断源

① $\overline{INT0}$：外部中断 0 中断请求，由 P3.2 引脚输入。由 IT0 位决定中断请求信号是低电平有效还是下降沿有效。一旦输入信号有效，即向 CPU 申请中断，并且硬件自动使 IE0 置 1。

② $\overline{INT1}$：外部中断 1 中断请求，由 P3.3 引脚输入。由 IT1 位决定中断请求信号是低电平有效还是下降沿有效。一旦输入信号有效，即向 CPU 申请中断，并且硬件自动使 IE1 置 1。

(2) 定时器溢出中断源

① TF0：定时器 T0 溢出中断请求。当定时器 T0 产生溢出时，定时器 T0 中断请求标志位 TF0 置位(由硬件自动执行)，请求中断请求。

② TF1：定时器 T1 溢出中断请求。当定时器 T1 产生溢出时，定时器 T1 中断请求标志位 TF1 置位(由硬件自动执行)，请求中断请求。

(3) 串行口中断源

TI 或 RI：串行口中断请求，为接收或发送串行数据而设置。当串行口完成一帧数据的发送或接收时，内部串行口中断请求标志 TI 或 RI 置位(由硬件自动执行)，请求中断处理。

3. 中断系统的特殊功能寄存器

1) 定时器控制寄存器 TCON

定时器控制寄存器 TCON 的作用是控制定时器的启动与停止，同时保存 T0、T1 的溢出中断标志和外部中断$\overline{INT0}$、$\overline{INT1}$的中断标志等。定时器控制寄存器(TCON)的地址为 88H，位地址为 88H～8FH，其格式如图 2-3 所示。

TCON (88H)	8FH	8EH	8DH	8CH	8BH	8AH	89H	88H
	TF1	TR1	TF0	TR0	IE1	IT1	IE0	IT0

图 2-3　TCON 格式

(1) IT0：外部中断 0 触发方式控制位。IT0＝1 为脉冲触发方式，下降沿有效；IT0＝0 为电平触发方式，低电平有效。由软件置位或清零。

(2) IT1：外部中断 1 触发方式控制位。其功能同 IT0。

(3) IE0：外部中断 0 中断请求标志位。

① 对于脉冲触发方式，检测到$\overline{INT0}$引脚上出现外部中断信号的下降沿时，由硬件置位，使 IE0＝1，请求中断；中断响应后，由硬件自动清除，使 IE0＝0。

② 对于电平触发方式，检测到$\overline{INT0}$引脚上有效的低电平信号时，置位 IE0＝1，请求中断；但是，中断响应后硬件不会清除此标志，仍保持 IE0＝1。因此，用户应在中断服务程序中撤销$\overline{INT0}$引脚上的低电平，以免 CPU 在中断返回后再次响应，引起一次请求，多次响应。

(4) IE1：外部中断 1 中断请求标志位。其功能同 IE0。

(5) TR0：T0 启/停控制位。该位通过软件置 1 或清零控制 T0 的启动或停止。

(6) TR1：T1 启/停控制位。其功能同 TR0。

(7) TF0：T0 溢出标志位。定时器 0 启动计数后，从初值开始进行加 1 计数，计数溢出后由硬件置位 TF0，同时向 CPU 发出中断请求，此标志一直保持到 CPU 响应中断后才由硬件自动清零，也可由软件查询该标志，并由软件清零。

(8) TF1：T1 溢出标志位。其功能同 TF0。

2) 串行口控制寄存器 SCON

串行口控制寄存器 SCON 的低两位(TI 和 RI)是串行口的发送中断标志和接收中断

标志。SCON 的地址为 98H，位地址为 98H～9FH，其格式如图 2-4 所示。

SCON (98H)	9FH	9EH	9DH	9CH	9BH	9AH	99H	98H
	SM0	SM1	SM2	REN	TB8	TB9	TI	RI

图 2-4　SCON 格式

(1) RI：串行接收中断标志位。串行口每接收完一帧串行数据，置位接收中断标志，使 RI=1。CPU 响应中断后，硬件不会自动清除中断标志位 RI，必须由软件来清除。

(2) TI：串行发送中断标志位。串行口每发送完一帧串行数据，置位发送中断标志，使 TI=1。CPU 响应中断后，硬件同样不会自动清除中断标志位 RI，必须由软件来清除。

3) 中断允许寄存器 IE

计算机中断系统有两种不同类型的中断：非屏蔽中断和可屏蔽中断。对可屏蔽中断，用户可以用软件方法来控制是否允许某中断源的中断。允许中断称中断开放，不允许中断称中断屏蔽。MCS-51 系列单片机的 5 个中断源都是可屏蔽中断，中断允许寄存器 IE 负责控制各中断源的开放或屏蔽。

中断允许寄存器 IE 的地址为 0A8H，位地址为 0A8H～0AFH，其格式如图 2-5 所示。

IE (A8H)	AFH	AEH	ADH	ACH	ABH	AAH	A9H	A8H
	EA	—	—	ES	ET1	EX1	ET0	EX0

图 2-5　IE 格式

(1) EA：总中断允许控制位。EA=1，开放所有中断，各中断源的允许和禁止可通过相应的中断允许位单独加以控制；EA=0，禁止所有中断。

(2) ES：串行口中断允许位。ES=1，允许串行口中断；ES=0，禁止串行口中断。

(3) ET1：定时器 T1 中断允许位。ET1=1，允许 T1 中断；ET1=0，禁止 T1 中断。

(4) EX1：外部中断 1($\overline{INT1}$)中断允许位。EX1=1，允许外部中断 1 中断；EX1=0，禁止外部中断 1 中断。

(5) ET0：定时器 T0 中断允许位。ET0=1，允许 T0 中断；ET0=0，禁止 T0 中断。

(6) EX0：外部中断 0($\overline{INT0}$)中断允许位。EX0=1，允许外部中断 0 中断；EX0=0，禁止外部中断 0 中断。

4) 中断优先级寄存器 IP

MCS-51 单片机中断系统设立了两级优先级：高优先级和低优先级。每个中断源均可以通过软件对中断优先级寄存器 IP 进行设置，编程确定其中断优先级，以对所有中断实现两级中断嵌套。

中断优先级寄存器 IP 的地址为 B8H，位地址为 B8H～BFH，其格式如图 2-6 所示。

IP (B8H)	BFH	BEH	BDH	BCH	BBH	BAH	B9H	B8H
	—	—	—	PS	PT1	PX1	PT0	PX0

图 2-6　IP 格式

(1) PS：串行口中断优先级控制位。PS＝1,设置串行口为高优先级中断；PS＝0,设置串行口为低优先级中断。

(2) PT1：定时器 T1 中断优先级控制位。PT1＝1,设置定时器 T1 中断为高优先级中断；PT1＝0,设置定时器 T1 中断为低优先级中断。

(3) PX1：外部中断 1($\overline{INT1}$)中断优先级控制位。PX1＝1,设置外部中断 1 为高优先级中断；PX1＝0,设置外部中断 1 为低优先级中断。

(4) PT0：定时器 T0 中断优先级控制位。PT0＝1,设置定时器 T0 中断为高优先级中断；PT0＝0,设置定时器 T0 中断为低优先级中断。

(5) PX0：外部中断 0($\overline{INT0}$)中断优先级控制位。PX0＝1,设置外部中断 0 为高优先级中断；PX0＝0,设置外部中断 0 为低优先级中断。

中断源具体优先级的设置可根据 CPU 处理的所有中断源轻重缓急的顺序来确定。CPU 总是响应优先级最高的中断请求,只有优先级高的中断处理结束后才会响应优先级低的中断。CPU 对中断优先级的判定原则如下。

(1) 正在执行的低优先级中断服务程序能被高优先级中断请求中断,实现中断嵌套。

(2) 正在执行的高优先级中断服务程序不能被同级或者低级中断请求所中断。

(3) 对于同一优先级并发中断请求,由内部硬件查询逻辑按自然优先级确定响应次序。自然优先级顺序由硬件形成,其排列顺序如表 2-3 所示。

表 2-3　自然优先级的排列顺序

中　断　源	自然优先级次序
外部中断 0	最高级
定时器 T0 中断	↓
外部中断 1	↓
定时器 T1 中断	↓
串行口中断	最低级

4. 中断处理过程

一个完整的中断处理过程可分为三个阶段：中断响应、中断处理、中断返回。在中断返回前,还必须撤销中断请求。

1) 中断响应

中断响应是 CPU 对中断源发出的中断请求进行响应,包括保护断点和程序转向中断服务程序的入口地址。

(1) 中断响应条件

CPU 并非在任何时刻都响应中断请求,而是在条件满足之后才会响应。中断响应的条件如下。

① 有中断源发出中断请求。

② 中断总允许位 EA=1。

③ 申请中断的中断源的中断允许位为1。

在满足以上基本条件时，CPU 一般会响应中断，但遇到下列任一种情况，中断响应将受到阻断。

① 同级或高优先级的中断正在进行中。

② 当前指令未执行完。

③ 正在执行 RETI 指令或访问专用 IE 和 IP 的指令。

CPU 在执行程序过程中，在每个机器周期的 S5P2 期间，会对各个中断源进行采样，找到所有已触发的中断请求，并按照优先级和同级的优先权排好队。在下一机器周期，只要不受阻断，CPU 将按中断优先级顺序进行中断处理。

同子程序一样，中断也是可以嵌套的。当CPU 正在处理某一中断时，若有优先级高的中断源发出中断请求，则 CPU 会暂停正在处理的中断服务程序，保留这个程序的断点（类似于子程序嵌套），响应高级中断，待高级中断处理结束后，再继续执行原中断服务程序，这个过程称为中断嵌套，其示意图如图 2-7 所示。如果发出新的中断请求的中断源的优先级与正在处理的中断源同级或比其更低时，CPU 不会响应这个中断请求，直至正在处理的中断服务程序执行完以后，才能去响应新的中断请求。

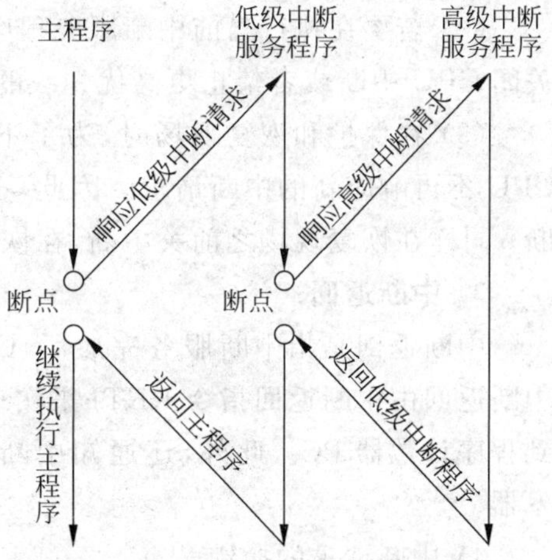

图 2-7　中断嵌套示意图

（2）中断响应过程

在满足中断响应条件时，CPU 响应中断，其过程如下。

① 将相应的优先级状态触发器置1，以阻断后来的同级和低级的中断请求。

② 清零中断源中断请求标志，如 TF0、TF1 及下降沿触发的外部中断 IE0、IE1。

③ 中断系统通过硬件自动生成长调用指令（LCALL），将断点地址压入栈保护，同时将中断源对应的中断服务程序的入口地址装入程序计数器 PC，使程序转向该中断入口地址，执行中断服务程序。MCS-51 各中断源的中断服务程序入口地址是固定的，具体如表 2-4所示。

表 2-4　MCS-51 各中断源的中断服务程序入口地址

中断源	入口地址	中断源	入口地址
外部中断 0	0003H	定时器 T1	001BH
定时器 T0	000BH	串行口中断	0023H
外部中断 1	0013H		

2）中断处理

中断处理就是执行中断服务程序。中断服务程序从中断入口地址开始执行，到中断返回指令(RETI)为止，一般包括保护现场、完成中断源请求的服务以及恢复现场三部分内容。

通常，主程序和中断服务程序都会用到累加器 A、程序状态字 PSW 及其他一些寄存器。CPU 执行中断服务程序时，若用到上述寄存器，会破坏原先存储在这些寄存器中的内容，一旦中断返回，将会造成主程序的混乱。因此，在进入中断服务程序后，一般要先保护现场，然后执行中断服务程序，在返回主程序之前，再恢复现场。

编写中断服务程序时需注意以下几点。

（1）各中断源的中断入口地址之间只相隔 8 个字节，容纳不下普通的中断服务程序，因此，在中断入口地址处存放一条无条件转移指令，将中断服务程序转至存储器的其他空间。

（2）若要在执行当前中断服务程序时，禁止其他更高优先级的中断请求，应先用软件关闭 CPU 中断或者禁止更高优先级的中断，在中断返回前再开放中断。

（3）在保护和恢复现场时，为了不使现场数据受到破坏或造成混乱，一般规定此时 CPU 不再响应新的中断请求。因此，在保护现场之前要关中断，在保护现场之后再开中断；同样在恢复现场之前关中断，在恢复现场之后开中断。

3）中断返回

中断返回是指中断服务完成后，CPU 返回原来程序的断点，继续执行原来的程序。中断返回由中断返回指令 RETI 来实现。该指令的功能是把断点地址从栈中弹出，送回到程序计数器 PC。此外，还通知中断系统已完成中断处理，并同时清除优先级状态触发器。

4）中断请求的撤销

CPU 响应中断请求后进入中断服务程序，在中断返回前，必须撤销中断请求，否则会重复引起中断。中断请求的撤销有以下几种情况。

（1）对于定时器 T0 或 T1 溢出中断与下降沿触发的外中断，CPU 在响应中断后，会由硬件自动清除其中断标志位 TF0 或 TF1 与 IE0 或 IE1，无须采取其他措施。

（2）对于串行口中断，CPU 在响应中断后，硬件不能自动清除中断请求标志位 TI、RI，必须在中断服务程序中用软件将其清除。

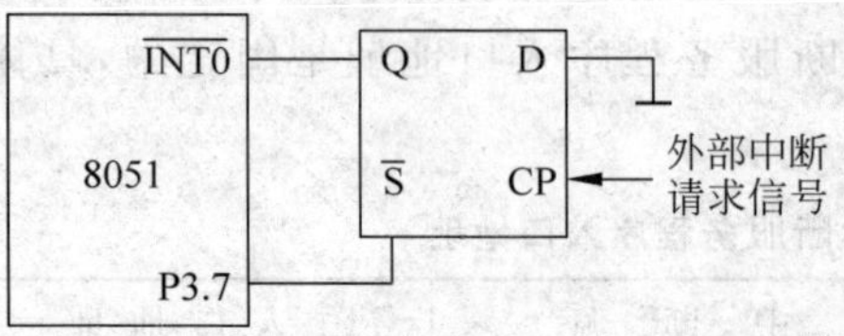

图 2-8　电平触发外部中断请求的撤销电路

（3）对于电平触发的外部中断，CPU 在响应中断后，无法对其引脚$\overline{INT0}$和$\overline{INT1}$进行控制，也不能用软件将其中断请求标志位 IE0 或 IE1 清除。因此，只有通过硬件并配合相应的软件才能解决这个问题。一种可行的电路方案如图 2-8 所示。

由图 2-8 可知，外部中断请求信号不直接加在$\overline{INT0}$引脚上，而是加在 D 触发器的 CP

端。触发器 D 端接地，当外部中断请求的正脉冲信号出现在 CP 端时，Q 端输出为 0，$\overline{INT0}$为低，从而向单片机发出中断请求。CPU 响应中断后，利用 P3.7 作为应答信号线，当 CPU 响应中断后，可在中断服务程序中采用以下两条指令撤销外部中断请求。

```
ANL   P3,#7FH    ;P3.7=0,使D触发器Q端置1,撤销中断请求
ORL   P3,#80H    ;P3.7=1,撤销D触发器S端得置1信号,使以后的请求信号仍能通过
```

5. 中断系统的编程

在编写中断服务程序时，首先要对中断系统进行初始化，也就是对几个特殊功能寄存器的相关控制位进行设置。具体来说，就是要完成下列工作。

(1) 开放 CPU 总中断和允许有关中断源中断。

(2) 确定各中断源的优先级。对于外部中断，还应规定是电平触发还是脉冲触发方式。

(3) 根据保护现场的需要设置栈指针 SP。

例 2-1　若规定外部中断 0 为电平触发方式，低优先级，试编写中断初始化程序。

解：一般采用位操作指令实现。中断初始化程序如下。

```
SETB      EA        ;开总中断
SETB      EX0       ;允许外部中断0中断
CLR       PX0       ;外部中断0定为低优先级
CLR       IT0       ;电平触发
```

例 2-2　若规定外部中断 1 为脉冲触发方式，高优先级，在中断服务程序中将寄存器 B 的内容右移一位，B 的初值为 02H。试编写主程序与中断服务程序。

解：编写主程序，主要是中断初始化编程，在中断服务程序中进行寄存器 B 的内容右移。

汇编程序如下。

```
        ORG     0000H
        LJMP    START           ;主程序转至START处
        ORG     0013H           ;INT1中断入口地址
        LJMP    INT1            ;中断服务程序转至INT1处
START:  SETB    EA              ;CPU开中断
        SETB    EX1             ;允许外部中断1中断
        SETB    PX1             ;设为高优先级
        SETB    IT1             ;设置外部中断1为脉冲触发
        MOV     B,#01H          ;对寄存器B赋初值
        SJMP    $               ;模拟主程序运行,等待中断
INT1:   MOV     A,B             ;A←B
        RR      A               ;右移一位
        MOV     B,A             ;B←A
        RETI                    ;中断返回
        END
```

2.2 任务 2 认识单片机的定时器/计数器

2.2.1 单片机的定时器/计数器

1. 定时器/计数器的结构框图

8051 单片机内部有两个 16 位的可编程定时器/计数器,称为定时器 0(T0)和定时器 1(T1),可编程选择作为定时器或计数器用。此外,工作方式、定时时间、计数值、启动和中断请求等都可以由程序设定。8051 单片机定时器/计数器的逻辑结构框图如图 2-9 所示。

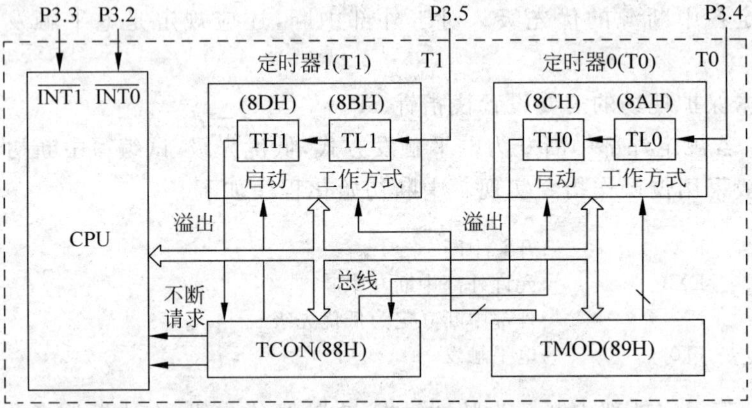

图 2-9 8051 单片机定时器/计数器的逻辑结构框图

由图 2-9 可知,8051 单片机定时器/计数器由定时器 T0、定时器 T1、定时器工作方式寄存器 TMOD 和定时器控制寄存器 TCON 组成。T0、T1 是 16 位计数器,分别由两个 8 位寄存器组成,即 T0 由 TH0 和 TL0 构成,T1 由 TH1 和 TL1 构成。

T0、T1 是 16 位加法计数器,分别由两个 8 位专用寄存器组成:T0 由 TH0(8CH)和 TL0(8AH)构成;T1 由 TH1(8DH)和 TL1(8BH)构成。每个定时器中的寄存器均可单独访问。T0、T1 用于存放定时或计数的初始设定值。

TMOD(89H)控制定时器的工作方式,TCON(88H)控制定时器的启动和停止计数,同时管理定时器的溢出标志等。CPU 与 TMOD,TCON 与 T0、T1 之间通过内部总线及逻辑电路连接。

2. 定时器/计数器的工作原理

每个定时器都可以由软件编程设置为定时方式或计数方式。设置为定时方式时,对内部机器周期脉冲计数,每过一个机器周期脉冲,计数器加 1,直至计数器由全 1 再加 1 而变为全 0,计满溢出为止,即对机器周期数进行统计。由此可见,计数器每加 1 代表一个机器周期的时间长短。因此,定时器的定时时间与机器周期有关。

一个机器周期由 12 个振荡周期组成,则机器周期 T_C 为

$$T_C = 12 \times (1/f_{OSC}) = 12/f_{OSC} \qquad (2\text{-}1)$$

若单片机系统晶振为 12MHz，则机器周期 $T_C=1\mu s$。对于计数值为 1 的定时时间而言，就是最短的定时时间。随着计数值 C 增加，定时时间 t 也以机器周期为单位成倍增加。定时时间 t 等于计数值 C 乘以机器周期 T_C，即

$$t = C \times T_C \tag{2-2}$$

定时器工作前预置在加 1 计数器的值称为计数初值 C_0，又称为时间常数。而定时器中的加 1 计数器实际所计的脉冲个数称为计数值 C，两者以计数器的模 M 为互补，即

$$C = M - C_0 \tag{2-3}$$

显然，预置的计数初值 C_0 越小，计数值 C 就越大，则定时时间 t 也越大。综合上面 3 个式子，可得定时时间 t 为

$$t = (M - C_0) \times T_C = (M - C_0) \times 12/f_{OSC} \tag{2-4}$$

定时器设置为计数工作方式时，计数器对来自输入引脚 T0(P3.4)和 T1(P3.5)的外部脉冲信号计数，每输入一个脉冲下降沿，加法计数器加 1。在每个机器周期的 S5P2 期间采样引脚输入电平，若前一个机器周期采样值为 1，后一个机器周期采样值为 0，则计数器加 1。新的计数值是在检测到输入引脚电平发生 1 到 0 的负跳变后，在下一个机器周期的 S3P1 期间装入计数器中的。可见，检测一个由 1 到 0 的负跳变需要两个机器周期，所以，最高检测频率为振荡频率的 1/24。计数器对外部输入信号的占空比没有特别的限制，但必须保证输入信号的高电平与低电平的持续时间在一个机器周期以上。

当设置了定时器工作方式并启动定时器工作后，定时器将按被设定的工作方式独立工作，不再占用 CPU 的时间，只有在计数器计满溢出时，才可能中断 CPU 当前的操作。

3. 定时器/计数器的工作方式寄存器和控制寄存器

(1) 工作方式寄存器 TMOD

定时器的工作方式寄存器 TMOD 为 8 位寄存器，通过用户编程写入方式控制字来控制定时器的工作方式。TMOD 的格式如图 2-10 所示。

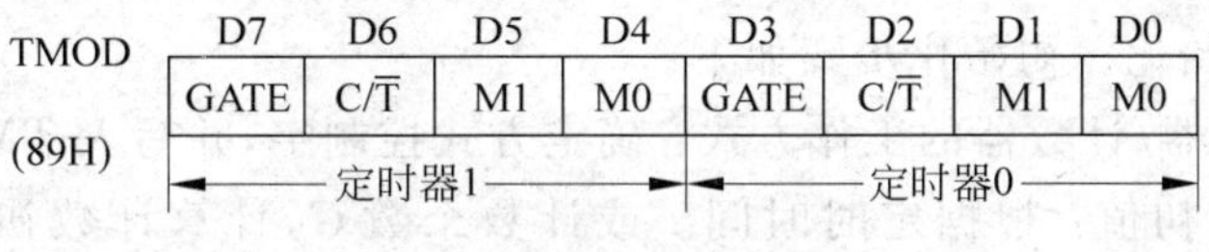

图 2-10　TMOD 格式

TMOD 不能位寻址，只能用字节指令设置定时器工作方式，高 4 位定义 T1，低 4 位定义 T0，对应位的含义是相同的，下面就以 T0 的参数来说明。

① M1 和 M0：工作方式控制位。其二进制的 4 个组合可以确定定时器的 4 种工作模式，具体如表 2-5 所示。

表 2-5　定时器工作方式选择

M1M0	工作方式	功 能 说 明
00	方式 0	13 位定时器/计数器
01	方式 1	16 位定时器/计数器
10	方式 2	8 位自动重装载定时器/计数器
11	方式 3	T0 分成两个 8 位定时器/计数器，T1 停止计数

② C/$\overline{T}$：功能选择位。C/$\overline{T}$=0 时，设置为定时器工作方式；C/$\overline{T}$=1 时，设置为计数器工作方式。

③ GATE：门控位。当 GATE=0 时，只要 TCON 中的 TR0 置 1 即可启动定时器；当 GATE=1 时，只有使 TCON 中的 TR0 置 1 且外部中断$\overline{INT0}$(P3.2)引脚输入高电平时，才能启动定时器 T0。一般使用时 GATE=0 即可。

(2) 控制寄存器 TCON

TCON 的作用是控制定时器的工作启停和溢出标志位。TCON 可位寻址，其格式如图 2-11 所示。

TCON (88H)	8FH	8EH	8DH	8CH	8BH	8AH	89H	88H
	TF1	TR1	TF0	TR0	IE1	IT1	IE0	IT0

图 2-11 TCON 格式

TCON 中的低 4 位用于控制外部中断，与定时器/计数器无关，在中断系统章节中详细介绍过，这里不再赘述。高 4 位分别用于 T1 和 T0 的运行控制，对应位的含义是相同的，下面以 T0 的参数来说明。

① TR0：T0 启/停控制位。由软件置 1 或清 0 控制 T0 的启动或停止。当 GATE=1，且$\overline{INT0}$为高电平时，TR0 置 1 可启动 T0；当 GATE=0，TR0 置 1 即可启动 T0。

② TF0：T0 溢出标志位。定时器 T0 启动计数后，从初值开始进行加 1 计数，计数溢出后由内部硬件自动对 TF0 置 1，同时向 CPU 发出中断请求；当 CPU 响应中断后，由内部硬件自动对 TF0 清零。T0 工作时，CPU 可随时查询 TF0 的状态，所以，采用查询方式时，TF0 可用作查询测试位。也可用软件对 TF0 置 1 或清零。

(3) 定时器/计数器的初始化

由于定时器/计数器的功能是由软件编程确定的，所以，一般在使用定时器/计数器前都要对其进行初始化。初始化步骤如下。

① 确定定时器/计数器的工作方式：确定方式控制字，并写入 TMOD 寄存器。

② 预置计数初值：根据定时时间 t 或计数个数 C，计算计数初值 C_0，并将其写入 TH0、TL0 或 TH1、TL1。

计数初值 C_0 可按公式(2-3)与公式(2-4)推得。

计数方式：

$$C_0 = M - C = 2^k - C \tag{2-5}$$

定时方式：

$$C_0 = M - C = M - t/T_C = 2^k - tf_{OSC}/12 \tag{2-6}$$

其中，k 为计数器的位数，不同工作方式下 k 与计数器的模 M 的关系如表 2-6 所示。

③ 根据需要开启定时器/计数器中断：直接中断允许寄存器 IE 赋值。

④ 启动定时器/计数器工作：将 TR0 或 TR1 置 1。GATE = 0 时，直接由软件置位启动；GATE = 1 时，除软件置位外，还须在外中断引脚处加相应电平值才能启动。

表 2-6　不同工作方式下的计数器位数与模值

工作方式	计数器位数 k	计数器的模 M	计数器的十六进制模
方式 0	13	$2^{13}=8192$	2000H
方式 1	16	$2^{16}=65536$	10000H
方式 2	8	$2^{8}=256$	0100H
方式 3	8	$2^{8}=256$	0100H

2.2.2 定时器/计数器的工作方式

定时器/计数器不管是工作在定时方式还是计数方式，都可由 TMOD 的 M1、M0 设定 4 种工作方式。对于方式 0～方式 2，T0 和 T1 的功能是相同的，下面以 T0 为例来说明这 3 种方式。对于方式 3，因两个定时器的工作情况不同，将分别予以说明。

1. 方式 0

当 M1M0 为 00 时，定时器工作于方式 0，由 TL0 的低 5 位（高 3 位未用）和 TH0 的高 8 位构成 13 位的计数器，方式 0 时的逻辑结构图如图 2-12 所示。

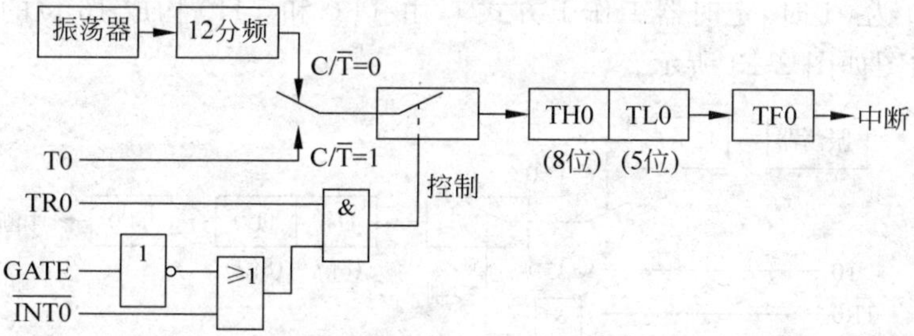

图 2-12　T0 方式 0 时的逻辑结构图

当 C/$\overline{T}$＝0 时，T0 为定时工作方式，以振荡源的 12 分频信号作为计数脉冲；当 C/$\overline{T}$＝1 时，T0 为计数工作方式，对 T0 端输入的外部脉冲计数。T0 能否启动工作，受到图中组合逻辑电路的控制。当 GATE＝0 时，或门输出常为 1，只要 TR0＝1，就能使与门输出为 1，控制开关闭合，启动 T0 开始计数。当 GATE ＝ 1 时，经反相后输出为 0，则由 $\overline{INT0}$控制或门输出，只有$\overline{INT0}$＝1 且 TR0＝1 时，才能使与门输出为 1，控制开关闭合，启动 T0 计数。

T0 启动后，计数器立即作加 1 计数，TL0 的低 5 位溢出时向 TH0 进位；TH0 溢出时，13 位加法计数器为 0，使中断溢出标志 TF0 置 1，表示定时时间到或计数次数到。若 T0 中断此时是开放的，即 EA＝1 且 ET＝1，将向 CPU 发出中断请求；当 CPU 响应中断后，将转向以 000BH 为入口地址的中断服务程序，硬件将自动使 TF0＝0。

13 位计数器的模为 2^{13}，将 $M=2^{13}$ 代入公式(2-4)，得到方式 0 的定时时间为：

$$t=(M-C_0)\times T_C=(2^{13}-C_0)\times 12/f_{OSC} \tag{2-7}$$

例 2-3 若单片机系统晶振频率为12MHz,要求定时时间为5ms,试解答:

(1) 计算T0在方式0下的TH0和TL0的计数初值。

(2) 计算T0在方式0下的最小定时时间和最大定时时间。

解:(1) 计数初值。

已知晶振频率 $f_{OSC}=12MHz$,定时时间 $t=5ms=5000\mu s$,则机器周期为:

$$T_C = 12/f_{OSC} = 12/(12\times 10^6) = 1\mu s$$

计数值为:

$$C = t/T_C = 5000\mu s/1\mu s = 5000 = 1388H$$

方式0时,计数初值 $C_0=M-C=2000H-1388H=C78H=01100011\ 11000B$(不足13位,高位补0),将高8位写入TH0,低5位写入TL0,TL0的高三位补0,则:TH0=63H,TL0=18H。

(2) 最小定时时间 t_{min} 和最大定时时间 t_{max}。

最小定时时间对应最小计数值 $C=1$,则 $t_{min}=C\times T_C=1\times 1\mu s=1\mu s$。

最大定时时间对应定时器的最大计数值 $C=M$,即 $t_{max}=2^{13}\times 1\mu s=8192\mu s=8.192ms$。

2. 方式1

当M1M0为01时,定时器工作于方式1,由TL0和TH0构成16位的计数器,方式1时的逻辑结构图如图2-13所示。

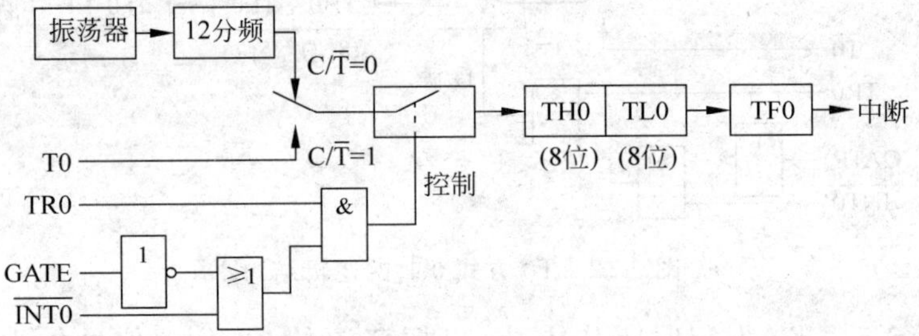

图2-13 T0方式1时的逻辑结构图

方式1与方式0的差别在于计数器的位数不同,工作过程基本类似,在此不再赘述。

16位计数器的模为 2^{16},将 $M=2^{16}$ 代入公式(2-4),得到方式1的定时时间为:

$$t = (M-C_0)\times T_C = (2^{16}-C_0)\times 12/f_{OSC} \tag{2-8}$$

3. 方式2

当M1M0为10时,定时器工作于方式2,是一个能自动装入初值的8位加1计数器,方式2时的逻辑结构图如图2-14所示。

TH0和TL0成为两个相互独立的8位计数器。TH0用于存放计数的初值,此初值需要在初始化编程中预置,在计数过程中将保持不变。TL0成为一个可以自动重装载初值的8位计数器,TL0计数溢出时,置位溢出标志TF0,并向CPU发出中断请求,而且自动将TH0中的初值重新装载到TL0中。TL0从初值开始重新作加1计数,如此重复工作,直至TR0=0才会停止。

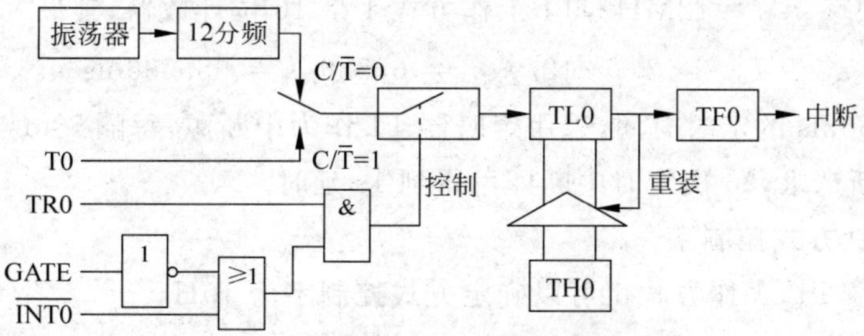

图 2-14　T0 方式 2 时的逻辑结构图

定时器工作于方式 2 时，用户程序中无须用指令重装计数初值，所以适用于较精确的定时场合。8 位计数器的模 $M=2^8$，则方式 2 的定时时间为：

$$t=(M-C_0)\times T_C=(2^8-C_0)\times 12/f_{OSC} \tag{2-9}$$

4. 方式 3

当 M1M0 为 11 时，定时器工作于方式 3。方式 3 对 T0 和 T1 是不同的。

T0 工作于方式 3 时，TH0 和 TL0 将成为两个相互独立的 8 位加 1 计数器，其逻辑结构如图 2-15 所示。

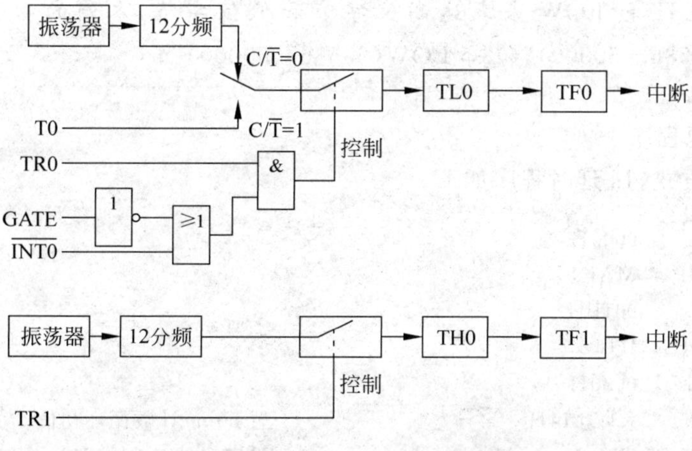

图 2-15　T0 方式 3 时的逻辑结构图

此时，TL0 利用本身的全部控制位，即 C/$\overline{T}$、GATE、TR0、TF0 和 T0(P3.4)引脚、$\overline{INT0}$(P3.2)引脚。其工作过程与方式 0 类同，可参看方式 0 中的描述，只是作为一个 8 位计数器而有所不同。TH0 固定为定时器方式，对机器周期进行计数，运行控制位和溢出标志位借用了 T1 的控制位 TR1 和 TF1，即定时器的启停受 TR1 控制，计数溢出将使 TF1 置 1。方式 3 的定时时间为：

$$t=(M-C_0)\times T_C=(2^8-C^0)\times 12/f_{OSC} \tag{2-10}$$

T0 工作于方式 3 时，由于 T1 的 TR1、TF1 被 T0 占用，此时，T1 通常用作串行口波特率发生器，以方式 2 工作。

例 2-4　单片机系统晶振频率 $f_{OSC}=12\text{MHz}$，采用定时器 T1 工作方式 1 实现 1s 延时，试编写 1s 延时程序。

解：晶振频率 f_{OSC}=12MHz，T1 工作方式 1 是 16 位计数器，其最大定时时间为：

$$t_{max} = 2^{16} \times 12/f_{OSC} = 65536\mu s = 65.536ms$$

可以选择 50ms 的定时时间，采用定时器 T1 作为中断源，每隔 50ms 的定时时间产生一个定时器中断请求，20 次定时中断即可得到 1s 延时。

(1) TMOD 方式控制字

根据定时器 T1，工作方式 1 可以确定方式控制字为 10H。

(2) 计数初值

根据分析，选择 50ms 的定时时间，得到计数初值：

$$\begin{aligned} C_0 = M - C = M - t/T_C &= 2^k - tf_{OSC}/12 \\ &= 65536 - 50ms/1\mu s \\ &= 15536 = 3CB0H \end{aligned}$$

则 TH0＝3CH，TL0＝0B0H。

小知识

初值的具体计算有时会带来一点小负担，有没有方便一点的方法呢？在汇编语言中可以用 HIGH 和 LOW 来表达高位字节和低位字节，本例的初值就可以写成“#HIGH(65536－50000)”和“#LOW(65536－50000)”。

(3) 汇编源程序

采用中断方式，1s 延时程序如下。

```
        ORG     0000H
        AJMP    MAIN
        ORG     001BH
        LJMP    IIT1
        ORG     0030H
MAIN:   MOV     R3,#14H                     ;置 50ms 计数循环初值
        MOV     TMOD,#10H                   ;设定时器 1 为方式 1
        MOV     TH1,#HIGH(65536－50000)     ;置定时器初值
        MOV     TL1,#LOW(65536－50000)
        SETB    EA                          ;中断初始化,开中断
        SETB    ET1                         ;T1 开中断
        SETB    TR1                         ;启动 T1
        SJMP    $
IIT1:   MOV     TH1,#3CH                    ;重新置定时器初值
        MOV     TL1,#0B0H
        DJNZ    R3,LOOP                     ;未到 1s 继续循环
        CLR     TR1                         ;1s 到,停止 T1
LOOP:   RETI                                ;中断返回
        END
```

2.3 任务 3 利用单片机输出方波

2.3.1 简易方波发生器的设计

1. 任务与计划

工作任务要求：利用单片机的定时器/计数器设计简易方波发生器，通过 P1.0 端口输出周期为 2s 的方波信号，用 LED 灯反映 P1.0 端口的方波信号，并用虚拟示波器测试方波信号的周期。

工作计划：首先分析任务，然后进行硬件电路设计，再进行软件源程序分析编写，源程序经调试编译后生成 HEX 文件，将 HEX 文件加载到仿真电路中，对方波发生器进行仿真运行，观察并验证虚拟示波器显示的波形和周期参数的正确性。

2. 硬件电路设计

根据工作任务要求，选用 AT89C51 单片机、时钟电路、复位电路、电源和一个 LED 灯构成最小工作系统，用 P1.0 端口控制 LED 灯来反映方波信号，并在仿真环境下用虚拟示波器测试方波信号。系统硬件电路图如图 2-16 所示。

3. 软件程序设计

根据系统工作要求，单片机 P1.0 端口产生周期为 100ms 的方波，即每半个周期时间 50ms，改变一次 P1.0 的电平，便得到周期为 100ms 的方波信号。

具体设计思想：单片机系统晶振频率 $f_{OSC}=12MHz$，采用 T0 工作方式 1，中断方式产生 50ms 的定时，定时时间到对 P1.0 取反，即可得到周期为 100ms 的方波。

根据设计思想，可以确定方式控制字 TMOD 为 01H。

T0 采用方式 1，定时 50ms，其计数初值为：

$$C_0 = 2^{16} - 50\text{ms}/1\mu\text{s} = 65536 - 50000 = 15536 = 3\text{CB0H}$$

则 TH0＝3CH，TL0＝0B0H。

汇编源程序如下。

```
        ORG     0000H
        AJMP    START
        ORG     000BH               ;T0 的中断入口地址
        LJMP    IIT0                ;转向 T0 中断服务程序
        ORG     0030H               ;主程序
START:  MOV     TMOD, #01H          ;T0 以方式 1 定时
        MOV     TH0, #3CH           ;装入 T0 计数初值
        MOV     TL0, #0B0H
        SETB    ET0                 ;T0 开中断
```

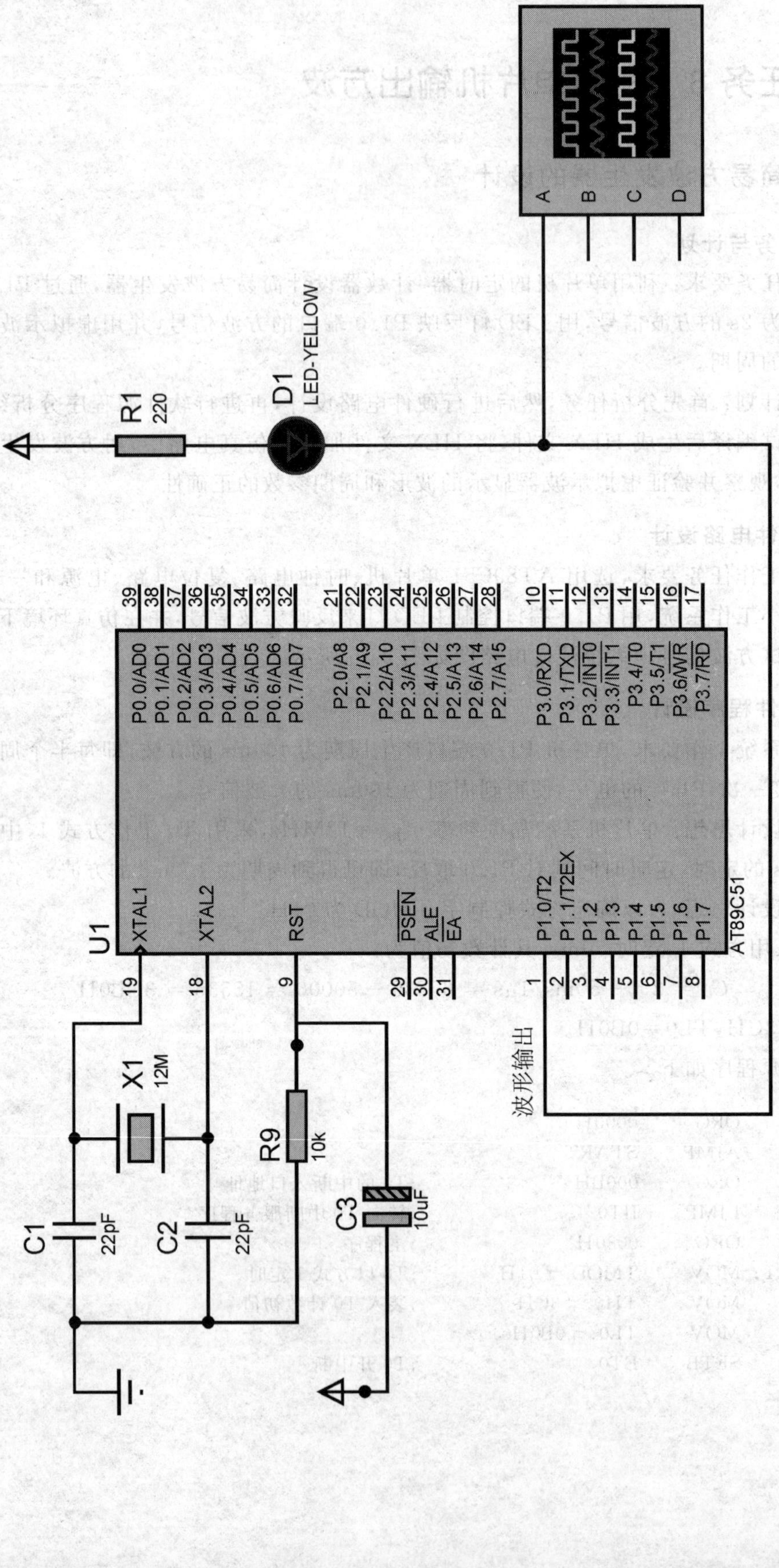

图 2-16 简易方波发生器硬件电路图

```
        SETB    EA          ;CPU 开中断
        SETB    TR0         ;启动 T0
        STMP    $           ;等待中断
IIT0:   MOV     TH0, #3CH   ;重装计数数值
        MOV     TL0, #0B0H
        CPL     P1.0        ;P1.0 取反,不断重复形成方波
        RETI                ;中断返回
        END     START
```

2.3.2　调试与仿真运行

1. 调试并运行程序

运用 Keil 开发软件进行源程序的编辑,经编译调试后输出 HEX 等目标文件。

2. Proteus 仿真运行

运用 Proteus 仿真软件绘制如图 2-16 所示的硬件电路原理图,将 HEX 文件加载在单片机芯片中。在仿真环境中单击 ▶ 按钮,进入仿真运行状态。简易方波发生器的仿真运行效果如图 2-17 所示。

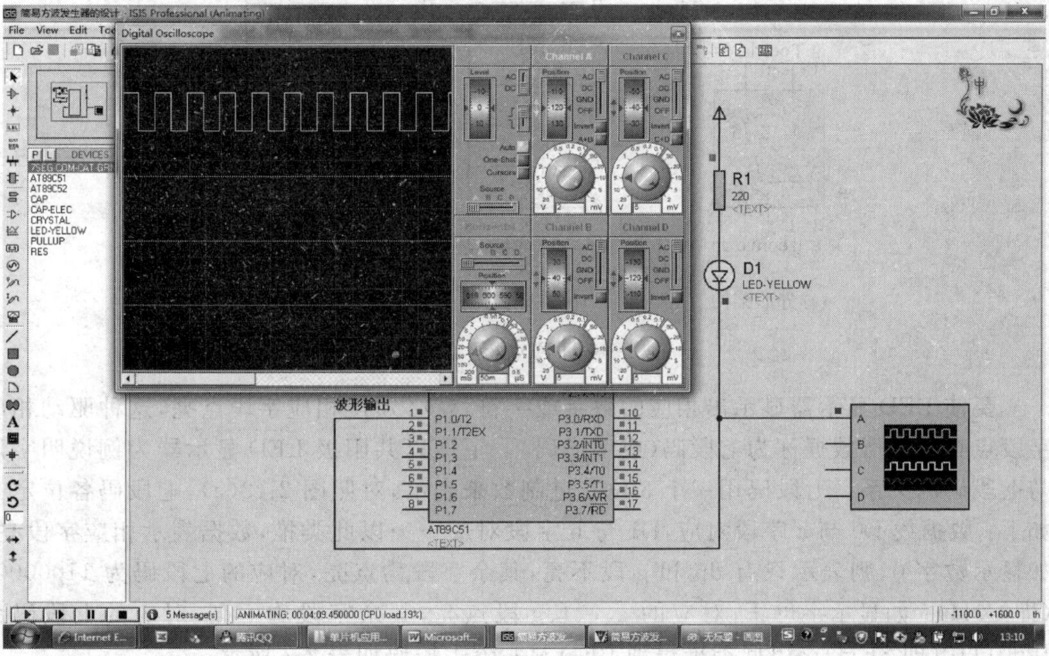

图 2-17　简易方波发生器的仿真效果图

Proteus 中的仿真结果正常后,用实际硬件搭建并调试电路,通过编程器将 HEX 文件下载到 AT89C51 单片机中,通电验证实际效果。

2.4 任务 4 简易计时器的设计

2.4.1 认识 LED 显示器

1. LED 显示器结构与原理

LED 显示器由 8 个发光二极管构成,其中 7 个发光二极管做成七段横竖笔画的字段,组成一个 8 字,第 8 个做成小数点的形状,其外形结构如图 2-18(a)所示。由图可知,通过不同的组合可用来显示数字 0～9、字母 A～F 及小数点等字符。

根据内部发光二极管极性接法的不同,LED 显示器可分为共阴极和共阳极两种结构,分别如图 2-18(b)和图 2-18(c)所示。共阴极 LED 显示器的 8 个 LED 的阴极并接在一起,通常公共阴极接低电平(一般接地),每个阳极串联电阻后,用高电平驱动;共阳极 LED 显示器的 8 个 LED 的阳极并接在一起,通常公共阳极接高电平(一般接＋5V 电源),每个阴极串联电阻后,用低电平来驱动。为了不损坏 LED 显示器中的发光二极管段,为每段加限流电阻,使流过每段的电流控制在 10～30mA 为宜。

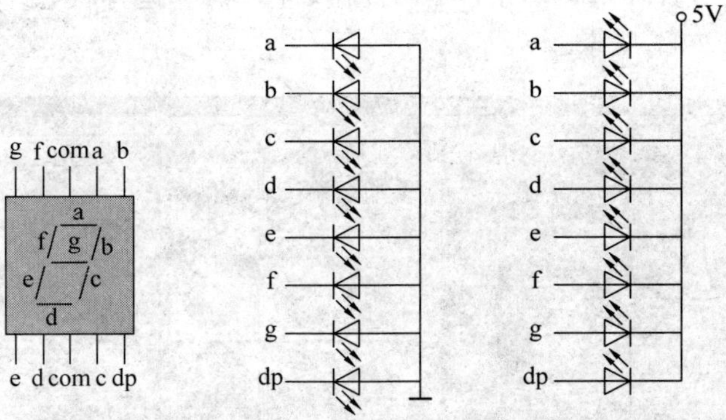

(a) 外形结构 (b) 共阴极 (c) 共阳极

图 2-18 LED 显示器结构图

要使 LED 显示器显示出相应的数字或字符,就必须使相应字段点亮,这种驱动相应字段点亮的字形数据称为七段码(或字形码)。下面以共阳极 LED 显示器为例说明字形与七段码的关系。七段码用一个 8 位二进制数来表示,对照图 2-12(a),七段码各位定义如下:数据线 D0 与 a 字段对应,D1 与 b 字段对应……以此类推,数据表示相应字段亮。如显示数字 0,则表示只有 dp 和 g 段不亮,其余字段均点亮,对应的七段码为 11000000(即 C0H);如显示字母 F,对应的 a、e、f、g 段点亮,其余字段均不亮,对应的七段码为 10001110(即 8EH)。以此类推得到 LED 显示器七段码如表 2-7 所示。

2. LED 显示器的显示方式

LED 显示器有静态显示和动态显示两种方式,下面分别加以叙述。

(1) 静态显示方式

LED 显示器在静态显示方式下显示某一个字符时,相应的段恒定导通或截止。8 个

表 2-7　LED 显示器的七段码

显示字符	D7 dp	D6 g	D5 f	D4 e	D3 d	D2 c	D1 b	D0 a	共阴七段码	共阳七段码
0	0	0	1	1	1	1	1	1	3FH	C0H
1	0	0	0	0	0	1	1	0	06H	F9H
2	0	1	0	1	1	0	1	1	5BH	A4H
3	0	1	0	0	1	1	1	1	4FH	B0H
4	0	1	1	0	0	1	1	0	66H	99H
5	0	1	1	0	1	1	0	1	6DH	92H
6	0	1	1	1	1	1	0	1	7DH	82H
7	0	0	0	0	0	1	1	1	07H	F8H
8	0	1	1	1	1	1	1	1	7FH	80H
9	0	1	1	0	1	1	1	1	6FH	90H
A	0	1	1	1	0	1	1	1	77H	88H
B	0	1	1	1	1	1	0	0	7CH	83H
C	0	0	1	1	1	0	0	1	39H	C6H
D	0	1	0	1	1	1	1	0	5EH	A1H
E	0	1	1	1	1	0	0	1	79H	86H
F	0	1	1	1	0	0	0	1	71H	8EH

段选端分别与一个 8 位 I/O 口地址相连，I/O 口只要有段码输出，就始终显示该字符，直到 I/O 口输出新的段码。例如显示字符 7 时，LED 显示器的 a、b、c 段恒定导通，其余段恒定截止。

LED 显示器工作于静态显示方式时，com 端固定接地（共阴极）或接电源（共阳极）。每位的段选端可以直接接一个有锁存功能的 8 位并行 I/O 口，LED 显示器中的各位相互独立，而且显示字符一经确定，相应锁存的输出将维持不变，此时较小的电流即可获得较高的亮度。这种显示方式编程容易，使用简单，但占用的单片机 I/O 口资源较多。

图 2-19 所示为单片机的 P0 端口驱动 1 位 LED 显示器静态显示的接口电路图。

例 2-5　1 位 LED 显示器的静态显示采用如图 2-19 所示的电路结构，在数码管上循环显示 0～9 数字，时间间隔为 1s。其中 LED 显示器为共阴极，试编写显示子程序 JDISP。

解：① 题意分析：可以将要显示的数字 0～9 预置在显示缓冲区中，通过查表法获取要显示数的七段码。

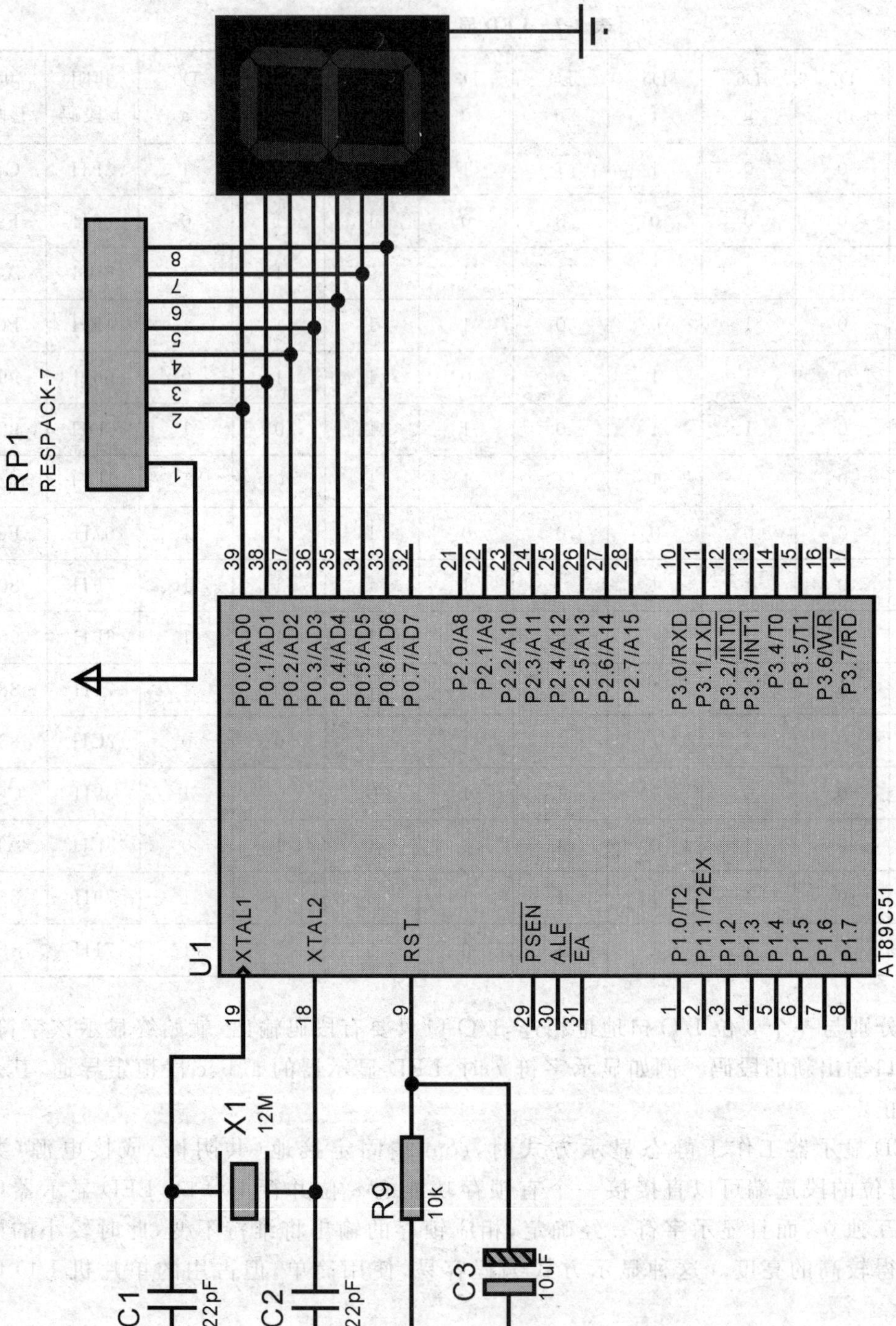

图 2-19 1 位 LED 显示器静态显示的接口电路图

② 汇编源程序如下。

```
          ORG      0000H
          LJMP     JDISP
          ORG      0030H
JDISP:    MOV      R0,#00h
DISP0:    MOV      A,R0
MOV       DPTR,#SEGTAB                 ;字段码首地址
MOVC      A,@A+DPTR                    ;查字符段选码
          MOV      P0,A                ;从 P0 口输出显示
          LCALL    DELAY               ;停留 1s
          INC      R0
          CJNE     R0,#0ah,DISP0
          AJMP     JDISP               ;又从 0 开始显示
DELAY:    MOV      R7,#20              ;1s 延时子程序
D1:       MOV      R6,#100
D2:       MOV      R5,#248
DJNZ      R5,$
DJNZ      R6,D2
          DJNZ     R7,D1
          RET
SEGTAB:   DB   3FH,06H,5BH,4FH,66H     ;共阴极七段码 0～9
          DB   6DH,7DH,07H,7FH,6FH
          END
```

(2) 动态显示方式

当 LED 显示器显示的位数较多时，为简化电路，降低成本，通常采用动态显示方式。

将多个 LED 显示器的 8 个段选端并联在一起，由一个 8 位的 I/O 口控制，而每个 LED 显示器的 com 端由各自独立的 I/O 口控制。图 2-20 所示为 8 位共阴极 LED 动态显示接口电路。8 个 LED 显示器的所有段选线都并接在一起，接到 CPU 的 D0～D7 数据端，8 个位控制端分别为 C0～C7，由位控制端决定哪一个 LED 显示器被点亮。

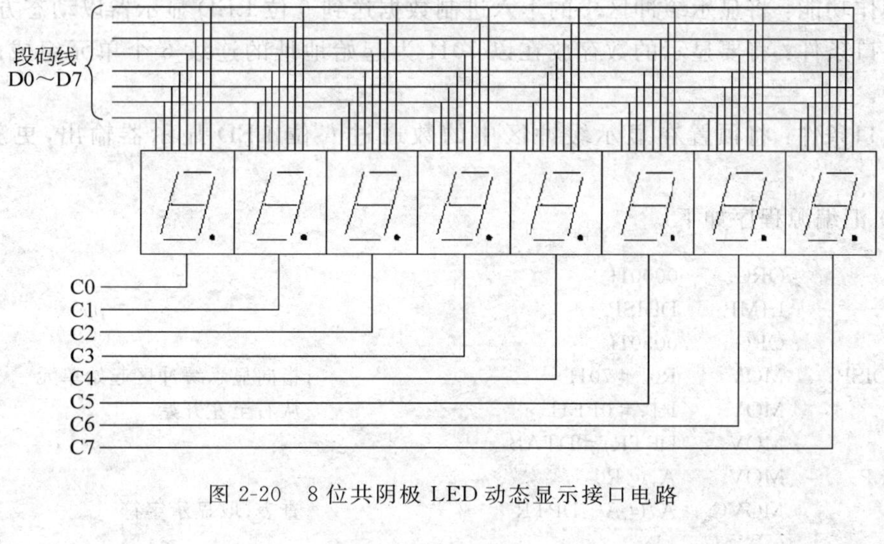

图 2-20　8 位共阴极 LED 动态显示接口电路

动态方式显示时,各 LED 显示器分时轮流选通,要使其稳定显示必须采用扫描方式,即在某一时刻只选通一个 LED 显示器,并送出相应的段码,在另一时刻选通另一个 LED 显示器,并送出相应的段码,以此规律循环,即可使各个 LED 显示器显示所需要的字符。虽然某一时刻只有一个 LED 显示器工作,但是只要每秒扫描次数大于 24,由于人眼的视觉惯性以及发光二极管的余晖效应,直观上感觉却是连续点亮的,而感觉不到闪烁现象。

MCS-51 单片机构建 LED 动态显示系统的典型应用见例 2-6。

例 2-6 试编写图 2-21 所示的 6 位共阳极 LED 显示器动态扫描显示子程序 DDISP。将要显示的十六进制数存放在 70H～75H 显示缓存区中,通过查表法获取要显示数的七段码。

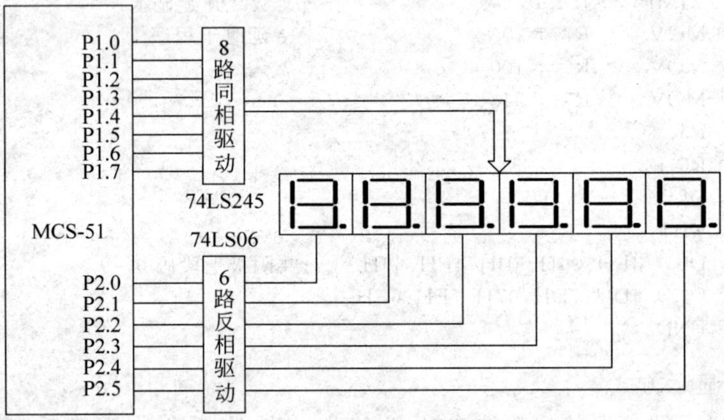

图 2-21 6 位共阳极 LED 动态显示电路

解:① 题意分析:设寄存器 R0 作为地址指针,寄存器 R1 存放当前位控值,D1MS 为延时子程序,延时时间大约为 1ms。

对显示子程序 DDISP 说明如下。

操作功能:将显示缓冲区中的十六进制数据送到 6 位 LED 显示器以动态方式显示。

入口条件:将要显示的数存放在以 70H 为起始地址的连续 6 个单元组成的显示缓冲区中。

出口条件:将预置在显示缓冲区中的数通过 6 位 LED 显示器输出,更新原有的显示。

② 汇编源程序如下。

```
        ORG     0000H
        LJMP    DDISP
        ORG     0030H
DDISP:  MOV     R0, #70H                ;指向显示缓冲区起始单元
        MOV     R1, #0FEH               ;从右至左开始
        MOV     DPTR, #DTAB
DLP:    MOV     A, @R0
        MOVC    A, @A+DPTR              ;查表,取显示字符
```

```
          MOV     P1,A                                  ;显示字符送 P1 端口
          MOV     A,R1
          MOV     P2,A                                  ;显示位送 P2 端口
          ACALL   D1MS                                  ;延时 1ms
          INC     R0                                    ;指向显示缓冲区下一单元
          MOV     A,R1                                  ;修改位选码
          RL      A                                     ;扫描字左移
          MOV     R1,A
          JB      ACC.5,DLP                             ;未显示到最左边 LED,继续显示
          RET                                           ;全部扫描一遍,结束
DTAB:     DB  0C0H,0F9H,0A4H,0B0H,99H,92H               ;七段码表
          DB  82H,0F8H,80H,90H,88H
          DB  83H,0C6H,0A1H,86H,8EH
D1MS:     MOV        R7,#02                             ;延时 1ms 子程序(fOSC=12MHz)
D0:       MOV     R6,#248
DJNZ      R6,$
          DJNZ       R7,D0
          RET
          END
```

2.4.2　60s 计时器的设计

1. 任务及计划

60s 计时器的工作任务要求：采用 MCS-51 单片机设计一款简易 60s 计时器。采用单片机定时器 T0 定时功能产生秒信号，并实现“00,01,…,59,00,…”计时，计时结果通过 P0、P2 口外接 LED 数码管显示器显示。

工作计划：首先进行工作任务分析，根据任务要求，学习 LED 数码管的相关知识，收集单片机控制 LED 数码管的相关资料，结合单片机定时器/计数器的定时/计数功能，进行 60s 计时器的方案设计，然后进行硬件电路、流程图设计和软件程序编写，在完成程序的调试和编译后，进行 60s 计时器的仿真运行，综合电路和程序进行系统调试纠错，运行正常后进行演示评价。

2. 硬件电路与软件程序设计

1）确定设计方案

根据工作任务要求，采用 AT89C51 单片机作为产品的主控制器件，选用共阴极 LED 显示器进行秒值显示。该系统方案设计框图如图 2-22 所示。

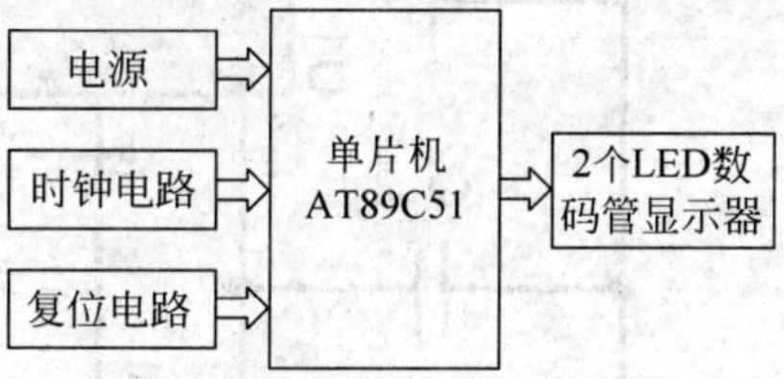

图 2-22　系统方案设计框图

2）硬件电路设计

根据工作任务和方案设计框图，选择器件的型号和参数，确定硬件电路图。采用单片机 P0 口驱动显示秒时间的十位，P2 口驱动显示秒时间的个位。硬件电路图如图 2-23 所示。

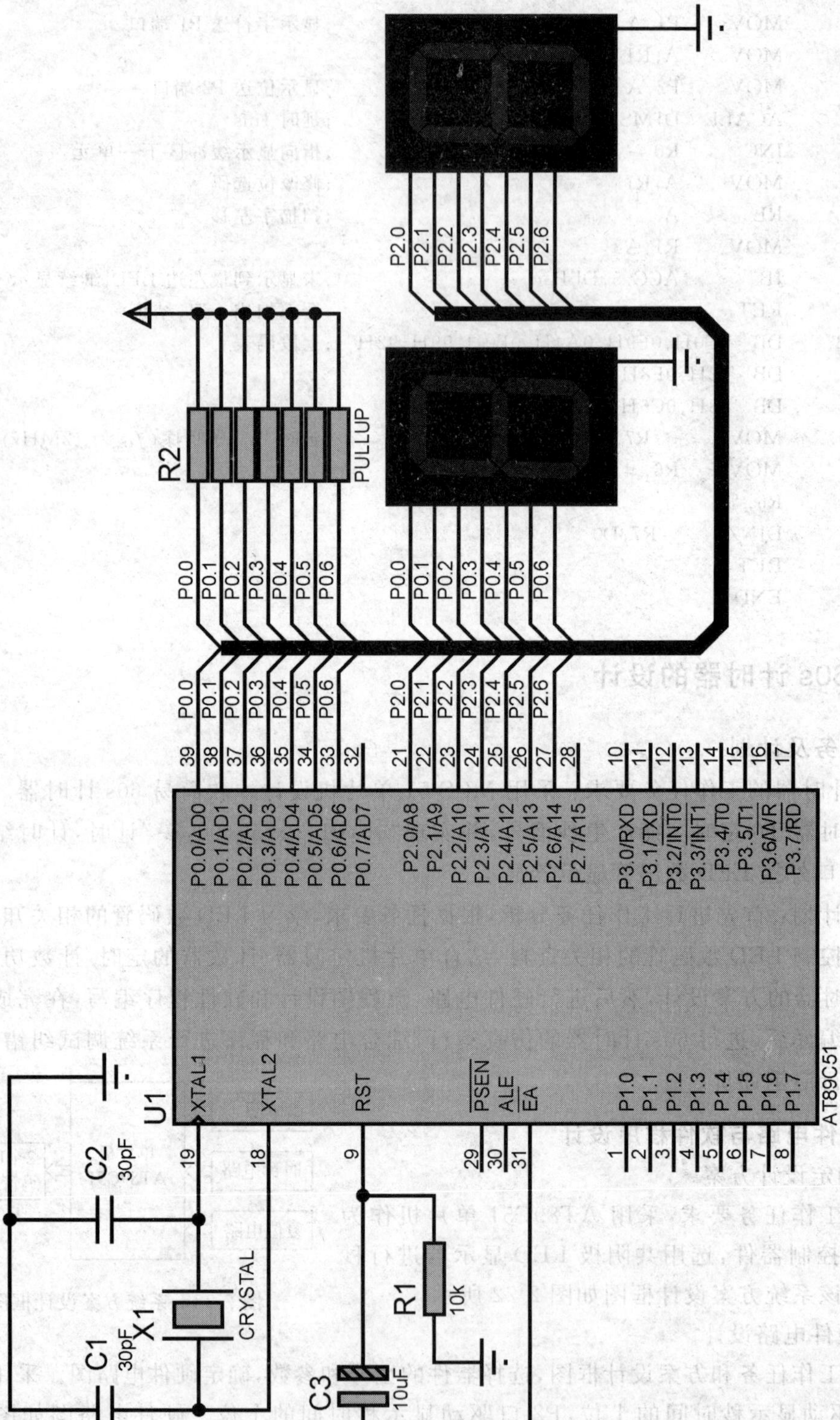

图 2-23 60s 计时器硬件电路图

3）软件程序设计

（1）程序设计流程图

根据工作任务要求，结合方案设计和硬件电路设计，进行 60s 计时器的程序设计。单片机晶振频率 $f_{OSC}=12MHz$，采用 T0 工作方式 1，中断方式产生 50ms 的定时，经过 20 次的中断完成 1s 时间信号，通过 LED 数码管显示秒数值。主程序流程图如图 2-24 所示。

秒信号由定时器 T0 中断方式产生，定时器 T0 中断服务子程序流程图如图 2-25 所示。

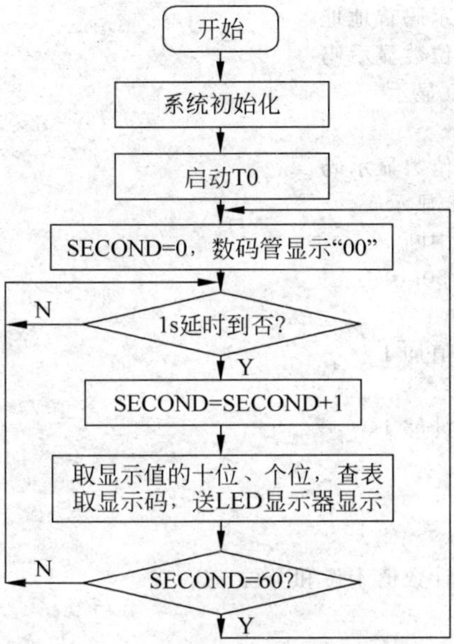

图 2-24　主程序流程图

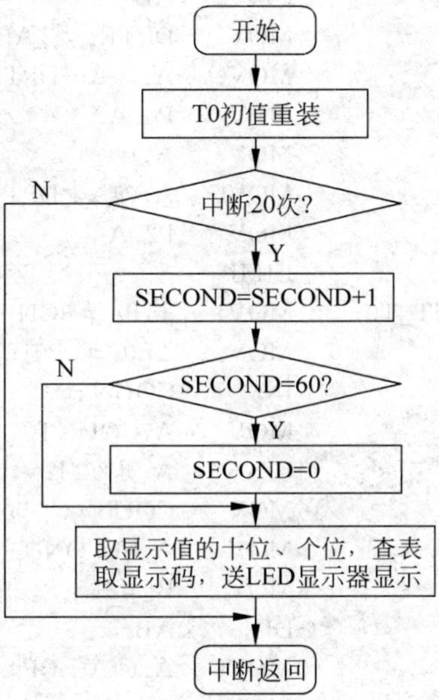

图 2-25　定时器 T0 中断服务子程序流程图

（2）汇编源程序

① 确定方式控制字。根据设计思想确定方式控制字 TMOD 为 01H。

② 计算计数初值。T0 采用方式 1，定时 50ms，其计数初值为：

$$2^{16}-50ms/1\mu s=65536-50000=15536=3CB0H$$

则 TH0＝3CH，TL0＝0B0H。

③ 汇编源程序的编写。根据系统程序设计流程图进行程序编写。具体汇编源程序如下。

```
SECOND    EQU    30H
COUNT     EQU    31H
          ORG    0000H
          LJMP   START
          ORG    000BH                ;定时器 0 中断入口
          LJMP   INT_T0
START:    MOV    TMOD, #01H           ;设置定时器 0 工作方式
          MOV    TH0, #3CH            ;定时 50ms
```

```
           MOV     TL0,#0B0H
           MOV     IE,#82H                 ;开中断
           SETB    TR0                     ;启动定时器/计数器 0
           MOV     TL0,#0B0H
           MOV     IE,#82H                 ;开中断
           SETB    TR0                     ;启动定时器/计数器 0
           MOV     SECOND,#00H
           MOV     A,SECOND                ;取显示值
           MOV     B,#10
           DIV     AB
           MOV     DPTR,#TABLE             ;取显示码首地址
           MOVC    A,@A+DPTR               ;取十位数显示码
           MOV     P0,A                    ;送 P0 显示
           MOV     A,B
           MOVC    A,@A+DPTR               ;取个位数显示码
           MOV     P2,A                    ;送 P2 显示
           LJMP    $                       ;等待中断
INT_T0:    MOV     TH0,#3CH                ;定时 50ms
           MOV     TL0,#0B0H
           INC     COUNT                   ;计数值加 1
           MOV     A,COUNT
           CJNE    A,#20,I2                ;是否计够 1s
           MOV     COUNT,#00H
I1:        MOV     A,SECOND
           MOV     B,#10
           DIV     AB                      ;分离计数值十位和个位
           MOVC    A,@A+DPTR
           MOV     P0,A
           MOV     A,B
           MOVC    A,@A+DPTR
           MOV     P2,A                    ;显示计数值
I2:        RETI                            ;中断返回
TABLE:     DB      3FH,06H,5BH,4FH,66H
           DB      6DH,7DH,07H,7FH,6FH
           END
```

2.4.3 调试与仿真运行

1. 调试并运行程序

运用 Keil 开发软件进行源程序的编辑，经编译调试后输出 HEX 等目标文件。

2. Proteus 仿真运行

运用 Proteus 仿真软件绘制如图 2-23 所示的硬件电路原理图，将 HEX 文件加载在单片机芯片中。在仿真环境中单击 ▶ 按钮，进入仿真运行状态。60s 计时器的仿真运行效果如图 2-26 所示。

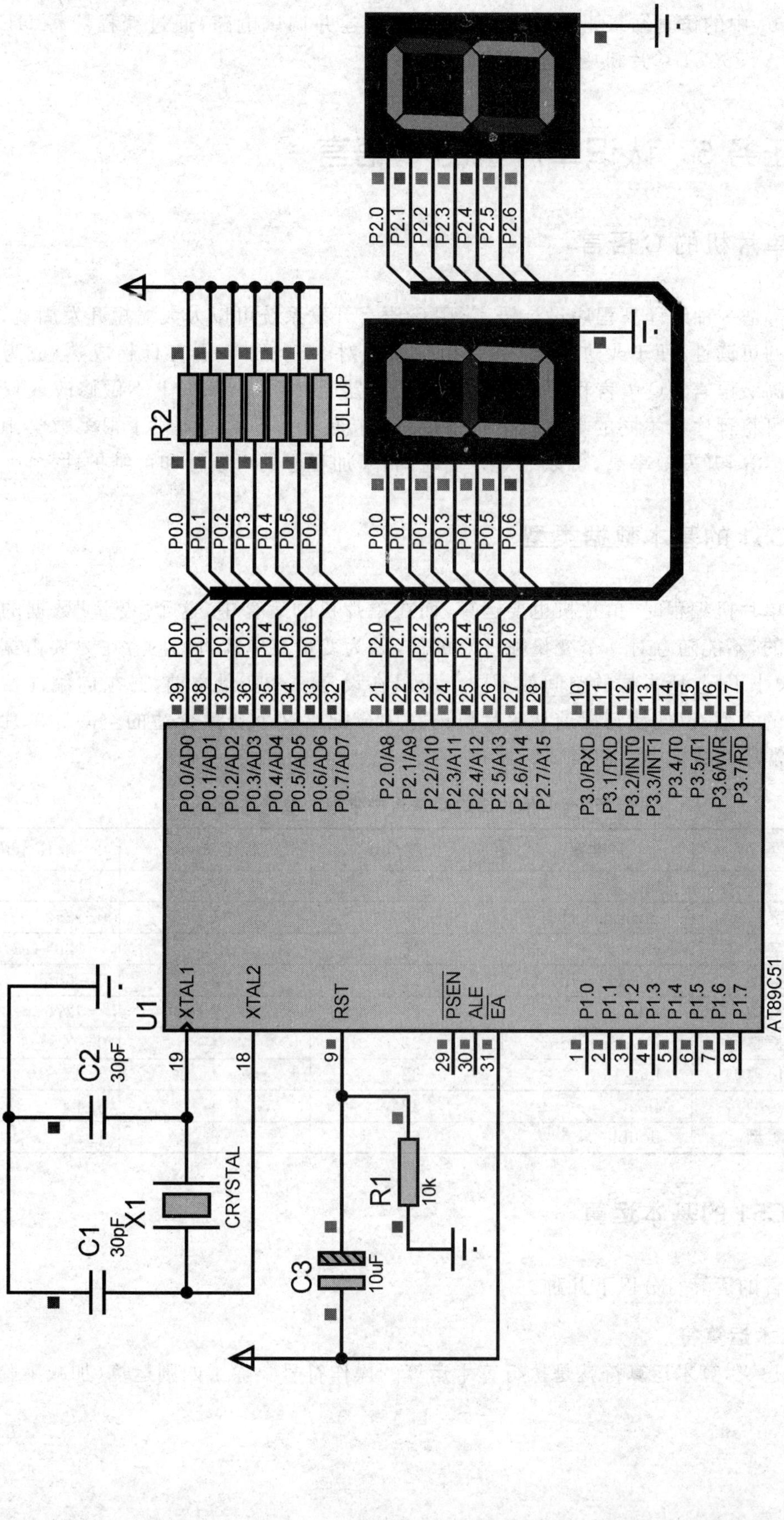

图 2-26　60s 计时器的仿真运行效果图

Proteus 中的仿真结果正常后,用实际硬件搭建并调试电路,通过编程器将 HEX 文件下载到 AT89C51 单片机中,通电验证实际效果。

2.5 任务 5 认识单片机的 C 语言

2.5.1 单片机的 C 语言

C 语言是一种编译型程序设计语言,用 C 语言开发系统可以大大缩短开发周期,明显增强程序的可读性,便于改进、扩充和移植。而针对 8051 的 C 语言日趋成熟,成为专业化的实用高级语言。C 语言程序本身不依赖于机器硬件系统,基本上不做修改或仅作简单修改就可将程序从不同的单片机中移植过来直接使用。C 语言提供了很多数学函数并支持浮点运算,开发效率高,可以缩短开发时间,增加程序的可读性和可维护性。

2.5.2 C51 的基本数据类型

当为单片机编程时,单片机也要运算,而在单片机的运算中,这个"变量"数据的大小是有限制的,不能随意对一个变量赋任意的值,因为变量在单片机的内存中是要占据空间的,变量大小不同,所占据的空间就不同。所以在设定一个变量之前,必须向编译器声明这个变量的类型,以便使其提前从单片机内存中分配给这个变量合适的空间。单片机的 C 语言中常用的数据类型如表 2-8 所示。

表 2-8 单片机的 C 语言中常用的数据类型

数据类型	关键字	长度/bit	长度/byte	取值范围
位类型	bit	1	1/8	0,1
无符号字符型	unsigned char	8	1	0～255
有符号字符型	char	8	1	−128～127
无符号整型	unsigned int	16	2	0～65535
有符号整型	int	16	2	−32768～32767
无符号长整型	unsigned long	32	4	$0 \sim 2^{32}-1$
有符号长整型	long	32	4	$-2^{31} \sim -2^{31}-1$
单精度实型	float	32	4	$3.4^{-38} \sim 3.4^{38}$
双精度实型	double	64	8	$1.7^{-308} \sim 1.7^{308}$

2.5.3 C51 的基本运算

C 语言的运算符分以下几种。

1. 算术运算符

顾名思义,算术运算符就是执行算术运算的操作符号。除了四则运算(加减乘除)外,还有取余数运算，如表2-9所示。

表2-9　算数运算符

符　号	功　能	范　例	说　　明
＋	加	A＝x＋y	将x与y的值相加，其和放入A变量
－	减	B＝x－y	将x变量的值减去y变量的值，其差放入B变量
*	乘	C＝x*y	将x与y的值相乘，其积放入C变量
/	除	D＝x/y	将x变量的值除以y变量的值，其商数放入D变量
%	取余数	E＝x%y	将x变量的值除以y变量的值，其余数放入E变量

例如：

```
main()
{
    int A,B,C,D,E,x,y;
    x=8;
    y=3;
    A=x+y;
    B=x-y;
    C=x*y;
    D=x/y;
    E=x%y;
}
```

程序运行结果：A＝11，B＝5，C＝24，D＝2，E＝2。

2. 关系运算符

关系运算符用于处理两个变量间的大小关系，如表2-10所示。

表2-10　关系运算符

符　号	功　能	范　例	说　　明
==	相等	x==y	比较x与y变量的值，相等则结果为1；不相等则为0
!=	不相等	x!=y	比较x与y变量的值，不相等则结果为1；相等则为0
>	大于	x>y	若x变量的值大于y变量的值，其结果为1；否则为0
<	小于	x<y	若x变量的值小于y变量的值，其结果为1；否则为0
>=	大于或等于	x>=y	若x变量的值大于或等于y变量的值，其结果为1；否则为0
<=	小于或等于	x<=y	若x变量的值小于或等于y变量的值，其结果为1；否则为0

例如：

```
main()
{
    int A,B,C,D,E,F,x,y;
    x=9;
    y=4;
    A=(x==y);
    B=(x!=y);
```

```
    C=(x>y);
    D=(x<y);
    E=(x>=y);
    F=(x<=y);
}
```

程序运行结果：A=0,B=1,C=1,D=0,E=1,F=0。

3. 逻辑运算符

逻辑运算符就是执行逻辑运算功能的操作符号，如表2-11所示。

表2-11 逻辑运算符

符 号	功 能	范 例	说 明
&&	与运算	(x>y)&&(y>z)	若x变量的值大于y变量的值，且y变量的值也大于z变量的值，其结果为1；否则为0
‖	或运算	(x>y)‖(y>z)	若x变量的值大于y变量的值，或y变量的值大于z变量的值，其结果为1；否则为0
!	反相运算	!(x>y)	若x变量的值大于y变量的值，其结果为0；否则为1

例如：

```
main()
{
    int A,B,C,x,y,z;
    x=9;
    y=8;
    z=10;
    A=(x>y)&&(y<z);
    B=(x==y)||(y<=z);
    C=!(x>z);
}
```

程序运行结果：A=1,B=1,C=1。

4. 位运算符

位运算符与逻辑运算符非常相似，它们之间的差异在于位运算符针对变量中的每一位，逻辑运算符则是对整个表达式进行操作。位运算符及其运算方式如表2-12所示。

表2-12 位运算符

符 号	功 能	范 例	说 明
&	与运算	A=x&y	将x与y变量的每个位进行与运算，其结果放入A变量
|	或运算	B=x|y	将x与y变量的每个位进行或运算，其结果放入B变量
^	异或	C=x^y	将x与y变量的每个位进行异或运算，其结果放入C变量
~	取反	D=~x	将x变量的每个位进行取反
<<	左移	E=x<<n	将x变量的值左移n位，其结果放入E变量
>>	右移	F=x>>n	将x变量的值右移n位，其结果放入F变量

例如：

```
main()
{
    char A,B,C,D,E,F,x,y;
    x=0x25;/ * 即 0010 0101 * /
    y=0x62; / * 即 0110 0010 * /
    A=x&y;
    B=x|y;
    C=x^y;
    D=~x;
    E=x<<3;
    F=x>>2;
}
```

程序运行结果：

```
x:    0010 0101       x:    0010 0101      x:  0010 0101
y: &0110 0010         y: |0110 0010        y: ^0110 0010        x: 0010 0101
    0010 0000             0110 0111             0100 0111       ~x: 1101 1010
即 A=0x20             即 B=0x67            即 C=0x47            即 D=0xda
```

将 x 的值左移三位的结果为：

```
  x:00100101
 00100101000
```

移出的三位 001 丢失，后面三位用 0 填充，因此运算后的结果是 00101000B，即 E=0x28。

将 x 的值右移两位的结果为：

```
x:00100101
  0000100101
```

移出去的两位 01 丢失，前面两位用 0 填充，因此，运算后的结果是 00001001B，即 F=0x09。

5. 递增/减运算符

递增/减运算符也是一种很有效率的运算符，其中包括递增与递减两种操作符号，如表 2-13 所示。

表 2-13　递增/减运算符

符　号	功　能	范　例	说　明
++	加 1	x++	将 x 变量的值加 1
--	减 1	x--	将 x 变量的值减 1

例如：

```
main()
{
    int A,B,x,y;
```

```
    x=6;
    y=4;
    A=x++;
    B=y--;
}
```

程序运行结果：A=7,B=3。

2.5.4 C51 的流程控制语句

C51 中的基础语句有如下几种。

1. while 循环语句

while 循环语句的格式如下。

```
while (表达式)
{
    语句;
}
```

特点：先判断表达式，后执行语句。

原则：若表达式不是 0，即为真，那么执行语句；否则跳出 while 语句往下执行。

例如：

```
while(1)            //表达式始终为1,形成无限循环
{
    语句;
}
```

2. for 循环语句

for 语句是一个很实用的计数循环，其格式如下。

```
for(表达式 1; 表达式 2; 表达式 3)
{
    语句;
}
```

执行过程：

(1) 求解一次表达式 1。

(2) 求解表达式 2。若其值为真(非 0 即为真)，则执行 for 中的语句，然后执行第 3 步；否则结束 for 语句，直接跳出，不再执行第(3)步。

(3) 求解表达式 3。

(4) 跳到第(2)步重复执行。

程序例 1：

```
a=0;
```

```
for(i=0;i<8;i++)          //控制循环执行8次
{
    a++;
}
```

程序运行结果：a=8。

程序例2：

```
a=0;
for(x=100;x>0;x--)          //控制循环执行100次
{
    a++;
}
```

程序运行结果：a=100。

3. if选择语句

if-else语句是提供条件判断的语句，称为条件选择语句，其格式如下。

```
if(表达式)
{
    语句1;
}
else
{
    语句2;
}
```

在这个语句中，将先判断表达式是否成立。若成立，则执行语句1；若不成立，则执行语句2。

其中else部分也可以省略，写成如下格式。

```
if(表达式)
{
    语句;
}
其他语句;
```

2.5.5 C51的函数及常用的宏

宏定义语句为＃define，其格式如下。

＃define 新名称 原内容

注意：后面没有分号，＃define命令用它后面的第一个字母组合代替该字母组合后面的所有内容，相当于给"原内容"重新起一个比较简单的新名称，方便以后在程序中直接写简短的新名称。

下例中,使用宏定义的目的就是用 uint 替代 unsigned int 这个较复杂的写法。在定义时直接使用"uint x,y;",相当于"unsigned int x,y;",但是前面的写法更简单。

1. 无返回值、不带参数的函数的写法

例 2-7 写出一个完整的调用子函数的例子,用单片机控制一个 LED 灯闪烁发光。用 P1 口的第一个引脚控制一个 LED 灯,1s 闪烁一次。

```
#include<reg52.h>                      //头文件
#define uint unsigned int              //宏定义
sbit D1=P1^0;                          //声明单片机 P1 口的第一位
uint x,y;
void main()
{
    while(1)                           //大循环
    {
        D1=0;                          //点亮第一个发光二极管
        for(x=500;x>0;x--)
            for(y=110;y>0;y--);
        D1=1;                          //关闭第一个发光二极管
        for(x=500;x>0;x--)
            for(y=110;y>0;y--);
    }
}
```

在上面的程序中,可以看到在打开和关闭发光二极管的两条语句之后,是两个完全相同的 for 嵌套语句:

```
for(x=500;x>0;x--)
    for(y=110;y>0;y--);
```

在 C 语言中,如果有些语句不止一次用到,而且语句的内容都相同,那么就可以把这样的语句写成一个不带参数的子函数,当在主函数中需要这些语句时,直接调用子函数就可以了。上面的 for 嵌套语句就可以写成如下子函数的形式。

```
void delay()
{
    for(x=500;x>0;x--)
        for(y=110;y>0;y--);
}
```

其中,void 表示这个函数执行完后不返回任何数据,即它是一个无返回值的函数;delay 是函数名,一般写成方便读懂和记忆的名字,即一看到函数名就知道此函数实现的内容是什么,但注意不要和 C 语言中的关键字相同。紧跟函数名的是一个空括号,这个括号里没有任何数据或符号(即 C 语言中的参数),因此这个函数是一个无参数的函数。接下来的两个大括号中的语句是子函数中的语句。这就是无返回值、无参数函数的写法。

需要注意的是，子函数可以写在主函数的前面或后面。当写在后面时，必须在主函数之前声明子函数。声明方法是：将返回值特性、函数名及后面的小括号完全复制。如果无参数，则小括号里面为空；若是带参数函数，则需要在小括号里依次写上参数类型（只写参数类型，无须写参数），参数类型之间用逗号隔开，最后在小括号的后面加上分号"；"。当子函数写在主函数前面时，不需要声明。声明子函数的目的是使编译器在编译主程序的时候，当它遇到一个子函数时知道有这样一个子函数存在，并且知道它的类型和带参情况等信息，以便为这个子函数分配必要的存储空间。以下即为调用不带参数子函数的例了。

例 2-8　通过调用子函数代替 for 嵌套语句，使例 2-7 的程序看起来简单。

```
#include<reg52.h>                    //头文件
#define uint unsigned int            //宏定义
sbit D1=P1^0;                        //声明单片机 P1 口的第一位
void delay();                        //声明子函数
void main()
{
    while(1)                         //大循环
    {
        D1=0;                        //点亮第一个发光二极管
        delay();                     //延时 500ms
        D1=1;                        //关闭第一个发光二极管
        delay();                     //延时 500ms
    }
}
void delay()                         //延时子程序延时约 500ms
{
    uint x,y;
    for(x=500;x>0;x--)
        for(y=110;y>0;y--);
}
```

2. 带参数函数的写法及调用

对于前面讲的子函数 delay()，调用一次延时 500ms，如果要延时 300ms，那么就要在子函数里把 x 的值赋为 300，要延时 200ms 就要把 x 的值赋为 200，这样会很麻烦。如果会使用带参数的子函数就会使问题简单化。现将前面的子函数修改如下。

```
void delay(unsigned int z)
{
    uint x,y;
    for(x=z;x>0;x--)                 //x=z 即延时约 z ms
        for(y=110;y>0;y--);
}
```

上面代码中 delay 后面的括号中多了 unsigned int z，它就是这个函数所带的一个参数，z 是一个 unsigned int 型变量，又叫这个函数的形参。在调用此函数时用一个具体真实的数据代替此形参,这个真实数据又称为实参,在子函数里所有和形参名相同的变量都被实参代替。使用这种带参数的子函数会使问题简便很多,如要调用一个延时 300ms 的函数就可以写成"delay(300);",要延时 200ms 可以写成"delay(200);"。下面是一个调用带参数函数的例子。

例 2-9 写出一个完整的调用子函数的例子,用单片机控制一个 LED 灯闪烁发光。用 P1 口的第一个引脚控制一个 LED 灯,使它亮 500ms,灭 800ms。

```
#include<reg52.h>                 //头文件
#define uint unsigned int         //宏定义
sbit D1=P1^0;                     //声明单片机 P1 口的第一位
void delay(uint z);               //声明子函数
void main()
{
    while(1)                      //大循环
    {
        D1=0;                     //点亮第一个发光二极管
        delay(500);               //延时 500ms
        D1=1;                     //关闭第一个发光二极管
        delay(800);               //延时 800ms
    }
}
void delay(unsigned int z)        //延时子程序延时约 z ms
{
    uint x,y;
    for(x=z;x>0;x--)
        for(y=110;y>0;y--);
}
```

3. C51 常用的库函数简介

C51 强大功能及其高效率的重要体现之一在于其丰富的可直接调用的库函数,多使用库函数可以使程序代码简单,结构清晰,易于调试和维护,下面介绍几个常用的库函数。

本节将调用现成的库函数来实现流水灯效果。打开 Keil 软件安装文件夹,定位到 Keil\C51\HLP 文件夹,打开此文件夹下的 C51Lib 文件,这是 C51 自带库函数帮助文件。在索引栏会找到_crol_函数,双击打开它的介绍,内容如下。

```
#include <intrins.h>
unsigned char _crol_ (
  unsigned char c,          /* character to rotate left */
  unsigned char b;          /* bit positions to rotate */
```

Description: The _crol_ routine rotates the bit pattern for the character c left b bits. This routine is implemented as an intrinsic function.

Return Value: The _crol_ routine returns the rotated value of c.

...

这个函数包含在 intrins. h 头文件中,也就是说,如果在程序中要用到这个函数,那么必须在程序开头包含 intrins. h 这个头文件。

通过理解上面的一段英文,可以了解这个函数所能实现的功能。Description(描述):这个函数是将字符 c 循环左移 b 位,这是 C51 库自带的内部函数,在使用这个函数之前,需要在文件夹中包含它所在的头文件。Return Value(返回值):_crol_这个函数返回的是将 c 循环左移之后的值。

例 2-10 利用 C51 自带的库函数_crol_(),间隔 200ms,用 P1 口实现流水灯效果,代码如下。

```
#include <reg52.h>                  //头文件
#include <intrins.h>                //循环左移头文件

#define uint unsigned int           //宏定义
#define uchar unsigned char         //宏定义

void delay(uint z);                 //声明子函数

void main()
{
    uchar temp;                     //定义变量为 P1 口赋值
    temp=0xfe;
    while(1)
    {
        P1=temp;                    //点亮第一个发光二极管
        delay(500);                 //延时 500ms
        temp=_crol_(temp,1);        //循环左移
    }
}
void delay(unsigned int z)          //延时子程序延时约 z ms
{
    uint x,y;
    for(x=z;x>0;x--)
        for(y=110;y>0;y--);
}
```

C51 中几个常用的库函数如下。

(1) _crol_,_cror_:将 char 型变量循环向左(右)移动指定位数后返回。

(2) _irol_,_iror_:将 int 型变量循环向左(右)移动指定位数后返回。

(3) _lrol_,_lror_:将 long 型变量循环向左(右)移动指定位数后返回。

(4) _nop_:相当于插入 NOP。

(5) _testbit_:相当于 JBC bitvar 测试该位变量并跳转同时清除。

(6) _chkfloat_:测试并返回源点数状态。

使用以上内部函数时,需要包含#include <intrins. h>一行。

C51 库函数包含了访问显式存储地址的宏,可以像数组一样使用这些宏。

(1) CBYTE：允许用户访问程序存储器指定地址单元。例如：

```
num = CBYTE[0x500];             //读取程序存储器地址 0x500 单元内容给变量 num
```

(2) XBYTE：允许用户访问外部数据存储器指定地址单元。例如：

```
XBYTE[0x200] = num;             //将变量 num 值存入外部数据存储器地址为 0x500 单元
```

(3) DBYTE：允许用户访问片内数据存储器指定地址单元。例如：

```
num = DBYTE[0x50];              //读取片内数据存储器地址 0x50 单元内容给变量 num
```

使用以上宏时,需要包含＃include <absacc.h>一行。

2.6 任务 6 数码管显示牌

2.6.1 任务与计划

数码管显示牌任务要求：使 4 位共阴极数码管上同时显示数字 2011。

工作计划：首先分析任务,然后进行硬件电路设计,再进行软件源程序分析编写,经编译调试后生成 HEX 文件,将 HEX 文件加载到仿真电路中,对数码管显示广告牌进行仿真演示。

2.6.2 C 语言 LED 数码管显示

1. 数码管静态显示

例 2-11 使单个共阴极数码管显示数字 1。

在硬件电路的设计中,将单个共阴极数码管的公共端接地,用单片机的 P0 口与段选线连接,如图 2-19 所示。

下面用 C 语言写一段程序,使单个共阴极数码管显示 1。要显示 1,可以给 b、c 这 2 位送高电平,其余引脚全部送低电平,所以给 P0 口送 0000 0110 就可以了,转换成十六进制数即 06H。程序代码如下。

```
#include<reg52.h>               //52 系列单片机头文件
void main()
{
    P0=0x06;                    //使数码管显示 1
}
```

例 2-12 使单个共阴极数码管间隔 300ms 循环显示 1234。

硬件设计与例 2-5 相同。程序代码如下。

```
#include<reg52.h>               //52 系列单片机头文件
void delay(unsigned int z);     //声明延时函数
```

```
void main()
{
    while(1)                        //大循环
    {
        P0=0x06;                    //数码管显示 1
        delay(300);                 //延时 300ms
        P0=0x5b;                    //数码管显示 2
        delay(300);                 //延时 300ms
        P0=0x4f;                    //数码管显示 3
        delay(300);                 //延时 300ms
        P0=0x66;                    //数码管显示 4
        delay(300);                 //延时 300ms
    }
}
void delay(unsigned int z)          //带参数的延时子函数
{
    unsigned int x,y;
    for(x=z;x>0;x--)
        for(y=110;y>0;y--);
}
```

2. 数码管动态扫描显示

所谓动态扫描显示即轮流向各位数码管送出字形码和相应的位选，利用发光二极管的余晖和人眼视觉暂留作用，使人的感觉好像各位数码管同时都在显示。而实际上多位数码管是一位一位轮流显示的，只是轮流的速度非常快，人眼已经无法分辨出来。

下面写一段能使 4 位共阴极数码管同时显示数字 1234 的程序。

在硬件电路设计中，将 4 个公共端分别与 4 个 I/O 口 P2.7、P2.6、P2.5、P2.4 连接，用单片机的 P0 口与段选线连接，也采用上拉电阻的方法驱动数码管，如图 2-27 所示。

程序代码如下。

```
#include<reg52.h>
#define uchar unsigned char
#define uint unsigned int
sbit wei1=P2^4;
sbit wei2=P2^5;
sbit wei3=P2^6;
sbit wei4=P2^7;
void delay(uint z)
{
    uint x,y;
    for(x=z;x>0;x--)
        for(y=110;y>0;y--);
}
void main()
```

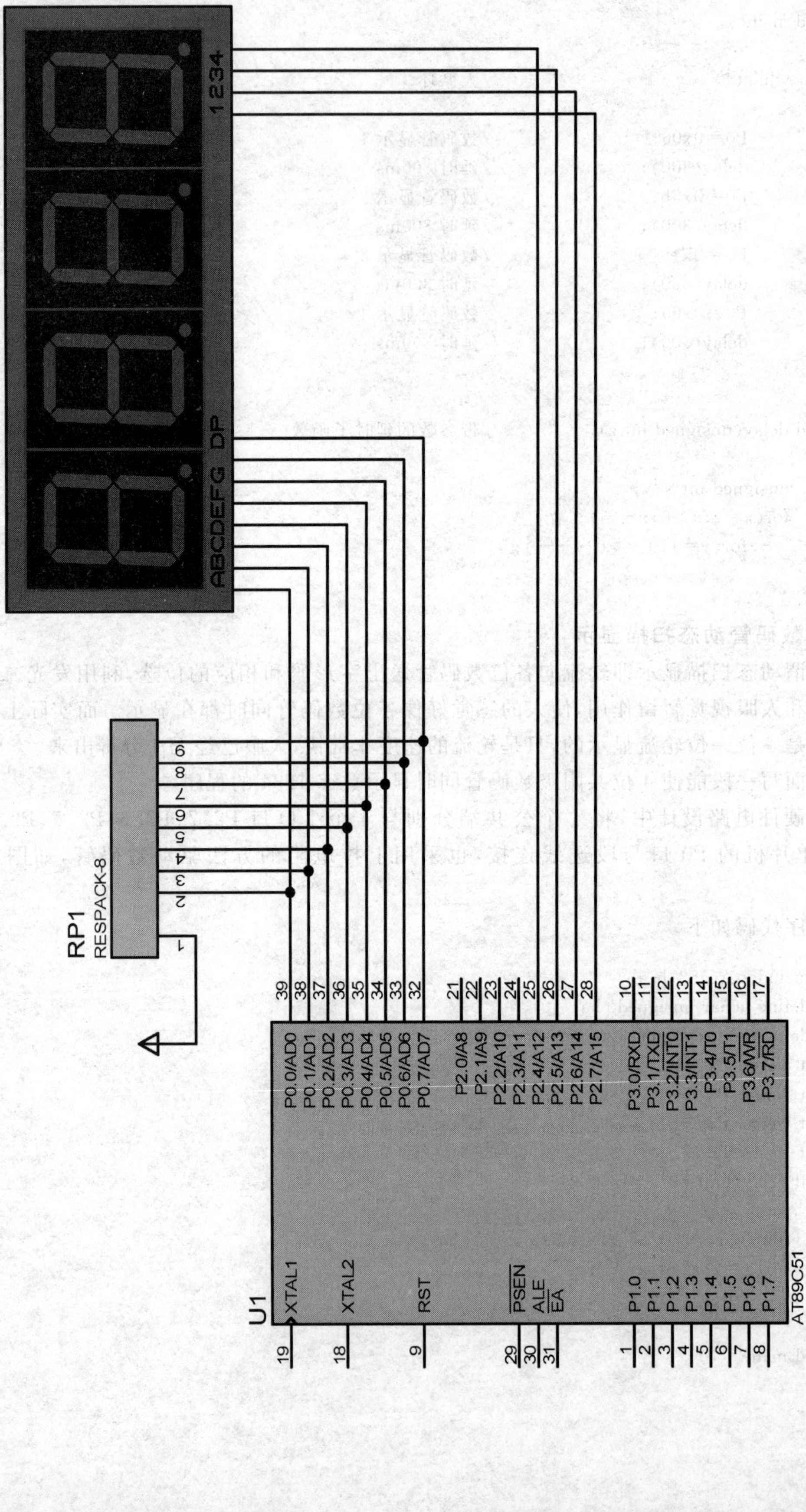

图 2-27 数码管显示牌电路图

```
{
    while(1)
    {
        P0=0x06;                //送字形码 1
        wei1=0;                 //选通某个数码管的位选,也就是使某个数码管能点亮
        delay(500);             //延时 500ms
        wei1=1;                 //关闭某个数码管的位选,也就是使某个数码管熄灭

        P0=0x5b;                //送字形码 2
        wei2=0;
        delay(500);             //延时 500ms
        wei2=1;

        P0=0x4f;                //送字形码 3
        wei3=0;
        delay(500);             //延时 500ms
        wei3=1;

        P0=0x66;                //送字形码 4
        wei4=0;
        delay(500);             //延时 500ms
        wei4=1;
    }
}
```

编译代码后下载程序观察,上面的代码只能实现使 4 个数码管逐个显示 1、2、3、4,不能实现同时显示 1、2、3、4 的效果。下面将每个数码管点亮的时间缩短到 100ms,编译下载,可以看到数码管逐个显示的速度加快很多。再次缩短至 1ms,这时 4 位数码管上很稳定地同时显示着 1234 字样,如图 2-28 所示。

图 2-28　动态扫描显示

通过这个逐渐缩短延时时间,观察数码管显示状态的过程,能清楚地了解数码管动态扫描的特点,即并不是同时在给每个数码管送数,而是逐个给每个数码管送数,因为间隔时间非常短,所以使人感觉各位数码管同时在显示。

2.6.3　硬件电路设计与软件程序设计

1. 硬件电路设计

硬件电路设计如图 2-27 所示。

2. 软件程序设计

上例中没有用到数组,在本例中将学习数组的调用。

在用 C 语言编程时,共阴极数码管的编码定义方法如下。

```
unsigned char code table[]={0x3f,0x06,0x5b,0x4f,
```

```
0x66,0x6d,0x7d,0x07,0x7f,0x6f,0x77,0x7c,0x39,0x5e,0x79,0x71};
```

其中,unsigned char 是数组类型,定义数组中元素变量类型是无符号的字符型;table 是数组名称,可以自由定义它,但是不能和 C 语言的关键字重名;table 后面必须加中括号[ ],中括号内部可以注明当前数组内的元素个数,也可以不注明;等号右边用一个大括号包含所有数组元素,大括号后面加一个分号,大括号内部元素之间用逗号隔开。

调用数组的方法为"P0=table[2];",这一句的作用是将 table 这个数组中的第 2 个元素赋值给 P0 口,等价于"P0=0x5b;"。需要注意的是,在调用数组时,大括号里面的元素是从 0 开始排序的。因此,"P0=table[0];"这一句的作用是将 table 这个数组中的第 0 个元素赋值给 P0 口,等价于"P0=0x3f;"。

```
#include<reg52.h>
#define uchar unsigned char
#define uint unsigned int
unsigned char code table[]={0x3f,0x06,0x5b,0x4f,0x66,0x6d,0x7d,0x07,
0x7f,0x6f,0x77,0x7c,0x39,0x5e,0x79,0x71};
sbit wei1=P2^4;
sbit wei2=P2^5;
sbit wei3=P2^6;
sbit wei4=P2^7;
void delay(uint z)
{
    uint x,y;
    for(x=z;x>0;x--)
      for(y=110;y>0;y--);
}
void main()
{
    while(1)
    {
        P0=table[2];      //送字形码 2
        wei1=0;           //选通某个数码管的位选,也就是使某个数码管能点亮
        delay(1);         //延时 1ms
        wei1=1;           //关闭某个数码管的位选,也就是使某个数码管熄灭
        P0=table[0];      //送字形码 0
        wei2=0;
        delay(1);         //延时 1ms
        wei2=1;
        P0= table[1];     //送字形码 1
        wei3=0;
        delay(1);         //延时 1ms
        wei3=1;
        P0= table[1];     //送字形码 1
        wei4=0;
        delay(1);         //延时 1ms
        wei4=1;
    }
}
```

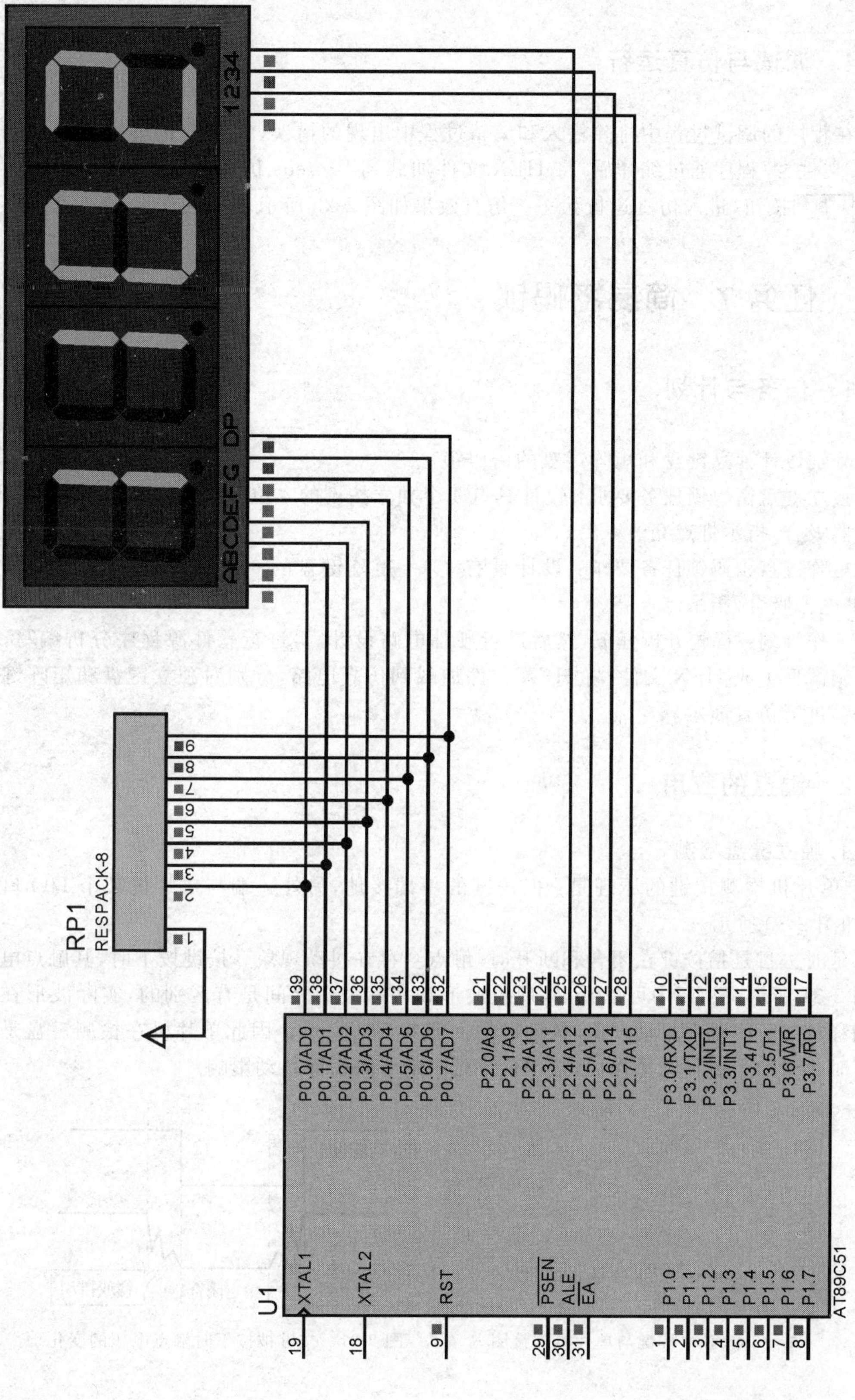

图 2-29　数码管显示牌仿真效果图

2.6.4 调试与仿真运行

在程序的调试过程中排除输入和编辑过程中出现的错误,将 Keil 的输出设置为生成 HEX 文件,源程序通过编译后,将 HEX 文件加载到 Proteus 仿真电路中,在仿真环境中单击按钮,进入仿真运行状态。仿真效果如图 2-29 所示。

2.7 任务 7 简易密码锁

2.7.1 任务与计划

分别设计独立键盘和矩阵键盘的密码锁。

独立键盘密码锁任务要求:设计具有 4 个独立按键的 4 位密码锁,按下正确的密码,继电器吸合,指示灯点亮。

矩阵键盘密码锁任务要求:设计具有 4×4 矩阵键盘的 6 位密码锁,按下正确的密码,继电器吸合,指示灯点亮。

工作计划:首先分析任务,然后进行硬件电路设计,再进行软件源程序分析编写,经编译调试后生成 HEX 文件,将 HEX 文件加载到仿真电路,分别对独立键盘和矩阵键盘密码锁进行仿真演示。

2.7.2 键盘的应用

1. 独立键盘检测

单片机检测按键的原理是:把按键的一端接地,另外一端与单片机某个 I/O 口相连,如图 2-30 所示。

延时去抖是指按键在闭合和断开时,触点会存在抖动现象。按键按下时,其触点电压如图 2-31 所示。从图中可以看出,理想波形和实际波形之间是有区别的,实际波形在按下和释放的瞬间都有抖动现象,抖动时间一般为 5～10ms。因此单片机在检测键盘是否按下时都要加上去抖动操作,通常用软件延时的方法去除抖动影响。

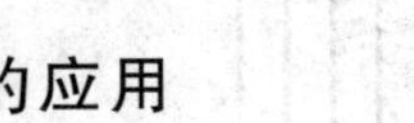

图 2-30 独立按键与单片机连接图

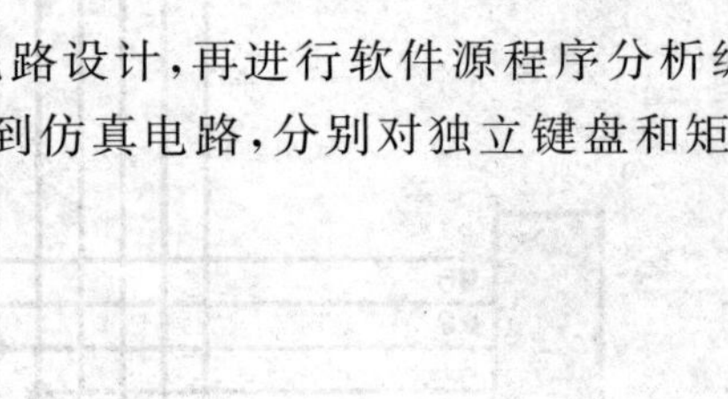

图 2-31 按键被按下时触点电压的变化

例 2-13　按下按键，LED 灯点亮。

```
#include<reg52.h>
#define uint unsigned int
sbit key=P3^0;
sbit led=P1^0;
void main()
{
    while(1)
    {
        if(key==0)          //第一次判断，有可能是抖动期间产生的低电平
        {
            delay(5);       //延时去抖，消除抖动产生的误判断
            if(key==0)      //再一次判断，如果确实是低电平，就表明按键被按下了
            {
                led=0;
            }
        }
    }
}
```

例 2-14　用按键控制数码管，按下一次按键数码管加 1，加到 F 之后回零。

```
#include<reg52.h>
#define uint unsigned int
#define uchar unsigned char
sbit key=P3^0;
unsigned char num;
uchar code table[]={0x3f,0x06,0x5b,0x4f,0x66,0x6d,0x7d,0x07,
0x7f,0x6f,0x77,0x7c,0x39,0x5e,0x79,0x71};
unsigned char num;
void delay(uint z);
void main()
{
    while(1)
    {
        if(key==0)              //第一次判断，有可能是抖动期间产生的低电平
        {
            delay(5);           //延时去抖，消除抖动产生的误判断
            if(key==0)          //再一次判断，如果确实是低电平，就表明按键被按下了
            {
                While(!key);    //松手检测
                num++;
                if(num==16)     //num 值大小判断，满 16 回 0
                    num=0;
                P0=table[num];  //数码管显示数值 num 值
            }
        }
    }
}
```

```
void delay(uint z)
{
    uint x,y;
    for(x=z;x>0;x--)
        for(y=110;y>0;y--);
}
```

在确认按键被按下之后,程序中还有语句"While(!key);",它的意思是等待按键释放,若按键没有释放则 key 始终为 0,那么"!key"始终为 1,程序就一直停止在这个 while 语句处,直到按键释放,key 变为 1,才退出 while 语句。

通常在检测单片机按键时,要等按键确认释放后才去执行相应的代码。如果不加松手检测语句,单片机会在程序循环中多次检测到键被按下,当按下按键时,会看到数码管上的数值变化很快,而且没有规律。

2. 矩阵键盘检测

独立键盘与单片机连接时,每一个按键都需要单片机的一个 I/O 口。如果某单片机系统需要较多按键,用独立按键会占用过多的 I/O 口资源,所以引入矩阵键盘。

下面以 4×4 矩阵键盘为例讲解其工作原理和检测方法。将 16 个按键排成 4 行 4 列,将第一行的每个按键一端连接在一起构成第一根行线,将第一列的每个按键的另外一端连接在一起构成第一根列线,用同样的方法将第二、三、四列的按键连接,这样一共有 4 行 4 列共 8 根线,将这 8 根线连接到单片机的 I/O 口上,通过程序扫描键盘就可以检测 16 个键。用这个方法也可以实现 3×3、5×5、6×6 等键盘的检测。

4×4 矩阵键盘与单片机的连接图如图 2-32 所示。

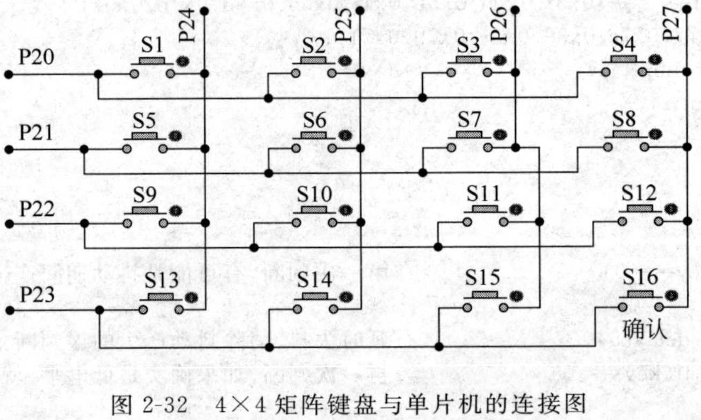

图 2-32　4×4 矩阵键盘与单片机的连接图

检测按键是否被按下的依据是检测与该键对应的 I/O 口是否为低电平,对于独立键盘和矩阵键盘都是如此。独立键盘有一端固定为低电平,单片机检测时就比较方便。而矩阵键盘两端都与单片机的 I/O 口相连,因此在检测时需要人为通过单片机 I/O 口送出低电平。

检测时先给某一行送低电平,其余几行全为高电平(这样就确定了行数),然后立即轮流检测一次各列是否变为低电平,如果检测到某一列为低电平(此时确定了列数),这样就可以确认当前被按下的键是哪一行哪一列的。用同样的方法轮流给各行送一次低电平，再轮流检测一次各列是否变为低电平，这样即可以检测完所有的按键，当有按键按下时便可以判断出按下的是哪个键。当然也可以将列线置低电平，扫描行线是否有低电平。这就是矩阵键盘检测的原理和方法。

例 2-15 按下矩阵键盘对应的按键分别显示 0～F。

```
#include<reg52.h>
#define uint unsigned int
#define uchar unsigned char
sbit hang1=P2^0;
sbit hang2=P2^1;
sbit hang3=P2^2;
sbit hang4=P2^3;
sbit lie1=P2^4;
sbit lie2=P2^5;
sbit lie3=P2^6;
sbit lie4=P2^7;
sbit led=P1^0;
uchar num;
unsigned char code table[]={0x3f,0x06,0x5b,0x4f,0x66,0x6d,0x7d,0x07,
0x7f,0x6f,0x77,0x7c,0x39,0x5e,0x79,0x71};
void delay(uint z);
void main()
{
    lie1=1;
    lie2=1;
    lie3=1;
    lie4=1;                         //将各列线置高电平
    while(1)
    {
        hang1=0;
        hang2=1;
        hang3=1;
        hang4=1;                    //将第一行线置低电平
        if(lie1==0)                 //这段程序作用: 能检测按键 S1 是否被按下
        {
            delay(3);
            if(lie1==0)
            {
                while(!lie1);
                num=1;              //按下按键之后做的事情
            }
        }
        if(lie2==0)                 //这段程序作用: 能检测按键 S2 是否被按下
        {

            delay(3);
```

```
        if(lie2==0)
        {
            while(!lie2);
            num=2;                              //按下按键之后做的事情
        }
    }
    if(lie3==0)                                 //这段程序作用：能检测按键 S3 是否被按下
    {
        delay(3);
        if(lie3==0)
        {
            while(!lie3);
            num=3;                              //按下按键之后做的事情
        }
    }
    if(lie4==0)                                 //检测按键 S4 是否被按下的程序
    {
        delay(3);
        if(lie4==0)
        {
            while(!lie4);
            num=4;                              //按下按键之后做的事情
        }
    }
    hang1=1;
    hang2=0;
    hang3=1;
    hang4=1;
    if(lie1==0)                                 //这段程序作用：能检测按键 S5 是否被按下
    {
        delay(3);
        if(lie1==0)
        {
            while(!lie1);
            num=5;                              //按下按键之后做的事情
        }
    }
    if(lie2==0)                                 //这段程序作用：能检测按键 S6 是否被按下
    {
        delay(3);
        if(lie2==0)
        {
            while(!lie2);
            num=6;
        }

    }
```

```
if(lie3==0)                         //这段程序作用：能检测按键 S7 是否被按下
{
    delay(3);
    if(lie3==0)
    {
        while(!lie3);
        num=7;                      //按下按键之后做的事情
    }
}
if(lie4==0)                         //检测按键 S8 是否被按下的程序
{
    delay(3);
    if(lie4==0)
    {
        while(!lie4);
        num=8;
    }
}
hang1=1;
hang2=1;
hang3=0;
hang4=1;
if(lie1==0)                         //这段程序作用：能检测按键 S9 是否被按下
{
    delay(3);
    if(lie1==0)
    {
        while(!lie1);
        num=9;                      //按下按键之后做的事情
    }
}
if(lie2==0)                         //这段程序作用：能检测按键 S10 是否被按下
{
    delay(3);
    if(lie2==0)
    {
        while(!lie2);
        num=10;
    }
}
if(lie3==0)                         //这段程序作用：能检测按键 S11 是否被按下
{
    delay(3);
    if(lie3==0)
    {
        while(!lie3);
```

```
            num=11;
        }
    }
    if(lie4==0)                         //检测按键 S12 是否被按下的程序
    {
        delay(3);
        if(lie4==0)
        {
            while(!lie4);
            num=12;
        }
    }
    hang1=1;
    hang2=1;
    hang3=1;
    hang4=0;
    if(lie1==0)                         //这段程序作用:能检测按键 S13 是否被按下
    {
        delay(3);
        if(lie1==0)
        {
            while(!lie1);
            num=13;                     //按下按键之后做的事情
        }
    }
    if(lie2==0)                         //这段程序作用:能检测按键 S14 是否被按下
    {
        delay(3);
        if(lie2==0)
        {
            while(!lie2);
            num=14;
        }
    }
    if(lie3==0)                         //这段程序作用:能检测按键 S15 是否被按下
    {
        delay(3);
        if(lie3==0)
        {
            while(!lie3);
            num=15;
        }
    }
    if(lie4==0)                         //检测按键 S16 是否被按下的程序
```

```
        {
            delay(3);
            if(lie4==0)
            {
                while(!lie4);
                num=16;
            }
        }
        P0=~table[num];
    }
}
void delay(uint z)
{
    uint x,y;
    for(x=z;x>0;x--)
        for(y=110;y>0;y--);
}
```

分析如下。

(1)"hang1=0;hang2=1;hang3=1;hang4=1;"是将第一行线置0,其余行线全部置1。

(2)下段程序的作用是检测第一行第一列的按键S1是否被按下。其他三列检测方法与此相同。

```
if(lie1==0)                  //这段程序作用:能检测按键S1是否被按下
{
   delay(3);                 //是延时去抖操作
   if(lie1==0)               //再次检测按键S1是否被按下
   {
       while(!lie1);         //松手检测
       num=1;                //按下按键之后做的事情:给num赋值1
   }
}
```

(3)其他三行检测方法同(1)。

2.7.3 硬件电路设计与软件程序设计

1. 独立键盘密码锁

(1)硬件电路设计

对于独立键盘密码锁,4个按键的一端分别与P3.0~P3.3口连接,另外一端均接地。用单个共阴极的数码管显示按键的值,指示灯与P1.0口连接,硬件电路设计图如图2-33所示。

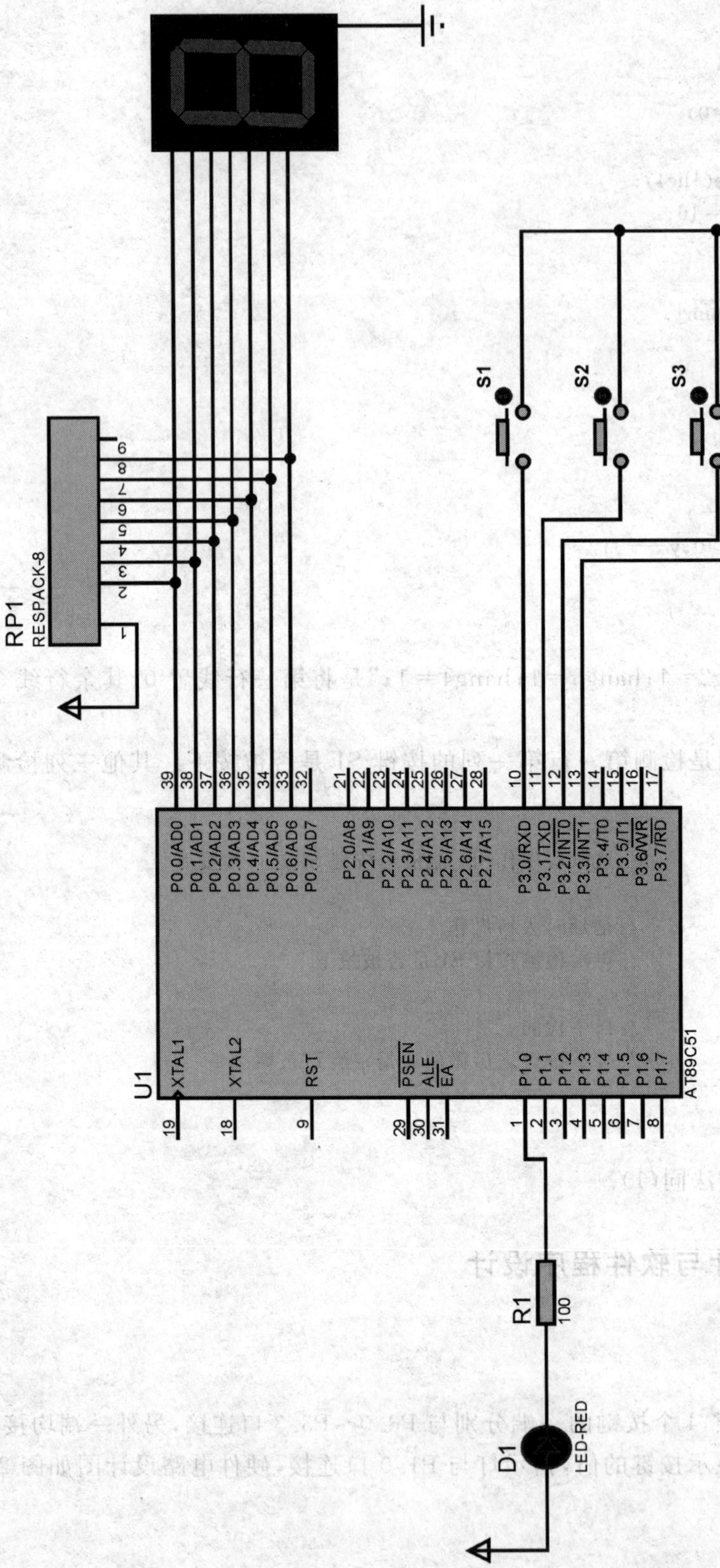

图 2-33　独立键盘与单片机的连接电路图

(2) 软件程序设计

```
#include<reg52.h>
#define uint unsigned int
#define uchar unsigned char
sbit key1=P3^0;                    //分别定义按键 S1、S2、S3、S4
sbit key2=P3^1;
sbit key3=P3^2;
sbit key4=P3^3;
sbit led=P1^0;                     //定义指示灯
uchar pin[5];                      //定义输入密码的数组
uchar set_pin[5]={0,1,2,3,4};      //定义初始密码的数组
uchar i,keynum;
uchar code table[]={0x3f,0x06,0x5b,0x4f,0x66,0x6d,0x7d,0x07,
0x7f,0x6f,0x77,0x7c,0x39,0x5e,0x79,0x71};
void delay(uint z);
void main()
{
    while(1)
    {
        if(key1==0)                //第一次判断,有可能是抖动期间产生的低电平
        {
            delay(5);              //延时去抖,消除抖动产生的误判断
            if(key1==0)            //再一次判断,如果确实是低电平,就表明按键被按下了
            {
                while(!key1);
                i++;               //记录是第几次按下按键
                keynum=1;          //记录按下的键值
                pin[i]=keynum;     //将按下的键值送入数组中
            }
        }
        if(key2==0)
        {
            delay(5);
            if(key2==0)
            {
                while(!key2);
                i++;
                keynum=2;
                pin[i]=keynum;
            }
        }
        if(key3==0)
        {
            delay(5);
            if(key3==0)
```

```
            {
                while(!key3);
                i++;
                keynum=3;
                pin[i]=keynum;
            }
        }
        if(key4==0)
        {
            delay(5);
            if(key4==0)
            {
                while(!key4);
                i++;
                keynum=4;
                pin[i]=keynum;
            }
        }
        P0=table[keynum];              //在数码管上显示按下的键值
        if(pin[1]==set_pin[1]&&pin[2]==set_pin[2]&&pin[3]==
                set_pin[3]&&pin[4]==set_pin[4]) //判断输入密码与初始密码是否一致
        {
            led=0;                     //如果一致相应的指示灯点亮
        }
    }
}
void delay(uint z)
{
    uint x,y;
    for(x=z;x>0;x--)
        for(y=110;y>0;y--);
}
```

程序分析如下。

① i 变量是用来记录按键被按下的次数，keynum 变量是用来记录按下的键值。

② “P0=table[keynum];”是在数码管上显示按下的键值。

③ “if(pin[1]==set_pin[1]&&pin[2]==set_pin[2]&&pin[3]==set_pin[3]&&pin[4]==set_pin[4])”一句是判断输入的密码是否与初始设置密码一致，方法是将存放输入密码的数组与存放初始密码的数组一一进行比较。如果 if 语句里的条件成立，那么使指示灯点亮。

(3) 调试与仿真运行

在程序的调试过程中排除输入和编辑过程中出现的错误，将 Keil 的输出设置为生成 HEX 文件，源程序通过编译后，将 HEX 文件加载到 Proteus 仿真电路中，在仿真环境中单击 ▶ 按钮，进入仿真运行状态。仿真效果如图 2-34 所示。

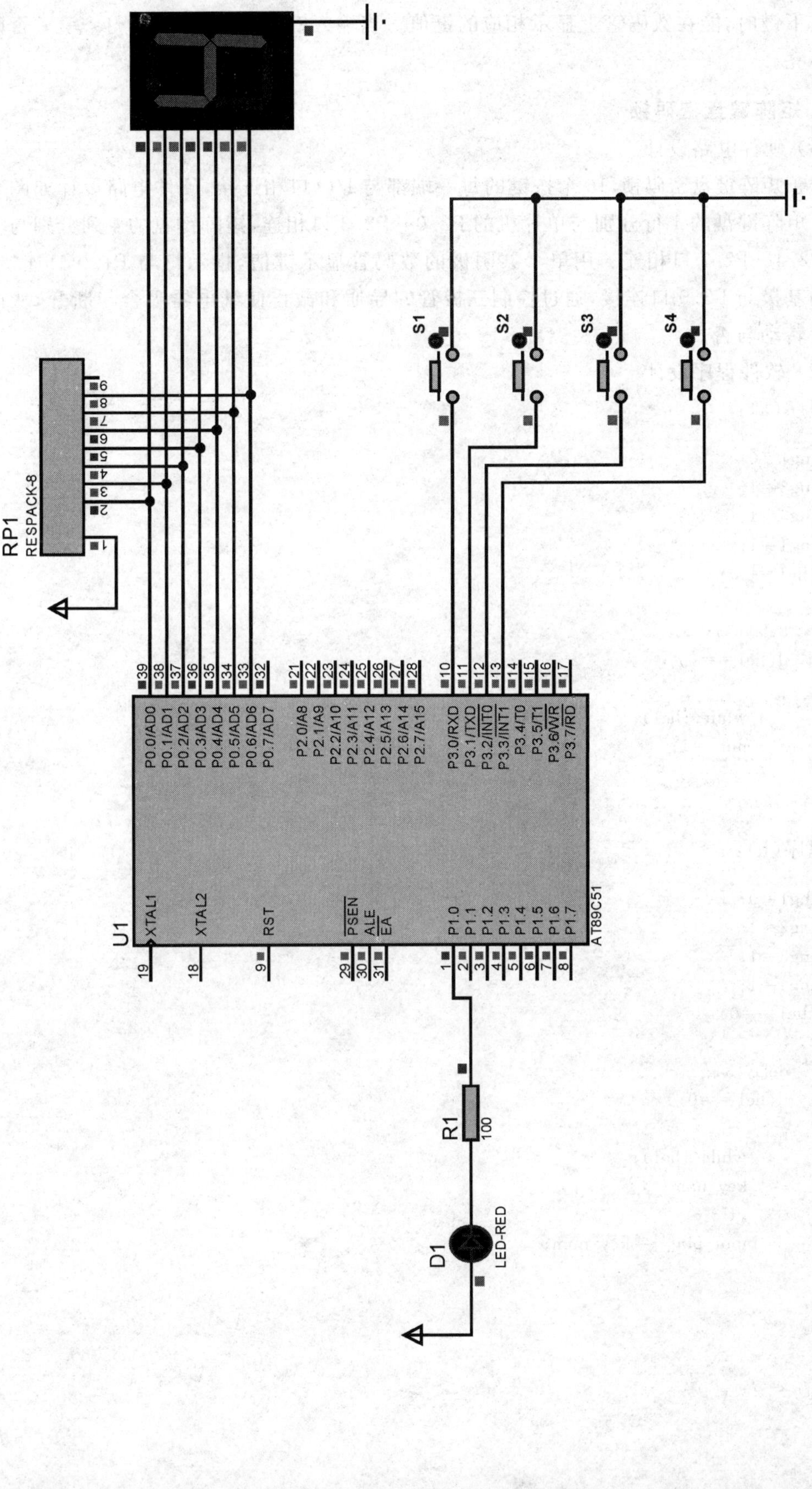

图 2-34　独立键盘密码锁仿真效果图

按下键时,能在数码管上显示相应的键值。当输入密码正确时,指示灯点亮;否则指示灯不亮。

2. 矩阵键盘密码锁

(1) 硬件电路设计

对于矩阵键盘密码锁,16 个按键的每一端都与 I/O 口相连接,硬件电路设计如图 2-35 所示。矩阵键盘的 4 行分别与单片机的 P2.0~P2.3 口相连,矩阵键盘的 4 列分别与单片机的 P2.4~P2.7 口相连。用单个共阴极的数码管显示键值,指示灯与 P1.0 口连接,三极管的基极与 P3.0 口连接,通过控制三极管的导通和截止使继电器吸合与断开,从而控制电机转动与否。

(2) 软件程序设计

程序(a):

```
hang1=0;
hang2=1;
hang3=1;
hang4=1;
if(lie1==0)
{
    delay(3);
    if(lie1==0)
    {
        while(!lie1);
        num=1;
    }
}
```

程序(b):

```
hang1=0;
hang2=1;
hang3=1;
hang4=1;
if(lie1==0)
{
    delay(3);
    if(lie1==0)
    {
        while(!lie1);
        key_num=1;
        i++;
       input_pin[i]=key_num;
    }
}
```

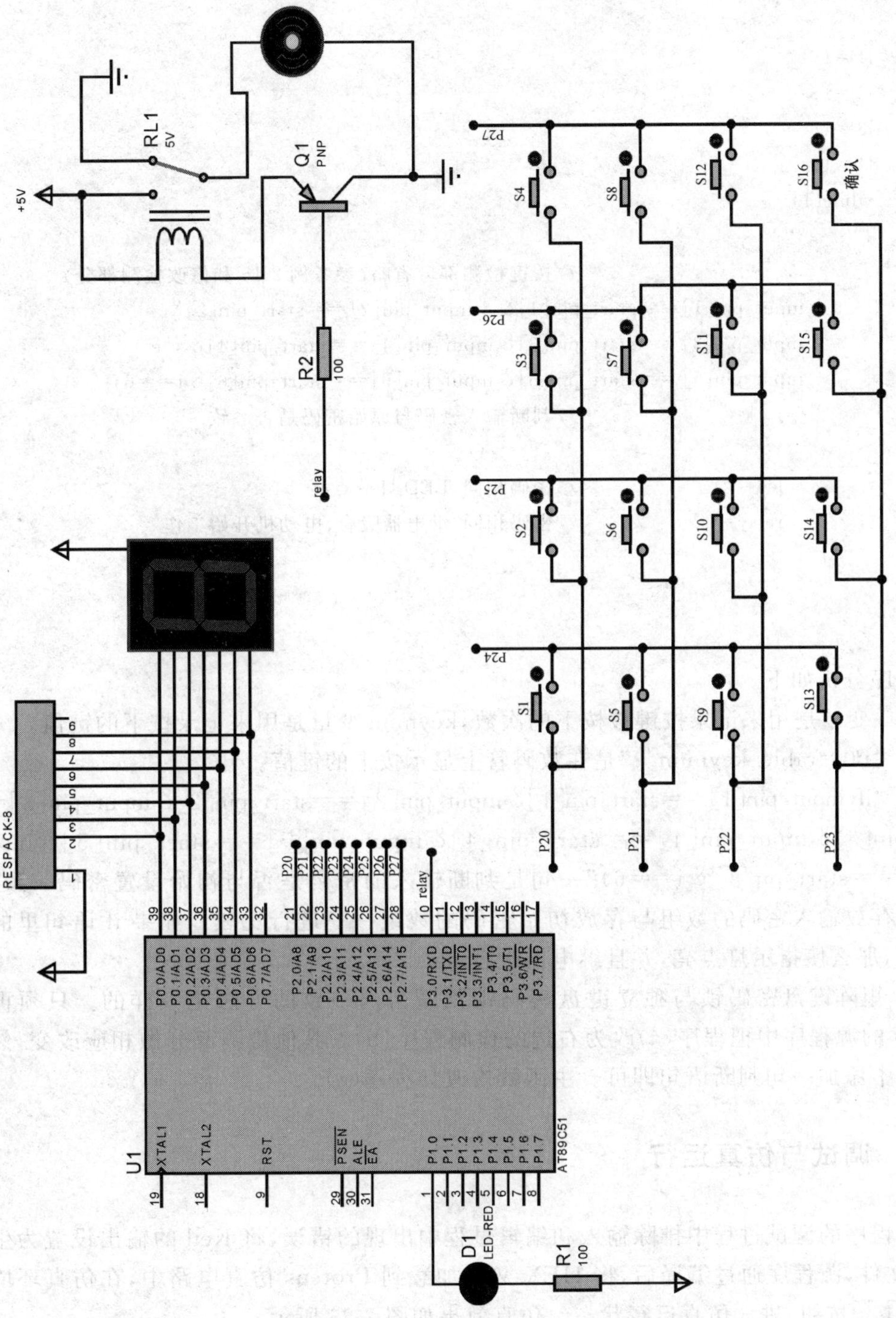

图 2-35　矩阵键盘密码锁电路图

程序(c)

```
void main()
{
    l1=1;
    l2=1;
    l3=1;
    l4=1;
    while(1)
    {
        ...                         //按键检测部分省略(参考例 2-15 和修改检测部分)
      if(input_pin[1]==start_pin[1]&&input_pin[2]==start_pin[2]&
        input_pin[3]==start_pin[3]&input_pin[4]==start_pin[4]&
        input_pin[5]==start_pin[5]&input_pin[6]==start_pin[6]&i==6)
                                    //判断输入密码与原始密码是否一致
      {
          led=0;                    //密码相同,LED 灯被点亮
          relay=0;                  //密码相同,继电器吸合,电动机开始工作
      }
    }
}
```

程序分析如下。

① i 变量是用来记录按键被按下的次数,keynum 变量是用来记录按下的键值。

② “P0=table[keynum];”是在数码管上显示按下的键值。

③ “if(input_pin[1]==start_pin[1]&input_pin[2]==start_pin[2]&input_pin[3]==start_pin[3]&input_pin[4]==start_pin[4]&input_pin[5]==start_pin[5]&input_pin[6]==start_pin[6]&i==6)”一句是判断输入的密码是否与初始设置密码一致,方法是将存放输入密码的数组与存放初始密码的数组一一进行比较。如果 if 语句里的条件成立,那么使指示灯点亮,并且继电器吸合。

④ 矩阵键盘密码锁与独立键盘密码锁判断密码一致的方法是一样的。只须再在例 2-15 的源程序中把程序(a)改为右边的检测程序(b)。其他检测部分做相应改变,然后主函数中添加一句判断语句即可。主函数修改如程序(c)。

2.7.4 调试与仿真运行

在程序的调试过程中排除输入和编辑过程中出现的错误,将 Keil 的输出设置为生成 HEX 文件,源程序通过编译后,将 HEX 文件加载到 Proteus 仿真电路中,在仿真环境中单击 ▶ 按钮,进入仿真运行状态。仿真效果如图 2-36 所示。

按下键时,能在数码管上显示相应的键值。当输入的密码正确时,指示灯点亮,并且继电器吸合,电机开始转动;否则指示灯不亮并且电机将不转动。

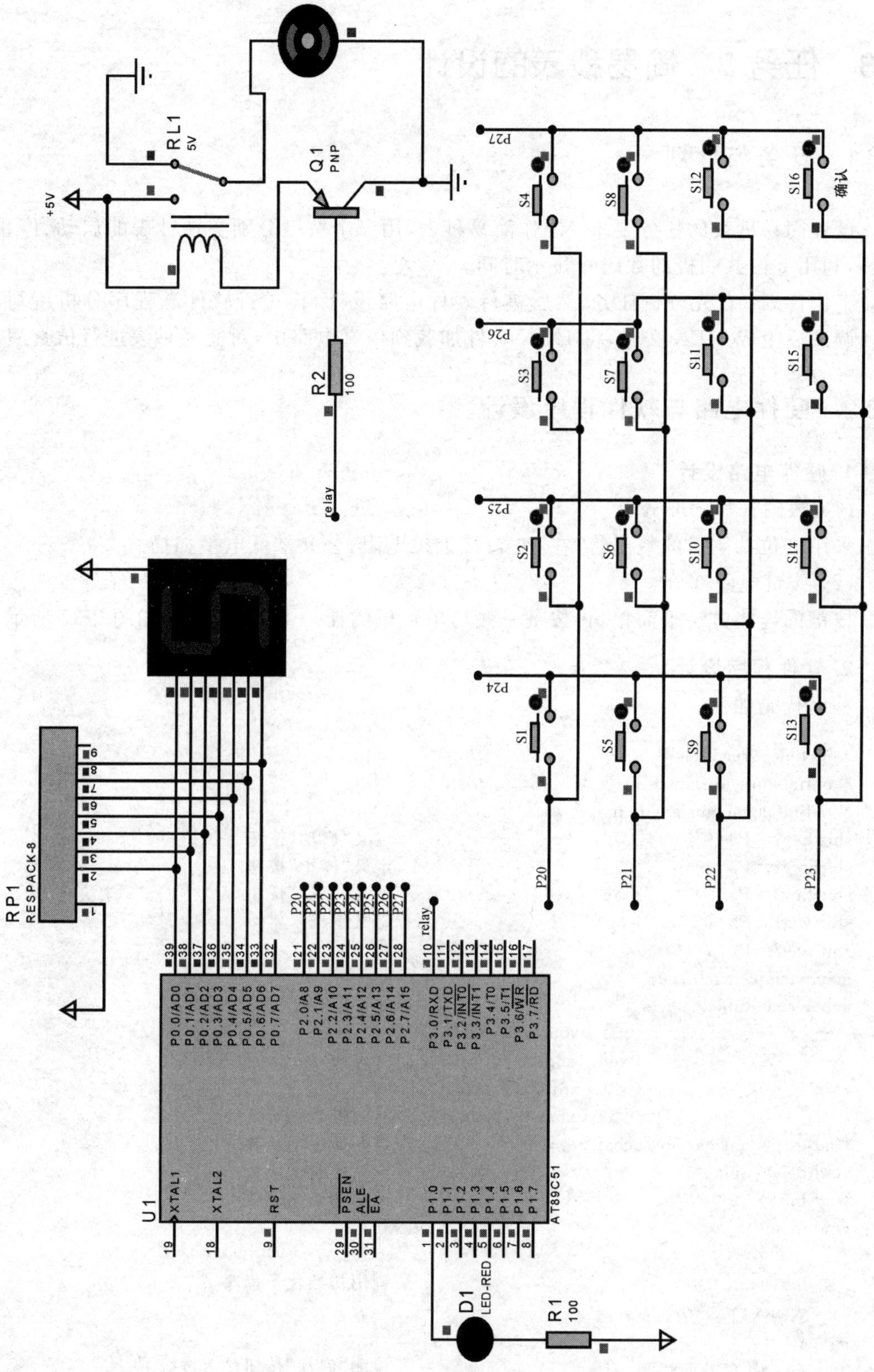

图 2-36　矩阵键盘密码锁仿真效果图

2.8 任务 8 简易秒表的设计

2.8.1 任务与计划

设计简易秒表的任务要求:制作简易秒表,用三个按键分别实现秒表的启动、停止与复位,利用 2 位共阴极的数码管显示时间。

工作计划:首先分析任务,然后进行硬件电路设计,再进行软件源程序分析编写,经编译调试后生成 HEX 文件,将 HEX 文件加载到仿真电路中,对简易秒表进行仿真演示。

2.8.2 硬件电路与软件程序设计

1. 硬件电路设计

(1) 数码管显示部分

采用 2 位共阴极的数码管,在 P0 口接上拉电阻,公共端低电平扫描。

(2) 按键电路部分

按键的连接方法很简单,将按键一侧与单片机的任一 I/O 口相连,如图 2-37 所示。

2. 软件程序设计

程序代码如下。

```
#include<reg52.h>
#define uint unsigned int
#define uchar unsigned char
sbit key1=P3^0;                                   //定义"启动"按钮
sbit key2=P3^1;                                   //定义"停止"按钮
sbit key3=P3^2;                                   //定义"复位"按钮
sbit wei1=P2^6;                                   //定义位选
sbit wei2=P2^7;
uchar temp,aa,shi,ge;
uchar code table[]={
                   0x3f,0x06,0x5b,0x4f,
                   0x66,0x6d,0x7d,0x07,
                   0x7f,0x6f,0x77,0x7c,
                   0x39,0x5e,0x79,0x71};  //共阴极数码管编码
void display(uchar shi,uchar ge);                 //声明显示子函数
void delay(uint z);                               //声明延时子函数
void init();                                      //声明初始化函数
void main()
{
    init();                                       //调用初始化子程序
    while(1)
    {
        if(key1==0)                               //检测"启动"按钮是否被按下
```

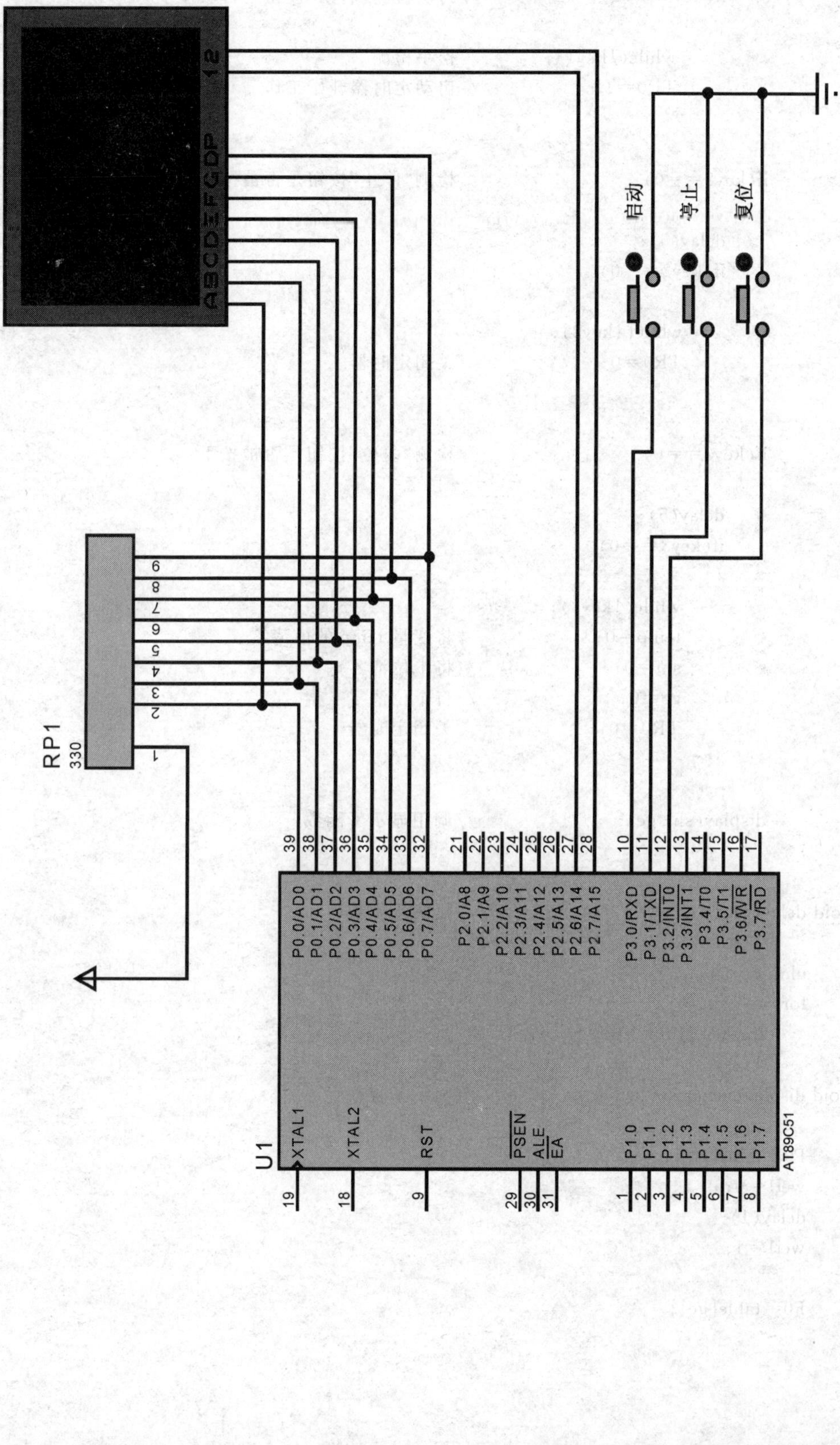

图 2-37　简易秒表电路图

```
        {
            delay(5);                    //延时去抖动
            if(key1==0)                  //再次检测"启动"按钮是否被按下
            {
                while(!key1);            //松手检测
                TR0=1;                   //启动定时器开始工作
            }
        }
        if(key2==0)                      //检测"停止"按钮是否被按下
        {
            delay(5);
            if(key2==0)
            {
                while(!key2);
                TR0=0;                   //关闭定时器
            }
        }
        if(key3==0)                      //检测"复位"按钮是否被按下
        {
            delay(5);
            if(key3==0)
            {
                while(!key3);
                temp=0;                  //将变量 temp 的值清零
                shi=0;                   //将十位清零
                ge=0;                    //将个位清零
                TR0=0;                   //关闭定时器
            }
        }
        display(shi,ge);                 //调用显示子函数
    }
}
void delay(uint z)                       //延时子函数
{
    uint x,y;
    for(x=z;x>0;x--)
        for(y=110;y>0;y--);
}
void display(uchar shi,uchar ge)         //显示子程序
{
    P0=table[shi];
    wei1=0;
    delay(1);
    wei1=1;

    P0=table[ge];
```

```
        wei2=0;
        delay(1);                       //使用动态扫描的方法实现数码管显示
        wei2=1;
    }
    void init()                         //初始化子程序
    {
        temp=0;
        TMOD=0x01;                      //使用定时器 T0 的方式 1
        TH0=(65536-50000)/256;
        TL0-(65536-50000)%256;          //定时 50ms 中断一次
        EA=1;                           //中断总允许
        ET0=1;                          //允许定时器 T0 中断
    }
    void timer0() interrupt 1
    {
        TH0=(65536-50000)/256;          //重新赋初值
        TL0=(65536-50000)%256;
        aa++;                           //中断一次变量 aa 的值加 1
        if(aa==20)                      //中断 20 次后,定时时间为 20 * 50ms=1000ms=1s,
                                        //将 temp 的值加 1
        {
            aa=0;
            temp++;
            if(temp==60)                //秒表到达 60s 后回零
            {
                temp=0;
            }
            shi=temp%100/10;
            ge=temp%10;                 //分离个位和十位
        }
    }
```

2.8.3 调试与仿真运行

加载目标代码文件,双击编辑窗口的 AT89C51 器件,在弹出的“属性编辑”对话框的 Program File 一栏中单击“打开”按钮,出现文件浏览对话框,找到 HEX 文件,单击“打开”按钮,完成添加文件。单击按钮,启动仿真,仿真运行效果如图 2-38 所示。

单击“启动”按钮,秒表开始计时。

单击“停止”按钮,秒表停止计时。

单击“复位”按钮,秒表回到最初始的状态。

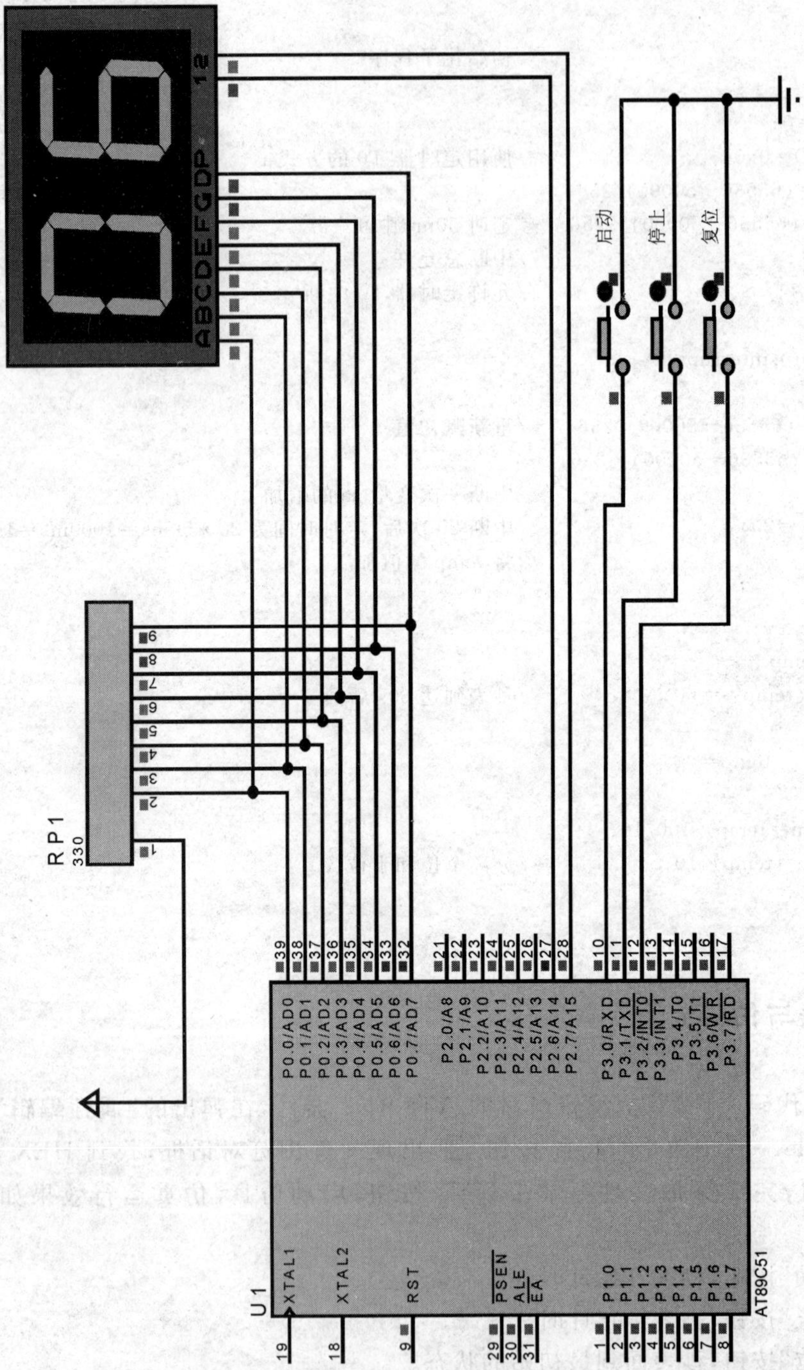

图 2-38 简易秒表仿真效果图

2.9 任务 9 电子钟的设计

2.9.1 任务与计划

设计电子钟的任务要求：制作一个具有闹钟功能的 24 小时的电子钟，利用按键可以调整时间。利用 8 位数码管分别显示时、分、秒。三个按键分别为“功能键”“加键”“减键”。“功能键”用来选择要调整时、分还是秒，按下一次可以调节秒钟，第一个 LED 灯点亮；按下两次可以调节分钟，第二个 LED 灯点亮；按下三次可以调节小时，第三个 LED 灯点亮。第四次按下时回到正常走时状态。选好要调整的位后，按一次“加键”数码管的值加 1，按一次“减键”数码管的值减 1。

工作计划：首先分析任务，然后进行硬件电路设计，再进行软件源程序分析编写，经编译后生成 HEX 文件，将 HEX 文件加载到仿真电路中，对 24 小时电子钟进行仿真演示。

2.9.2 硬件电路与软件程序设计

1. 硬件电路设计

(1) 数码管显示部分

数码管显示部分采用 8 位共阴极的数码管，在 P0 口通过上拉电阻增加驱动电流，公共端低电平扫描。

(2) LED 灯指示部分

LED 灯指示部分如图 2-33 所示，LED 的阴极接 I/O 口，阳极通过限流电阻和电源相连。

发光二极管(LED)具有单向导电性，通过 5mA 左右的电流即可发光。电流越大，其亮度越强，但若电流过大，会烧毁二极管，一般将电流控制在 3～20mA。在这里，给发光二极管串联一个电阻的目的是限制通过发光二极管的电流，使它不要太大，因此这个电阻又称为“限流电阻”。

当发光二极管发光时，测量它两端的电压约为 1.7V，这个电压叫作发光二极管的“导通压降”。关于“限流电阻”大小的选择：欧姆定律“$U=IR$”是大家所熟悉的，当发光二极管正常导通时，其两端的电压为 1.7V，发光二极管的阴极为低电平，即 0V，阳极串接一个电阻，电阻另一端的电压 V_{CC} 为 5V，因此电阻两端的电压为 5V－1.7V＝3.3V。通过发光二极管的电流限制在 3～20mA，那么限流电阻的范围在 165～1000Ω。如图 2-33 所示的仿真电路中采用的是 330Ω 的电阻。

(3) 按键电路部分

电路及按键的连接如图 2-39 所示，按键的一侧与单片机的任一 I/O 口相连。

流程图：根据工作任务要求和电子钟的功能要求，在方案设计和电路设计的基础上，绘制电子钟的流程图，如图 2-40 所示。

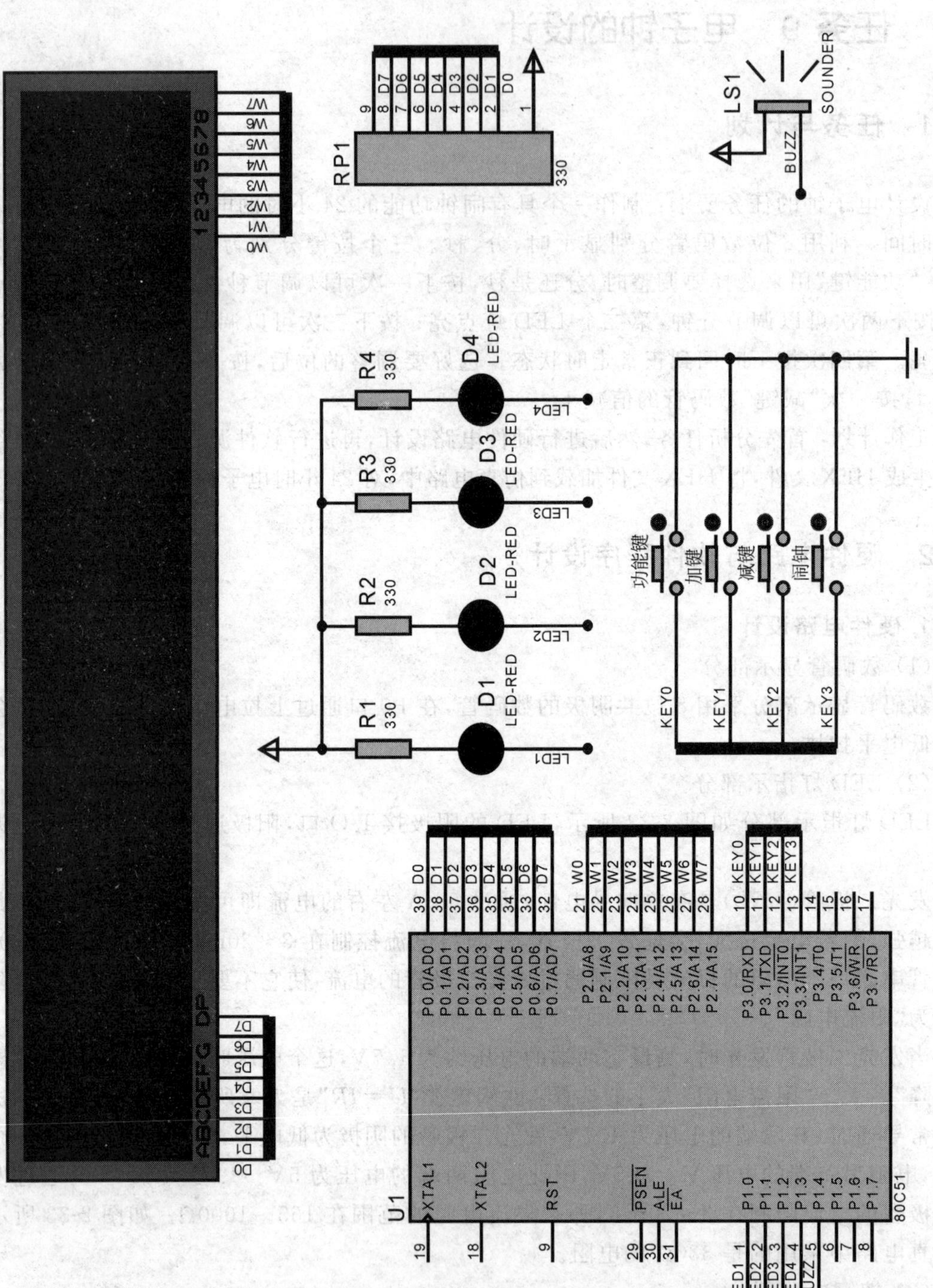
U1
80C51
XTAL1
XTAL2
RST
PSEN
ALE
EA
P0.0/AD0
P0.1/AD1
P0.2/AD2
P0.3/AD3
P0.4/AD4
P0.5/AD5
P0.6/AD6
P0.7/AD7
P2.0/A8
P2.1/A9
P2.2/A10
P2.3/A11
P2.4/A12
P2.5/A13
P2.6/A14
P2.7/A15
P3.0/RXD
P3.1/TXD
P3.2/INT0
P3.3/INT1
P3.4/T0
P3.5/T1
P3.6/WR
P3.7/RD
P1.0
P1.1
P1.2
P1.3
P1.4
P1.5
P1.6
P1.7
LED1
LED2
LED3
LED4
BUZZ
RP1
330
LS1
SOUNDER
R1
R2
R3
R4
D1
D2
D3
D4
LED-RED
KEY0
KEY1
KEY2
KEY3
功能键
加键
减键
闹钟
ABCDEFG DP
12345678

图 2-39 电子钟电路图

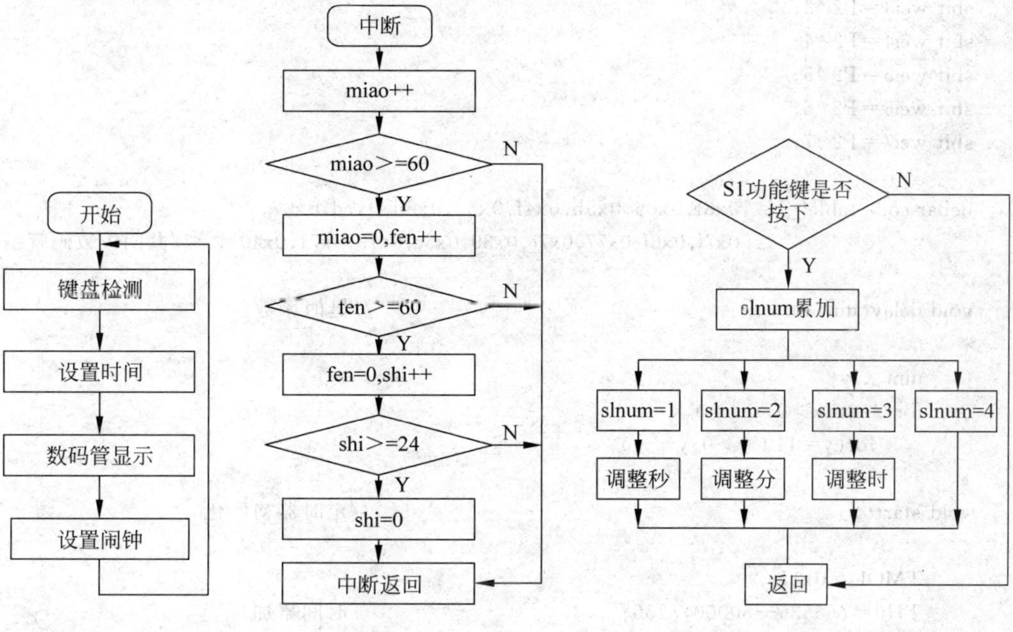

(a) 主程序流程图　(b) 中断服务程序流程图　(c) 按键检测子程序流程图

图 2-40　电子钟流程图

2. 软件程序设计

程序代码如下。

```
#include<reg52.h>
#define uint unsigned int
#define uchar unsigned char
char miao,fen,shi;
bit flag,flag_time;
char set_miao=0,set_fen=0,set_shi=12;    //闹钟初值设置
uchar s1num;

sbit s1=P3^0;                            //功能键,选择调节时钟位
sbit s2=P3^1;                            //加键
sbit s3=P3^2;                            //减键
sbit s4=P3^3;                            //闹钟设置

sbit led1=P1^0;                          //调整秒钟的指示灯
sbit led2=P1^1;                          //调整分钟的指示灯
sbit led3=P1^2;                          //调整小时的指示灯
sbit led4=P1^3;                          //闹钟设置指示灯
sbit BUZZ=P1^4;                          //报警

sbit wei0=P2^0;                          //定义8个数码管的位选
sbit wei1=P2^1;
sbit wei2=P2^2;
```

```
sbit wei3=P2^3;
sbit wei4=P2^4;
sbit wei5=P2^5;
sbit wei6=P2^6;
sbit wei7=P2^7;

uchar code table[]={0x3f,0x06,0x5b,0x4f,0x66,0x6d,0x7d,0x07,
                    0x7f,0x6f,0x77,0x7c,0x39,0x5e,0x79,0x71,0x40};  //共阴极数码管编码

void delay(uint z)                                  //延时函数
{
    uint x,y;
    for(x=z;x>0;x--)
        for(y=110;y>0;y--);
}
void start()                                        //定时器初始化
{
    TMOD=0x11;
    TH0=(65536-50000)/256;                          //时间累加
    TL0=(65536-50000)%256;
    TH1=(65536-50000)/256;                          //闹钟设置
    TL1=(65536-50000)%256;
    EA=1;
    ET0=1;
    ET1=1;
    TR0=1;
    TR1=0;                                          //关定时器
}
void display(char miao,char fen,char shi)          //显示子程序,分别显示秒、分、时
{
    P0=table[miao%10];
    wei7=0;
    delay(1);
    wei7=1;
    P0=0xff;

    P0=table[miao/10];
    wei6=0;
    delay(1);
    wei6=1;
    P0=0xff;

    P0=table[16];
    wei5=0;
    delay(1);
    wei5=1;
    P0=0xff;
```

```
    P0=table[fen%10];
    wei4=0;
    delay(1);
    wei4=1;
    P0=0xff;

    P0=table[fen/10];
    wei3=0;
    delay(1);
    wei3=1;
    P0=0xff;

    P0=table[16];
    wei2=0;
    delay(1);
    wei2=1;
    P0=0xff;

    P0=table[shi%10];
    wei1=0;
    delay(1);
    wei1=1;
    P0=0xff;

    P0=table[shi/10];
    wei0=0;
    delay(1);
    wei0=1;
    P0=0xff;
}
void keyscan()
{
    if(s1==0)                           //功能键
    {
        delay(5);
        if(s1==0)                       //确认功能键被按下
        {
            while(!s1);
            s1num++;                    //功能键按下次数记录
            if(s1num==1)                //功能键第一次被按下调整"秒钟"
            {
                if(flag)
                    TR0=1;              //开定时器
                else
                    TR0=0;              //关定时器
```

```
                led1=0;                    //点亮第一个指示灯
            }
            if(s1num==2)                   //功能键第二次被按下调整"分钟"
            {
                led2=0;                    //点亮第二个指示灯
                led1=1;                    //关闭第一个指示灯
            }
            if(s1num==3)                   //功能键第三次被按下调整"小时"
            {
                led3=0;                    //点亮第三个指示灯
                led1=1;                    //关闭第一个指示灯
                led2=1;                    //关闭第二个指示灯
            }
            if(s1num==4)                   //功能键第四次被按下
            {
                led1=1;
                led2=1;
                led3=1;
                s1num=0;                   //记录按键数清零
                TR0=1;                     //启动定时器
            }
        }
    }
}
void time()
{
    if(s1num!=0)                           //只有功能键被按下后,加和减键才有效
    {
        if(s2==0)                          //加键
        {
            delay(5);
            if(s2==0)                      //确认加键被按下
            {
                while(!s2);                //释放确认
                switch(s1num)
                {
                    case 1:                //若功能键第一次被按下
                        miao++;            //则调整秒加 1
                        if(miao==60)       //若满 60 后清零
                            miao=0;
                        break;
                    case 2:                //若功能键第二次被按下
                        fen++;             //则调整分加 1
                        if(fen==60)        //若满 60 后清零
                            fen=0;
                        break;
```

```
                case 3:                          //若功能键第三次被按下
                    shi++;                       //则调整时加 1
                    if(shi==24)                  //若满 24 后清零
                        shi=0;
                    break;
            }
        }
    }
    if(s3==0)                                    //减键
    {
        delay(5);
        if(s3==0)                                //确认减键被按下
        {
            while(!s3);                          //释放确认
            switch(s1num)
            {
                case 1:                          //若功能键第一次被按下
                    miao--;                      //则调整秒减 1
                    if(miao<0)                   //若减到负数则将其重新设置为 59
                        miao=59;
                    break;
                case 2:                          //若功能键第二次被按下
                    fen--;                       //则调整分减 1
                    if(fen<0)                    //若减到负数则将其重新设置为 59
                        fen=59;
                    break;
                case 3:                          //若功能键第三次被按下
                    shi--;                       //则调整时减 1
                    if(shi<0)                    //若减到负数则将其重新设置为 23
                        shi=23;
                    break;
            }
        }
    }
  }
}
void set_time()                                  //设置闹钟的子程序
{
    if(s1num==0)                                 //只有功能键没有被按下才可以设置闹钟
    {
        if(s4==0)
        {
            delay(5);
            if(s4==0)
            {
                while(!s4);
                led4=~led4;                      //设置闹钟的指示灯点亮
                flag=~flag;                      //设置一个标志位,标志闹钟键被按下
            }
```

```
        }
    }
    if(flag)                                    //判断 flag 是否为 1,进入设置闹钟状态
    {
        if(s1num!=0)                            //只有功能键被按下后,加和减键才有效
        {
            if(s2==0)                           //加键
            {
                delay(5);
                if(s2==0)                       //确认加键被按下
                {
                    while(!s2);                 //释放确认
                    switch(s1num)
                    {
                        case 1:                 //若功能键第一次被按下
                            set_miao++;         //则调整秒加 1
                            if(set_miao==60)    //若满 60 后清零
                                set_miao=0;
                            break;
                        case 2:                 //若功能键第二次被按下
                            set_fen++;          //则调整分加 1
                            if(set_fen==60)     //若满 60 后清零
                                set_fen=0;
                            break;
                        case 3:                 //若功能键第三次被按下
                            set_shi++;          //则调整时加 1
                            if(set_shi==24)     //若满 24 后清零
                                set_shi=0;
                            break;
                    }
                }
            }
            if(s3==0)                           //减键
            {
                delay(5);
                if(s3==0)                       //确认减键被按下
                {
                    while(!s3);                 //释放确认
                    switch(s1num)
                    {
                        case 1:                 //若功能键第一次被按下
                            set_miao--;         //则调整秒减 1
                            if(set_miao<0)      //若减到负数则将其重新设置为 59
                              set_miao=59;
                            break;
                        case 2:                 //若功能键第二次被按下
                            set_fen--;          //则调整分减 1
```

```
                    if(set_fen<0)              //若减到负数则将其重新设置为 59
                        set_fen=59;
                    break;
                case 3:                        //若功能键第三次被按下
                    set_shi--;                 //则调整时减 1
                    if(set_shi<0)              //若减到负数则将其重新设置为 23
                        set_shi=23;
                    break;
                }
            }
        }
    }
  }
}
void main()
{
    start();                                   //调用初始化函数
    while(1)                                   //进入主程序大循环
    {
        keyscan();                             //调用按键扫描程序
        time();                                //调用调整时间子程序
        if(!flag)                              //flag=0 时钟正常走时
        {
            display(miao,fen,shi);             //调用数码管显示子程序
        }
        else                                   //flag=1 显示闹钟设置时间
        {
            display(set_miao,set_fen,set_shi); //闹钟设置时间显示
        }
            if(miao==set_miao&&fen==set_fen&&shi==set_shi)
            {
                TR1=1;                         //启动定时器 1,蜂鸣器报警
            }
            if(flag_time)                      //标志蜂鸣器发声时间到
            {
                TR1=0;                         //关闭定时器 1
                BUZZ=1;
                flag_time=0;
            }
            set_time();                        //调用设置闹钟子程序

    }
}
void time_0() interrupt 1                      //中断服务程序
{
    uchar aa;
    TH0=(65536-50000)/256;                     //重新装定时器初值
    TL0=(65536-50000)%256;
```

```
        aa++;                                   //中断累加次数
        if(aa==20)                              //20 次 50ms 为 1 秒
        {
            aa=0;
            miao++;
            if(miao>=60)                        //秒加到 60 则进位分
            {
                miao=0;                         //同时秒数清零
                fen++;
                if(fen>=60)                     //分加到 60 则进位时
                {
                    fen=0;
                    shi++;
                    if(shi>=24)                 //时加到 24 则清零
                    {
                        shi=0;
                    }
                }
            }
        }
    }
    void time_1() interrupt 3
    {
        uchar bz_time;
        TH1=(65536-50000)/256;                  //重新装定时器初值
        TL1=(65536-50000)%256;
        bz_time++;
        if(bz_time==200)                        //控制蜂鸣器的发声时间
        {
            bz_time=0;
            flag_time=1;                        //标志蜂鸣器发声时间到
        }
            BUZZ=~BUZZ;
    }
```

2.9.3 调试与仿真运行

(1) 第一次按下“功能键”：调整秒钟的指示灯亮，按下“加键”和“减键”可以调整秒表的时间，如图 2-41 所示。

(2) 第二次按下“功能键”：调整分钟的指示灯亮，按下“加键”和“减键”可以调整分钟的时间。

(3) 第三次按下“功能键”可以调整小时。

(4) 第四次按下“功能键”后正常走时。

(5) 按下“闹钟”键后，再按下“功能键”，可以设置闹钟时间，设置的方法同上。关闭“闹钟”键后正常走时。

电子钟仿真效果如图 2-41 所示。

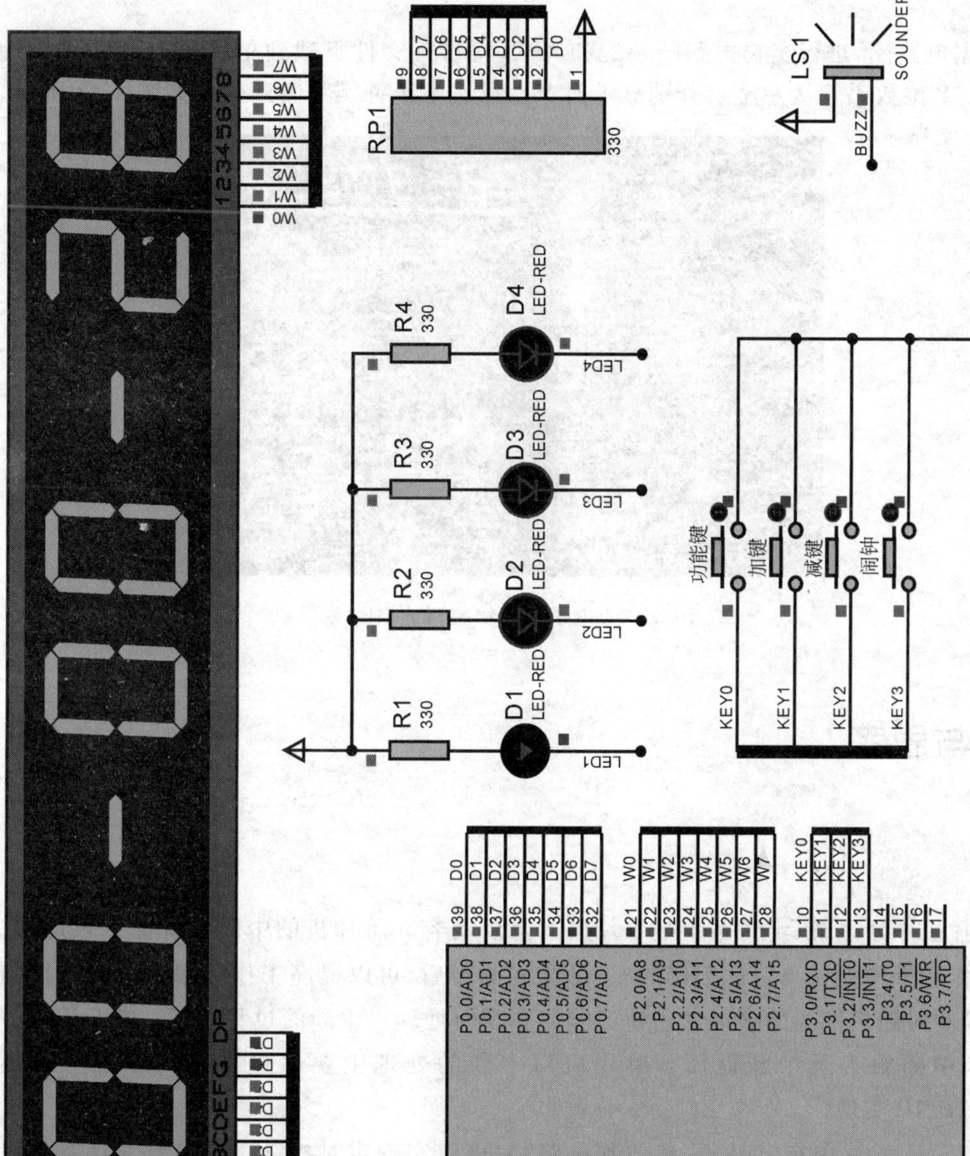

图 2-41　电子钟仿真效果图

2.9.4 实物制作效果

根据电路图,进行实物电路的装配和调试,将目标文件下载到单片机中,完成电子钟的制作。8 位数码管从左至右分别显示时、分、秒。电子钟实物装调效果如图 2-42 所示。

图 2-42 电子钟实物装调效果图

总结与思考

总结

单片机中断系统、定时系统是单片机的重要内容。单片机的中断系统能有效地解决慢速工作的外围设备与快速工作的 CPU 之间的矛盾,可以提高工作效率,提高实时处理功能,以便对随机发生的事件做出快速响应和及时处理。中断的过程包括:中断请求、中断响应、中断服务及中断返回。单片机对中断的处理主要通过中断寄存器 TCON、SCON、IE、IP 实现。

MCS-51 芯片中有定时器/计数器电路,它可以实现定时控制、延时、脉冲计数、频率测量、信号发生等功能。单片机有 2 个定时器/计数器,主要由 TCON、TMOD 实现编程控制。定时器/计数器有 4 种工作方式,即方式 0、方式 1、方式 2 和方式 3,这 4 种模式的区别在于是否能自动重装初值,计数位数不同等。方式 1 和方式 2 是较常用的两种,在方式 1 下,定时器/计数器实质是一个 16 位的加 1 计数器,计数容量为 65536。在方式 2 下,定时器/计数器实质是一个 8 位的加 1 计数器,计数容量为 256,但它可以自动重装初值。

使用定时器实现 1s 的定时控制,使用功能键、加键、减键、闹钟键实现时间的调整和闹钟的设定，显示的时间运用了数码管的动态扫描，就能制作成可以调整时间和设置闹钟的 24 小时时钟。

思考

1. 用定时器 0 的方式 1 实现第一个发光二极管闪烁发光，300ms 亮，300ms 灭。用定时器 1 的方式 1 实现数码管前两位 15s 循环计时，1s 加 1。

2. 用动态扫描方法和定时器 1 在数码管的前三位显示出秒表，精确到 1%s，即后两位显示 1%s，一直循环下去。

3. 利用动态扫描和定时器 1 在数码管上显示出从 765432 开始以 1/10s 的速度向下递减直至 765398 并保持显示此数，与此同时利用定时器 0 以 500ms 的速度进行流水灯从上至下移动，当数码管上的数减到停止时，实验板上流水灯也停止，然后全部开始闪烁，3s 后（用 T0 定时）流水灯全部关闭、数码管上显示出“HELLO”。到此保持住。

习题 2

2-1　简述外部中断有几种触发方式，如何选择，如何清除这些中断标志。

2-2　8051 单片机的定时器/计数器有哪几种工作模式？各有什么特点？

2-3　已知 8051 单片机的时钟频率为 6MHz，利用 T0 作定时器，在 P1.0 输出方波，周期为 8ms，选择定时器模式 1 编程实现。

2-4　8 个发光二极管间隔 200ms 由上至下，再由下至上逐个点亮（单个灯点亮 200ms，然后下一个灯点亮），此过程重复两次；然后全部熄灭 1s，接着以 300ms 间隔全部闪烁5 次。重复此过程。

2-5　用按键控制两位数码管，按下一次按键数码管加 1，让两位数码管从 00 加到 13 后回零。

2-6　用按键控制两位数码管，按下按键 S1，数码管显示 01，按下按键 S2，数码管显示 02，按下按键 S3，数码管显示 03，按下按键 S4，点亮一个 LED 灯。

2-7　使两位数码管从 00 开始，间隔 2s 加 1，加到 15 后回到 00 状态。（要求：定时 20ms 中断一次。）

2-8　使两位数码管从 00 开始，间隔 1.6s 加 1，加到 15 后回到 00 状态。（要求：定时 40ms 中断一次。）

2-9　使两位数码管从 00 开始，间隔 1.5s 加 1，加到 15 后回到 00 状态。（要求：使用定时器 1 定时，定时 30ms 中断一次。）

2-10　用定时器 T0 控制流水灯间隔 1s 逐个点亮。（要求：使用定时器 0 定时，定时 20ms 中断一次。）

2-11 用定时器 T1 控制单只 LED 闪烁发光。LED 亮 1s,灭 1s(LED 亮 1.5s,灭 1s)

2-12 写 10s 的秒表程序,用三个按键分别控制秒表启动、停止、清零。(要求:使用定时器 0 定时,定时 20ms 中断一次。)

2-13 写 10s 的秒表程序,用一个按键分别控制秒表启动、停止、清零。(要求:使用定时器 1 定时,定时 20ms 中断一次。)

CHAPTER 3

学习情境 3

电子琴的设计与制作

3.0 学习情境任务描述

电子音乐在娱乐、媒体和个人生活的多个方面都有广泛的应用，本学习情境的工作任务是采用单片机来设计一个单片机电子琴。电子琴有 16 只音乐输入键盘，并具有音键调音功能。单片机通过串行口与 PC 相连，当收到来自 PC 的调音指令后，能对键盘所对应的音符进行调整。从认识串行通信与串行口开始本学习情境的学习和工作，通过单片机双机通信及单片机与 PC 通信任务的学习与工作，学会单片机串行通信的基本使用方法，能够实现将一台单片机的数据传送到另一台单片机，能实现单片机和 PC 之间的数据通信，可以通过数据交换实现对设备的控制。在收集单片机电子琴的相关资料的基础上，进行单片机电子琴的任务分析和计划制订、硬件电路和软件程序的设计，完成单片机电子琴的制作调试和运行演示，并完成工作任务的评价。

3.0.1 学习目标

(1) 掌握 MCS-51 单片机串行口的基本应用。

(2) 掌握 MCS-51 单片机利用定时器实现电子音乐的基本应用。

(3) 了解串行通信标准与通信协议。

(4) 能进行简易的单片机串行通信产品电路设计。

(5) 能进行单片机串行通信程序设计。

(6) 能进行单片机电子音乐程序设计。

(7) 能按照设计任务书的要求，完成简易单片机电子琴的设计调试和制作。

3.0.2 学习与工作内容

本学习情境要求根据工作任务书(见表 3-1)的要求，学习单片机的串行通信及电子音乐的相关知识，查阅收集资料，制订工作方案和计划，完成简易电子琴的设计与制作，需要完成以下的学习与工作任务。

(1) 认识了解单片机的串行通信与串行口，学习单片机串行口的结构与控制，学习串行口的工作方式及应用。

表 3-1 简易电子琴设计制作任务书

设计制作任务	采用单片机控制方式,设计制作电子琴,能够通过串行口对键盘进行调音控制
电子琴功能要求	电子琴具有 16 只音乐输入键盘,能实现单片机电子琴和 PC 间的通信,能通过 PC 向单片机发送数据指令,实现对键盘所对应音符的高低音调整,并将 PC 发送的数据显示出来。LED 数码显示器能显示按下的键盘、调音的状态和自己的学号后两位。对键盘调音的上调音和下调音指令码分别为 a～z 和 A～Z。
工具	(1) 单片机开发和电路设计仿真软件：Keil μVision、Proteus (2) PC 及软件程序、示波器、万用表、电烙铁、装配工具
材料	元器件(套)、焊料、焊剂

(2) 学习单片机双机之间的数据通信,学习单片机和 PC 的串行通信。
(3) 学习单片机电子琴发音知识,学习电子琴键盘识别控制。
(4) 划分工作小组,以小组为单位开展电子琴的设计与制作工作。
(5) 根据设计任务书的要求,查阅收集相关资料,制订完成任务的方案和计划。
(6) 根据设计任务书的要求,设计电子琴的硬件电路图。
(7) 根据任务要求和电路图,整理出所需要的器件和工具仪器清单。
(8) 根据电子琴功能要求和硬件电路原理图,绘制程序流程图。
(9) 根据电子琴功能要求和程序流程图,编写软件源程序并进行编译调试。
(10) 进行软硬件的调试和仿真运行,电路的安装制作,演示汇报。
(11) 进行工作任务的学业评价,完成工作任务的设计制作报告。

3.0.3 学业评价

本学习情境的学业根据工作任务的工作过程进行考核评价,注重学习和工作过程的考核评价,依据完成任务中实际的学习和工作过程分为 11 个评分项目,根据各项目主要完成主体的不同,分别对个人和小组进行考核评价,考核评价表如表 3-2 所示。

表 3-2 学习情境 3 考核评价表

项目名称	分值	组别									
		第一组			第二组			第三组			…
		学生 A	学生 B	学生 C	学生 D	学生 E	学生 F	学生 G	学生 H	学生 I	…
单片机串行通信学习	5										
单片机音乐学习	5										
单片机双机通信学习工作	10										
单片机与 PC 通信学习工作	10										
电子琴硬件电路设计	10										

续表

项目名称	分值	组别									
		第一组			第二组			第三组			…
		学生A	学生B	学生C	学生D	学生E	学生F	学生G	学生H	学生I	…
电子琴软件程序设计	15										
调试仿真	10										
安装制作	10										
设计制作报告	15										
团队及合作能力	10										

3.1 任务1 认识串行通信与串行口

3.1.1 串行通信的概念

在实际的计算机系统中,计算机的CPU与外部设备之间常常要进行信息交换。计算机与计算机之间、计算机与外部设备之间的信息交换称为数据通信。数据通信方式有两种,即并行数据通信和串行数据通信。

如果有8个人要通过一座小桥,他们可以采用两种方式通过这座桥:一种方式是8个人依次顺序过桥,即一个人跟着一个人过桥;另一种方式是8个人一起并排通过小桥。可以看出,第一种方式通过得慢,但对桥的宽度要求低,只要一个人能过就行;第二种方式通过的速度快,但对桥的宽度有要求,必须能同时通过8个人。这两种方式就好像是通信中的串行通信和并行通信一样,并行数据通信中,数据的各位同时传送,其优点是传递速度快;缺点是数据有多少位,就需要多少根传送线。图3-1(a)所示为8051单片机与外设间8位数据并行通信的连接方法。

串行通信中,数据字节一位一位串行地顺序传送,通过串行接口实现。它的优点是只需一对传送线,这样就大大降低了传送成本,特别适用于远距离通信;其缺点是传送速度较低。图3-1(b)所示为串行数据通信方式的连接方法。

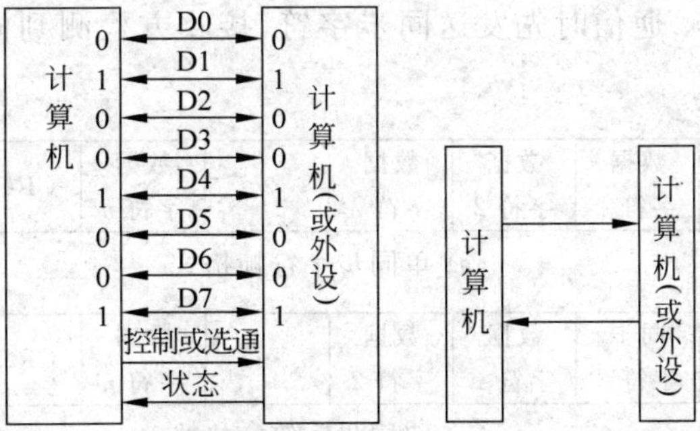

(a) 并行通信方式 (b) 串行通信方式

图3-1 两种通信方式的示意图

按照串行数据的时钟控制方式,串行通信分为异步通信和同步通信两类。

1. 异步通信

在异步通信中,数据是以字符为单位组成字符帧传送的。发送端和接收端由各自独立的时钟来控制数据的发送和接收,这两个时钟彼此独立,互不同步。每一字符帧的数据格式如图 3-2 所示。

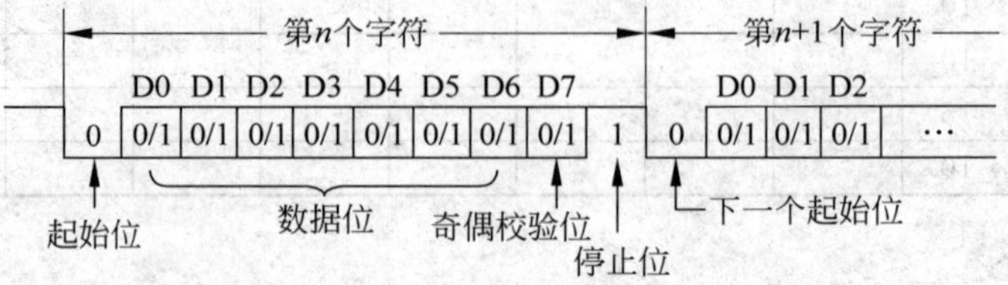

图 3-2 异步通信每一字符帧的数据格式

在帧格式中,一个字符由四个部分组成:起始位、数据位、奇偶校验位和停止位。

(1) 起始位。起始位位于字符帧开头,仅占一位,为逻辑低电平 0,用来通知接收设备,发送端开始发送数据。线路上在不传送字符时应保持为 1。接收端不断检测线路的状态,若连续为 1 以后又测到一个 0,就知道发来一个新字符,应马上准备接收。

(2) 数据位。数据位(D0～D7)紧接在起始位后面,通常为 5～8 位,低位在前,高位在后,顺序依次传送。

(3) 奇偶校验位。奇偶校验位只占一位,紧接在数据位后面,用来表征串行通信中采用奇校验还是偶校验,也可用这一位来确定这一帧中的字符所代表信息的性质(地址/数据等)。

(4) 停止位。停止位位于字符帧的最后,表征字符的结束,为逻辑 1 高电位。停止位可以是 1 位、1.5 位或 2 位。接收端收到停止位后,就知道上一字符已传送完毕,同时也为接收下一字符做好准备。

2. 同步通信

同步通信时,字符与字符之间没有间隙,也不用起始位和停止位,仅在数据块开始时用同步字符 SYNC 来指示,然后是连续的数据块。同步字符的插入可以是单同步字符或双同步字符方式,如图 3-3 所示。同步字符可以由用户约定,也可以采用 ASCII 码中规定的 SYN 代码,即 16H。通信时先发送同步字符,接收方检测到同步字符后,即准备接收数据。

同步字符 1	数据字符 1	数据字符 2	数据字符 3	…	数据字符 *n*	CRC1	CRC2

(a) 单同步字符帧格式

同步字符 1	同步字符 2	数据字符 1	数据字符 2	…	数据字符 *n*	CRC1	CRC2

(b) 双同步字符帧格式

图 3-3 同步传送的数据格式

在同步传输时，要求用时钟来实现发送端与接收端之间的同步。为了保证接收无误，发送方除了传送数据外，还要将时钟信号同时传送。

同步通信方式由于不必加起始位和停止位，传送效率较高，但实现起来比较复杂。

3. 比特率与波特率

比特率是一种数据传送速率，表示每秒钟传送二进制数据的位数，它的单位是 b/s（位/秒）。波特率是异步通信的重要指标，表征数据传输的速度，波特率越高，数据传输速度越快，在数据传送方式确定以后，以多大的速率发送/接收数据，是实现串行通信必须解决的问题。

在串行传输中，发送时，在发送时钟的作用下将发送移位寄存器的数据串行移位输出；接收时，在接收时钟的作用下将通信线上传来的数据串行移入移位寄存器。发送时钟和接收时钟也可称为移位时钟，产生移位时钟的电路称为波特率发生器。在串行通信中，收、发双方必须按照同样的速率进行串行通信，且采用相同的波特率。

假设数据传送的速率是 120 字符/秒，每个字符格式包含 10 个代码位（1 个起始位、1 个停止位、8 个数据位），则通信比特率为：

$$120\ 字符/秒 \times 10\ 位/字符 = 1200\text{b/s}$$

4. 串行通信的方向制式

在串行通信中按照数据传送方向，串行通信可分为单工、半双工和全双工三种制式，如图 3-4 所示。

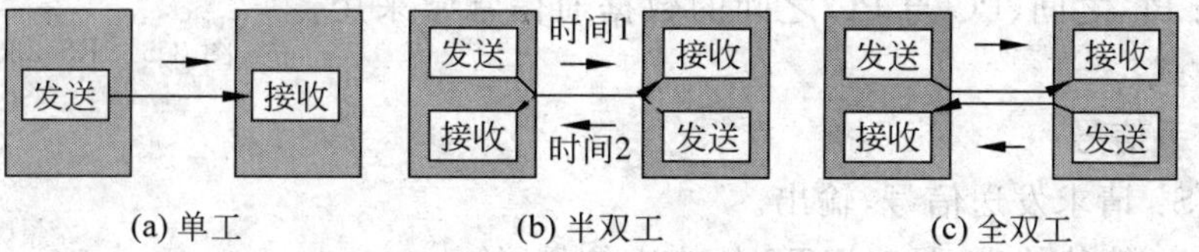

图 3-4　串行通信方向示意图

（1）单工制式

在单工制式中，只允许数据向一个方向传送，通信的一端为发送器，另一端为接收器。

（2）半双工制式

在半双工制式中，系统中每个通信设备都由一个发送器和一个接收器组成，允许数据向两个方向中的任一方向传送，但每次只能有一个设备发送，即在同一时刻只能进行一个方向的传送，不能双向同时传输。

（3）全双工制式

在全双工制式中，数据传送方式是双向配置的，允许同时双向传送数据。

3.1.2　认识串行接口

在进行串行通信接口设计时，必须根据需要确定选择标准接口、传输介质及电平转换等问题。常用的串行通信接口标准总线有 RS-232C、RS-422、RS-485 等，下面以使用最为广泛的 RS-232C 为例介绍串行接口的基础知识。

RS-232C 是使用广泛的一种异步串行通信总线标准，它是由美国电子工业协会(Electronic Industries Association)于 1962 年公布的。RS-232C 主要用来定义计算机系统的一些数据终端设备(DTE)和数据通信设备(DCE)之间接口的电气特性，广泛用于计算机与终端或外设之间的近端连接，适合于短距离或带调制解调器的通信场合。

1. RS-232C 的电气特性

RS-232C 标准早于 TTL 电路的产生，与 TTL 逻辑电平规定不同。该标准采用负逻辑：低电平表示逻辑 1，电平值为 −15～−3V；高电平表示逻辑 0，电平值为 +3～+15V。因此，RS-232C 不能直接与 TTL 电路连接，使用时必须加上适当的电平转换电路；否则将使 TTL 电路烧毁。

2. RS-232C 的信号

RS-232C 信号分为两类：一类是 DTE 与 DCE 交换的信息；另一类是为了正确无误地传输上述信息而设计的握手联络信号。RS-232C 9 芯连接器引脚图如图 3-5 所示。下面介绍这两类信号。

(1) 基本的数据传送端

① TxD：数据输出端，串行数据由此发出。

② RxD：数据输入端，串行数据由此输入。

在串行通信中，最简单的通信只需要连接这 3 根线，在单片机与 PC 之间、PC 与 PC 之间的数据通信常常采用这种连接方式。

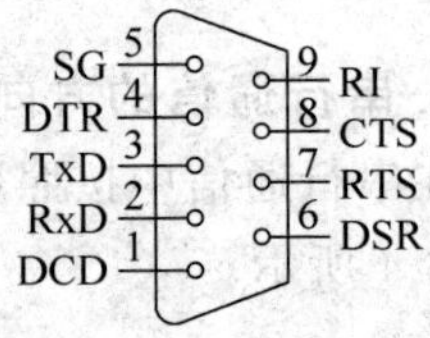

图 3-5 RS-232C 引脚图

(2) 握手信号

① RTS：请求发送信号，输出。

② CTS：等待传送，是对 RTS 的响应信号，输入。

③ DSR：数据通信准备就绪，输入。

④ DTR：数据终端就绪，表明计算机已做好接收准备，输出。

⑤ DCD：数据载波检测，输入。

⑥ RI：振铃指示。

当一台 PC 与调制解调器相连，要向远方发送数据时，如果 PC 做好了发送准备，就用 RTS 信号通知调制解调器；当调制解调器也做好了发送数据的准备，就向 PC 发出 CTS 信号，RTS 和 CTS 这对握手信号沟通后，就可以进行串行数据发送了。

当 PC 要从远方接收数据时，如果 PC 做好了接受准备，就发出 DTR 信号通知调制解调器；当调制解调器也做好了接收数据的准备，就向 PC 发出 DSR 信号。DTR 和 DSR 这对握手信号沟通后，就可以进行串行数据接收了。

3. RS-232C 与单片机的连接

RS-232C 接口与单片机连接时需要进行电平转换，常用的电平转换芯片有 MC1488、MC1489 和 MAX232。

MAX232 系列芯片由 MAXIM 公司生产，内含两路接收器和驱动器。其内部的电源电压变换器可以将输入的＋5V 电源电压变换成 RS-232C 输出所需的±10V 电压。图 3-6 为该芯片引脚图。

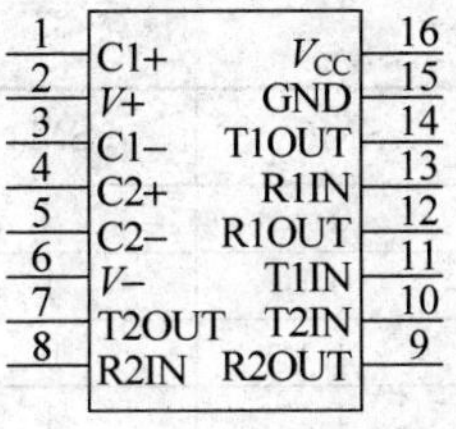

图 3-6　MAX232 芯片引脚图

3.1.3　单片机串行口的结构与控制寄存器

MCS-51 单片机内部有一个可编程全双工串行接口，具有 UART(通用异步接收和发送器)的全部功能，通过单片机的引脚 RxD(P3.0)、TxD(P3.1)同时接收、发送数据，构成双机或多机通信系统，也可以作为移位寄存器使用。

1. MCS-51 单片机串行口的结构

MCS-51 单片机串行口的内部结构如图 3-7 所示。

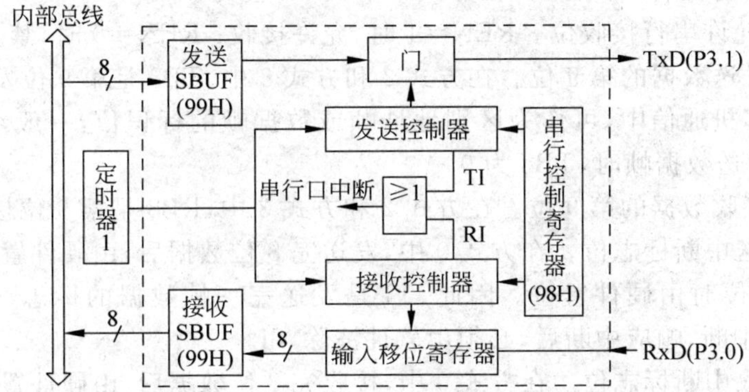

图 3-7　MCS-51 单片机串行口结构框图

2. 控制寄存器

与 MCS-51 串行口有关的特殊功能寄存器有 SBUF、SCON 和 PCON。

(1) 串行口数据缓冲器 SBUF

SBUF 是一个特殊功能寄存器，有两个在物理上独立的接收缓冲器与发送缓冲器。发送缓冲器只能写入不能读出，写入 SBUF 的数据存储在发送缓冲器中，用于串行发送；接收缓冲器只能读出不能写入。两个缓冲器共用一个地址 99H，通过对 SBUF 的读、写指令来区别是对接收缓冲器还是发送缓冲器进行操作。

(2) 串行口控制寄存器 SCON

SCON 用来控制串行口的工作方式和状态，字节地址为 98H，可以位寻址。SCON 的格式如图 3-8 所示。

SM0	SM1	SM2	REN	TB8	RB8	TI	RI	SCON(98H)

图 3-8　SCON 格式

各位功能说明如下。

① SM0、SM1：串行口工作方式选择位，其定义如表 3-3 所示。

表 3-3 串行口工作方式设定

SM0	SM1	工作方式	功能说明
0	0	0	同步移位寄存器输入/输出,波特率为 $f_{OSC}/12$
0	1	1	10 位 UART,波特率可变(TI 溢出率/n,n=16 或 32)
1	0	2	11 位 UART,波特率为 f_{OSC}/n(n=32 或 64)
1	1	3	11 位 UART,波特率可变(TI 溢出率/n,n=16 或 32)

② SM2：多机通信控制位,用于方式 2 和方式 3 中。当方式 2 和方式 3 处于接收方式时,若 SM2=1,表示置多机通信功能。如果接收到的第 9 位数据 RB8 为 1,则将数据装入 SBUF,并置 RI 为 1,向 CPU 申请中断；如果接收到的第 9 位数据 RB8 为 0,则不接收数据,RI 仍为 0,不向 CPU 申请中断。若 SM2=0,不论接收到的第 9 位 RB8 为 0 还是为 1,TI、RI 都以正常方式被激活,接收到的数据装入 SBUF。在方式 1,若 SM2=1,则只有收到有效的停止位后,RI 置 1。在方式 0 中,SM2 应为 0。

③ REN：允许串行接收位。REN=1 时,允许接收；REN=0 时,禁止接收。

④ TB8：发送数据的第 9 位。在方式 2 和方式 3 中,TB8 是第 9 位发送数据,可作奇偶校验位。在多机通信中,可作为区别地址帧或数据帧的标识位,一般约定发送地址帧时,TB8 为 1,发送数据帧时,TB8 为 0。

⑤ RB8：接收数据的第 9 位。在方式 2 和方式 3 中,RB8 是第 9 位接收数据。

⑥ TI：发送中断标志位。在方式 0 中,发送完 8 位数据后,由硬件置位；在其他方式中,在发送停止位时由硬件置位。因此,TI 是发送完一帧数据的标志,当 TI=1 时,向 CPU 申请串行中断,响应中断后,必须由软件清除 TI。

⑦ RI：接收中断标志位。在方式 0 中,接收完 8 位数据后,由硬件置位；在其他方式中,在接收停止位的中间点由硬件置位。接收完一帧数据 RI=1,向 CPU 申请中断,响应中断后,必须由软件清除 RI。

(3) 电源及波特率选择寄存器 PCON

PCON 主要是为 CHMOS 型单片机的电源控制而设置的专用寄存器,字节地址为 87H。在 HMOS 的 8051 单片机中,PCON 只有最高位被定义,其他位都是虚设的。PCON 的格式如图 3-9 所示。

SMOD				GF1	GF0	PPD	IDL	PCON(87H)

图 3-9 PCON 格式

PCON 的最高位 SMOD 为串行口波特率的倍增位。在方式 1、方式 2 和方式 3 下,串行通信的波特率与 SMOD 有关。当 SMOD=1 时,通信波特率加倍；当 SMOD=0 时,波特率不变。其他各位为掉电方式控制位,PCON 不能位寻址。

3.1.4 单片机串行口的工作方式

MCS-51 单片机的串行口有 4 种工作方式,通过 SCON 中的 SM1、SM0 位来决定,如表 3-3 所示。

1. 工作方式 0

在方式 0 下，串行口作同步移位寄存器用，其波特率固定为 $f_{osc}/12$。串行数据从 RxD(P3.0)端输入或输出，同步移位脉冲由 TxD(P3.1)送出。移位数据的发送和接收以 8 位为一帧，不需要起始位和停止位。这种方式常用于扩展 I/O 口。

2. 工作方式 1

方式 1 为波特率可调的 10 位通用异步通信接口。发送或接收一帧信息为 10 位，分别为起始位 0、8 位数据位和 1 位停止位 1。数据帧格式如图 3-10 所示。

0	D0	D1	D2	D3	D4	D5	D6	D7	1
起始位	8 位数据								停止位

图 3-10　工作方式 1 的数字帧格式

(1) 数据发送

发送时，数据从 TxD 端输出。数据被写入发送缓冲器 SBUF，启动发送器发送。当发送完一帧数据后，置中断标志 TI 为 1。

(2) 数据接收

接收时，数据从 RxD 端输入。当允许接收控制位 REN 为 1 后，串行口采样 RxD，当采样到由 1 到 0 的跳变时，确认是起始位 0，启动接收器开始接收一帧数据。当 RI=0 且接收到停止位为 1(或 SM2=0)时，将停止位送入 RB8，8 位数据送入接收缓冲器 SBUF，同时置中断标志 RI=1。所以，方式 1 接收时，应先用软件清除 RI 或 SM2 标志。

3. 工作方式 2、方式 3

在工作方式 2、方式 3 下，串行口为 11 位异步通信接口，发送、接收一帧信息为 11 位：1 位起始位(0)、8 位数据位、1 位可编程位和 1 位停止位(1)。传送波特率与 SMOD 有关。其数据帧格式如图 3-11 所示。

0	D0	D1	D2	D3	D4	D5	D6	D7	0/1	1
起始位	8 位数据								奇偶校验	停止位

图 3-11　工作方式 2、方式 3 的数据帧格式

(1) 数据发送

串行口工作于方式 2、方式 3 进行数据发送时，数据由 TxD 端输出，附加的第 9 位数据为 SCON 中的 RB8(由软件设置)。用指令将要发送的数据写入 SBUF，即可启动发送器。送完一帧信息时，TI 由硬件置 1。

(2) 数据接收

当 REN=1 时，允许接收。接收到的第 9 位数据送入 RB8 中，当同时满足 RI=0，

SM2=0 或接收到第 9 位数据为 1 这两个条件时,将 8 位数据送入 SBUF 中,置 RI=1;否则收到的信息丢弃。

3.1.5 串行口的波特率

在串行通信中,收发双方必须采用相同的数据传输速度,即采用相同的波特率。MCS-51 单片机的串行口有 4 种工作方式,其中方式 0 和方式 2 的波特率是固定的;方式 1 和方式 3 的波特率是可变的,由定时器 T1 的溢出率决定。

1. 方式 0 和方式 2

在方式 0 中,波特率为时钟频率的 1/12,即 $f_{OSC}/12$,固定不变。

在方式 2 中,波特率取决于 PCON 中的 SMOD 值,当 SMOD=0 时,波特率为 $f_{OSC}/64$;当 SMOD=1 时,波特率为 $f_{OSC}/32$,即波特率$=2^{SMOD}\times f_{OSC}/64$。

2. 方式 1 和方式 3

在方式 1 和方式 3 下,波特率由定时器 T1 的溢出率和 SMOD 决定。

$$\text{波特率} = 2^{SMOD}/32 \times n$$

其中,n 为定时器 T1 的溢出率。定时器 T1 的溢出率取决于定时器 T1 的预置值。通常定时器选用工作模式 2,即自动重装载的 8 位定时器,此时 TL1 作计数用,自动重装载值存在 TH1 内。设定时器的预置值(初始值)为 X,那么每过 $256-X$ 个机器周期,定时器溢出一次,溢出周期为:

$$12/f_{OSC} \times (256 - X)$$

溢出率为溢出周期的倒数,所以波特率为:

$$\text{波特率} = \frac{2^{SMOD}}{32} \times \frac{f_{OSC}}{12 \times (256 - X)}$$

实际使用时,常常是先确定波特率,再计算 T1 的计数初值,然后进行定时器的初始化设置,根据上述公式,可以得出计数初值的计算公式如下。

$$X = 256 - \frac{f_{OSC} \times 2^{SMOD}}{384 \times \text{波特率}}$$

例如,通信波特率为 9600,$f_{OSC}=11.0592\text{MHz}$,T1 工作在方式 2,其 SMOD=0,计算 T1 的初值 X,编写初始化程序。

在 $f_{OSC}=11.0592\text{MHz}$ 时,初值的计算公式如下。

$$X = 256 - \frac{28800 \times 2^{SMOD}}{\text{波特率}}$$

可以计算出,$X=253=$0xfd,相应的初始化程序如下。

```
TMOD=0x20;              //定时器 T1 工作于方式 2
TH1=0xfd;               //装入计数初值
TL1=0xfd;
PCON=0x00;              //SMOD=0
TR1=1;
```

小知识

使用 11.0592MHz 时钟频率的原因如下。

在实际的通信协议中，波特率常用的值有 1200、2400、9600、19200 等，这时如果采用 12MHz 的时钟频率，计算出的定时计数初值就不是整数，会出现波特率误差，而采用 11.0592MHz 的时钟频率后，就能得到准确的定时计数初值了。

MCS-51 单片机串行口在不同工作方式下常用波特率和定时初值如表 3-4 所示。

表 3-4　串行口在不同工作方式下常用波特率与定时初值

工作方式	波特率	f_{OSC}/MHz	定时器 T1			
			SMOD	C/$\overline{T}$	模式	定时器初值
方式 0	1M	12	×	×	×	×
方式 2	375K	12	1	×	×	×
	187.5K	12	0	×	×	×
方式 1 方式 3	62.5K	12	1	0	2	FFH
	19.2K	11.059	1	0	2	FDH
	9.6K	11.059	0	0	2	FDH
	4.8K	11.059	0	0	2	FAH
	2.4K	11.059	0	0	2	F4H
	1.2K	11.059	0	0	2	E8H
	137.5	11.059	0	0	2	1DH

3.2　任务 2　单片机的双机通信

3.2.1　任务与计划

单片机双机通信任务要求：用两台单片机进行双机串行通信，采用串口工作方式 1，波特率为 9600，A 机向 B 机传送数据，B 机接收到数据后，在 B 机的 P0 口输出并显示出来。

本案例采用 LED 静态显示，制作时要求采用多位 LED 动态显示数据和自己的学号后两位。

工作计划：首先分析任务，然后进行硬件电路设计，再进行软件源程序分析编写，经编译调试后生成 HEX 文件，将 HEX 文件加载到仿真电路中，对单片机双机通信进行仿真演示。

3.2.2　案例硬件电路与软件程序设计

1. 硬件电路设计

根据任务要求，将 A 机发送的数据选为 1～9，在 A 机的 P3.7 端口接一个按钮，每按下一次,发送的数据加 1,到 10 后再从 0 开始。B 机的 P0 端口接数码显示管,B 机将接收到的数字在数码管上显示出来,硬件电路如图 3-12 所示。

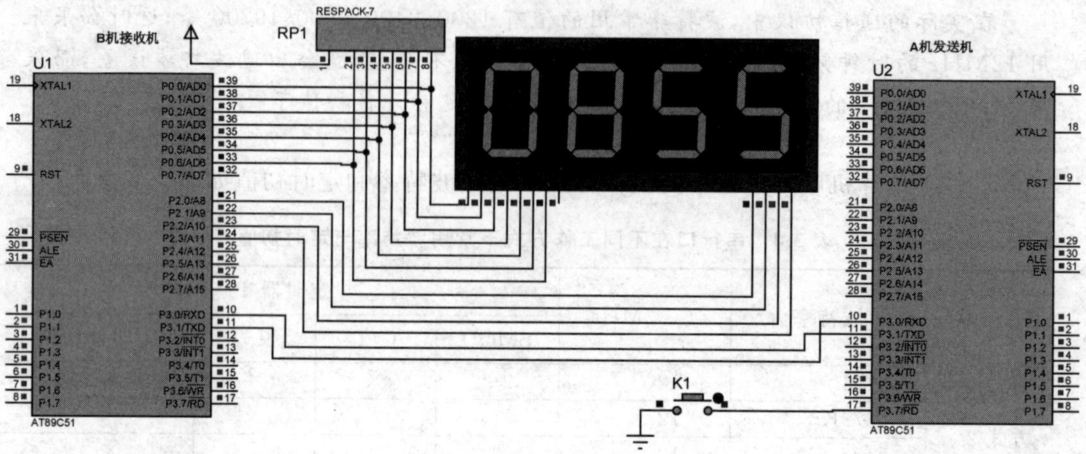

图 3-12 双机通信电路图

2. 软件程序编写

工作于方式 1 的单片机双机通信的程序编写,分为发送机程序和接收机程序的编写。单片机通信程序可以采用查询方式和中断方式。为提高工作效率,接收方一般采用中断方式,发送方采用查询方式。本程序 A 机发送采用查询方式,B 机接收采用中断方式。

(1) 发送机程序编写步骤如下。

① 根据波特率,对定时器 T1 进行初始化。

② 设置控制寄存器 SCON,选择串口方式 1。

③ 清除 TI 标志。

④ 将数据送入缓冲器 SBUF,当 SBUF 中的数据发送完毕,硬件电路自动将 TI 置 1。

⑤ 如果还有数据要发送,重复步骤③～④。

(2) 接收机程序编写步骤如下。

① 根据波特率,对定时器 T1 进行初始化。

② 设置控制寄存器 SCON,选择串口方式 1,并令 REN=1。

③ 清除 RI 标志。

④ 当串行口收到一帧数据后,RI 置 1,判断到标志后,CPU 从 SBUF 中读取数据。

⑤ 如果还有数据要接收,重复步骤③～④。

根据任务要求,选择时钟频率 $f_{\mathrm{OSC}}=11.0592\mathrm{MHz}$,波特率为 9600,根据 T1 计数初值的公式

$$X = 256 - \frac{28800 \times 2^{\mathrm{SMOD}}}{\text{波特率}}$$

可以计算出初值,也可以通过查表得到,$X=$0xfd,T1 工作于方式 2,TH1=TL1=0xfd。

(3) A 机发送程序如下。

```
#include <reg51.h>
#define uint unsigned int
#define uchar unsigned char
sbit K1 = P3^7;
uchar num ;
void main()
{
    SCON = 0x50;                //串口工作于方式1
    TMOD= 0x20;                 //T1 工作于方式2
    PCON = 0x00;                //SMOD=0
    TH1  = 0xfd;                //装入初值,波特率为9600
    TL1  = 0xfd;
    TI   = 0;                   //标志位初始化
    RI   = 0;
    TR1  = 1;                   //启动定时器 T1
    while(1)
    {
        if(K1==0)               //等待 K1 按下
        {
            while(K1==0);       //等待 K1 释放
            num++;
            if(num==10)
            {
                num=0;
            }
            SBUF = num;         //发送数据
            while(TI==0);       //等待发送完成
            TI = 0;
        }
    }
}
```

(4) B 机接收程序如下。

```
#include <reg51.h>
#define uint unsigned int
#define uchar unsigned char
uchar code zftab[]={0x3f,0x06,0x5b,0x4f,0x66,0x6d,0x7d,0x07,0x7f,0x6f};
void main()
{
    P0    = zftab[0];           //初始显示
    SCON  = 0x50;               //串口工作于方式1,允许接收
    TMOD  = 0x20;               //T1 工作于方式2
    PCON  = 0x00;               //SMOD=0
    TH1   = 0xfd;               //装入初值,波特率为9600

    TL1   = 0xfd;
    TI    = 0;                  //标志位初始化
```

```
    RI    = 0;
    TR1   = 1;                          //启动定时器 T1
    EA    =1;                           //CPU 开中断
    ES    =1;                           //开串口中断
    while(1);
}
void Serial()interrupt 4                //串口中断
{
    if(RI==1)                           //等待接收数据
    {
        RI = 0;
        P0 = zftab[SBUF];               //显示接收到的数据
    }
}
```

3.2.3 调试与仿真运行

在程序的调试过程中排除输入和编辑过程中出现的错误,将 Keil 的输出设置为生成 HEX 文件,源程序通过编译后,将两份 HEX 文件分别加载到 Proteus 仿真电路中的发送和接收单片机中,在仿真环境中单击 ▶ 按钮,进入仿真运行状态,这时接收机(B 机)P0 端口的数码管显示数字 0,这是初始显示数字,然后一次次地按下发送机(A 机)的 K1 按钮,每按下并释放一次,K1 按钮的输入端 P3.7 显示电位的颜色会从蓝色变为红色,显示输入端 P3.7 从低电平变为高电平,每变化一次,A 机发送给 B 机的数字加 1,B 机接收到数字后送到 P0 端口显示,数码管显示的数字就加 1,加到 9 后再从 0 开始计数,如图 3-13 所示。

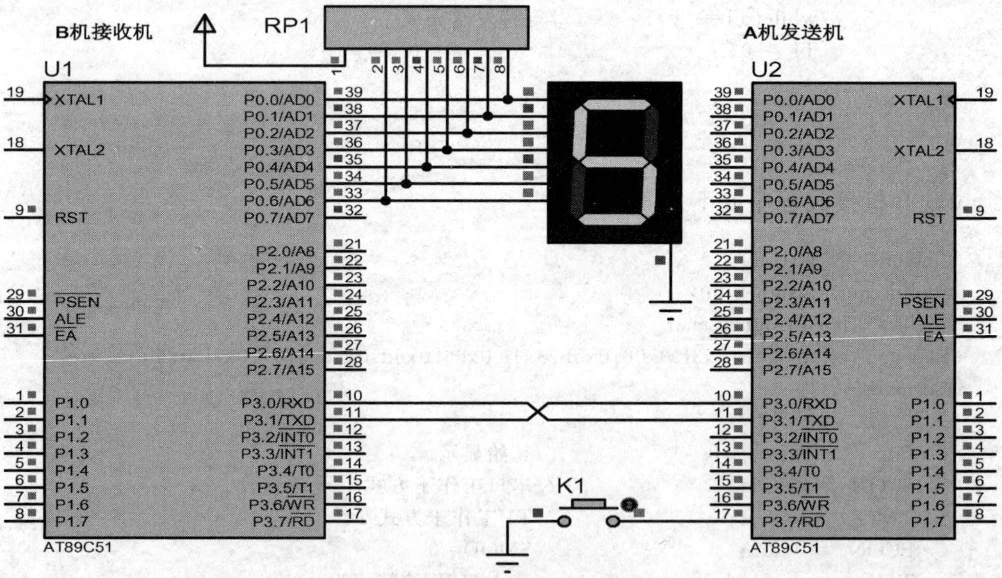

图 3-13　双机通信仿真效果图

3.3　任务 3　单片机与 PC 串行通信

3.3.1　任务与计划

单片机与 PC 串行通信任务要求：用一台单片机与 PC 进行串行通信，采用串口工作方式 1，波特率为 9600，单片机接收来自 PC 的数据，能识别其中的控制数码，能将接收到的数据显示出来，将接收到的控制数码的次数及学号用 LED 数码管动态显示出来。

本案例采用 LED 静态显示，制作时要求采用多位 LED 动态显示数据和自己的学号后两位。

工作计划：首先分析任务，然后进行硬件电路设计，再进行软件源程序分析编写，源程序经调试编译后生成 HEX 文件，将 HEX 文件加载到仿真电路中，对数据通信进行仿真运行，观察并验证终端显示的数据和数码管显示的控制数码计数的正确性。

3.3.2　硬件电路与软件程序设计

1. 硬件电路设计

根据任务要求，在仿真环境下，单片机和 PC 的联系通过虚拟终端实现，在 Proteus 仿真环境中，采用虚拟终端 VIRTUAL TERMINAL 来模拟 PC 的作用。设数字 1 是控制数码，将接收到的控制数码 1 的次数计数相加，计数到 10 后再从 0 开始，计数值输出到 P0 端口，用一位数码管显示。将单片机接收到的所有数码再发送出去，在虚拟终端上显示，如图 3-14 所示。

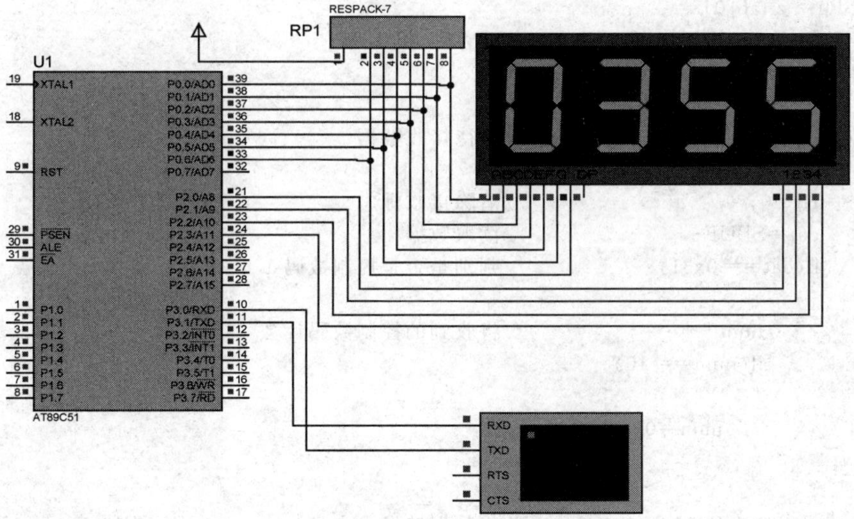

图 3-14　单片机与 PC 通信电路图

2. 软件程序编写

根据单片机串行通信的编写步骤,首先是编写定时器 T1 和串口的初始化程序。

(1) 串口工作于方式 1,允许接收数据：SCON＝0x50。

(2) 定时器 T1 工作于方式 2：TMOD＝0x20。

(3) 波特率为 9600,时钟频率 f_{OSC}＝11.0592MHz,定时器初值为 0xfd：TH1＝TL1＝0xfd。

(4) 初始化清标志和开中断：RI＝0,TI＝0,EA＝1,ES＝1。

单片机和 PC 的通信采用中断方式,当单片机接收到来自 PC(虚拟终端)的一帧数据后,判别其中的控制数码,将控制数码计数后送数码管显示,然后将收到的全部数码再发送给虚拟终端显示出来。源程序如下。

```
#include<reg51.h>
#define uchar unsigned char
uchar dat,num;
uchar code zftab[]={0x3f,0x06,0x5b,0x4f,0x66,0x6d,0x7d,0x07,0x7f,0x6f};
void init_serial(void)
{
    SCON=0x50;                 //串口工作于方式 1,允许接收
    TMOD=0x20;                 //定时器 T1 工作于方式 2
    PCON=0x00;                 //SMOD=0
    TH1=0xfd;                  //装入时间常数,波特率为 9600
    TL1=0xfd;
    RI=0;
    TI=0;
    TR1=1;                     //启动定时器 T1
    EA=1;                      //开中断
    ES=1;                      //允许串行口中断
    P0= zftab[0] ;
}
void serial(void) interrupt 4
{
  if(RI==1)                    //等待接收数据
  {
     RI=0;                     //清除接收标志
     dat=SBUF;                 //读取数据
     if(dat==0x31)             //判别是否是控制数码 1
     {
          num++;               //将收到的控制数码计数
          if(num==10)
          {
              num=0;
          }
     }
         SBUF=dat;             //将数据转发出去
  }
  else if(TI==1)               //如果数据已发送完
```

```
        TI=0;                        //清除发送标志
    }
    void main(void)
    {
        init_serial();               //初始化程序
        while(1)
        {
            P0= zftable[num] ;       //显示控制数码计数值
        }
    }
```

3.3.3　调试与仿真运行

在程序的调试过程中排除输入和编辑过程中出现的错误，将 Keil 的输出设置为生成 HEX 文件，源程序通过编译后，将 HEX 文件加载到 Proteus 仿真电路中的单片机中，在仿真环境中单击按钮，进入仿真运行状态。如果虚拟终端工作不正常显示，单片机和虚拟终端不能正常通信，可能有两处要作设置：一是对虚拟终端的波特率进行设置；二是对单片机的时钟频率进行设置。设置方法为：打开虚拟终端属性对话框（见图 3-15），将虚拟终端的波特率设置为和单片机同样的 9600，然后打开单片机的属性对话框（见图 3-16），将单片机的时钟频率设置为 11.0592MHz。

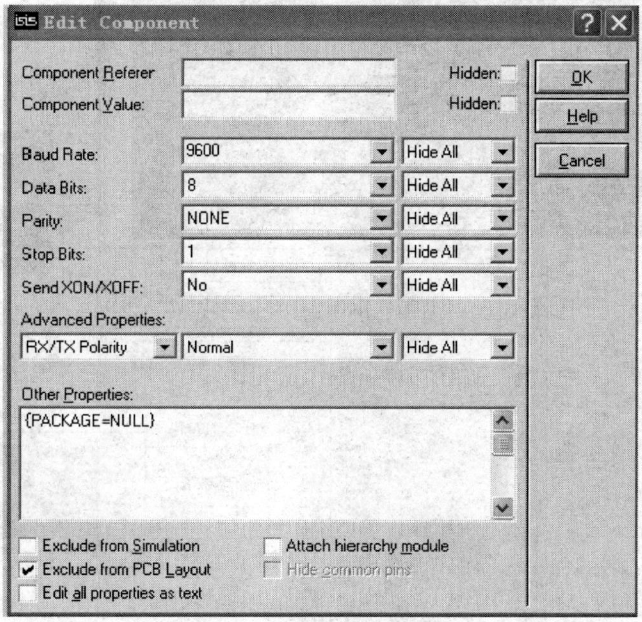

图 3-15　虚拟终端波特率设置

在仿真状态下，将光标指向虚拟终端显示屏，从 PC 的键盘输入一串数码，单片机就会从串行口接收到这一串数码，然后再从串行口将其发送给虚拟终端并显示出来，其中输

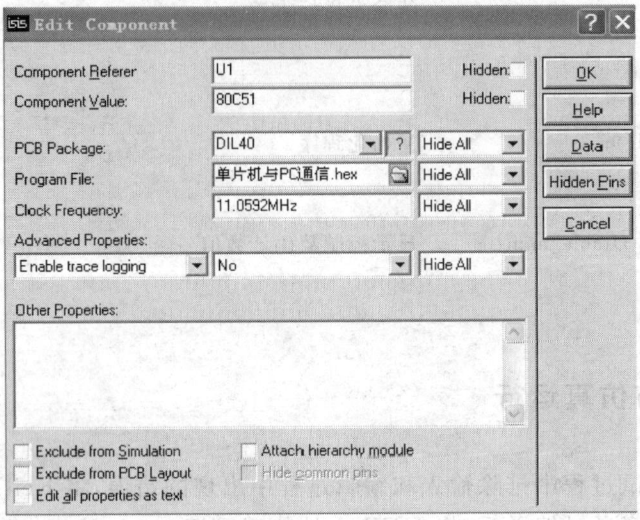

图 3-16 单片机时钟频率设置

入的 1 是约定的控制数码,输入 1 的次数被计数后输出到 P0 端口,在 LED 数码管上显示出来,如图 3-17 所示。

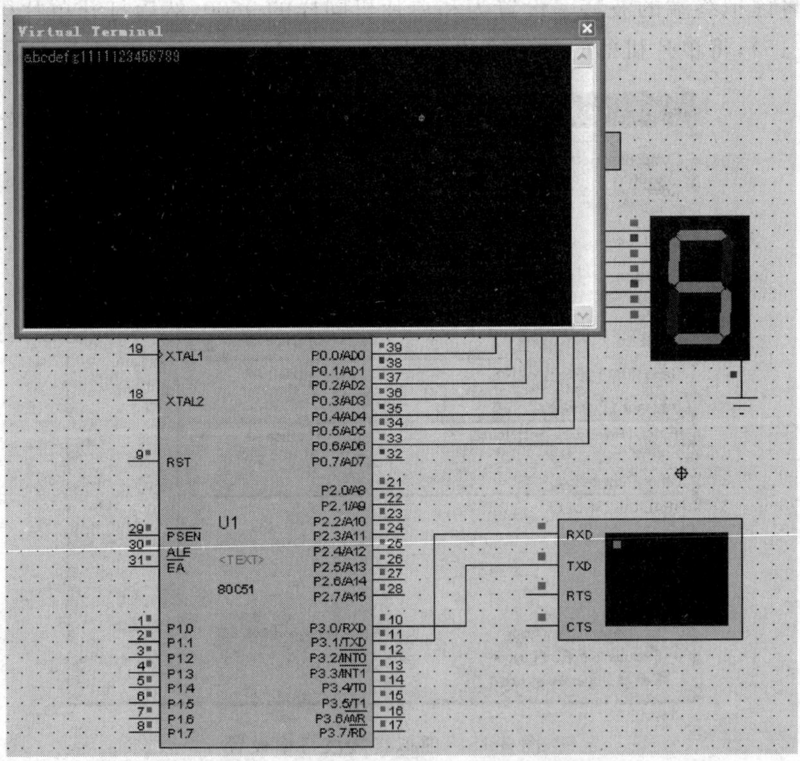

图 3-17 单片机发出的数据显示

3.4 任务 4 简易交通灯的设计

3.4.1 任务与计划

简易交通灯工作任务要求：采用单片机控制方式，设计制作交通灯，4 个路口各有红、黄、绿三色交通信号灯和倒计时显示器一组，南北方向的交通灯状态一致，东西方向的交通灯状态一致，倒计时分别显示南北和东西方向的绿灯通行时间。采用定时器中断定时，首先是南北红灯、东西绿灯各亮 8s，然后是黄灯闪烁 2s，第三状态是南北绿灯、东西红灯各亮 5s，第四状态又是黄灯闪烁 2s，四个状态不断循环形成路口交通灯指示。

本案例采用 LED 静态显示，制作时要求采用多位 LED 动态显示数据和自己的学号后两位。

工作计划：首先进行工作任务分析，根据任务要求，学习单片机控制交通灯的相关知识，收集单片机交通灯相关资料，进行简易交通灯方案设计，然后进行硬件电路、流程图设计和软件程序编写。在完成程序的调试和编译后，进行简易交通灯的仿真运行，综合电路和程序进行系统调试纠错，运行正常后进行演示评价。在完成全部仿真后，进行简易交通灯实物电路的装配、制作和调试。

3.4.2 硬件电路与软件程序设计

1. 方案框图

根据任务要求，单片机交通灯主控制芯片为 8051 单片机，控制 LED 数码管进行倒计时显示，控制三色彩灯交通灯进行 4 个路口的通行控制，简易交通灯方案框图如图 3-18 所示。

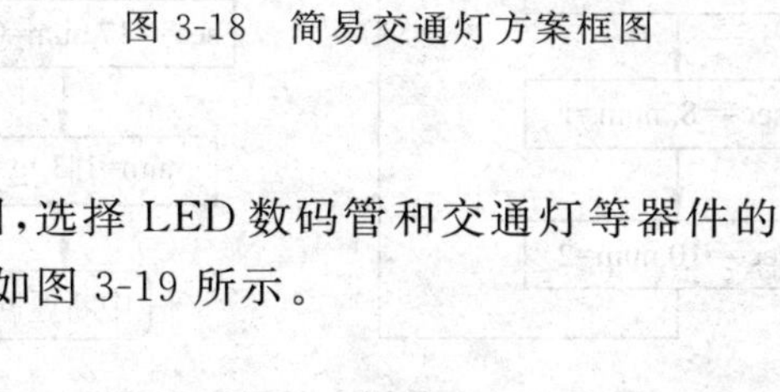

图 3-18 简易交通灯方案框图

2. 硬件电路图

根据任务和方案框图，选择 LED 数码管和交通灯等器件的型号和参数，确定硬件电路图，简易交通灯电路图如图 3-19 所示。

3. 流程图

根据工作任务要求和简易交通灯的功能要求，在方案设计和电路设计的基础上，绘制交通灯流程图。主程序流程如图 3-20 所示；中断程序流程图如图 3-21 所示。

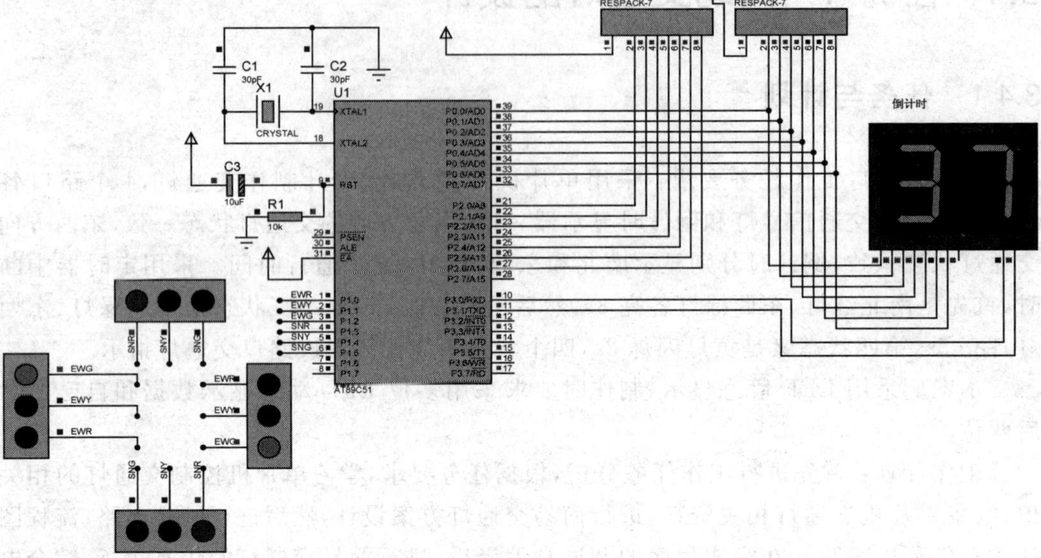

图 3-19　简易交通灯电路图

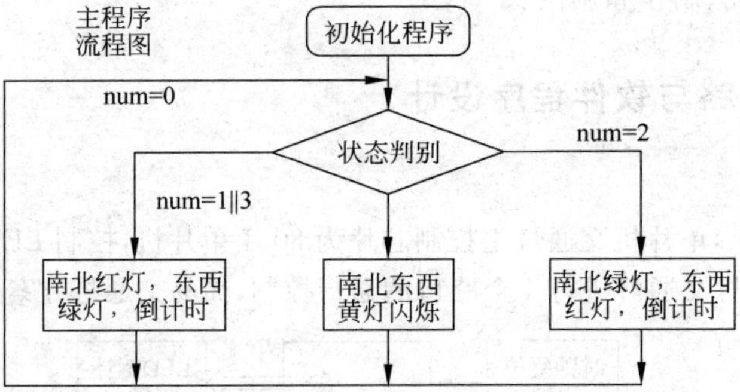

图 3-20　交通灯主程序流程图

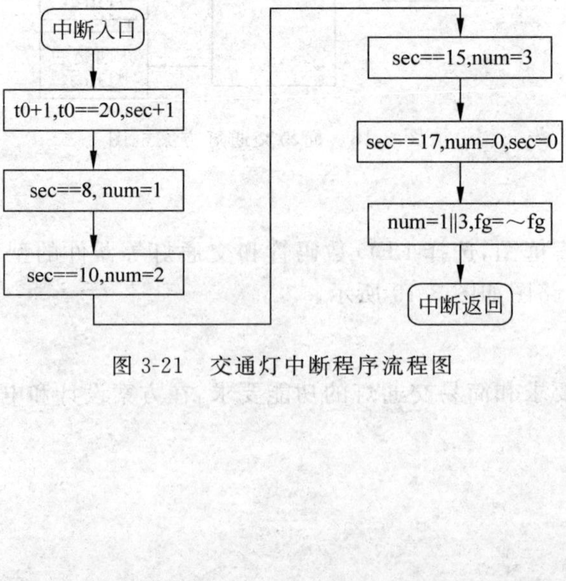

图 3-21　交通灯中断程序流程图

4. 源程序编写

根据单片机串行通信的编写步骤，首先是编写定时器和串口的初始化程序：定时器T0工作于方式1，TMOD=0x01，将中断定时设置为50ms，在中断程序中确定交通灯运行的四个工作状态，状态变量num通过时间来划分，设定黄灯闪烁标志状态，主程序在各个状态，分别点亮不同的交通灯，显示倒计时LED数码管。源程序如下。

```
#include <AT89X51.H>
#define uchar unsigned char
#define uint unsigned int
uint num=0,sec,t0,t1;
bit fg;
uchar code table[]={0x3f,0x06,0x5b,0x4f,0x66,
0x6d,0x7d,0x07,0x7f,0x6f};
sbit EWR=P1^0;                          //东西红灯
sbit EWY=P1^1;                          //东西黄灯
sbit EWG=P1^2;                          //东西绿灯
sbit SNR=P1^3;                          //南北红灯
sbit SNY=P1^4;                          //南北黄灯
sbit SNG=P1^5;                          //南北绿灯

void main()
{
    TMOD=0x01;
    TH0=(65536-50000)/256;              //定时50ms
    TL0=(65536-50000)%256;
    EA=1;
    ET0=1;
    TR0=1;
    P1=0x00;
    while(1)
    {
        if(num==0)                      //第一状态
          {
              P0=table[8-sec];          //东西绿灯8s倒计时
              P2=table[0];
              SNR=1;                    //南北红灯
              SNG=0;
              SNY=0;
              EWR=0;
              EWG=1;                    //东西绿灯
              EWY=0;
          }

        if(num==1||num==3)              //第二和第四状态同时黄灯闪烁
          {
              P0=table[0];
```

```
                P2=table[0];
                if(fg==0)
                {
                    SNR=0;
                    SNG=0;
                    SNY=1;                        //南北黄灯亮
                    EWR=0;
                    EWG=0;
                    EWY=1;                        //东西黄灯亮
                }
                if(fg==1)
                {
                    SNR=0;
                    SNG=0;
                    SNY=0;                        //黄灯熄灭
                    EWR=0;
                    EWG=0;
                    EWY=0;                        //黄灯熄灭
                }
            }
            if(num==2)                            //第三状态
            {
                P2=table[15-sec];                 //南北绿灯倒计时
                P0=table[0];
                SNR=0;
                SNG=1;                            //南北绿灯亮
                SNY=0;
                EWR=1;                            //东西红灯亮
                EWG=0;
                EWY=0;
            }
        }
}
void timer0()interrupt 1                          //T0 中断
{
    TH0=(65536-50000)/256;
    TL0=(65536-50000)%256;
    t0++;                                         //中断计次
    if(t0==20)                                    //20 次中断,定时 1s 到
        {
            t0=0;
            sec++;
            if(sec==8)                            //8s 后,进入第二状态
            {
                num=1;
            }
```

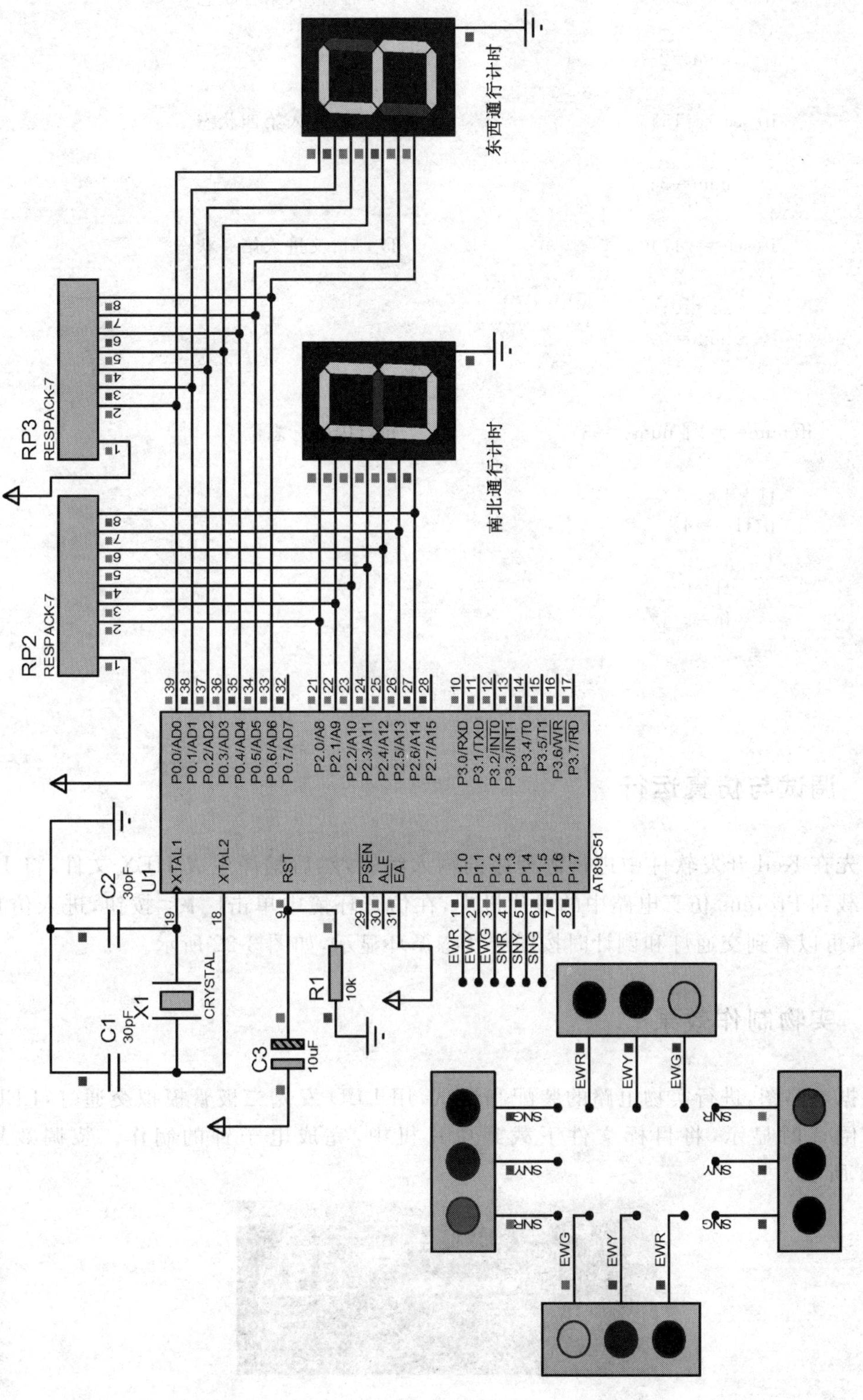

图 3-22　简易交通灯仿真效果图

```
        if(sec==10)                         //10s 后,进入第三状态
        {
            num=2;
        }
        if(sec==15)                         //15s 后,进入第四状态
        {
            num=3;
        }
        if(sec==17)                         //17s 后,又进入第一状态
        {
            sec=0;
            num=0;
        }
    }
    if(num==1 || num==3)                    //黄灯闪烁标志位
    {
        t1++;
        if(t1==4)
        {
            t1=0;
            fg=~fg;
        }
    }
}
```

3.4.3 调试与仿真运行

首先在 Keil 开发软件中进行源程序的输入编辑,然后编译生成 HEX 文件,将 HEX 文件加载到 Proteus 仿真电路中的单片机中,在仿真环境中单击 ▶ 按钮,进入仿真运行状态,可以看到交通灯和倒计时按四个状态循环显示,如图 3-22 所示。

3.4.4 实物制作效果

根据电路图,进行实物电路的装配和调试,用 LED 发光二极管模拟交通灯,LED 数码管作倒计时显示,将目标文件下载到单片机中,完成电子钟的制作。装调效果如图 3-23 所示。

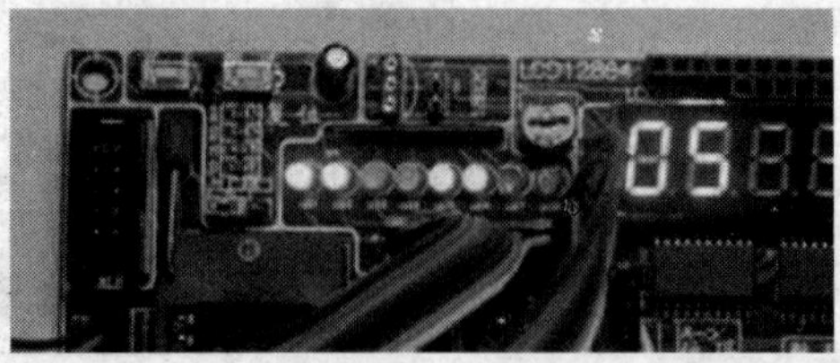

图 3-23　简易交通灯实物制作效果图

3.5　任务 5　电子琴的设计

3.5.1　任务与计划

电子琴工作任务要求：采用单片机控制方式，设计制作电子琴，能够通过串行口对键盘进行简单调音控制。电子琴具有 16 只音乐输入键盘。能实现单片机电子琴和 PC 之间的通信，能通过 PC 向单片机发送数据指令，实现对键盘所对应的高低音调整，并将 PC 所发送数据显示出来。LED 数码管能显示按下的键盘、调音状态和自己的学号后两位。对键盘调音的上调和下调指令码分别为 a～z 和 A～Z。

工作计划：首先进行工作任务分析，根据任务要求，学习单片机音乐的相关知识，收集单片机电子琴相关资料，结合单片机串行通信和键盘接口技术，进行电子琴方案设计，然后进行硬件电路、流程图设计和软件程序编写。在完成程序的调试和编译后，进行单片机电子琴的仿真运行，综合电路和程序进行系统调试纠错，运行正常后进行演示评价。在完成全部仿真后，进行电子琴实物电路的装配、制作和调试。

3.5.2　单片机如何发出音乐声

一首音乐是由很多音符组合而成的，一个音符代表了一种频率的乐声，通过不同频率乐声的组合，就可以产生一首音乐了，这就是电子音乐的基本方法。单片机可以通过定时器生成不同频率的信号，按照音乐音符的频率来生成各种频率的信号，并将其按照音乐构建好，然后将信号通过电声器件转换为声波，这样单片机就能发出一段音乐的声音了。

单片机要产生特定频率的方波信号，只要将定时器的定时时间设定为方波的半周期时间，开放定时器中断，在启动定时器后，每次定时器溢出，都会向 CPU 申请中断，每次中断改变方波信号的电平，就能产生与音符频率相同的方波信号。

例如，中音 DO 的频率为 523Hz，半周期为 $T/2=1/2\times523=956\mu s$。

只要将定时器的定时时间设置为 $956\mu s$，就可以产生频率为 523Hz 的方波信号了。

为了方便编写电子音乐程序，将对应音符的定时计数初值称为该音符的 T 值，在定时器工作方式 1 下，设要产生的频率为 f_r，单片机机器周期的频率为 f_i，则对应定时器 T 值为：

$$T = 65536 - f_i \div 2 \div f_r$$

在时钟频率为 12MHz 时，中音 DO 的 T 值为：

$$T = 65536 - 500000 \div 523 = 64580$$

C 调各音符频率与计数值 T 的对照如表 3-5 所示。

表 3-5　C 调各音符频率与计数值 *T* 的对照表

音　符	频率/Hz	*T* 值	音　符	频率/Hz	*T* 值
低 1 DO	262	63628	＃ 4 FA＃	740	64860
＃1 DO＃	277	63731	中 5 SO	784	64898
低 2 RE	294	63835	＃ 5 SO＃	831	64934
＃2 RE＃	311	63928	中 6 LA	880	64968
低 3 M	330	64021	＃ 6	932	64994
低 4 FA	349	64103	中 7 SI	988	65030
＃ 4 FA＃	370	64185	高 1 DO	1046	65058
低 5 SO	392	64260	＃ 1 DO＃	1109	65085
＃ 5 SO＃	415	64331	高 2 RE	1175	65110
低 6 LA	440	64400	＃ 2 RE＃	1245	65134
＃ 6	466	64463	高 3 M	1318	65157
低 7 SI	494	64524	高 4 FA	1397	65178
中 1 DO	523	64580	＃ 4 FA＃	1480	65198
＃ 1 DO＃	554	64633	高 5 SO	1568	65217
中 2 RE	587	64684	＃ 5 SO＃	1661	65235
＃ 2 RE＃	622	64732	高 6 LA	1760	65252
中 3 M	659	64777	＃ 6	1865	65268
中 4 FA	698	64820	高 7 SI	1967	65283

3.5.3　单键演奏一组音符

用一只单键产生一组音符的声音，发声从低音阶向高音阶进展，可以通过虚拟示波器观察到单片机产生的方波的周期变化，电路如图 3-24 所示。

软件程序如下。

```
#include <reg51.h>
#include <intrins.h>
#define uchar unsigned char
#define uint unsigned int
uchar i;
sbit spk = P3^0;
sbit k1 = P1^7;
uint code tab[]={ 63628,63853,64021,64103,
                  64260,64400,64524,64580,
                  64684,64777,64820,64898,
                  64968,65030,65058,65110 };
void delay(uint z)
```

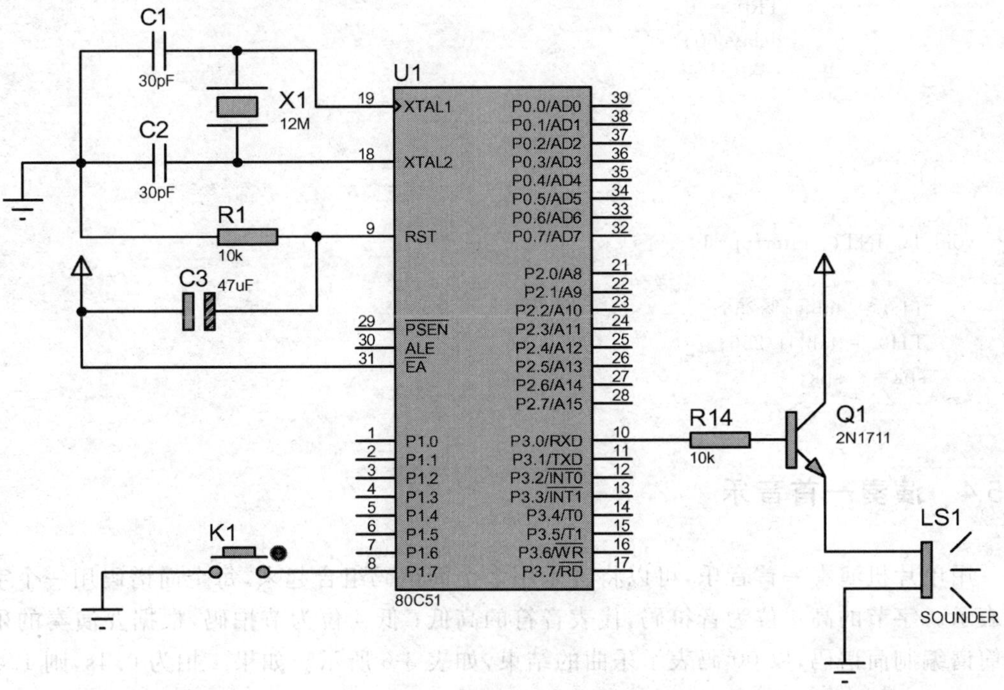

图 3-24　单键演奏电路图

```
{
    uint x,y;
    for(x=z;x>0;x--)
        for(y=110;y>0;y--);
}
void main()
{
    TMOD=0x01;
    ET0=1;
    EA=1;
    while(1)
    {
      if(k1==0)
      {
        delay(10);
        if(k1==0)
        {
          for(i=0;i<15;i++)
          {
              TL0 = tab[i]%256;
              TH0 = tab[i]/256;
              TR0 = 1;
              delay(200);
```

```
                TR0 = 0;
                delay(50);
            }
        }
      }
    }
}
void T0_INT() interrupt 1
{
    TL0 = tab[i]%256;
    TH0 = tab[i]/256;
    spk=~spk;
}
```

3.5.4 演奏一首音乐

用单片机演奏一首音乐，可以将音乐用多个简谱码组合起来，每个简谱码用一个字节来表示。字节的高 4 位为音符码，代表音符的高低；低 4 位为节拍码，根据要演奏的乐曲的简谱编制简谱码，以 00 码表示乐曲的结束，如表 3-6 所示。如果 1 拍为 0.4s，则 1/4 拍为 0.1s，2/4 拍为 0.2s，所以只需根据节拍来设定延时时间。设定时器 T1 的定时时间为 50ms，二次溢出中断正好为 1/4 拍，设 1/4 拍的节拍码为 1，将节拍码乘以 2 即为该节拍所需中断的次数。节拍与节拍码对照表如表 3-7 所示。

表 3-6　简谱音符和 T 值音符码的对照表

简　谱	发　音	音符码	T 值
3	低音 M	1	64021
4	低音 FA	2	64103
5	低音 SO	3	64260
6	低音 LA	4	64400
7	低音 TI	5	64524
1	中音 DO	6	64580
2	中音 RE	7	64684
3	中音 MI	8	64777
4	中音 FA	9	64820
5	中音 SO	A	64898
6	中音 LA	B	64968
7	中音 TI	C	65030
	不发音	0	

表 3-7　节拍与节拍码对照表

节　拍	节拍码	节　拍	节拍码
$\frac{1}{4}$拍	1	$1\frac{1}{2}$拍	6
$\frac{2}{4}$拍	2	$2\frac{1}{2}$拍	8
$\frac{3}{4}$拍	3	$3\frac{1}{2}$拍	A
1 拍	4	3 拍	C
$1\frac{1}{4}$拍	5	$3\frac{3}{4}$拍	F

单片机演奏音乐的电路中只需要单片机和声音播放电路，如图 3-25 所示。

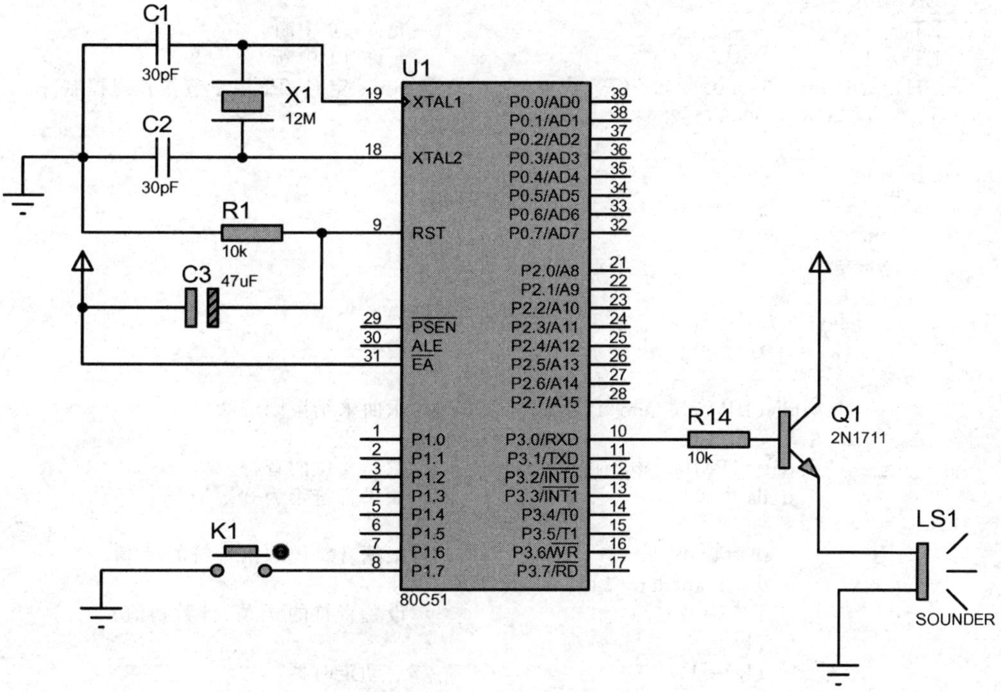

图 3-25　单片机演奏乐曲

单片机演奏的是一段《兰花草》的音乐，程序如下。

```
#include <reg51.h>
#define uchar unsigned char
#define uint   unsigned int
sbit   spk=P3^0;                          //乐曲播放端
sbit   k1=P1^7;                           //播放按钮
uchar   th,tl;                            //存放与音符对应的 T 值
uchar   time,num,dat;
uint code    Ttab[]={64021,64103,64260,64400,64524,64580,64684,
                     64777,64820,64898,64968,65030,65058,65110,
                     65157,65178,65217};
uchar code   JPMtab[]={0x42,0x82,0x82,0x82,0x84,0x02,0x72,0x62,
```

```
                    0x72,0x62,0x52,0x48,0xb2,0xb2,0xb2,0xb2,
                    0xb4,0x02,0xa2,0x82,0xa2,0xa2,0X92,0x88,
                    0x82,0xb2,0xb2,0xa2,0x84,0x02,0x72,0x62,
                    0x72,0x62,0x52,0x44,0x02,0x12,0x12,0x62,
                    0x62,0x52,0x44,0x02,0x82,0x72,0x62,0x52,
                    0x32,0x48,0x00};
void delay(uint z)
{
    uint x,y;
    for(x=z;x>0;x--)
        for(y=110;y>0;y--);
}
void main(void)
{
  TMOD=0x11;                          //定时器 1 和 2 都设定为方式 1
  EA=1;
  ET0=1;                              //允许 T0 中断
  ET1=1;                              //允许 T1 中断
  TH1=(65536-50000)/256;              //50ms 定时,T1 用于节拍长短控制
  TL1=(65536-50000)%256;
  TR1=1;
  while(1)
  {
      num=0;
    if(k1==0)
    {
        delay(20);
        if(k1==0)
        {
            while(JPMtab[num])         //乐曲未结束则继续
            {
              dat=JPMtab[num]>>4;      //取高 4 位的音符
              if(dat!=0)               //如果音符不为 0
              {
                th=Ttab[dat-1]/256;    //根据音符码取出音符的 T 值
                tl=Ttab[dat-1]%256;
                TH0=th;                //设置音符的 T 值(计数初值)
                TL0=tl;
                TR0=1;                 //启动定时器
              }
              else
              {
                TR0=0;                 //如果音符为 0,关闭发音
              }
              time=(JPMtab[num]&0x0f)*2; //当前节拍所需时间的 time 值
              while(time!=0);          //延时规定节拍,中断一次 50ms
              num++;                   //指向下个音符
            }
        }
    }
    TR0=0;                             //演奏结束
  }
}
void t0(void) interrupt 1 using 1
```

```
{
  TH0=th;                                  //装入 T 值
  TL0=tl;
  spk=~spk;                                //产生方波信号
}
void t1(void) interrupt 3
{
  TH1=(65536-50000)/256;                   //装入 50ms 的计数初值
  TL1=(65536-50000)%256;
  time--;
}
```

3.5.5　单片机电子琴案例设计

本案例采用简易的静态 LED 显示，制作时需要采用 LED 显示器进行多位动态扫描显示，显示按下的琴键值、上下调音状态和自己的学号后两位。

1. 方案框图

根据任务要求，单片机电子琴主控制芯片为 8051 单片机，有 16 只音符输入键盘，可以从 PC 输入控制数码，输入数码通过串行口传送给单片机，通过控制码能调整音键的音阶，并能显示从 PC 输入的数码，用 LED 数码管显示音键名。电子琴方案框图如图 3-26 所示。

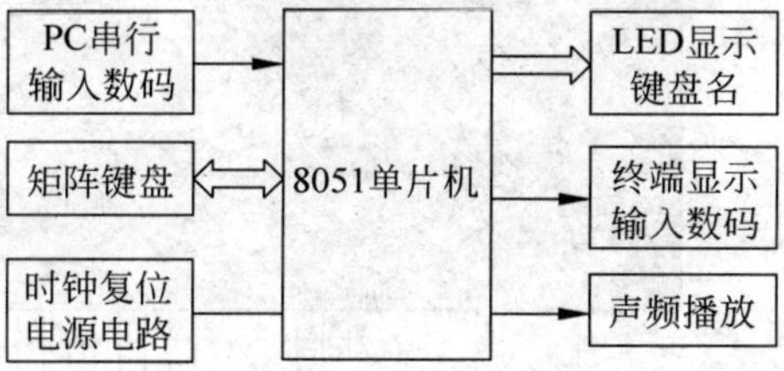

图 3-26　电子琴方案框图

2. 电路图

根据任务和方案框图，选择器件的型号和参数，确定硬件电路图。单片机时钟频率选择 11.0592MHz，输入键盘设计为 4 行 4 列共 16 只键的矩阵式键盘。在 Proteus 仿真环境中，采用虚拟终端 VIRTUAL TERMINAL 来模拟 PC 的作用，P0 端口接 LED 数码管显示音键名，P1 端口接矩阵键盘，虚拟终端接单片机串行接口，单片机发送端连接虚拟终端接收端，单片机接收端连接虚拟终端发送端，P3.7 端输出音频信号，并连接虚拟示波器以测试音频方波的周期，并观察控制数码的调音效果。电子琴电路如图 3-27 所示。

3. 流程图

根据工作任务要求和电子琴的功能要求，在方案设计和电路设计的基础上，绘制电子琴流程图。主程序参考流程如图 3-28 所示；串行通信流程图如图 3-29 所示。

4. 源程序编写

根据单片机串行通信的编写步骤，首先是编写定时器和串口的初始化程序。

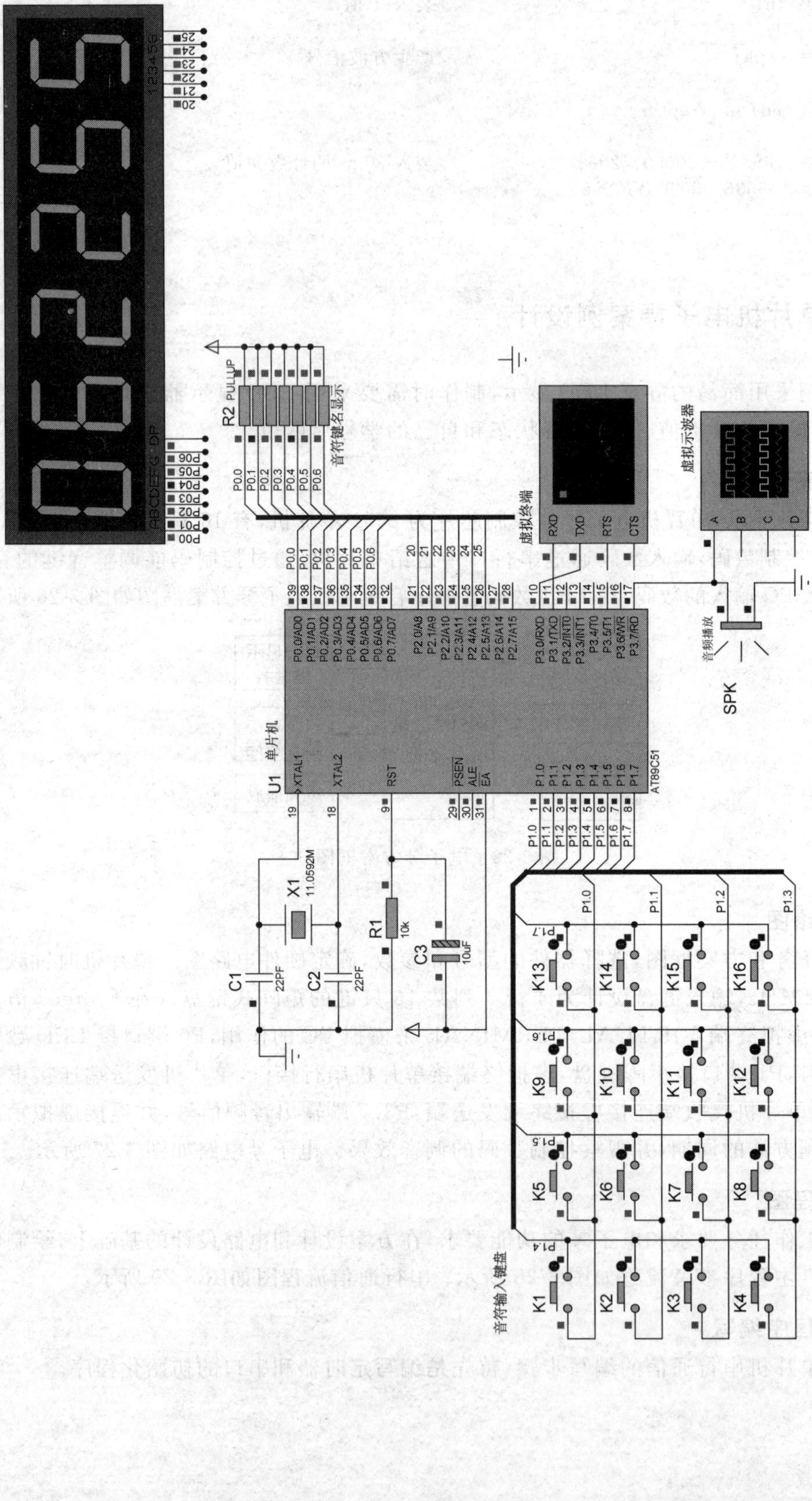

图 3-27 简易电子琴电路图

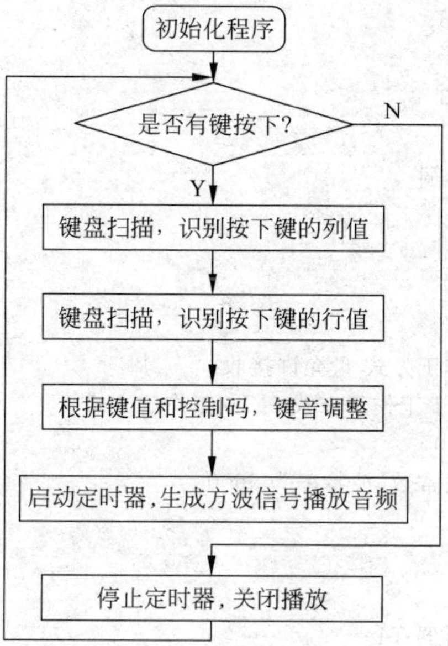

图 3-28　电子琴主程序流程图

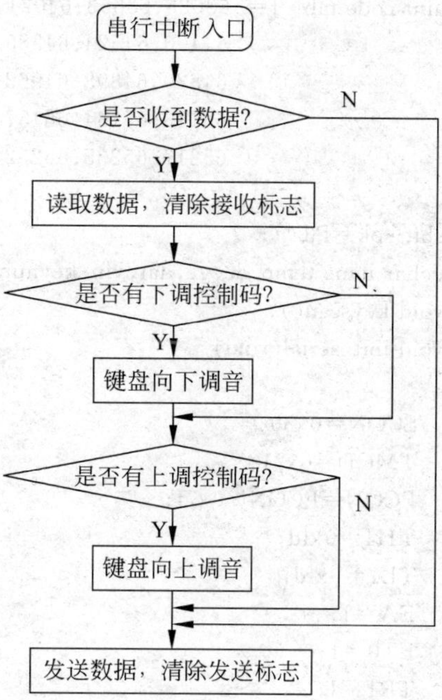

图 3-29　电子琴串行通信流程图

(1) 串口工作于方式 1,允许接收数据：SCON=0x50。

(2) 定时器 T0 工作于方式 1,T1 工作于方式 2：TMOD=0x21。

(3) 波特率为 9600,时钟频率 $f_{OSC}=11.0592MHz$,定时器初值为 0xfd：TH1=TL1=0xfd。

(4) 初始化清标志和开中断：RI=0,TI=0,EA=1,ET0=1,ES=1。

矩阵键盘采用扫描方式判别按键是否按下。首先看是否有键按下,若有键按下,再判别所按键的行列位置,根据行列位置得到按下键盘的键值,将键名送 LED 数码管显示,启动定时器,根据键名对应的音符,播放对应的音频声音；若无键按下则关闭音频声。

单片机和 PC 的通信采用串行中断方式,当单片机接收到来自 PC(虚拟终端)的一帧数据或发送完一帧数据后,串行中断标志位 RI 或 TI 置 1,向 CPU 申请中断,数据的发送和接收在串口中断程序中进行,单片机从来自 PC 的数据中识别出控制码,数字 1 是音键向低音调,数字 2 是音键向高音调,所有单片机接收到的数据再发送给虚拟终端显示。源程序如下。

```
#include<reg51.H>
#define uint unsigned int
#define uchar unsigned char
uchar code table[ ]={0x3f,0x06,0x5b,0x4f,
                    0x66,0x6d,0x7d,0x07,
                    0x7f,0x6f,0x77,0x7c,
                    0x39,0x5e,0x79,0x71,0};
//音符对应的 T 值
```

```
uint code tab[ ]={63628,63853,64021,64103,64260,
                  64400,64524,64580,64684,64777,
                  64820,64898,64968,65030,65058,
                  65110,65134,65157,65178,65198,
                  65217,65235,65252,65268,65283
                 };
sbit spk=P3^7;                           //音频输出端
uchar num,temp,de,ge,dat,yin,keynum;
void keyscan();
void init_serial(void)
{
  SCON=0x50;                             //串口工作于方式 1,允许接收
  TMOD=0x21;                             //定时器 T1 工作于方式 2,T0 工作于方式 1
  PCON=PCON&0x7f;                        //SMOD=0
  TH1=0xfd;                              //装入时间常数,波特率为 9600
  TL1=0xfd;
  EA=1;
  ET0=1;
  TR1=1;                                 //启动定时器 T1
  ES=1;                                  //允许串行口中断
  P0=0x00;
  yin=5;
}
void main()
{
   init_serial();                        //初始化
   while(1)
   {
       P1=0x0f;
       if(P1!= 0x0f)                     //判断有无键按下
       {
           keyscan();                    //矩阵键盘扫描
           P0=table[keynum];             //显示键名
           yin=keynum-de+ge;             //键音调整
           TR0=1;                        //启动定时器,播放音符
       }
       else
       {
           TR0=0;                        //关闭播放
       }
   }
}
void keyscan()
{
   P1=0x0f;
   temp=P1^0x0f;                         //异或后,低 4 位仅有按下的为 1
   switch(temp)
```

```
    {
        case 1:num=0;
               break;
        case 2:num=1;
               break;
        case 4:num=2;
               break;
        case 8:num=3;
               break;
        default:return;
    }
    P1=0xf0;
    temp=(P1>>4)^0x0f;                  //异或后,原高 4 位仅有按下的为 1
    switch(temp)
    {
        case 1:num+=0;                  //对各行,分别加行起始值 0,4,8,12
               break;
        case 2:num+=4;
               break;
        case 4:num+=8;
               break;
        case 8:num+=12;
               break;
        default:return;
    }
    keynum=num;
}
void t0(void) interrupt 1 using 0
{
    TH0=tab[yin]/256;                   //装入 T 值
    TL0=tab[yin]%256;
    spk=~spk;                           //音频方波信号
}
void serial(void) interrupt 4           //串行中断
{
   uchar dat;
   if(RI==1)                            //如果收到数据
   {
       RI=0;                            //清除接收标志
       dat=SBUF;                        //读取数据
       if(dat==0x31)                    //数字 1,键盘向低音调
       {
           de++;
           if(de==5)
           {
               de=0;
           }
       }
       if(dat==0x32)                    //数字 2,键盘向高音调
       {
           ge++;
```

```
            if(ge==5)
            {
                ge=0;
            }
        }
        SBUF=dat;                       //将数据转发出去
    }
    else if(TI==1)                      //如果数据已发送
        TI=0;                           //清除发送标志
}
```

3.5.6 调试与仿真运行

在程序的调试过程中排除输入和编辑过程中出现的错误，将 Keil 的输出设置为生成 HEX 文件，源程序通过编译后，将 HEX 文件加载到 Proteus 仿真电路中的单片机中，在仿真环境中单击 ▶ 按钮，进入仿真运行状态。使用虚拟示波器测试音频输出信号，如果虚拟终端工作不能正常显示，单片机和虚拟终端不能正常通信，要查看一下单片机的时钟频率和虚拟终端的波特率设置是否正确。进入正常仿真状态后，按下电子琴的音键，可听到键盘对应的音符的声音，从示波器上可以看到该音符对应的方波信号，LED 数码管显示按下键盘的键名，如图 3-30 所示。

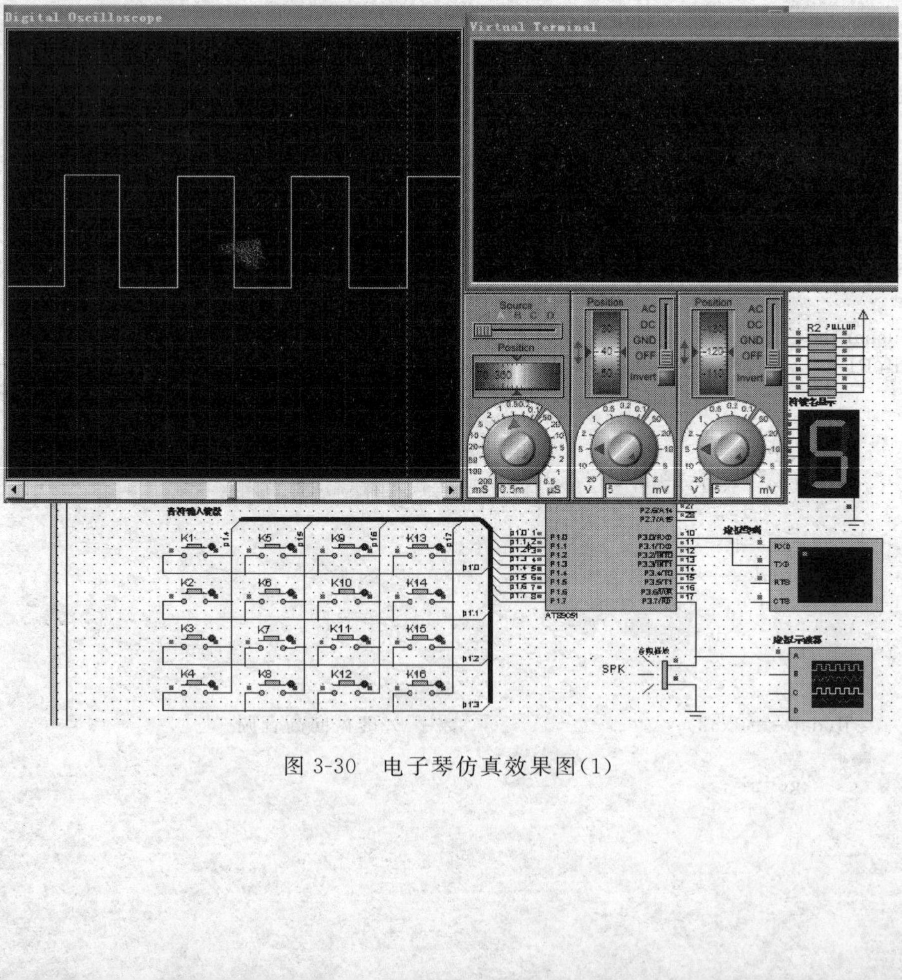

图 3-30 电子琴仿真效果图(1)

串行通信控制音键调音：将光标定位在虚拟终端上，从 PC 的键盘上输入一串数码，这一串数码通过串行口发送给单片机，单片机接收后，判别其中是否有控制码，如果有控制码，则能对键盘对应的音符进行相应的向上或向下调音，当输入 3 个控制码后，电子琴音键向下调了 3 个音阶，可以从示波器上看到信号的周期变长，从而测算出对应的频率在变低，如图 3-31 所示。

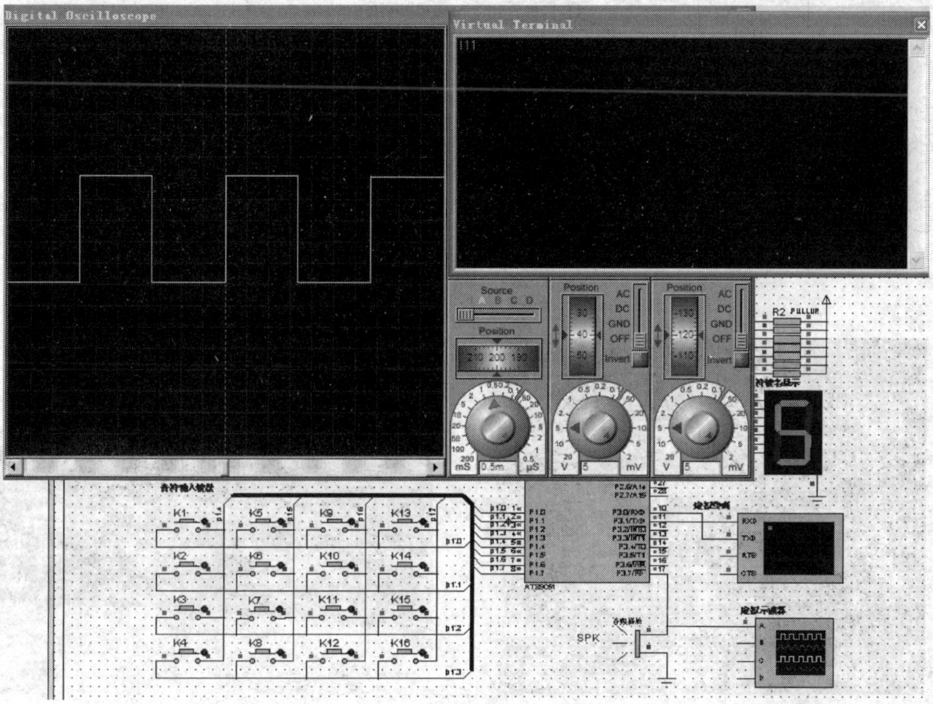

图 3-31　电子琴仿真效果图(2)

从 PC 键盘上输入的数码从串行口传送到单片机中，再由单片机通过串行口发送给虚拟终端并显示出来，如图 3-32 所示。

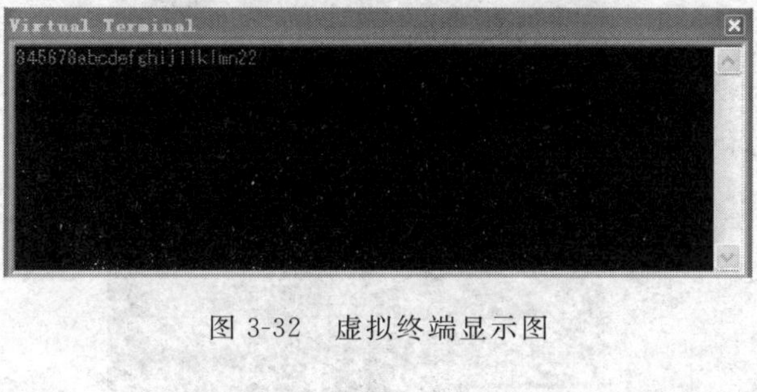

图 3-32　虚拟终端显示图

3.5.7　实物制作效果

单片机电子琴经 MAX 转换后与 PC 的串行通信连接，如图 3-33 所示。由于 PC 的实物串口是 RS-232C 标准，所以单片机与 PC 通信时要加电平转换电路，采用 MAX232

芯片实现电平转换。按照电子琴电路图整理出器件清单，根据电路原理图制作实物电路。矩阵键盘如图 3-34 所示；RS-232C 的连接器如图 3-35 所示。硬件检查无误后，将程序下载到单片机中。按下键盘，蜂鸣器中就会发出和键盘对应的音乐声音，LED 数码管显示按下的键名。电子琴电路实物效果如图 3-36 所示。

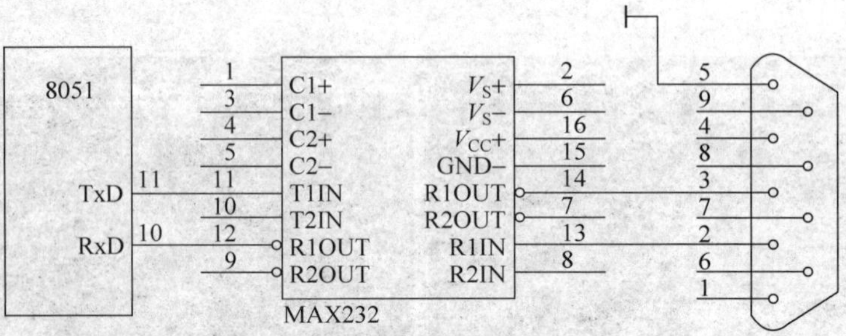

图 3-33 串口转换电路图

图 3-34 矩阵键盘

图 3-35 RS-232C 连接器

图 3-36 电子琴电路实物效果

在PC上安装“串口调试助手”应用程序，然后进行单片机和PC的通信调试。

(1) 在PC上运行“串口调试助手”程序，将波特率设置为9600，无检验位。

(2) 为单片机电子琴电路上电，演奏电子琴。

(3) 在PC的“串口调试助手”中，用PC输入一串数码，可以在接收区看到这串数码。

(4) 当输入下调音键的控制码后，和键盘对应的音阶向下调音。

(5) 当输入上调音键的控制码后，和键盘对应的音阶向上调音。

串口调试助手测试图如图3-37所示。

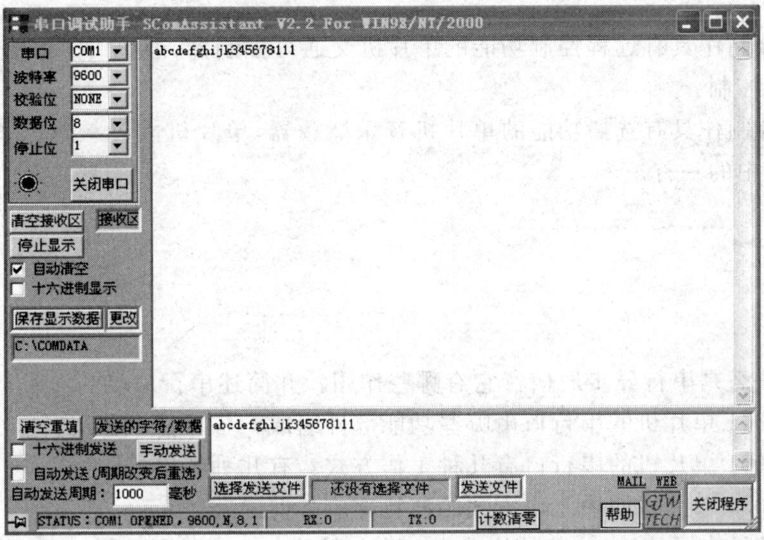

图3-37　串口调试助手测试图

总结与思考

总结

MCS-51单片机内部有一个全双工的异步串行通信端口，有4种工作方式。方式0和方式2的数据通信波特率是固定的；方式1和方式3的波特率是可变的，由定时器1的溢出率决定。方式0是8位的移位寄存器方式，常用于扩展I/O端口；方式1是10位的异步通信方式，常用于两机通信；方式2和方式3是11位的异步通信方式，常用于多机通信。单片机串行通信程序常用的方法有中断方式和查询方式，单片机串行通信的重点是单片机串行口的工作方式和波特率设置，单片机之间及单片机与PC之间的通信。

交通灯控制器的设计首先是交通指示灯状态的划分和功能确定，主要有红绿灯指示时间和倒计时显示，黄灯的闪烁状态和倒计时显示，根据系统时间来确定各个功能状态。

单片机通过产生和各音符相同频率的方波信号，就能发出电子音乐的声音；根据各音符频率数值，可以得到单片机要产生这些频率信号的计数初值，称为对应音符的 T 值或时间常数；根据 T 值定时中断生成的方波经过喇叭就能听到各音符的音乐声音；将输入键盘的各键对应不同的音符，就能制作成简易的能演奏的电子琴了。

单片机播放音乐时，可以将乐谱分解为简谱码的组合，每个简谱码用一个字节来表达。字节的高4位表示音符的音阶，即音的频率；低4位表示这个音符的节拍，将一首乐谱转为一组简谱码，将简谱码按乐谱的顺序进行播放，就能听到一首完整的音乐了。

思考

1. 设计制作具有远程控制功能的单片机交通灯控制器，通过PC和单片机的串行通信实现远程控制。

2. 设计制作具有选播功能的单片机音乐播放器，单片机内置三首电子音乐，能通过按键选播其中的一首。

习题3

3-1 什么是串行异步通信？它有哪些作用？并简述串行口接收和发送数据的过程。

3-2 8051单片机的串行口由哪些功能部件组成？各有什么作用？

3-3 8051单片机的串行口有几种工作方式？有几种帧格式？

3-4 8051单片机四种工作方式的波特率应如何确定？

3-5 某异步通信接口，其帧格式由1个起始位(0)，7个数据位，1个偶校验和1个停止位(1)组成。当该接口每分钟传送1800个字符时，试计算传送波特率。

3-6 定时器1作串口波特率发生器时，为什么常常采用工作方式2？设时钟频率 f_{OSC}=11.0592MHz，波特率为1200，试计算定时器初值。

3-7 设A、B两台单片机采用方式1通信，波特率为2400，时钟频率 f_{OSC}=11.0592MHz。A机接有一个按钮，A机依次向B机发送按键的次数，最大次数为学号加10。B机P0口接LED数码管，B机接收到数据后，将收到的数据及自己的学号后两位在LED数码管上动态显示出来。

3-8 用一个单片机与PC进行串行通信，采用串口工作方式1，波特率为9600。单片机接收来自PC的数据，识别其中的控制数码，将接收的数据在虚拟终端上显示出来，并将接收的控制数码的次数及自己的学号后两位通过LED数码管动态显示出来。

3-9 设计一组简易交通灯，四个路口第一状态是20s的红灯和绿灯，第二和第四状态是5s的黄灯闪烁过渡，第三状态是15s的绿灯和红灯，用三色交通灯显示红、黄、绿灯的状态，并用LED数码管动态显示绿灯和黄灯的倒计时时间。

3-10 设计并制作一个电子琴，电子琴具有16只音乐输入键盘，能通过PC向单片机发送指令，实现对键盘所对应的高低音调整，将PC发送的全部数据在虚拟终端上显示出来，通过LED数码管动态显示琴键号、上下调音次数及学号。根据学号顺序设置键盘调音的上调和下调指令码，分别为a～z和A～Z。

CHAPTER 4 学习情境 4

数字电压表的设计与制作

4.0 学习情境任务描述

数字电压表在电子产品的测量、检验和日常生活中都有着广泛的应用，本学习情境的工作任务是采用单片机来设计一个简易的数字电压表。电压表实现的基本思路是利用单片机作为控制器，选择 A/D 转换芯片对模拟电压进行通道选择、电压转换等，最终通过数码管显示出来。从认识单片机基本扩展开始本学习情境的学习和工作，通过对 LED 点阵显示技术 A/D、D/A 转换器芯片的硬件接口，软件编程等任务的学习与工作，学会单片机扩展接口的基本使用方法，能够实现对电压表的基本测量功能的实现。在收集单片机电压表的相关资讯的基础上，进行单片机电压表的任务分析和计划制订、硬件电路和软件程序的设计，完成单片机电压表的制作调试和运行演示，并完成工作任务的评价。

4.0.1 学习目标

(1) 掌握 MCS-51 单片机扩展的基本应用，存储器和 I/O 端口的扩展方法。

(2) 掌握 LED 点阵显示屏的基本应用方法。

(3) 掌握 ADC0809 与单片机的硬件接口电路及应用。

(4) 掌握 DAC0832 与单片机的硬件接口电路及应用。

(5) 学会 A/D、D/A 转换芯片在单片机应用系统中的编程方法。

(6) 掌握简易波形发生器的应用方法。

(7) 能按照设计任务书的要求，利用 A/D 转换电路设计简易数字电压表。

4.0.2 学习与工作内容

本学习情境要求根据工作任务书(见表 4-1)的要求，学习单片机的基本扩展应用及 A/D、D/A 转换等相关知识，查阅收集资料，制订工作方案和计划，完成简易电压表的设计与制作，需要完成以下的学习工作任务。

(1) 认识单片机的基本扩展应用，学习单片机存储器和 I/O 端口的基本扩展及应用。

(2) 学习 LED 点阵显示屏的基本应用。

表 4-1 简易数字电压表设计制作任务书

设计制作任务	采用单片机控制方式,设计制作电压表,能够通过电位器进行电压调节控制
电压表功能要求	利用单片机 AT89C52 和 ADC0809 设计一个数字电压表,能够测量 0～5V 的电压值,用 4 位数码管显示
软件及工具	(1) 单片机开发和电路设计仿真软件: Keil μVision、Proteus (2) PC 及软件程序、示波器、万用表、电烙铁、装配工具
制作材料	元器件(套)、焊料、焊剂

(3) 学习单片机 A/D、D/A 转换器的硬件接口和编程技术,学习简易波形信号发生器的设计。

(4) 划分工作小组,以小组为单位开展电压表设计与制作的工作。

(5) 根据设计任务书的要求,查阅收集相关资料,制订完成任务的方案和计划。

(6) 根据设计任务书的要求,设计出电压表的硬件电路图。

(7) 根据任务要求和电路图,整理出所需要的器件和工具仪器清单。

(8) 根据电压表功能要求和硬件电路原理图,绘制程序流程图。

(9) 根据电压表功能要求和程序流程图,编写软件源程序并进行编译调试。

(10) 进行软硬件的调试和仿真运行,电路的安装制作,演示汇报。

(11) 进行工作任务的学业评价,完成工作任务的设计制作报告。

4.0.3 学业评价

本学习情境的学业根据工作任务的完成过程进行考核评价,注重学习和工作过程的考核评价,依据完成任务中实际的学习和工作过程分为 11 个评分项目,根据各项目主要完成主体的不同,分别对个人和小组进行考核评价。考核评价表如表 4-2 所示。

表 4-2 学习情境 4 考核评价表

项目名称	分值	组别									
		第一组			第二组			第三组			…
		学生 A	学生 B	学生 C	学生 D	学生 E	学生 F	学生 G	学生 H	学生 I	…
单片机扩展的学习	5										
单片机 A/D 转换学习	5										
单片机 D/A 转换的学习	10										
LED 点阵显示学习工作	10										
电压表硬件电路设计	10										
电压表软件程序设计	15										
调试仿真	5										
安装制作	10										
设计制作报告	15										
团队及合作能力	15										

4.1　任务1　单片机的扩展

在实际的单片机应用系统中，有些单片机受内部结构等因素影响，自身所带资源往往不能满足要求，因此，需要对单片机的存储器及I/O口等进行相应的外部扩展，以满足系统整体要求。单片机的扩展可分为存储器扩展和I/O口扩展等。

4.1.1　存储器的扩展

1. 程序存储器的扩展

程序存储器由ROM构成，用来存放固化的程序代码和表格常数，只能读出，不能写入，掉电时信息不会丢失。ROM可分为掩膜ROM、EPROM、E^2PROM、快闪存储器Flash Memory等。掩膜ROM是生产厂家可通过掩膜工艺将程序代码固化进去的一类存储器，其内容一旦出厂，不可改变。EPROM存储器可用紫外光照射擦除，电可编程。E^2PROM是电可擦除、电可改写的半导体存储器，不需要专门的编程器和擦除器，它既具有RAM在联机操作中可读可写的特点，又有ROM在掉电后能保存信息的优点。快闪存储器Flash Memory是一种新型的电可擦除的非易失性存储器，快闪存储器随时可以擦除和重新写入信息。

常用的EPROM程序存储器型号有27C64、27C128、27C256、27C512等，它们的存储容量为型号后缀数字除以8，即容量分别对应为8KB、16KB、32KB等。引脚排列如图4-1所示。

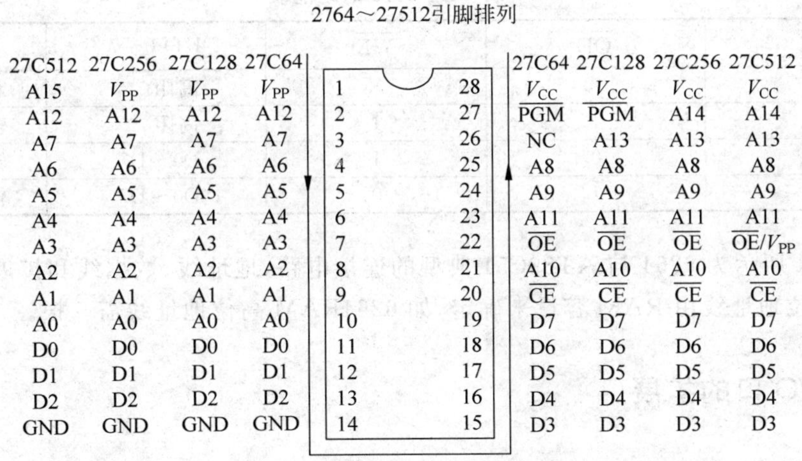

图4-1　EPROM引脚排列示意图

利用P0、P2口的第二功能可实现EPROM的扩展，P0口通过锁存器接存储器的低8位地址A0～A7，P2口传输高8位地址A8～A15，地址总线单向传送CPU给存储单元或I/O的地址。P0口分时复用，连接存储器的D7～D0传输数据。数据总线是双向的，传送的是 CPU 与存储单元或 I/O 之间的数据。

用一片 27C128 扩展 16KB 片外程序存储器，如图 4-2 所示。27C128 的高 6 位地址线 A13～A8 与 AT89C51 的 P2.5～P2.0 相连接，低 8 位地址线 A7～A0 经锁存器 74HC373 与 AT89C51 的 P0.7～P0.0 相连接；$\overline{OE}$与$\overline{PSEN}$连接，$\overline{CE}$接地(当有多片 EPROM 时，$\overline{CE}$不能接地)。27128 的地址范围是 0000H～3FFFH。

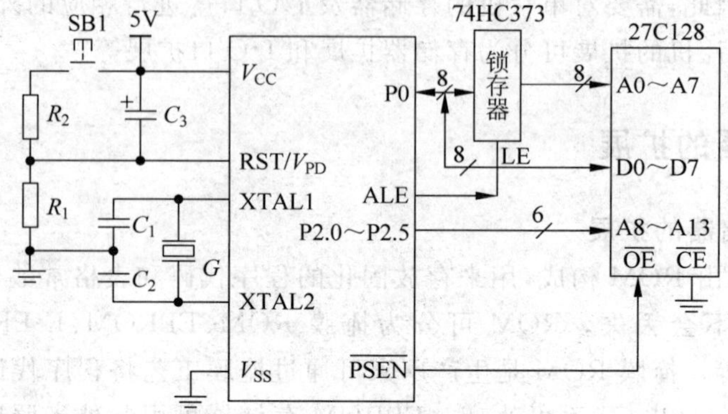

图 4-2 单片机程序存储器扩展举例

2. 数据存储器的扩展

数据存储器主要用来存储现场采集的数据、运算的中间结果等。8051 内部能供用户使用的数据存储器只有 128B，在实际应用中不够时可以进行扩展，最多可以扩展 64KB。常用的 RAM 芯片有 6116(2KB)、6264(8KB)、62256(32KB)等。6116 的功能如表 4-3 所示。2864～62256 的引脚排列如图 4-3 所示。

表 4-3 6116 的功能表

$\overline{CE}$	$\overline{OE}$	$\overline{WE}$	I/O 0～7	功 能
1	×	×	高阻	芯片不工作
0	1	1	高阻	输出禁止
0	0	1	D0～D7	输出
0	1	0	D0～D7	输入

图 4-4 所示为 6264 与 AT89C51 典型的连接电路，地址线、数据线和扩展 ROM 方式一致。高位地址线由 RAM 容量来确定，如 6264RAM 高位地址线需 5 根。

4.1.2 I/O 口的扩展

MCS-51 系列单片机有 P0、P1、P2 和 P3 共四个 8 位 I/O 口，均可以作为双向并行 I/O 口使用。但在扩展应用中，P0 和 P2 口用来扩展外部地址总线，P3 口的某些位又常用其第二功能，如外部中断、定时中断等。因此能提供给用户使用的 I/O 口并不多，只有 P1 和 P3 口的某些位可用。在比较复杂的系统中需要进行 I/O 接口的扩展。

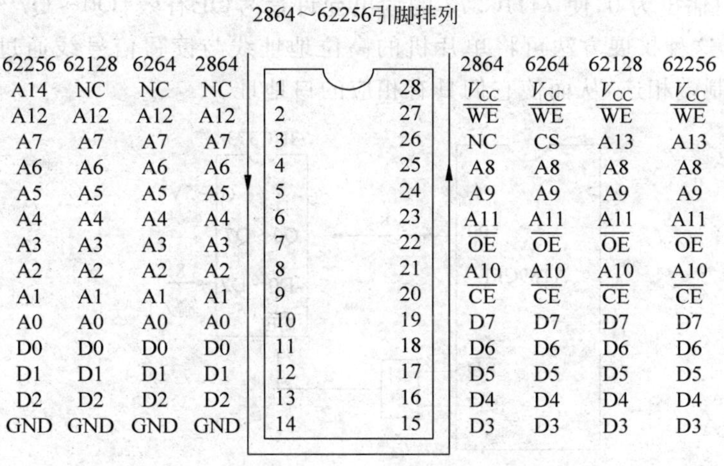

图 4-3　RAM 存储器引脚示意图

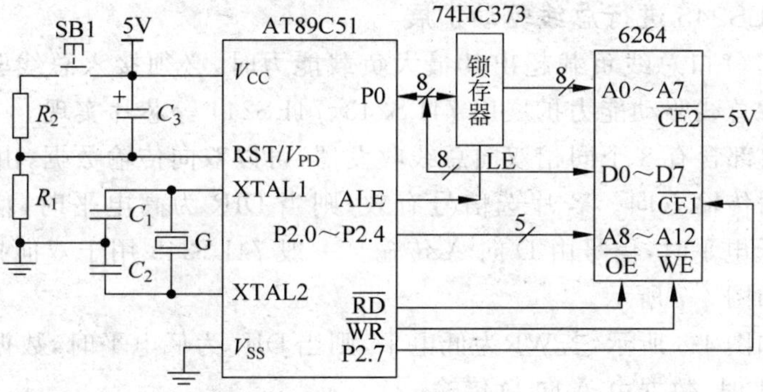

图 4-4　RAM 外部扩展示意图

1. 利用 74 系列芯片扩展 I/O 口

常用的扩展器件主要有 TTL、CMOS 电路的三态门、锁存器等，如 74HC373、74LS245 等。其中，74HC373 是一种 8D 三态同相锁存器，其管脚排列及功能如图 4-5 所示。当 G 为高电平且$\overline{OE}$为低电平时，D0～D7 端的数据被锁存到 8D 触发器中，从 Q0～Q7 输出；当 G 为低电平时，Q0～Q7 端保持不变；当$\overline{OE}$为高电平时，Q 端为高阻态。

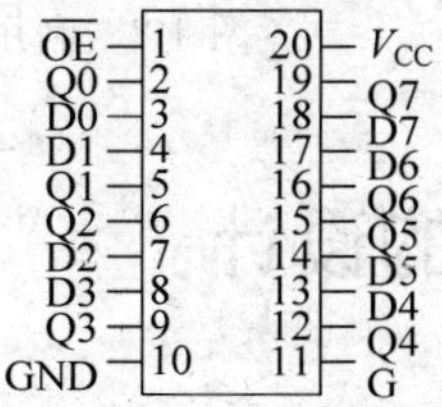

输　入			输出
$\overline{OE}$	G	D	Q
L	H	H	H
L	H	L	L
L	L	×	保持
H	×	×	高阻

图 4-5　74HC373 引脚图及功能表

图 4-6 中用了 74HC373 扩展输入接口，G 接高电平，由 AT89C51 的$\overline{RD}$和 P2.7 经过或门与 74HC373 的$\overline{OE}$相连接。当 P2.7 决定 73HC373 的地址为 7FFFH 时，则当$\overline{RD}$信

号有效时,或门输出为0,使74HC373的输出允许信号$\overline{OE}$有效,Q0～Q7经P0口输入至累加器A中。这种扩展方法可将单片机的高位地址线与读写信号线通过组合门电路与I/O芯片的控制端相连,从而使它们具有相应的口地址。

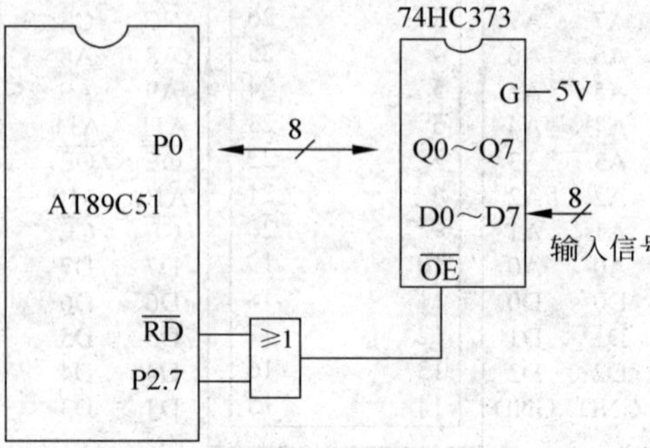

图4-6 利用74HC373进行输入扩展

2. 利用74LS245进行总线驱动扩展

当单片机I/O口总线负载超出其最大负载能力时,必须接入总线驱动器,以使信号传输稳定。通常总线驱动能力扩展用74LS245、74LS244等芯片实现。

74LS245内部含有8个同相双向总线收发器,可以双向传输数据,由DIR(方向)控制信号来控制数据传输方向。若片选信号有效,则当DIR为高电平时,信号由A向D传输;当DIR为低电平时,信号由D向A传输。一般74LS245用于双向控制总线扩展,其引脚及功能表如图4-7所示。

扩展连接如图4-8所示,若$\overline{WR}$为低电平,则当DIR为低电平时,数据由D向A传输;当DIR为高电平时,数据由A向D传输。

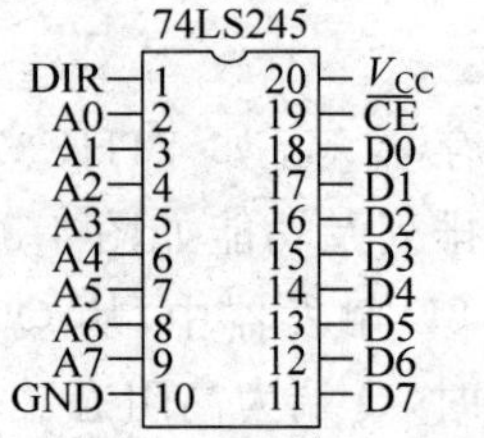

$\overline{CE}$	DIR	操作
0	1	A→D
0	0	D→A
1	×	高阻

图4-7 74LS245引脚图及功能表

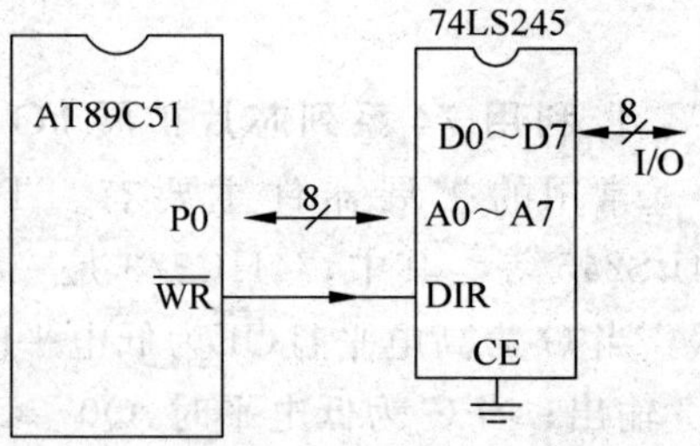

图4-8 利用74LS245扩展P0口

4.2 任务2 LED点阵显示屏的设计

4.2.1 认识LED点阵模块

(1) 通过学习点阵LED显示技术,掌握单片机与点阵的接口电路。

(2) 进一步熟悉单片机I/O口的运用方法,了解动态显示的编程方法。

一般的LED显示屏利用许多发光二极管排成行与列构成点阵，点亮不同位置的发光二极管，就可以显示不同的图形或文字符号。在电子市场上，有专门的LED点阵模块产品。本任务中使用的是8×8点阵模块，它有64像素，可以显示一些较为简单的字符或图形。

图4-9为LED点阵模块内部结构等效电路。从图中可以看出，它有8行(Y0～Y7)、8列(X0～X7)，对外共有16个引脚，其中8根行线用数字0～7表示，8根列线用字母A～H表示。

点亮跨接在某行某列的二极管的条件是：对应的行为高电平，对应的列为低电平。例如Y0=1，X0=0点亮的是第一个发光二极管。在很短的时间内依次点亮多个发光二极管，就可以看到多个发光二极管同时发光，即可以看到显示的数字、字母和图形符号。

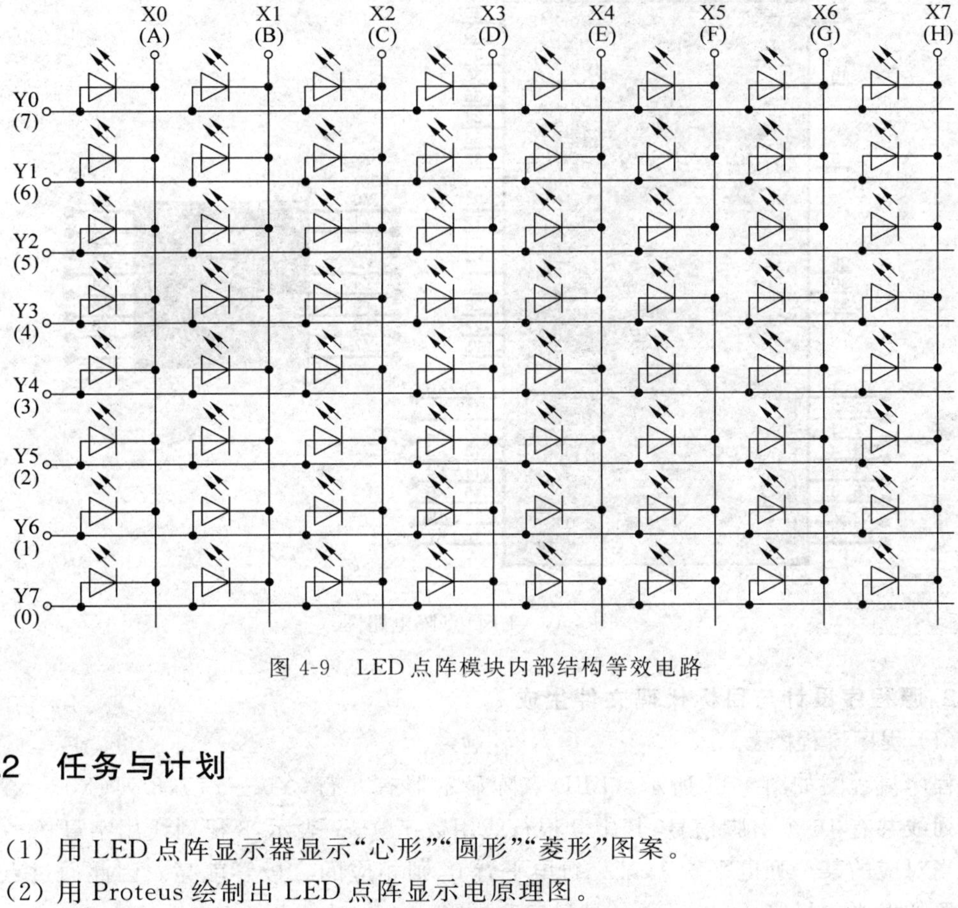

图4-9 LED点阵模块内部结构等效电路

4.2.2 任务与计划

(1) 用LED点阵显示器显示“心形”“圆形”“菱形”图案。

(2) 用Proteus绘制出LED点阵显示电原理图。

(3) 画出程序流程图及编制程序，仿真显示图形。

4.2.3 硬件电路与软件程序设计

利用LED点阵显示“心形”“圆形”“菱形”图案。在硬件设计中，选择单片机芯片

AT89C51,用晶体振荡器 X1(12MHz)及电容 C_1、C_2 组成振荡电路,用电容 C_3 及电阻 R_1 组成复位电路,用 P1 口组成 8 位行扫描线(Y0～Y7),用 P3 口组成列扫描线进行 LED 点阵显示,如图 4-10 所示。

编程思路:首先使用定时器 T0 进行 5ms 定时,采用工作方式 1。定时扫描到 1s(即 200 个 5ms)时开始显示下一个图形。扫描显示时首先行数不变,每次列数加 1,直到 8 列扫描完归 0,然后行数加 1,直到所有图形显示完成。

1. LED 点阵电路图设计

用 Proteus 电路设计的 LED 点阵电路图如图 4-10 所示。

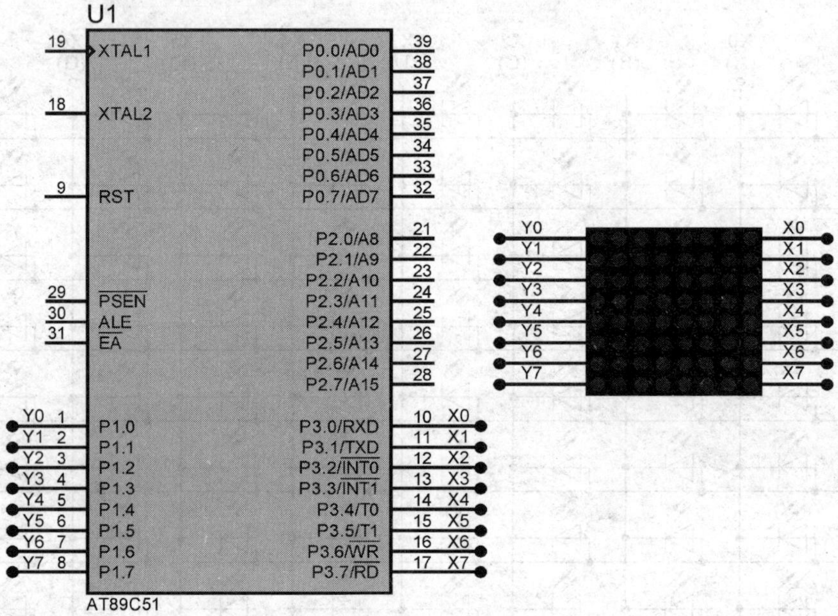

图 4-10 LED 点阵电路图

2. 源程序设计与目标代码文件生成

(1) 程序流程图

程序流程图如图 4-11 所示。LED 点阵显示器有 8 行(Y0～Y7),8 列(X0～X7),行线加列线共有 16 个引脚信号,其中 8 根行线用数字 0～7 表示,8 根列线用字母 A～H 表示。当对应的某一列电平置 1,某一行电平置 0,则相应的二极管就亮。因此通过点亮不同位置的发光二极管,可以显示各种汉字和图形。

(2) 源程序设计

程序设计思路为首先进行行、列、计数器次数变量的定义,在主函数中,使定时器 T0 工作于方式 1(工作方式控制字 TMOD＝0X01),进行 5ms 定时。当定时扫描到 1s(即 200 个 5ms)时,开始显示下一个图形。在扫描显示时首先使行数不变,每次列数加 1,直到 8 列扫描完归 0,然后行数加 1,进行下一行扫描显示,直到所有图形显示完成。

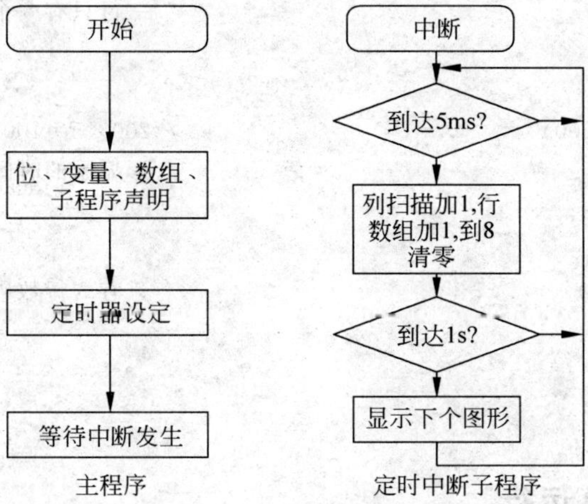

图 4-11　点阵显示流程图

LED 点阵显示主程序如下。

```
#include <reg51.H>
unsigned char code tab[]={0xfe,0xfd,0xfb,0xf7,0xef,0xdf,0xbf,0x7f};//列数选择码
unsigned char code digittab[3][8]=
{
{0x1c,0x22,0x42,0x84,0x84,0x42,0x22,0x1c},          //心形
{0x00,0x3c,0x42,0x81,0x81,0x81,0x42,0x3c},          //圆形
{0x00,0x18,0x24,0x42,0x81,0x42,0x24,0x18},          //菱形
};
unsigned int timecount;                             //定义时间计数次数变量
unsigned char cnta;                                 //定义列
unsigned char cntb;                                 //定义行
void main(void)
{   TMOD=0x01;                                      //使用定时器 T0 的方式 1
    TH0=(65536-5000)/256;
    TL0=(65536-5000)%256;                           //5ms 中断一次
    EA=1 ;                                          //中断总允许
    TR0=1;                                          //启动定时器开始工作
    ET0=1;                                          //允许定时器 T0 中断
    while(1)
    {; }                                            //等待中断产生
}
void t0(void) interrupt 1 using 0                   //中断服务程序
{   TH0=(65536-5000)/256;                           //重新赋初值
    TL0=(65536-5000)%256;
    P3=tab[cnta];
    P1=digittab[cntb][cnta];                        //行数保持不变,列每中断一次加 1
```

```
cnta++;
if(cnta==8)                    //一行只有 8 个数码,列加到 8 之后回零
{  cnta=0; }
timecount++;
if(timecount==200)             //200×5=1000ms,后行加 1,控制每个图
{                              //形显示的时间为 1000ms,即为 1s
    timecount=0;
    cntb++;
    if(cntb==3)                //只有 3 行数码,行加到 3 之后回零
    {  cntb=0; }
}
}
```

4.2.4 调试与仿真运行

在 Keil 工作界面中,建立一个 led.uv2 工程项目,选择 ATMEL 公司的 CPU,型号为 AT89C51。输入源程序并编译,直到输出窗口中出现"0 errors,0 warning"并生成可执行代码 HEX 文件。

运用 Proteus 进行仿真,加载目标代码文件,双击编辑窗口的 AT89C51 器件,在弹出的属性编辑对话框 Program File 一栏中单击"打开"按钮,出现文件浏览对话框,找到 led.hex 文件,单击"打开"按钮,完成添加文件。单击按钮,启动仿真,仿真运行片段如图 4-12～图 4-14 所示。

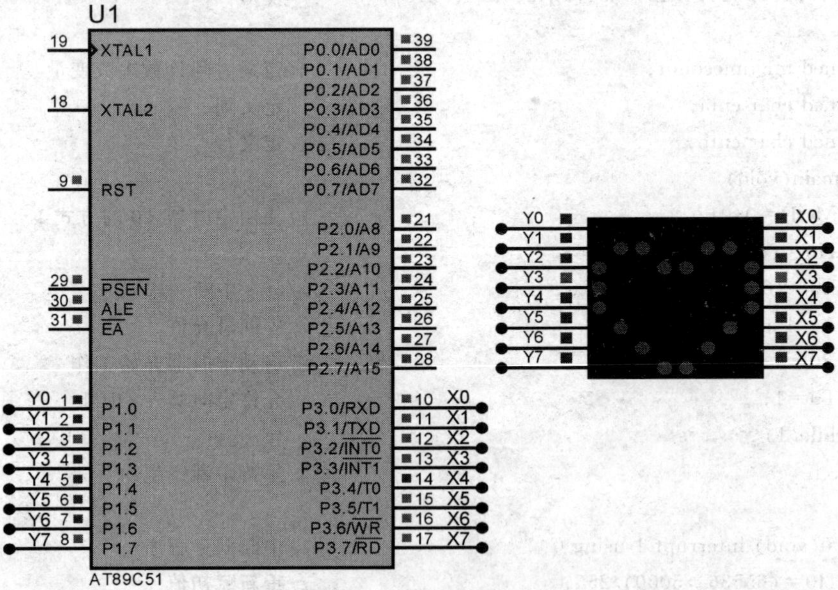

图 4-12 显示心形图形

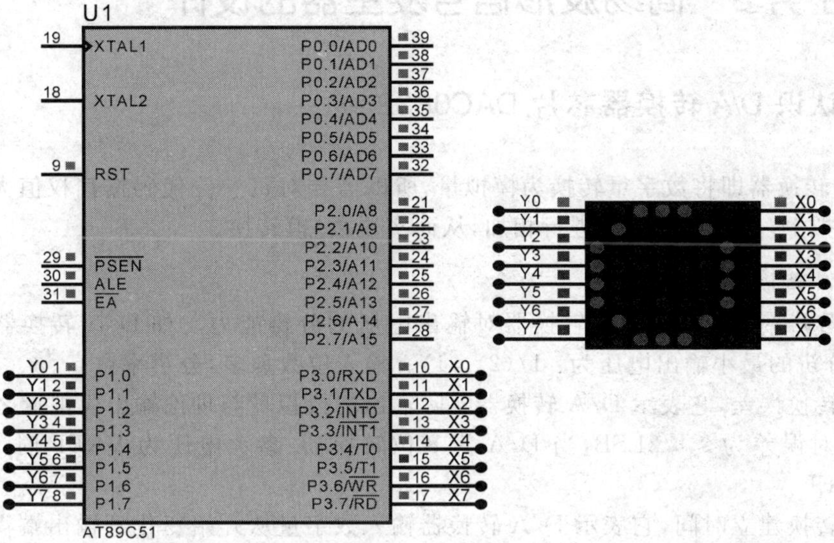

图 4-13　显示圆形图形

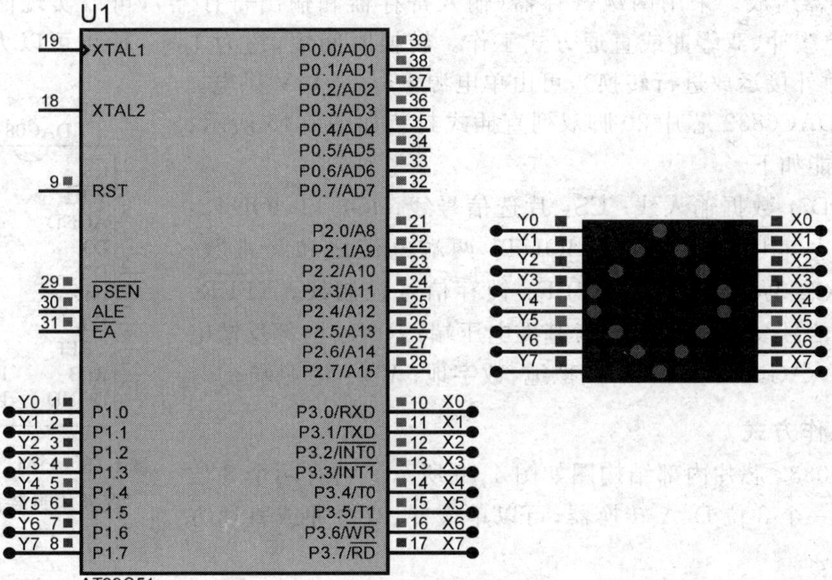

图 4-14　显示菱形图形

4.3 任务 3 简易波形信号发生器的设计

4.3.1 认识 D/A 转换器芯片 DAC0832

D/A 转换器即将数字量转换为模拟量,所以需要对每一位代码按其权值大小转换成相应的模拟量,然后对模拟量进行相加,从而实现数/模转换。

1. D/A 转换器的指标

(1) 分辨率,它表示 D/A 转换器对输出电压的分辨能力。如 D/A 转换器为 8 位转换器,其分辨的最小输出电压为: $1/(2^8-1)$。输入位数愈多,分辨率愈高。

(2) 转换误差,它表示 D/A 转换器实际输出的模拟量与理论输出模拟量之差。

如相对误差为≤1/2LSB,当 D/A 为 8 位转换器、参考电压为 VREF 时,1/2LSB=1/256VREF。

(3) 转换建立时间,它表示 D/A 转换器输入数字量从开始变化到输出端得到稳定输出之间的时间。转换建立时间愈小,其转换实时性愈好。

2. DAC0832 芯片的功能以及使用方法

(1) 功能: DAC0832 芯片为 8 位数/模转换器,内部由两个 8 位寄存器和一个 8 位 D/A 转换器组成。采用两级寄存器(输入寄存器和输出寄存器),可以实现两级缓冲操作,可以单缓冲、双缓冲或直通方式工作。转换时间短,约为 1μs。输出可以为电流或电压形式(由外接运放进行转换),可由单电源+5~+15V 供电。

(2) DAC0832 芯片 20 脚双列直插式封装如图 4-15 所示。各引脚功能如下。

D0~D7: 数据输入线; $\overline{CS}$: 片选信号线; IOUT1、IOUT2: 输出端信号,其中 IOUT2 与 IOUT1 两端电流之和为常数; $\overline{WR1}$、$\overline{WR2}$: 写选通信号线; ILE: 锁存信号控制线; $\overline{XFER}$: 转换控制信号线; VREF: 参考基准电压端; RFB: 内部反馈电阻引出端; AGND、DGND: 模拟地、数字地; V_{CC}: 电源端。

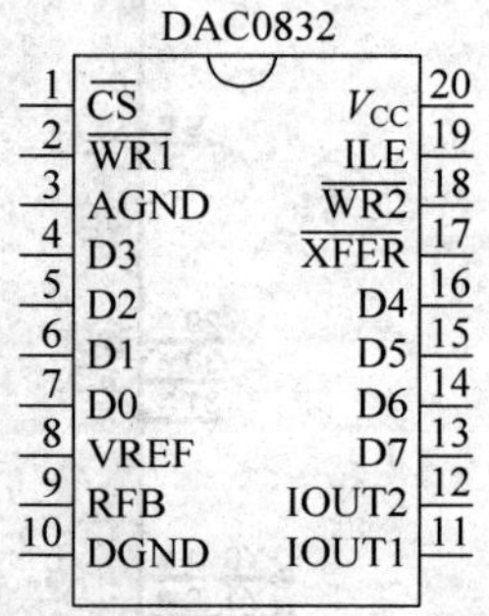

图4-15 DAC0832 芯片直插式封装图

3. 工作方式

DAC0832 芯片内部结构图如图 4-16 所示。它有两个 8 位寄存器和一个 8 位 D/A 转换器,可以单缓冲、双缓冲或直通方式工作。

工作方式如表 4-4 所示。当$\overline{CS}$为低电平,$\overline{WR1}$为下降沿,ILE 为高电平,$\overline{WR2}$为任意信号时,LE1 为脉冲下降沿,将待转换数据 D0~D7 存入输入寄存器; 当$\overline{CS}$为低电平,$\overline{WR2}$为下降沿,ILE 为高电平,$\overline{XFER}$为低电平时,LE2 为脉冲下降沿,将输入寄存器内容存入 DAC 寄存器; 当$\overline{CS}$为低电平,$\overline{WR1}$、$\overline{WR2}$为低电平,ILE 为高电平,$\overline{XFER}$为低电平时,LE1、LE2 为低电平,DAC0832 处于直通工作方式。

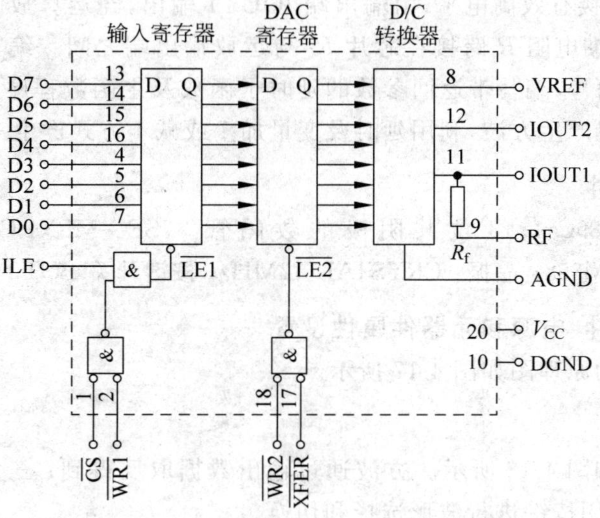

图 4-16　DAC0832 芯片内部结构图

表 4-4　DAC0832 工作方式表

$\overline{CS}$	$\overline{WR1}$	$\overline{WR2}$	ILE	$\overline{XFER}$	$\overline{LE1}$	$\overline{LE2}$	工 作 方 式
L	↓	X	H	X	↓	X	D0～D7 存入输入寄存器
L	X	↓	H	L	X	↓	输入内容存入 DAC 寄存器
L	L	L	H	L	L	L	直通工作方式

4.3.2　任务与计划

1. 工作任务

(1) 用 Keil、Proteus 软件作开发工具，AT89C51 单片机作控制，DAC0832 作 D/A 转换器。

(2) 由按键操作控制，能用按键控制输出方波、三角波等波形信号。

(3) 输出信号幅度稳定、频率可调。

2. 设计步骤

(1) 拟定总体设计制作方案。

(2) 拟定硬件电路原理图。

(3) 绘制软件流程图及设计相应源程序。

(4) 仿真、调试波形发生器。

(5) 修改、完善、运行、固化程序。

4.3.3　硬件电路与软件程序设计

利用 DAC0832(DAC0830)可实现输出正弦波、方波、三角波等波形信号，按照 DAC0832 芯片工作步骤，硬件设计采用直通方式，$\overline{CS}$、$\overline{WR1}$、$\overline{WR2}$、$\overline{XFER}$均接有效低电

平，ILE、VREF 均接有效高电平，由输出端 IOUT1 输出，经运算放大器将电流转换成电压，芯片内部的反馈电阻 R_f 跨接在芯片 R_f 与运放输出端之间。编写程序时首先定义变量及波形输出口信号，编写带返回参数的延时子函数及主函数程序。利用延时及输出高电平或低电平方式产生方波，利用延时及变量加 1 或减 1 方式产生三角波。

1. 选取元器件

单片机：AT89C51；8 位共阴极的数码管：7SEG-MPX4-CC；D/A 转换芯片：DAC0832；运放 LM358；晶振：CRYSTAL 12MHz；按键开关 BOTTOM；电阻、电容等。

2. 放置元器件、电源和元器件属性设置

波形发生器的原理图如图 4-17 所示。

3. 程序设计

程序流程图如图 4-18 所示。方波通过输出数据取反得到；三角波通过输出数据递增、递减得到。采用按键进行波形选择和切换。

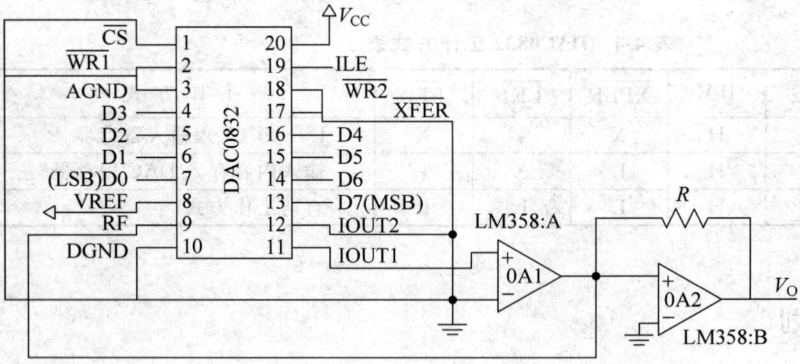

图 4-17 波形发生器电路图

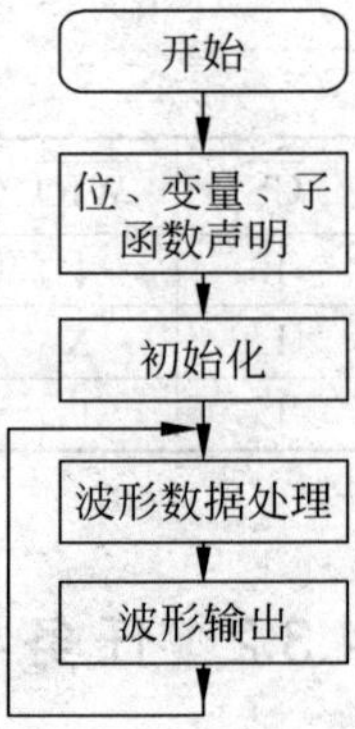

图 4-18 方波、三角波程序流程图

4. 产生方波输出程序清单

方波产生程序清单如下。

```
#include <reg51.h>                       //头文件
#define uchar unsigned char
#define uint unsigned int
#define dadata P0                        //定义波形输出口
void delay(uint xms)                     //延时子函数
{
    uint i,j;
    for(i=xms;i>0;i--)
        for(j=110;j>0;j--);
}
void main()                              //主函数
{
    uchar temp=0,a=0;                    //设置初值
```

```
    while(1)                              //等待
    {
        dadata=0xff;                      //输出方波高电平
        delay(100);                       //持续时间
        dadata=0x00;                      //输出方波低电平
        delay(100);                       //持续时间
    }
}
```

5. 产生三角波输出程序清单

三角波产生程序清单如下。

```
#include <reg51.h>                        //头文件
#define uchar unsigned char
#define uint unsigned int
#define dadata P0                         //定义波形输出口

void delay(uint xms)                      //延时子函数
{
    uint i,j;
    for(i=xms;i>0;i--)
        for(j=110;j>0;j--);
}
void main()                               //主函数
{
    uchar temp=0,a=0;                     //设置初值
    while(1)                              //等待
    {
        if(a==0)                          //输出三角波上升沿部分
        {
            dadata=temp;                  //输出数据
            delay(5);                     //延时
            temp++;                       //三角波上升沿
            if(temp==50)                  //到达最大值
                a=1;                      //上升结束,准备进入下降沿部分
        }
        if(a==1)                          //输出下降沿波形部分
        {
            dadata=temp;                  //输出数据
            delay(5);                     //延时
            temp--;                       //三角波下降沿
            if(temp==0)                   //到达最小值
                a=0;                      //进入下一周期
        }
    }
}
```

6. 信号发生器输出程序清单

DAC0832 信号发生器可产生正弦波、方波、三角波、锯齿波等波形信号，按照 DAC0832 芯片工作步骤，硬件设计采用直通方式，$\overline{CS}$、$\overline{WR1}$、$\overline{WR2}$、$\overline{XFER}$均接有效低电平，ILE、VREF 均接有效高电平，由输出端 IOUT1 输出，经运算放大器将电流转换成电压，芯片内部的反馈电阻 R_f跨接在芯片 R_f 与运放输出端之间。外部设置三个按钮开关 FK、TINCK、TDECK，根据按钮开关 FK 进行切换各种波形输出，根据按钮开关 TINCK、TDECK 进行波形参数设置。程序流程图如图 4-19 所示。

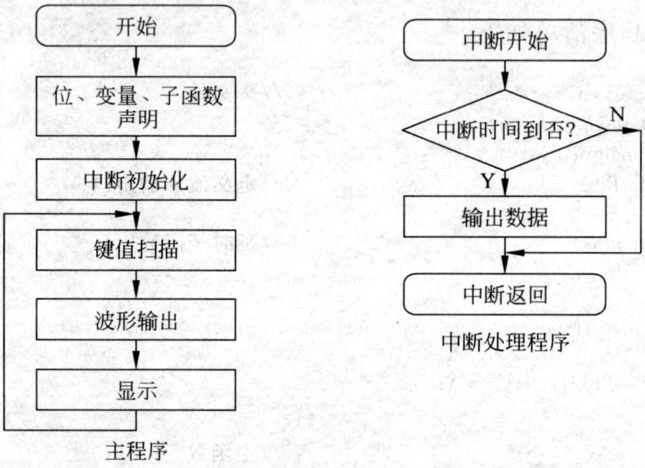

图 4-19 DAC0832 信号发生器程序流程图

首先定义各个变量及按钮变量和波形输出口信号，利用定时器 T0 工作于方式 2，编写定时中断子函数程序，编写键盘扫描子函数、正弦波子函数、方波子函数、锯齿波子函数、三角波子函数及主函数程序。利用查表方法产生正弦波数据输出正弦波波形，利用延时及输出高电平或低电平方式产生方波、三角波、锯齿波等，根据按钮键值输出不同波形信号。信号发生器输出程序清单如下。

```
#include <reg51.h>
#define uchar unsigned char                    //定义变量
#define uint unsigned int
#define shuju P0
uint k=100,a=100;                              //设置初值
uchar temp=0,keyvalue=0,s=0;                   //设置初值
sbit tdeck=P2^0;                               //定义减小按钮
sbit tinck=P2^1;                               //定义增加按钮
sbit fk=P2^2;
bit fbzt=0;                                    //定义方波状态变量
bit sjbzt=0;                                   //定义三角波状态变量
void delay(uint xms);                          //延时子函数
void fb();                                     //方波子函数
void jcb();                                    //锯齿波子函数
void sjb();                                    //三角波子函数
```

```
void sinb();                                  //正弦波子函数
void keyscan(void);
uchar code sincode[256]={
    //输出电压从 0 到最大值(正弦波 1/4 部分)
    0x80,0x83,0x86,0x89,0x8d,0x90,0x93,0x96,0x99,0x9c,
    0x9f,0xa2,0xa5,0xa8,0xab,0xae,0xb1,0xb4,0xb7,0xba,0xbc,
    0xbf,0xc2,0xc5,0xc7,0xca,0xcc,0xcf,0xd1,0xd4,0xd6,
    0xd8,0xda,0xdd,0xdf,0xe1,0xe3,0xe5,0xe7,0xe9,0xea,0xec,
    0xee,0xef,0xf1,0xf2,0xf4,0xf5,0xf6,0xf7,0xf8,0xf9,
    0xfa,0xfb,0xfc,0xfd,0xfd,0xfe,0xff,0xff,0xff,0xff,0xff,0xff,
    //输出电压从最大值到 0(正弦波 1/4 部分)
    0xff,0xff,0xff,0xff,0xff,0xff,0xfe,0xfd,0xfd,0xfc,
    0xfb,0xfa,0xf9,0xf8,0xf7,0xf6,0xf5,0xf4,0xf2,0xf1,0xef,
    0xee,0xec,0xea,0xe9,0xe7,0xe5,0xe3,0xe1,0xde,0xdd,
    0xda,0xd8,0xd6,0xd4,0xd1,0xcf,0xcc,0xca,0xc7,0xc5,0xc2,
    0xbf,0xbc,0xba,0xb7,0xb4,0xb1,0xae,0xab,0xa8,0xa5,
    0xa2,0x9f,0x9c,0x99,0x96,0x93,0x90,0x8d,0x89,0x86,0x83,0x80,
    //输出电压从 0 到最小值(正弦波 1/4 部分)
    0x80,0x7c,0x79,0x76,0x72,0x6f,0x6c,0x69,0x66,0x63,
    0x60,0x5d,0x5a,0x57,0x55,0x51,0x4e,0x4c,0x48,0x45,0x43,
    0x40,0x3d,0x3a,0x38,0x35,0x33,0x30,0x2e,0x2b,0x29,
    0x27,0x25,0x22,0x20,0x1e,0x1c,0x1a,0x18,0x16,0x15,0x13,
    0x11,0x10,0x0e,0x0d,0x0b,0x0a,0x09,0x08,0x07,0x06,
    0x05,0x04,0x03,0x02,0x02,0x01,0x00,0x00,0x00,0x00,0x00,0x00,
    //输出电压从最小值到 0(正弦波 1/4 部分)
    0x00,0x00,0x00,0x00,0x00,0x00,0x01,0x02,0x02,0x03,
    0x04,0x05,0x06,0x07,0x08,0x09,0x0a,0x0b,0x0d,0x0e,0x10,
    0x11,0x13,0x15,0x16,0x18,0x1a,0x1c,0x1e,0x20,0x22,
    0x25,0x27,0x29,0x2b,0x2e,0x30,0x33,0x35,0x38,0x3a,0x3d,
    0x40,0x43,0x45,0x48,0x4c,0x4e,0x51,0x55,0x57,0x5a,
    0x5d,0x60,0x63,0x66,0x69,0x6c,0x6f,0x72,0x76,0x79,0x7c,0x80};
void main(void)                               //主函数
{
    EA=1;                                     //开总中断
    ET0=1;                                    //允许 T0 中断
    TMOD=0x02;                                //T0 工作在方式 2
    TH0=200;                                  //置初值
    TL0=200;
    TR0=1;
    while(1)                                  //等待
    {
        keyscan();                            //键扫描
        shuju=temp;
        P1=keyvalue;                          //定义键值口
    }
}
void keyscan(void)                            //键扫描子函数
{   if(!fk)                                   //按钮 fk 是否按下
    {
        delay(5);                             //延时
        if(!fk)                               //确认按钮 fk 按下
```

```
        {   while(!fk);                  //按钮 fk 按下时
            keyvalue++;                  //键值加 1
            if(keyvalue>=5)
            keyvalue=0;
        }
    }
    if(!tinck)                           //增加按钮 tinck 是否按下
    {
        delay(5);                        //延时
        if(!tinck)                       //确认增加按钮 tinck 按下
        {   while(!tinck);               //按钮 tinck 按下时
            k+=1;
            if(k>=100)                   //上限值
            {k=100;}
        }
    }
    if(!tdeck)                           //减小按钮 tdeck 是否按下
    {
        delay(5);
        if(!tdeck)                       //确认按钮 tdeck 按下
        {   while(!tdeck);
            k-=1;
            if(k<=10)                    //下限值
            {k=10;}
        }
    }
}
void delay(uint xms)                     //延时子函数
{
    uint i,j;
    for(i=xms;i>0;i--)
        for(j=110;j>0;j--);
}
void t0(void) interrupt 1                //50μs 定时中断
{
    a--;                                 //a 减 1
    while(a==0)                          //a 为 0 时执行输出
    {   switch(keyvalue)                 //根据键值决定输出波形
        {   case 0:temp=0x00;break;  //初始值
            case 1:fb();break;           //输出方波
            case 2:jcb();break;          //输出锯齿波
            case 3:sjb();break;          //输出三角波
            case 4:sinb();break;         //输出正弦波
            default:break;
        }
        a=k;
    }
}
void fb()                                //方波子函数
```

```
{
    fbzt=~fbzt;
    if(fbzt)
        temp=0xff;                      //高电平
    else
        temp=0x00;                      //低电平
}
void jcb()                              //锯齿波子函数
{temp++;}
void sjb()                              //三角波子函数
{
    if(sjbzt)
    {   temp++;
        if(temp==50)                    //三角波最大值
        sjbzt=~sjbzt;
    }
    if(!sjbzt)
    {   temp--;
        if(temp==0)                     //三角波最小值
        sjbzt=~sjbzt;
    }
}
void sinb()                             //正弦波子函数
{   temp=sincode[s++];
}
```

4.3.4　调试与仿真运行

在 Keil 工作界面中，建立一个工程项目，选择 ATMEL 公司的 CPU，型号为 AT89C51。输入源程序并编译程序直到输出窗口中出现“0 errors，0 warning”并生成可执行代码 HEX 文件。运用 Proteus 绘制原理图，进行仿真，原理图如 4-20 所示。

1. 方波输出仿真

加载目标代码文件，双击编辑窗口的 AT89C51 器件，在弹出的属性编辑对话框 Program File 一栏中单击“打开”按钮，出现文件浏览对话框，找到“方波.hex”文件，单击“打开”按钮，完成添加文件。单击按钮，启动仿真，仿真运行片段如图 4-21 所示。

单击工具栏中的“示波器”按钮，连接到要实时监控的电路上，以便仿真时观察该处波形的实时变化，如图 4-21 所示。单击工具栏中的“虚拟仪器”按钮，在对象选择器列表中选择 OSCILLOSCOPE(示波器)，在 ISIS 编辑窗口中合适的位置单击就可以将示波器放置好了。通过示波器可以观察到输出波形的实时变化。

2. 三角波输出仿真

加载目标代码文件，双击编辑窗口的 AT89C51 器件，在弹出的属性编辑对话框 Program File 一栏中单击“打开”按钮，出现文件浏览对话框，找到三角波.hex 文件，单击“打开”按钮，完成添加文件。单击按钮，启动仿真，仿真运行如图 4-22 所示。如方波输出仿真步骤，通过示波器可以观察到输出波形的实时变化。

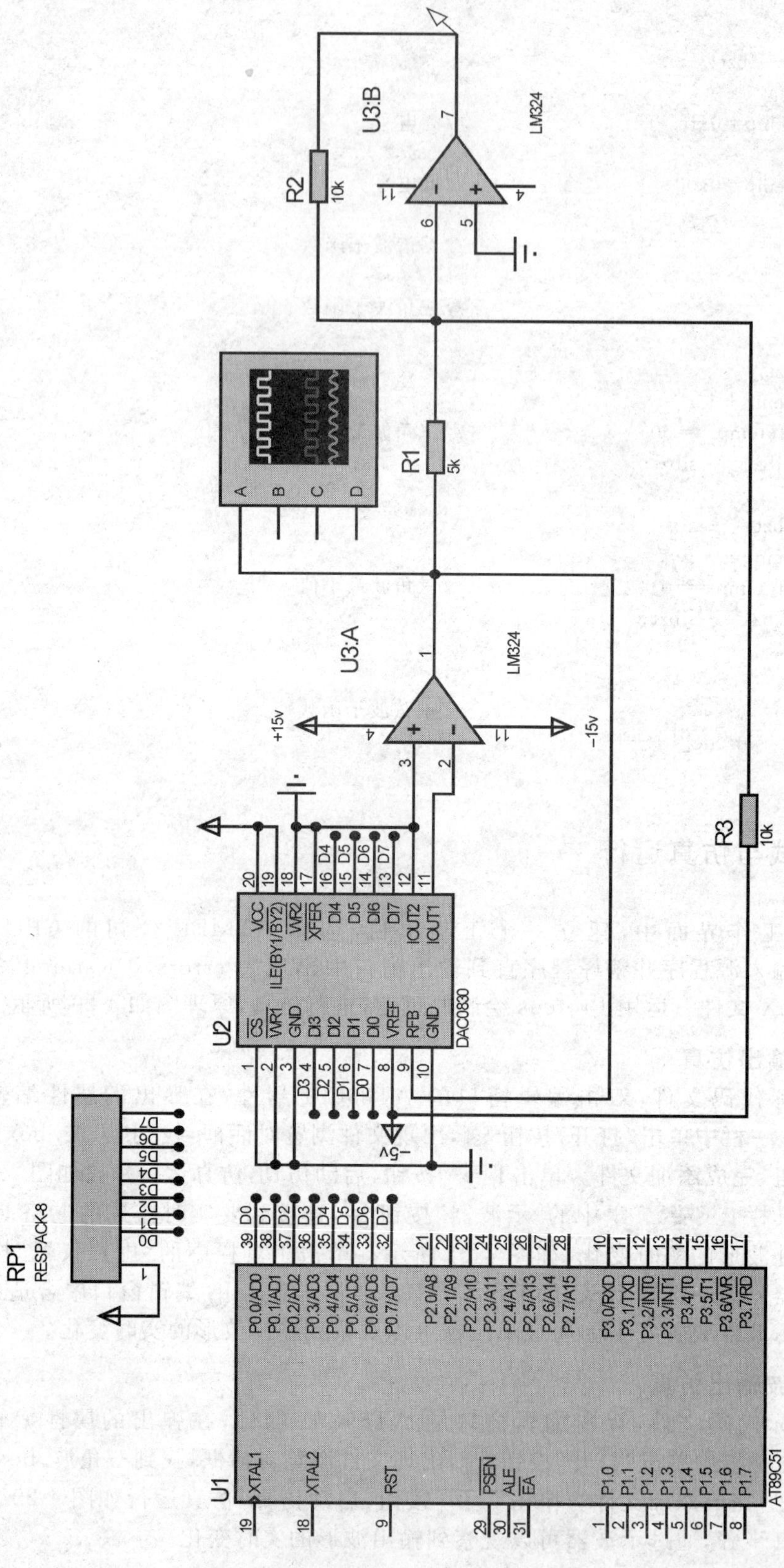

图 4-20 波形发生器仿真效果图

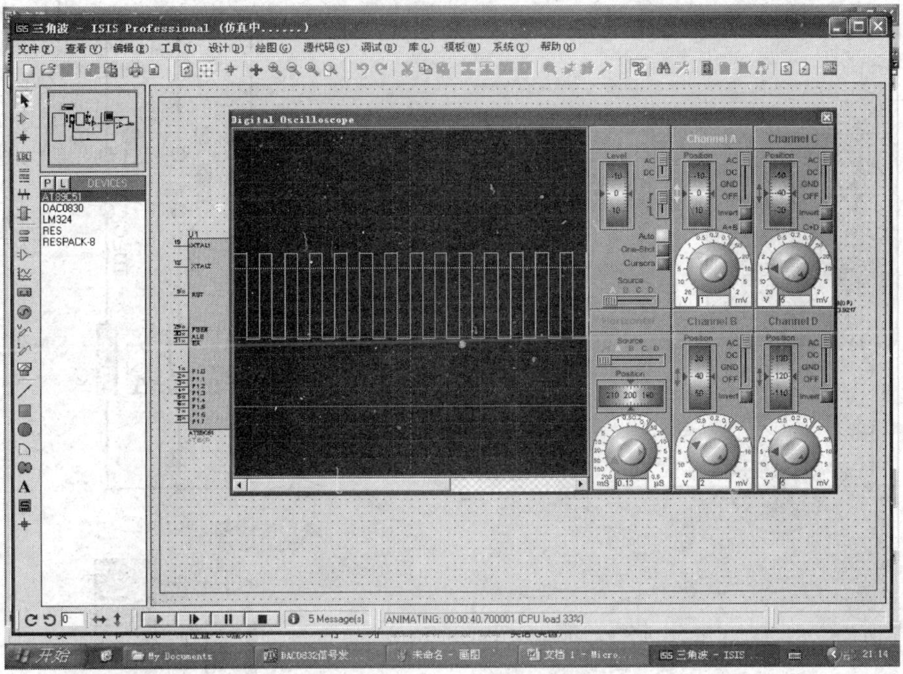

图 4-21　方波输出仿真效果图

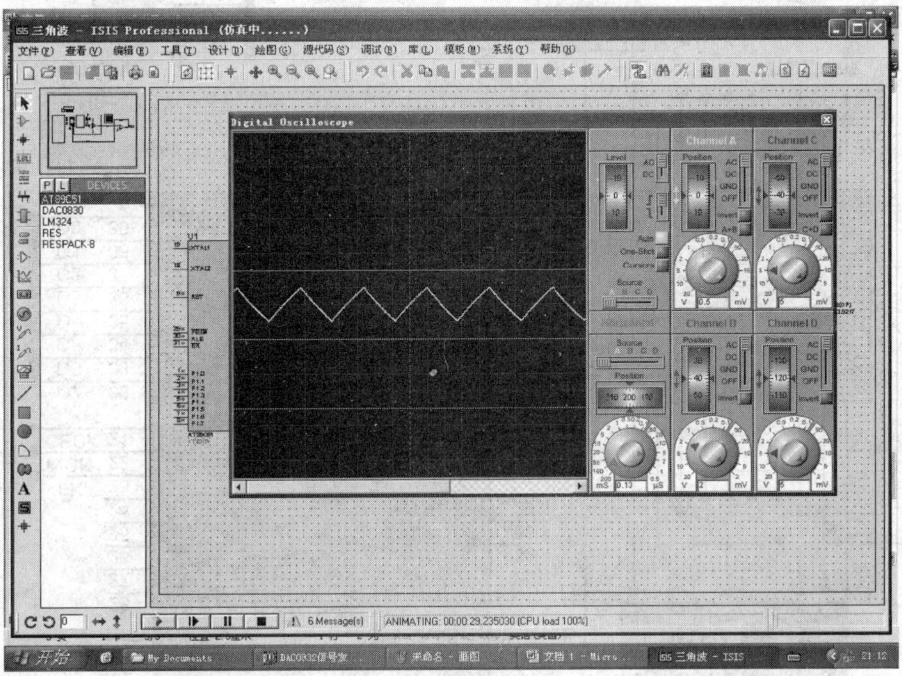

图 4-22　三角波输出仿真效果图

3. DAC0832 信号发生器输出仿真

DAC0832 信号发生器电路图如图 4-23 所示。

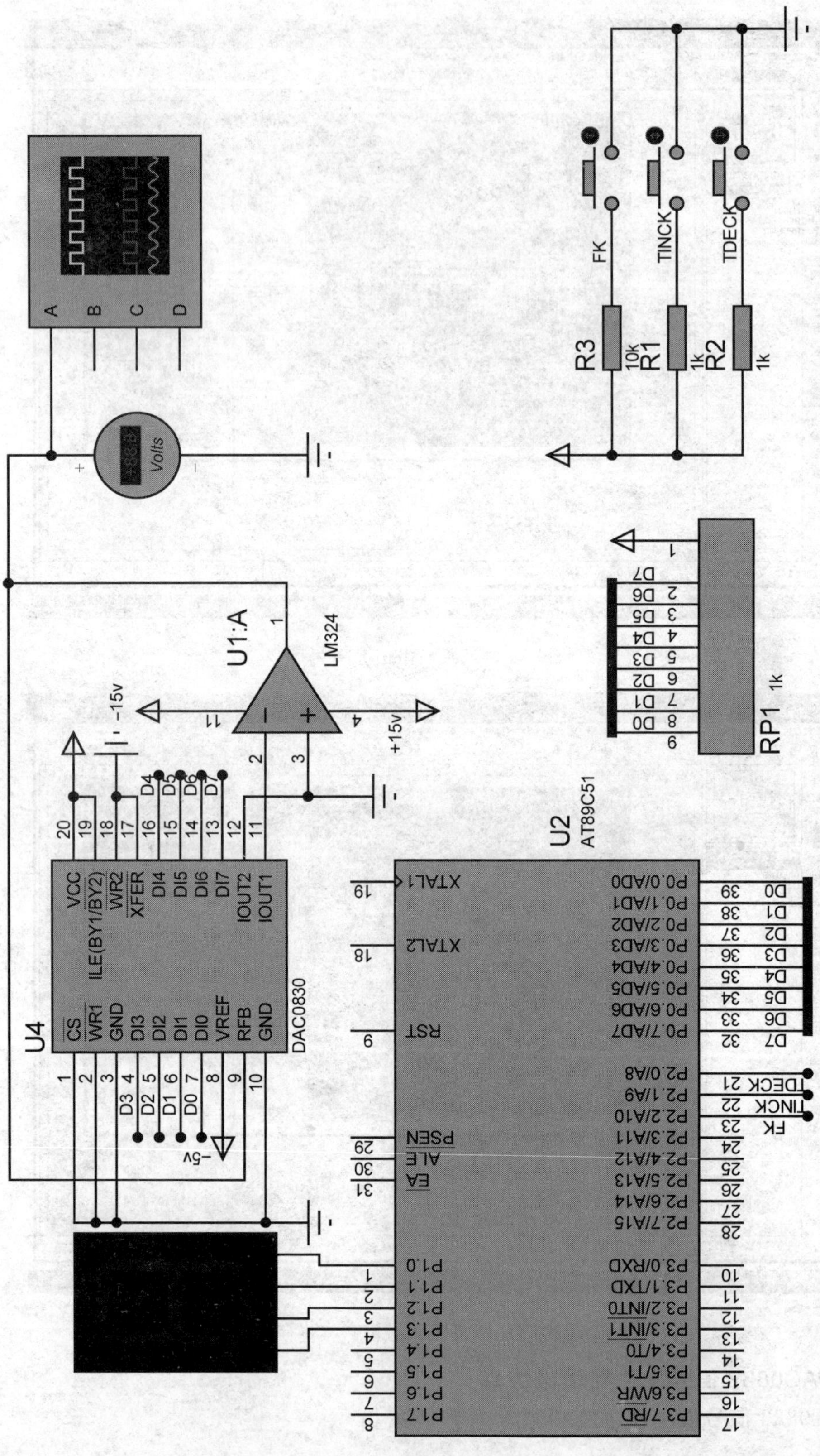

图 4-23 DAC0832 信号发生器电路图

加载目标代码文件，双击编辑窗口的 AT89C51 器件，在弹出的属性编辑对话框 Program File 一栏中单击“打开”按钮，出现文件浏览对话框，找到 DAC0832 信号发生器.hex 文件，单击“打开”按钮，完成添加文件。单击按钮，启动仿真，仿真运行图形如图 4-24 所示。如以上输出仿真的步骤，通过示波器可以观察到各种输出波形的实时变化。

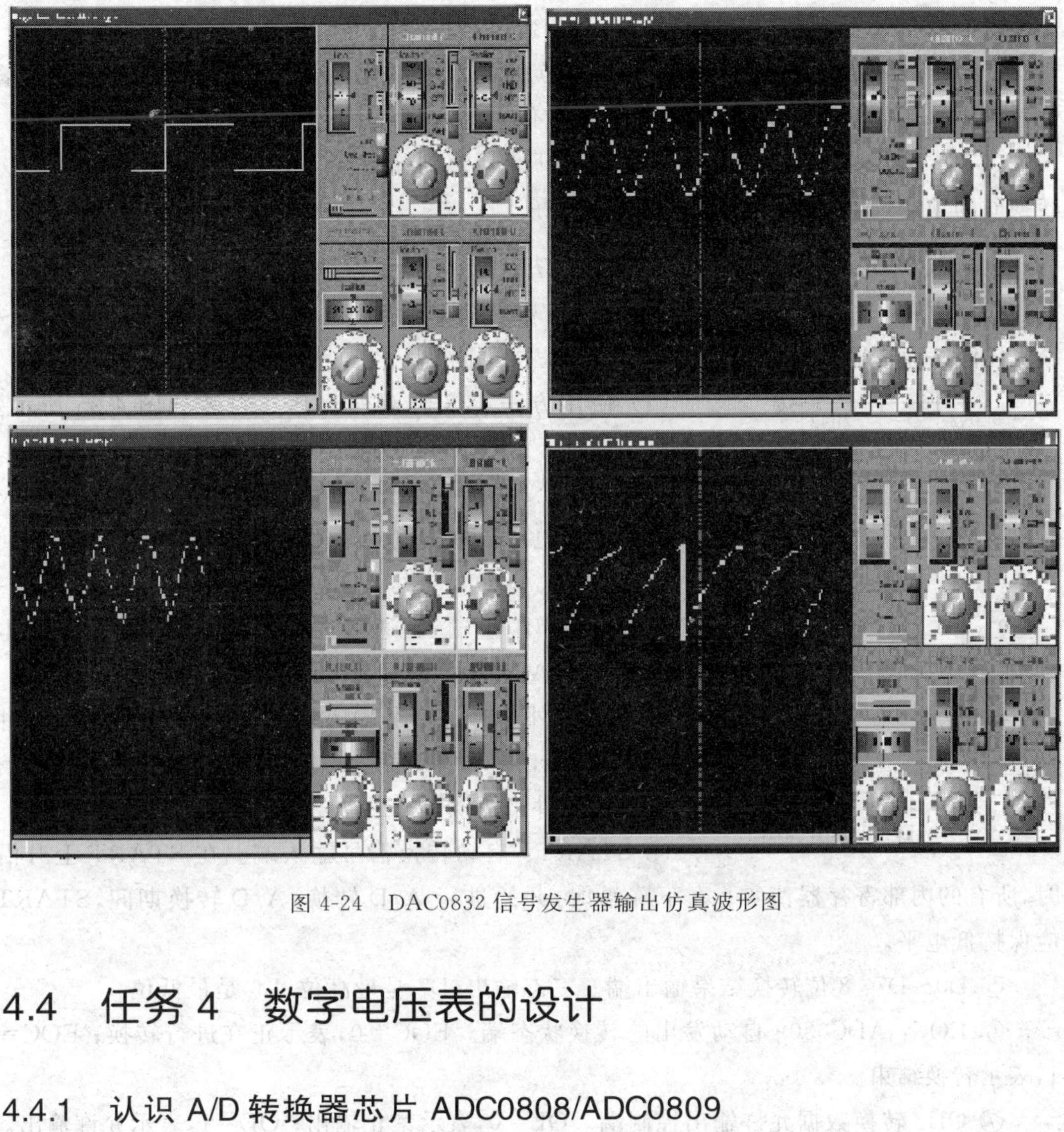

图 4-24　DAC0832 信号发生器输出仿真波形图

4.4　任务 4　数字电压表的设计

4.4.1　认识 A/D 转换器芯片 ADC0808/ADC0809

A/D 转换器即将模拟量转换为数字量，所以需要对模拟量进行等时间间隔取样，然后对采样值进行数字量的转换工作。通常 A/D 转换需要通过采样、保持、量化及编码四个步骤进行。

1. A/D 转换器的指标

(1) 分辨率,它表示 A/D 转换器对输入信号的分辨能力。如 A/D 转换器输出为 8 位二进制数,输入信号电压最大值为 5V,则其能分辨的最小电压为：$5V\times1/2^8=19.5mV$。输出位数愈多,分辨率愈高。

(2) 转换误差,它表示 A/D 转换器实际输出的数字量与理论输出数字量之差。一般用最低有效位表示,如相对误差为≤1/2LSB。

(3) 转换精度,它主要体现在 A/D 转换时的最大量化误差。一般 A/D 转换器在量化过程中采用四舍五入的方法,因此最大量化误差为分辨率的一半。

(4) 转换时间,它表示 A/D 转换器从开始转换到输出端得到稳定输出之间的时间。转换时间愈小,其转换速度愈快,实时性愈好。

2. ADC0809 芯片的功能以及使用方法

(1) 功能：ADC0809 芯片为 8 通道模/数转换器,可以和单片机直接接口,将 IN0～IN7 任何一通道输入的模拟电压转换成 8 位二进制数。

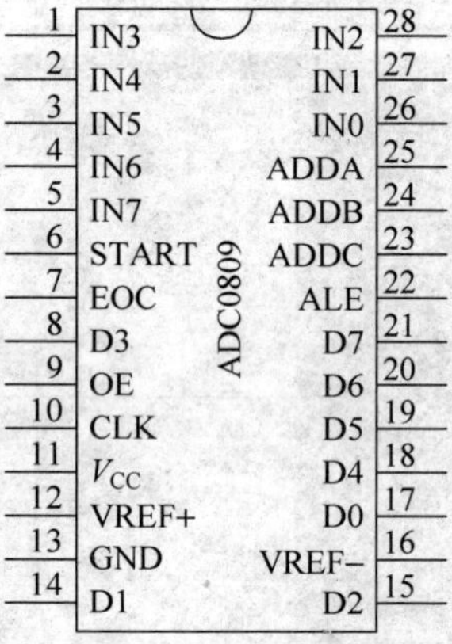

图 4-25 ADC0809 引脚图

(2) 使用方法：28 脚双列直插式封装如图 4-25 所示。各引脚功能如下。

① IN0～IN7：8 个通道的模拟量输入端。可输入 0～5V 待转换的模拟电压。本实例中采用 IN0 通道。

② ADDA、ADDB、ADDC：地址输入线,用于选通 IN0～IN7 上的一路模拟量输入,通道选择表如表 4-5 所示。在本实例中直接将 ADDA、ADDB、ADDC 接地,选通 IN0 通道。

③ CLK：外部时钟信号输入端。ADC0809 的典型时钟频率为 640kHz,转换时间约为 100μs。本实例中产生时钟信号的方法由软件来提供。

④ START：启动转换信号输入端。在 START 上升沿时,所有的内部寄存器清零；在下降沿时,开始进行 A/D 转换,A/D 转换期间,START 应保持低电平。

⑤ D0～D7：8 位转换结果输出端。三态输出,D7 是最高位,D0 是最低位。

⑥ EOC：ADC0809 自动发出的转换状态端。EOC＝0,表示正在进行转换；EOC＝1,表示转换结束。

⑦ OE：转换数据允许输出控制端。OE＝0,表示禁止输出；OE＝1,表示允许输出。

⑧ VREF－、VREF＋：参考电压输入端。ADC0809 的参考电压为＋5V。

⑨ ALE：为高电平时,通道地址输入到地址锁存器中,下降沿将地址锁存,并译码。所以本实例中将 ALE 与 START 相连。由于 ALE 和 START 连在一起,因此 ADC0809 启动转换同时也在锁存通道地址。输入通道地址如表 4-5 所示。

表 4-5　ADC0809 输入通道地址

地址码			输入通道
ADDC	ADDB	ADDA	
0	0	0	IN0
0	0	1	IN1
0	1	0	IN2
0	1	1	IN3
1	0	0	IN4
1	0	1	IN5
1	1	0	IN6
1	1	1	IN7

4.4.2　任务与计划

1. 工作任务

(1) 用 Keil、Proteus 软件作开发工具，AT89C51 单片机作控制，ADC0809 作 A/D 转换器。

(2) 调节电位器控制输入电压幅度，并用数码管显示器作显示。

(3) 输入电压幅度可调节。

2. 设计步骤

(1) 拟定总体设计制作方案。

(2) 拟定硬件电路原理图。

(3) 绘制软件流程图及设计相应的源程序。

(4) 仿真、调试波形发生器。

(5) 修改、完善、运行、固化程序。

4.4.3　硬件电路与软件程序设计

利用 AT89C51 单片机作控制，ADC0809 作 A/D 转换器实现数字电压表的功能，通过调节电位器调整输入电压幅度，并用数码管显示实际电压值。

按照 ADC0808/ADC0809 转换芯片工作步骤，硬件设计时首先将待测量模拟电压值送入 ADC0809 的输入通道 IN0～IN7 中的任一通道，该通道由表 4-5 中的三位地址码 ADDA、ADDB、ADDC 决定，待检测电压连接输入通道 IN0。当 ALE 为高电平时，通道地址输入到地址锁存器中，下降沿将地址锁存并译码。当 START 信号为一正脉冲时，开始启动 A/D 转换。EOC 为 ADC0809 转换结束自动发出的转换状态标志。OE 信号为输出信号允许，当它为高电平时，允许输出数据并送显示。CLK 为 A/D 转换时钟信号。硬件设计将 START 信号、OE 信号、ALE 信号、CLK 时钟信号分别与单片机 AT89C51 相应的 I/O 口引脚相连,这些信号分别连接 P3.0、P3.1、P3.2、P3.4 等。经 A/D 转换的数据经 P1 口输出,作为 4 位数码管的段码显示,4 位数码管的位选码由 P2 口 P2.0～P2.3 引脚信号提供。

编写程序时首先定义启动信号、输出允许信号、输入地址锁存信号、A/D 转换结束信号及 CLK 时钟信号变量。利用 AT89C51 中的定时器 T0,使其工作在方式 2 产生 CLK 信号,在 ALE 信号的上升沿锁存输入信号通道,ST 信号的上升沿开始 A/D 转换,先将转换数据值分别求出千位、百位、十位、个位,再选通相应位的数码管分别显示数值。具体设计内容见案例"任务 4: 数字电压表"相关文档。

1. 选取元器件

单片机: AT89C51; 4 位共阴极的数码管: 7SEG-MPX4-CC; A/D 转换芯片: ADC0808(代替 0809); 电位器: POT-LOG; 晶振: CRYSTAL 12MHz; 电阻、电容等。

2. 放置元器件、电源和地、连线、元器件属性设置

数字电压表的原理图如图 4-26 所示,整个电路设计操作都在 ISIS 平台中进行。

3. ADC0809 与单片机的接口电路说明

(1) ADDA、ADDB、ADDC: 在本实例中直接将 ADDA、ADDB、ADDC 接地,选通 IN0 通道。

(2) CLK: CLK 与 P3^4 口相连,单片机通过软件的方法输出时钟信号供 ADC0809 使用。

(3) START: START 与 P3^0 口相连。

(4) D0～D7: 8 位转换结果输出端。与 P1 口相连,从 P1 口读出转换结果。

(5) EOC: ADC0809 自动发出的转换状态端,EOC 与 P3^3 口相连。

(6) OE: 转换数据允许输出控制端,OE 与 P3^1 口相连。

4. 源程序设计与目标代码文件生成

ADC0808/ADC0809 转换芯片工作步骤如下。

(1) 设置 ADD C/B/A 地址,选择通道 IN0～IN7,如要转换 IN0,则 CBA 为 000。

(2) 转换的模拟信号准备好(接到步骤(1)中选中的 IN0～IN7 端)。

(3) OE=0(刚开始转换,不允许输出)。

(4) 将 ALE 脚从 0 变化到 1。

(5) 将 START 脚从 0 变化到 1。

(6) 将 ALE 和 START 脚变化到 0。

(7) 等待 EOC 变成 1(变成 1 说明转换结束)。

(8) OE=1(转换结束了,允许输出,等待读取转换结果)。

(9) 读取转换结果。

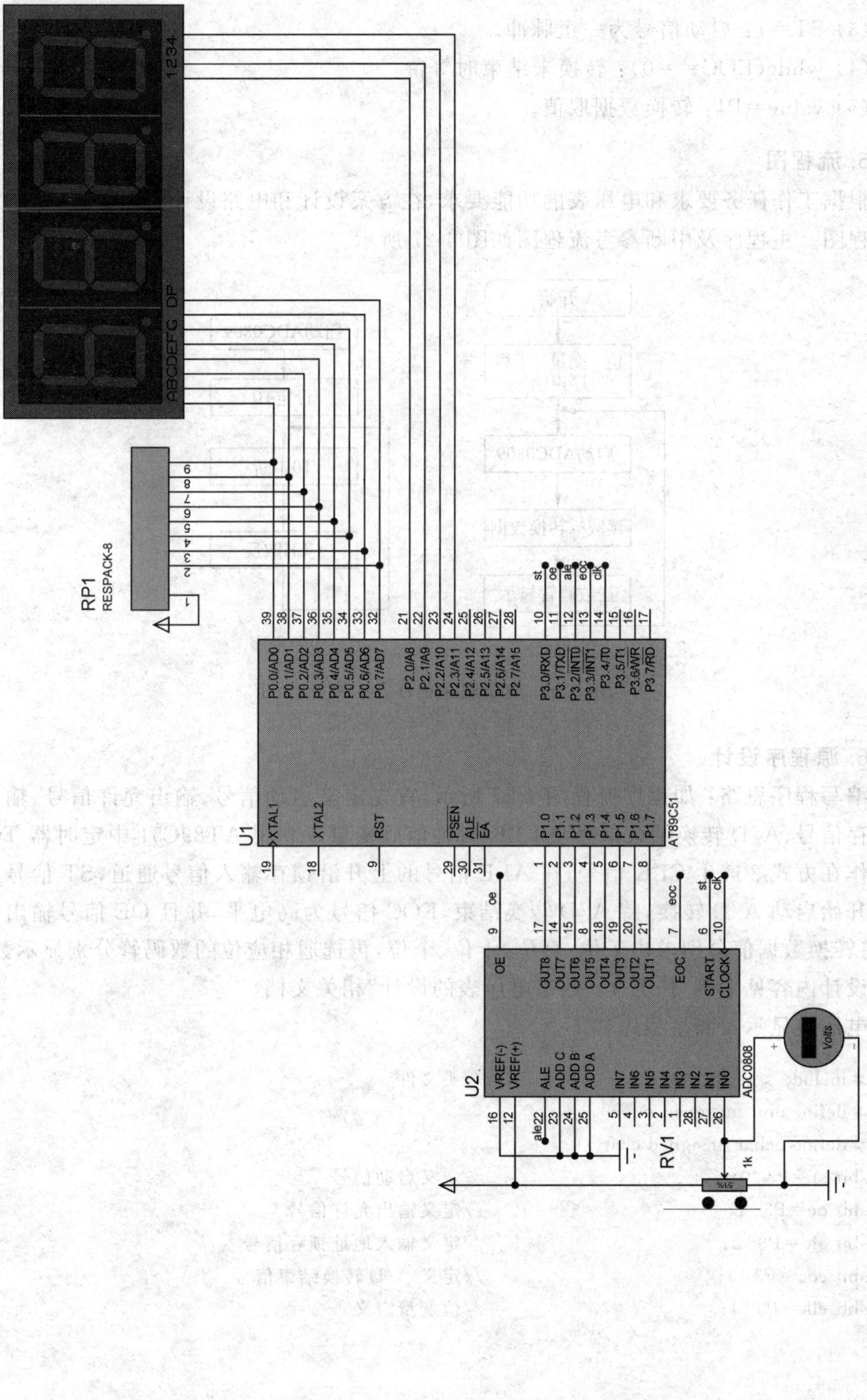

图 4-26　数字电压表电路图

对应控制引脚的常用语句值如下。

(1) OE＝0：输出允许信号清零；OE＝1：输出数据允许。

(2) ALE＝1：地址锁存信号为一正脉冲。

(3) ST＝1：启动信号为一正脉冲。

(4) while(EOC＝＝0)：转换未结束时等待。

(5) value＝P1：转换数据取值。

5. 流程图

根据工作任务要求和电压表的功能要求，在方案设计和电路设计的基础上，绘制电压表流程图。主程序及中断参考流程图如图 4-27 所示。

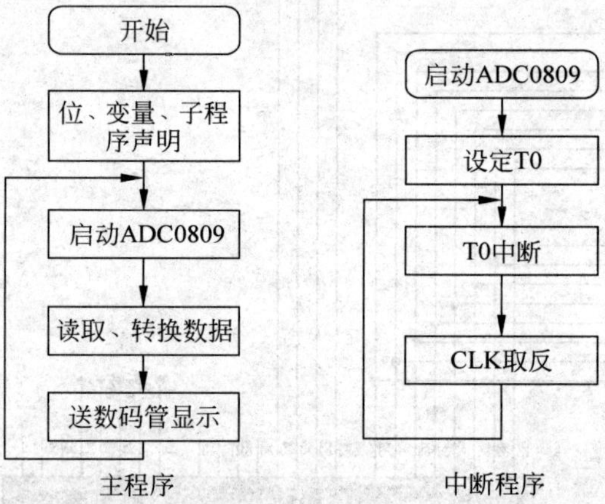

图 4-27 电压表主程序及中断流程图

6. 源程序设计

编写程序思路：如程序流程图 4-27 所示，首先定义启动信号、输出允许信号、输入地址锁存信号、A/D 转换结束信号及 CLK 时钟信号变量。利用 AT89C51 中定时器 T0，使其工作在方式 2 产生 CLK 信号，在 ALE 信号的上升沿锁存输入信号通道，ST 信号的上升沿开始启动 A/D 转换，待 A/D 转换结束，EOC 信号为高电平，并且 OE 信号输出允许时，将转换数据值分别求出千位、百位、十位、个位，再选通相应位的数码管分别显示数值。具体设计内容见案例“任务 4 数字电压表的设计”相关文档。

电压表显示及测量程序如下。

```
#include <reg51.h>                    //头文件
#define uint unsigned int
#define uchar unsigned char
sbit st=P3^0;                         //定义启动信号
sbit oe=P3^1;                         //定义输出允许信号
sbit ale=P3^2;                        //定义输入地址锁存信号
sbit eoc=P3^3;                        //定义 A/D 转换结束信号
sbit clk=P3^4;                        //位变量定义
```

```
//共阴数码管显示码,不带小数点
uchar code table[]={0x3f,0x06,0x5b,0x4f,0x66,0x6d,0x7d,0x07,0x7f,0x6f};
//共阴数码管显示码,带小数点
uchar code tabledp[]={0xbf,0x86,0xdb,0xcf,0xe6,0xed,0xfd,0x87,0xff,0xef};
//变量定义: q-千、b-百、s-十、g-个位(第一位、第二位、第三位、第四位)数码管显示值
//valu: 装 adc0808 转换结果
uchar q,b,s,g,valu;
//temp 为由 value 换算成真实电压值的 1000 倍(为了便于显示)
uint temp;
void delay(uint);                          //延时子函数
void display();                            //显示子函数
void main()                                //主函数
{                                          //用 T0 方式 2 产生一定频率的方波,供 adc0808 的 CLK
    EA=1;
    ET0=1;
    TMOD=0x02;                             //T0 工作在方式 2
    TH0=50;
    TL0=50;
    TR0=1;
    while(1)                               //等待中断
    {   oe=0;                              //开启 adc0808,具体参看 ADC0808 的数据手册
        ale=0;
        st=0;

        ale=1;                             //ale 产生一正脉冲
        st=1;                              //st 产生一正脉冲
        ale=0;
        st=0;
        while(eoc==0);                     //等待转换结束
        oe=1;                              //打开输出有效
        value=P1;                          //把结果取到 value 中
        oe=0;                              //关闭输出有效
        //将 value 转换成真实电压值并放大一千倍
        temp=value*1.0*5/255*1000;
                                           //求各显示位值
        q=temp/1000;                       //千位
        b=temp%1000/100;                   //百位
        s=temp%100/10;                     //十位
        g=temp%10;                         //个位
        display();                         //调用显示函数
    }
}
void t0() interrupt 1                      //定时器中断子函数
{
    clk=~clk;                              //定时时间到,取反 CLK,产生 CLK 方波
}
void delay(uint xms)                       //带参数的延时子函数
```

```
{    uint i,j;                                //定义变量
     for(i=xms;i>0;i--)
         for(j=110;j>0;j--);
}
void display()                                //显示子函数
{
     P2=0xfe;                                 //选中千位数码管
     P0=tabledp[q];                           //带小数点的千位(电压值的个位)
     delay(10);                               //延时
     P2=0xff;                                 //P2 口先置高电平
     P2=0xfd;                                 //选中百位数码管
     P0=table[b];                             //不带小数点的百位(电压值的十分位)
     delay(10);                               //延时
     P2=0xff;                                 //P2 口先置高电平
     P2=0xfb;                                 //选中十位数码管
     P0=table[s];                             //不带小数点的十位(电压值的百分位)
     delay(10);                               //延时
     P2=0xff;                                 //P2 口先置高电平
     P2=0xf7;                                 //选中个位数码管
     P0=table[g];                             //不带小数点的个位(其实为电压值的千分位)
     delay(10);                               //延时
     P2=0xff;                                 //P2 口先置高电平
}
```

4.4.4 调试与仿真运行

1. 调试与仿真运行

在 Keil 工作界面中,建立一个工程项目,选择 ATMEL 公司的 CPU,型号为 AT89C51。输入源程序并编译程序直到输出窗口中出现“0 errors,0 warning”并生成可执行代码 HEX 文件。

运用 Proteus 进行仿真,加载目标代码文件,双击编辑窗口的 AT89C51 器件,在弹出的属性编辑对话框 Program File 一栏中单击“打开”按钮,出现文件浏览对话框,找到 0808.hex 文件,单击“打开”按钮,完成添加文件。单击按钮,启动仿真。

(1) 电压探针和电压表。单击工具栏中的“电压探针”按钮,连接到要实时监控的电路上,以便仿真时观察该处电压的实时变化。单击工具栏中的“虚拟仪器”按钮,在对象选择器列表中选择 DC VOLTMETER(直流电压表),在 ISIS 编辑窗口中合适的位置单击就可以将电压表放置好了。通过电压表可以观察到电位器电压的实时变化。

(2) 仿真图。将电位器调节到最上端,为最高电压,电压探针和电压表实时显示此电压值。调节电位器,IN0 通道获得的模拟量都可以在数码管上实时显示。图 4-28 所示为调节电位器后采集到的电压。

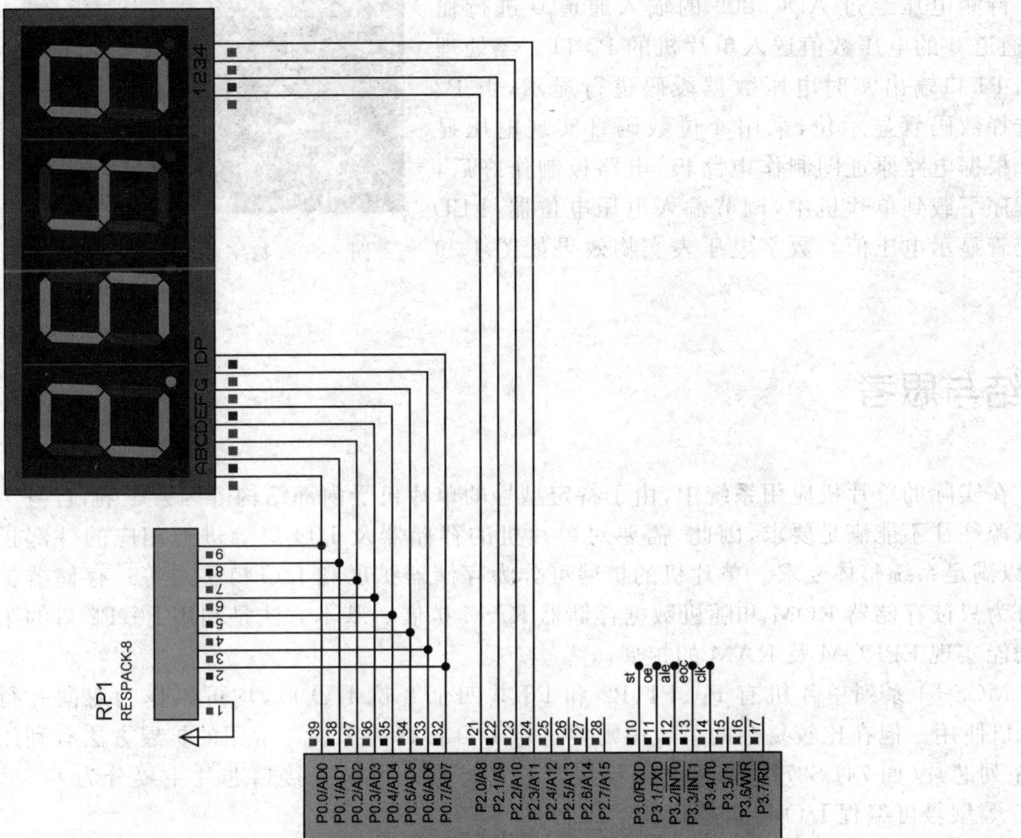

图 4-28　数字电压表仿真效果图

2. 实物制作调试

待测电压经过ADC0809的输入通道0进行输入,通道0的电压数值送入单片机的P0口。经处理后由P1口输出实时电压数据段码进行显示,由P2口选择数码管显示位,采用4位数码管实现电压显示。根据电路原理图制作电路板,电路板制作好后,将程序下载到单片机中,调节输入电压电位器,LED数码管显示电压值。数字电压表实物效果如图4-29所示。

图4-29 数字电压表实物效果

总结与思考

在实际的单片机应用系统中,由于特定型号的单片机受内部结构等因素影响,自身所带资源往往不能满足要求,因此,需要对单片机的存储器及I/O口等进行相应的外部扩展,以满足系统整体要求。单片机的扩展可分为存储器扩展和I/O口扩展等。存储器扩展分为只读存储器ROM和随机数据存储器RAM扩展。基本方法是利用P0、P2口的第二功能实现EPROM及RAM的扩展。

MCS-51系列单片机有P0、P1、P2和P3共四个8位I/O口,均可以作为双向并行I/O口使用。但在比较复杂的系统中需要进行I/O接口的扩展。常用的扩展方法有利用74系列芯片(如74LS377等)及可编程接口芯片扩展。可编程接口芯片主要分为8255、8155等型号可编程I/O接口芯片。

LED显示屏利用许多发光二极管排成行与列构成点阵,点亮不同位置的发光二极管,就可以显示不同的图形或文字符号。它有8行(Y0~Y7),8列(X0~X7)共16个引脚,其中8根行线用数字0~7表示,8根列线用字母A~H表示。

D/A转换器即将数字量转换为模拟量,它是将输入的每一位代码按其权值大小转换成相应的模拟量,然后对模拟量进行相加,从而实现数/模转换。典型的型号有8位D/A转换器DAC0832等。

A/D转换器即将模拟量转换为数字量,它对模拟量进行等时间间隔取样,然后对采样值进行数字量的转换工作。通常A/D转换需要通过采样、保持、量化及编码四个步骤进行。

数字电压表的工作原理是将待测电压经过输入取样,并输入相应的A/D转换通道,经ADC0808转换处理后的电压数据值并送入单片机P0口。经数据处理后由P1口输出实时电压数据的段码及由P2口输出数码管显示的位码,并进行显示。

习题4

4-1 AT89C51单片机的I/O口有几个?各有什么功能?

4-2 如何扩展AT89C51的外部RAM?需要用到哪些端口?如何连接?

4-3　如何扩展 AT89C51 的外部 EPROM？需要用到哪些端口？如何连接？

4-4　如何利用 74 系列芯片进行 I/O 口扩展？控制线如何连接？

4-5　如何利用 74LS244 等芯片进行总线扩展？控制线如何连接？

4-6　可编程扩展芯片 8255 有何特点？如何利用其扩展 I/O 口？

4-7　可编程扩展芯片 8155 有何特点？画出利用其扩展 I/O 口的电路连接图。

4-8　使用 P0 口功能进行数据输入输出时，硬件电路和程序设计应注意哪些？如何进行数据和地址的分时复用？

4-9　如何理解 LED 点阵中点亮不同位置的 LED，可以显示不同的图形或文字符号？

4-10　怎样利用单片机系统实现 LED 点阵显示？

4-11　设计制作在 8×8 点阵上逐个显示 0～9 这几个数字。

4-12　什么是 D/A 转换？为什么要进行 D/A 转换？

4-13　D/A 转换器有哪些参数指标？叙述其含义。

4-14　如何控制 DAC0832 芯片的单缓冲、双缓冲及直通方式？

4-15　画出利用 DAC0832 芯片进行 D/A 转换的电路图。

4-16　用单片机控制 DAC0832 芯片输出电流，使发光二极管由熄灭均匀变到最亮，再由最亮均匀熄灭。

4-17　如何设计程序利用 DAC0832 实现正弦波波形输出？

4-18　什么是 A/D 转换？为什么要进行 A/D 转换？

4-19　ADC0809 转换器有哪些参数指标？叙述其含义。

4-20　ADC0809 转换器如何实现输入通道选择？

4-21　ADC0809 芯片中的 ALE、START 及 EOC 信号如何处理？

4-22　画出利用 ADC0809 转换器实现电压转换的电路图。

4-23　设计利用单片机控制 ADC0809 测量电阻的阻值。

4-24　设计一个量程为 12V 的电压表。如扩大电压表量程，硬件和软件应作何改动？

4-25　设计一个简易信号发生器，可以选择输出正弦波、方波、三角波波形。

CHAPTER 5

学习情境5

数字温度控制器的设计与制作

5.0 学习情境任务描述

温度的测量与控制是生产过程自动化的重要任务之一。温度控制系统在工业控制中应用广泛，如在石油化工、机械制造、食品加工等行业中应用十分普遍。本学习情境的主要任务是以AT89C51单片机为控制器，用DS18B20数字温度传感器进行温度检测，用1602 LCD液晶模块进行状态显示，并根据温度控制驱动直流电动机的PWM波的占空比，从而控制电机转速。

5.0.1 学习目标

(1) 掌握DS18B20基本读写时序及常用操作命令。

(2) 掌握DS18B20控制程序的编写。

(3) 掌握1602 LCD液晶模块基本时序及操作命令，掌握控制程序的编写。

(4) 掌握直流电动机基本结构，熟悉常用直流电动机驱动电路。

(5) 掌握直流电动机PWM波调速编程。

(6) 能按照任务书的要求进行数字温度控制器的设计调试和制作。

5.0.2 学习与工作内容

本学习情境要求根据工作任务书(见表5-1)的要求，查阅收集资料，制订工作方案和计划，熟悉数字温度传感器DS18B20的主要性能，掌握DS18B20读写操作时序，编写其控制程序，将读取出的温度信息显示到1602 LCD液晶模块上，并根据测得的温度状态调节PWM波占空比，控制直流电动机的转速。需要完成以下的工作任务。

(1) 熟悉数字温度传感器DS18B20的主要性能指标，掌握DS18B20读写操作时序、命令字、工作流程，编写控制程序读取温度信息。

(2) 熟悉2行×16字符液晶模块1602 LCD功能，掌握1602 LCD读写操作时序、控制字，编写控制程序并显示系统工作状态。

(3) 熟悉直流电动机的基本结构、驱动电路、PWM波调速控制，根据温度传感器提供的温度信息调节PWM波占空比，控制直流电动机转速。

表 5-1 数字温度控制器设计制作任务书

设计制作任务	数字温度控制器
功能要求	采用 AT89C51 单片机作为控制器，用 DS18B20 数字温度传感器进行温度检测，根据温度控制驱动直流电动机的 PWM 波的占空比，从而控制电动机的转速，用 1602 LCD 液晶显示当前温度和 PWM 波占空比。当温度在 25～28℃时，电动机停止转动；当温度高于 28℃时，电动机顺时针转动；当温度低于 25℃时，电动机逆时针转动。温度每变化 0.1℃占空比变化 5%
工具	(1) 单片机开发和电路设计仿真软件：Keil μVision、Proteus (2) PC 及软件程序、示波器、万用表、电烙铁、装配工具
材料	元器件(套)、焊料、焊剂

(4) 划分工作小组，以小组为单位开展数字温度控制器设计与制作的工作。

(5) 根据设计任务书的要求，查阅收集相关资料，制订完成任务的方案和计划。

(6) 根据设计任务书的要求，设计出数字温度控制器的硬件电路图。

(7) 根据任务要求和电路图，整理出所需要的器件和工具仪器清单。

(8) 根据数字温度控制器功能要求和硬件电路原理图，绘制程序流程图。

(9) 根据数字温度控制器功能要求和程序流程图，编写软件源程序并进行编译调试。

(10) 进行软硬件的调试和仿真运行，电路的安装制作，演示汇报。

(11) 进行工作任务的学业评价，完成工作任务的设计制作报告。

5.0.3 学业评价

本学习情境的学业根据工作任务的完成过程进行考核评价，注重学习和工作过程的考核评价，依据完成任务中实际的学习和工作过程分为 10 个评分项目，根据各项目主要完成主体的不同，分别对个人和小组进行考核评价。考核评价表如表 5-2 所示。

表 5-2 学习情境 5 考核评价表

项目名称	分值	组别									
		第一组			第二组			第三组			…
		学生 A	学生 B	学生 C	学生 D	学生 E	学生 F	学生 G	学生 H	学生 I	…
学习 DS18B20	10										
学习 1602 LCD	10										
学习直流电动机	5										
温度报警器	10										
直流电机控制器	10										
数字温度控制器	15										
调试仿真	10										
安装制作	10										
设计制作报告	10										
团队及合作能力	10										

5.1 任务 1 认识数字温度传感器

5.1.1 DS18B20 数字温度传感器

DS18B20 是美国 Dallas 半导体公司推出的数字式单总线温度传感器,图 5-1 所示为 TO-92 封装的 DS18B20 实物照片。

由于 DS18B20 具有微型化、低功耗、高性能、抗干扰能力强、接口简单等很多优点,使其得到了广泛的应用。

图 5-1 采用 TO-92 封装的 DS18B20

1. DS18B20 温度传感器的特性

DS18B20 温度传感器具有下列特性。

(1) 单总线结构,只需一根 I/O 口线就可以实现与微处理器的双向数据通信。

(2) 每一个 DS18B20 都有唯一的 64 位序列号,可以将多个 DS18B20 并联在一根 I/O 口线上进行多点温度测量。

(3) 温度测量范围为－55～＋125℃,在－10～＋85℃范围内精确度为±0.5℃。

(4) 可编程设定温度数据位数为 9 位、10 位、11 位、12 位,对应的可分辨温度为 0.5℃、0.25℃、0.125℃、0.0625℃,可以实现高精度温度测量。

(5) 可编程在 E^2PROM 单元设定高温告警 TH 和低温告警 TL,设定值断电后不会丢失。

2. DS18B20 的引脚介绍

表 5-3 列出了 DS18B20 的引脚定义。

表 5-3 DS18B20 引脚定义

引 脚	定 义	引 脚	定 义
GND	接地	V_{DD}	电源正极
DQ	数据输入输出	NC	空

3. DS18B20 的内部结构

DS18B20 内部结构如图 5-2 所示。其内部功能部件有寄生电源电路、64 位 ROM、温度传感器和一个 9B 的高速暂存器。

寄生电源电路主要用于寄生方式,DS18B20 从单信号线取得电源。在单信号线为高电平期间二极管导通,电容 C_{PP}充电;在单信号线为低电平期间二极管不导通,断开与信号线的连接。

64 位 ROM 存储着 DS18B20 三个部分的信息:低 8 位是产品工厂代码,中间 48 位是每个器件唯一的序列号,高 8 位是前面 56 位的 CRC 校验码。高速暂存器一共有 9B,功能定义如表 5-4 所示。

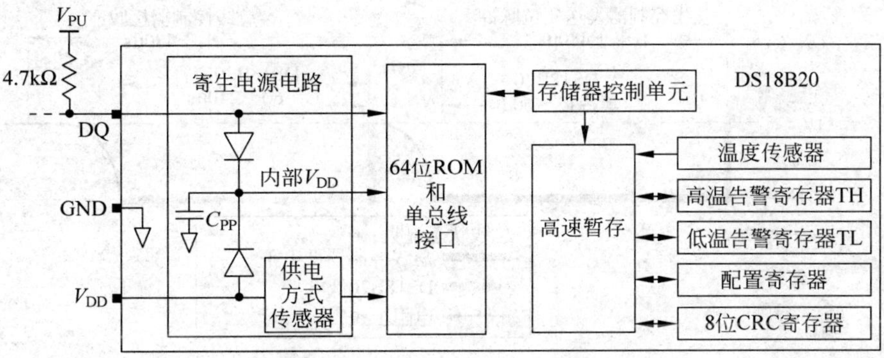

图 5-2　DS18B20 内部结构框图

表 5-4　DS18B20 高速暂存器的功能定义

字　节	功　　能	字　节	功　　能
0	温度转换结果的低位	4	配置寄存器
1	温度转换结果的高位	5～7	系统保留
2	高温告警 TH	8	CRC 校验码
3	低温告警 TL		

4. DS18B20 与单片机的连接

DS18B20 是“单总线”的数字式温度传感器，它只需单片机提供一根 I/O 口线就能实现双向数据通信。通过将 V_{DD}引脚连接到外部电源，为 DS18B20 供电，如图 5-3 所示。

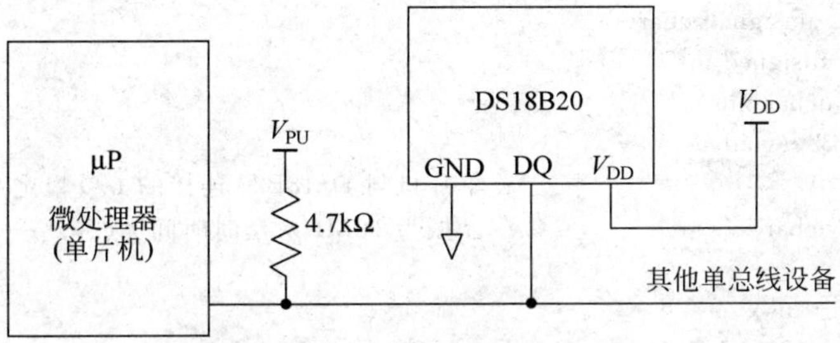

图 5-3　DS18B20 与单片机连接

5.1.2　传感器的读/写时序

1. DS18B20 初始化时序

DS18B20 的初始化过程由三个部分组成：首先是由主控制器(单片机)向总线发出复位脉冲，然后主控制器释放总线，第三部分为 DS18B20 对复位操作的应答。图 5-4 所示为 DS18B20 初始化时序图。

(1) 将数据线置为高电平 1(初始化操作之前状态)。

(2) 将数据线拉低电平 0(总线控制器低电平)。

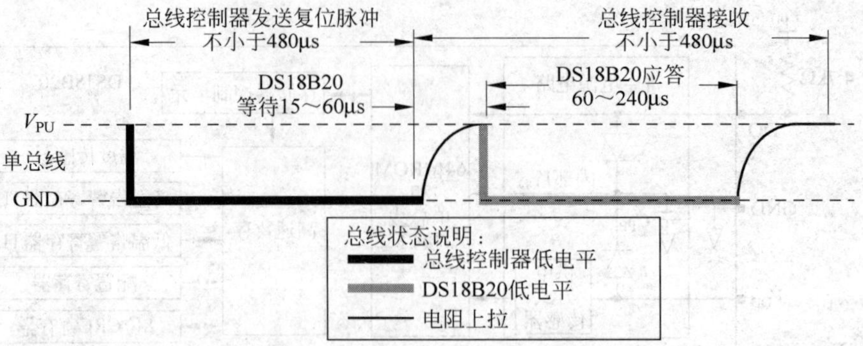

图 5-4 DS18B20 初始化时序

(3) 延时,不小于 480μs,不超过 960μs。

(4) 总线控制器释放总线(将数据线置为高电平 1)。

(5) 延时等待 15～60μs。

(6) 检测 DS18B20 应答,若总线被 DS18B20 拉低电平,则初始化成功,说明 DS18B20 存在于总线上,且工作正常;否则初始化失败。为了检测 DS18B20 是否初始化成功,可以编写带位返回值的初始化函数。当 DS18B20 正常应答时返回 0;否则返回 1。详见初始化函数 Init_DS18B20()。

(7) 延时等待。从第(4)步释放总线开始算,延时时间不小于 480μs。

(8) DS18B20 释放总线(将数据线置成高电平 1),结束初始化操作。

根据以上分析出的 DS18B20 初始化步骤,可以写出如下初始化函数。

```
#define uchar unsigned char
#define uint unsigned int
void Delayus(uchar xus);
bit Init_DS18B20(void);
sbit DQ=P1^0;                    //单片机与 DS18B20 连接的 I/O 口定义
void Delayus(uchar xus)          //晶振为 12MHz,延时时间为(2i+5)μs
{
    while(--xus);
}
bit Init_DS18B20(void)
{
    bit Status_DS18B20;          //DS18B20 复位状态变量定义
    DQ=1;                        //步骤(1)
    DQ=0;                        //步骤(2)
    Delayus(250);                //步骤(3)延时 505μs
    DQ=1;                        //步骤(4)
    Delayus(20);                 //步骤(5)延时 45μs
    if(!DQ)                      //步骤(6)
        Status_DS18B20=0;        //DS18B20 正常应答,复位状态为 0
    else
        Status_DS18B20=1;        //DS18B20 未应答,复位状态为 1
    Delayus(250);                //步骤(7)延时 505μs
```

```
    DQ=1;                          //步骤(8)
    return Status_DS18B20;         //返回 DS18B20 复位状态
}
```

2. DS18B20 读时序

DS18B20 的读时序分为“读 0”时序和“读 1”时序。图 5-5 所示为 DS18B20 读时序图。

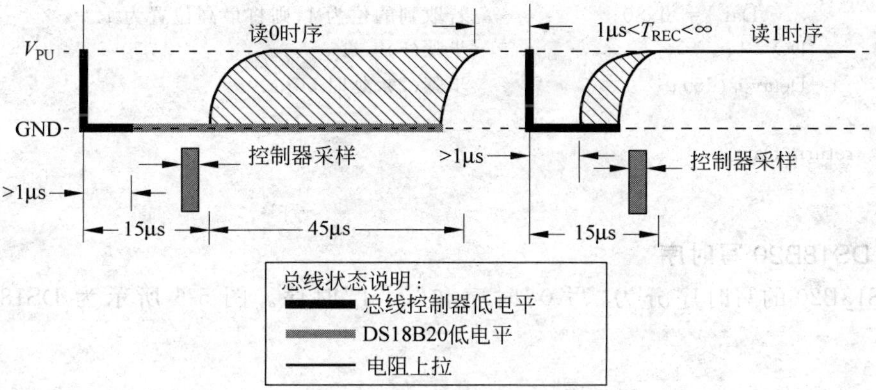

图 5-5　DS18B20 读时序

当主机从 DS18B20 读数据时，主机必须先将总线从高电平拉至低电平，产生读时序，并且总线必须保持低电平至少为 1μs 的时间。但是，来自 DS18B20 的输出数据仅在读时序下降沿之后 15μs 内有效。因此，为了正确读出 DS18B20 输出的数据，主机在产生读时序 1μs 后必须释放总线，使 DS18B20 输出数据(若输出 0，DS18B20 会将总线拉至低电平；若输出 1，DS18B20 会使总线保持高电平)，主机在 15μs 内取走数据。15μs 后上拉电阻将总线拉回至高电平。所有读时序的最短持续时间为 60μs，且各个读时序之间必须有最短为 1μs 的恢复时间。

根据以上分析，读取一位数据可以按照如下步骤进行。

(1) 将总线置为高电平 1(读操作之前状态)。

(2) 将总线拉低电平 0(产生读时序)。

(3) 保持 1μs。

(4) 释放总线(使 DS18B20 输出数据决定总线状态)。

(5) 主机读取总线状态。

(6) 释放总线(上拉电阻将总线拉高)。

(7) 延时，从第(1)步起不小于 60μs。

因为读取操作时，DS18B20 是从数据低位开始传送的，所以根据以上读取步骤，可以写出如下一个字节数据的读取函数。

```
uchar Read_DS18B20(void)
{
    uchar i=0,Dat=0;
```

```
    for(i=0;i<8;i++)              //循环 8 次,读取一个字节
    {
        DQ=1;                      //步骤(1)
        DQ=0;                      //步骤(2)
        Dat>>=1;                   //准备接收数据,同时起到延时作用,相当于步骤(3)
        DQ=1;                      //步骤(4)
        if(DQ)                     //步骤(5)
            Dat |= 0x80;           //若取到的位为 1,则将最高位置为 1
        DQ=1;                      //步骤(6)
        Delayus(25);               //步骤(7),延时 50μs
    }
    return(Dat);
}
```

3. DS18B20 写时序

DS18B20 的写时序分为“写 0”时序和“写 1”时序。图 5-6 所示为 DS18B20 写时序图。

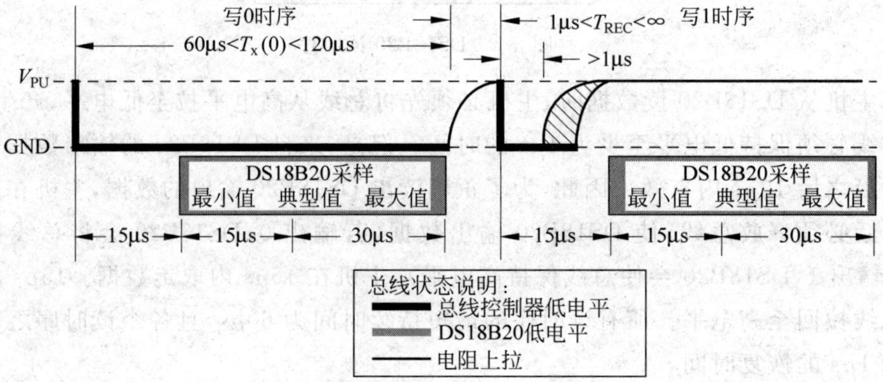

图 5-6 DS18B20 写时序

当主机将总线从高电平拉至低电平时,产生写时序。有两种类型的写时序:写 1 和写 0。所有时序必须持续最短 60μs,在各写周期之间必须有最短为 1μs 的恢复时间,恢复期总线为高电平。

在总线由高电平变为低电平之后,DS18B20 在 15~60μs 内对总线采样。如果总线为高电平,即写 1;如果总线为低电平,即写 0。

写 1 时,总线先被拉至低电平然后释放,使总线在写时序开始之后的 15μs 之内拉至高电平;写 0 时,总线被拉至低电平且至少保持 60μs。

根据以上分析,可以写出如下一个字节数据的写入函数。

```
void Write_DS18B20(uchar Dat)
{
    uchar i=0;
```

```
for(i=0;i<8;i++)                    //循环 8 次,写入一个字节
{
    DQ=1;                           //将总线拉低,产生写时序
    DQ=Dat&&0x01;                   //将要传送的位状态送到总线上
    Delayus(25);                    //延时 50μs,即保持总线状态,待 DS18B20 采样
    DQ=1;                           //恢复期,总线置 1
    Dat >>= 1;
}
}
```

5.1.3 传感器的操作使用

在了解了 DS18B20 的内部结构以及初始化、读、写等操作之后,另一个比较重要的问题就是如何用单片机将温度信息从 DS18B20 中取出来。首先,来了解一下 DS18B20 的常用控制命令。

1. DS18B20 的 ROM 控制命令

ROM 控制的命令主要是对 DS18B20 内部 64 位 ROM 进行相关操作的命令。

(1) 33H(读 ROM):当总线上仅有一个 DS18B20 时,用于读取 DS18B20 ROM 中的编码(64 位编码)。

(2) 55H(匹配 ROM):用 55H 后跟 64 位序列号,找到与发送的序列号匹配的 DS18B20,为进一步读、写操作做准备。

(3) CCH(跳过 ROM):当总线上仅有一个 DS18B20 时,可以通过此命令允许主机不提供 64 位序列号直接访问存储器。

(4) F0H(搜索 ROM):用于确定总线上的器件类型和个数,识别器件地址,为操作各器件做准备。

如果需要在总线上并联多个 DS18B20 时,则需要先将 DS18B20 逐个挂在总线上读出并记下它们的序列号,然后将它们一起并联在总线上,根据序列号选择被操作对象进行读、写操作;如果只使用一个 DS18B20,则可以跳过 ROM,直接对高速暂存器进行读、写操作。

2. 高速暂存控制命令

高速暂存由 9 个字节组成,功能定义如表 5-4 所示。

(1) 44H(温度转换):向 DS18B20 写入 44H,即启动 DS18B20 进行温度转换,并将结果存入高速暂存的字节 0 和 1。

温度数据存储格式如表 5-5 所示。DS18B20 默认数据位数为 12 位(一般不需要做修改),数据存储编码为补码。表中 S 为符号位,温度值为正时,S 为 0;温度值为负时,S 为 1。

表 5-5　DS18B20 温度数据存储格式

位 7	位 6	位 5	位 4	位 3	位 2	位 1	位 0
2^3	2^2	2^1	2^0	2^{-1}	2^{-2}	2^{-3}	2^{-4}
位 15	位 14	位 13	位 12	位 11	位 10	位 9	位 8
S	S	S	S	S	2^6	2^5	2^4

当分辨率为 12 位时,温度值每增加 0.0625℃,数据加 1。所以当读取到温度编码后,只要将所得的补码转换成原码,再将数值乘以 0.0625 就可以得到温度值了。

(2) BEH(读暂存器):向 DS18B20 写入 BEH,就可以从字节 0 开始依次读取 9 个字节的高速暂存内容。如果只要读取一部分,可随时用复位(初始化)操作打断读取操作。

3. DS18B20 操作流程

DS18B20 操作流程分 ROM 操作流程和 RAM 操作流程。如果仅使用一个传感器,且只需要进行温度转换并读出温度值,可以按以下流程进行。

(1) 复位。

(2) 跳过 ROM 命令(CCH)。

(3) 温度转换命令(44H)。

(4) 复位。

(5) 跳过 ROM 命令(CCH)。

(6) 读 RAM 命令(BEH)。

(7) 读取两个字节数据。

(8) 将读到的温度编码转换成温度值。

根据以上分析,可以写出如下的温度获取函数。

```
//全局变量定义
bit Temp_Flag;                    //正负温度标志:温度为正,Temp_Flag=0;否则为 1
uint Temp;                        //温度值
⋮
void GetTemp(void)                //获取温度函数
{
    uchar a=0,b=0;
    Init_DS18B20();
    Write_DS18B20(0xcc);          //跳过 ROM
    Write_DS18B20(0x44);          //开启温度转换
    Init_DS18B20();
    Write_DS18B20(0xcc);          //跳过 ROM
    Write_DS18B20(0xbe);          //读暂存器
    a=Read_DS18B20();             //读取高速暂存字节 0,温度低 8 位
    b=Read_DS18B20();             //读取高速暂存字节 1,温度高 8 位
    Temp=b;
    Temp<<=8;
```

```
    Temp=Temp|a;                    //将高、低位温度编码合在一起
    if(b>=8)                        //判断温度值是否为负
    {
      Temp=~Temp+1;                 //将补码转换成原码
      Temp_Flag=1;
    }
    Temp=Temp*0.0625;
}
```

5.2　任务2　认识液晶显示器

5.2.1　1602 LCD 液晶模块

液晶是一种高分子材料，因为其具有微功耗、体积小、显示内容丰富、超薄轻巧等很多优点，20世纪中叶开始被广泛应用在袖珍式仪表、低功耗应用系统等轻薄型的显示技术上。

1602 LCD液晶显示模块可以显示2行(每行16个)ASCII码字符，图5-7所示为1602 LCD液晶模块实物照片。1602 LCD提供了8位并行数据接口，方便了与单片机的连接。

图5-7　1602 LCD液晶模块实物照片

1. 1602 LCD引脚

1602 LCD采用16脚接口，引脚功能定义如表5-6所示。

表5-6　1602 LCD引脚功能定义

编　号	符　号	引脚说明	编　号	符　号	引脚说明
1	V_{SS}	电源地	6	E	使能信号
2	V_{DD}	电源正极	7～14	D0～D7	8位双向数据线
3	VO	对比度调节	15	BLA	背光源正极
4	RS	数据/命令选择端	16	BLK	背光源负极
5	R/W	读/写选择端			

(1) 第3脚：VO对比度调节，接地时对比度最高，接电源时对比度最低，使用时可以用10kΩ的电位器调整对比度。

(2) 第4脚：RS数据/命令选择端，当RS为高电平时，将D0～D7上的数据送入数据寄存器；当RS为低电平时，将D0～D7上的数据送入指令寄存器。

(3) 第5脚：R/W即读/写选择端，高电平时进行读操作；低电平时进行写操作。

(4) 第6脚：E使能信号，控制1602 LCD工作状态，具体功能见时序图。

2. 1602 LCD 主要技术参数

1602 LCD 的主要技术参数包括显示容量、工作电压范围、工作电流，如表 5-7 所示。

表 5-7　1602 LCD 主要技术参数

显示容量	16×2 个字符
工作电压范围	4.5～5.5V
工作电流	2mA(5V)

3. 1602 LCD 指令

1602 LCD 模块内部控制器共有 11 条控制指令，指令功能如表 5-8 所示。

表 5-8　1602 LCD 液晶模块控制器指令集

序号	指 令 功 能	RS	R/W	D7	D6	D5	D4	D3	D2	D1	D0
1	清除显示	0	0	0	0	0	0	0	0	0	1
2	光标返回	0	0	0	0	0	0	0	0	1	*
3	输入模式设定	0	0	0	0	0	0	0	1	I/D	S
4	显示开、关设定	0	0	0	0	0	0	1	D	C	B
5	光标、字符移位设定	0	0	0	0	0	1	S/C	R/L	*	*
6	功能设定	0	0	0	0	1	DL	N	F	*	*
7	字符 RAM 地址设定	0	0	0	1	字符 RAM 地址(通用寄存器)					
8	数据 RAM 地址设定	0	0	1	数据 RAM 地址(显示内容寄存器)						
9	读忙标志和地址	0	1	BF	计数地址						
10	写数据到 RAM	1	0	待写的数据							
11	读 RAM 数据	1	1	读出的数据							

注：* 为 0 或 1。

(1) 清除显示指令(01H)：清除 1602 LCD 数据 RAM 中的数据。

(2) 光标返回指令(02H 或 03H)：将光标和显示屏返回到原始位置。

(3) 输入模式设定指令：读、写数据时，地址指针增加/减小及光标、显示屏左右移。

当 I/D=1 时，读、写一个字符后，地址指针加 1，且光标加 1。

当 I/D=0 时，读、写一个字符后，地址指针减 1，且光标减 1。

当 S=1 时，写一个字符后，整屏显示左移(I/D=1)或右移(I/D=0)。

当 S=0 时，写一个字符后，显示屏不移动。

(4) 显示开、关设定指令：设定显示屏是否显示数据 RAM 的内容、光标以及光标是否闪烁。

① D=1：开显示；D=0：关显示。

② C=1：显示光标；C=0：不显示光标。

③ B=1：光标闪烁；B=0：光标不闪烁。

(5) 光标、字符移位设定指令：不改变数据 RAM 内容，只移动光标和显示屏，功能定义如表 5-9 所示。

表 5-9　光标、字符移位指令功能定义

S/C	R/L	功 能 描 述	地址指针 AC
0	0	光标左移	AC＝AC－1
0	1	光标右移	AC＝AC＋1
1	0	显示屏左移，光标跟随显示左移	AC＝AC
1	1	显示屏右移，光标跟随显示右移	AC＝AC

(6) 功能设定指令如下。

① DL：数据接口位数控制位。

DL＝1：数据以 8 位长度传送。

DL＝0：数据以 4 位长度传送，用两次完成数据传送。

② N：显示行数控制位。

N＝0：1 行显示模式。

N＝1：2 行显示模式。

③ F：字符点阵数控制位。

仅在 1 行显示模式下有效，2 行显示模式下每个字符固定以 5×7 点阵显示。

F＝0：5×7 点阵。

F＝1：5×10 点阵。

(7) 字符 RAM 地址设定指令：设定将要被读、写的字符 RAM 的地址。

D5～D0 变化范围为 00H～3FH，加上 D7D6 的状态 01，实际地址为 40H～7FH。

(8) 数据 RAM 地址设定指令：设定将要被读、写的数据 RAM 的地址到数据指针。

1 行显示模式：D6～D0 变化范围为 00H～4FH，加上 D7 的状态 1，实际地址为 80H～CFH。

2 行显示模式：

第 1 行地址中 D6～D0 变化范围为 00H～27H，实际地址为 80H～A7H。

第 2 行地址中 D6～D0 变化范围为 40H～67H，实际地址为 C0H～E7H。

注：不管是 1 行显示模式还是 2 行显示模式，只有前 16 个地址的内容能正常显示在显示屏上，后面地址的内容必须通过移动显示屏才能显示出来。

(9) 读忙标志和地址指令：检测数据线最高位 D7，即 1602 LCD 忙标志位 BF。如果 BF＝1，说明 1602 LCD 正忙，此时 1602 LCD 不会作任何响应，直到 BF＝0。

(10) 写数据到 RAM 指令：按照写时序进行操作。

(11) 读 RAM 数据指令：按照读时序进行操作。

5.2.2　液晶模块读写操作时序

1602 LCD 液晶模块的操作是依据读、写时序及时序参数表进行的，表 5-10 所示为 1602 LCD 时序参数表。

表 5-10　1602 LCD 时序参数表

时序参数	符号	极限值			单位	测试条件
		最小值	典型值	最大值		
E 信号周期	t_C	400	—	—	ns	引脚 E
E 脉冲宽度	t_{PW}	150	—	—	ns	
E 上升沿/下降沿时间	t_R，t_F	—	—	25	ns	
地址建立时间	t_{SP1}	30	—	—	ns	引脚 E、RS、R/W
地址保持时间	t_{HD1}	10	—	—	ns	

1. 1602 LCD 读时序

1602 LCD 读时序如图 5-8 所示。

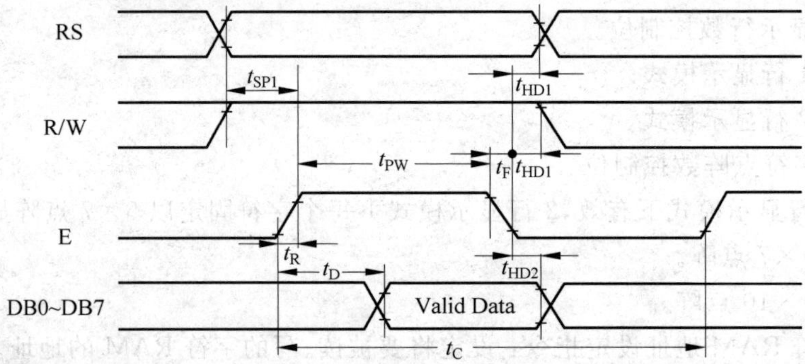

图 5-8　1602 LCD 读时序图

根据读时序图，可以得出如下读状态和读数据时序。

(1) 读状态：输入 RS＝0、R/W＝1、E 高脉冲，输出 D0～D7 为状态字。

(2) 读数据：输入 RS＝1、R/W＝1、E 高脉冲，输出 D0～D7 为数据。

从 1602 LCD 时序参数表中可以看出 1602 LCD 时序的时间都为 ns 级，而 51 系列单片机在使用 12MHz 晶振的情况下，一个机器周期就是 1ms 了。所以一般情况下不需要对 1602 LCD 进行忙状态检测，只要按照写时序正确地将指令或数据写入就可以了。

2. 1602 LCD 写时序

1602 LCD 写时序如图 5-9 所示。

根据写时序图，可以得出如下写指令和写数据时序。

(1) 写指令：RS＝0、R/W＝0、E 高脉冲、D0～D7 为指令码。

(2) 写数据：RS＝1、R/W＝0、E 高脉冲、D0～D7 为数据。

根据以上写时序分析，可以写出如下的写入操作函数，此函数包含写数据和写指令功能。

```
//函数声明,变量定义
#include <reg51.h>
#define uchar unsigned char
#define uint unsigned int
```

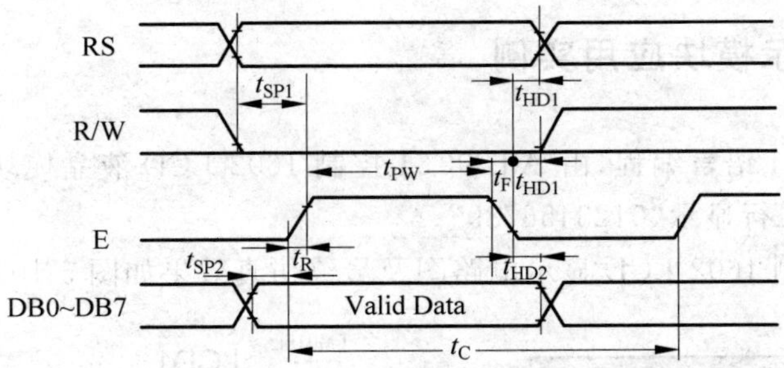

图 5-9　1602 LCD 写时序图

```
#define LcdData P0
sbit RS=P2^0;
Sbit RW=P2^1;
sbit E=P2^2;
void Delayms(uint xms);
void WriteLcd(uchar Dat,bit x);
//省略 1ms 左右延时 Delayms(uint xms)
void WriteLcd(uchar Dat,bit x)              //写指令时 x=0,写数据时 x=1
{
    E=0;                                    //使能信号原始状态
    LcdData=Dat;                            //送入数据或指令码
    RS=x;                                   //确定写入的是数据还是指令
    RW=0;                                   //写操作 RW=0
    E=1;                                    //E 高脉冲,接收送入的数据或指令码
    Delayms(1);                             //延时,等待数据稳定
    E=0;                                    //恢复使能信号原始状态
}
```

3. 1602 LCD 初始化

1602 LCD 初始化操作需要完成以下任务。

(1) 功能设定(38H)：设定为 2 行显示模式,每字符用 5×7 点阵显示,8 位数据接口。

(2) 显示开、关设定(0CH)：开显示,不显示光标,光标不闪烁。

(3) 输入模式设定(06H)：写一个字符后地址指针自动加 1。

(4) 清除显示(01H)：清除数据 RAM。

根据以上步骤,可以写出如下的 1602 LCD 初始化程序。

```
void InitLcd(void)
{
    WriteLcd(0x38,0);               //功能设定(38H)
    WriteLcd(0x0C,0);               //显示开、关设定(0CH)
    WriteLcd(0x06,0);               //输入模式设定(06H)
    WriteLcd(0x01,0);               //清除显示(01H)
    WriteLcd(0x02,0);               //光标返回(02H 或 03H)
}
```

5.2.3 液晶显示模块应用实例

例 5-1 用 C51 语言编程,由 AT89C51 控制 1602 LCD 液晶模块第一行显示"www.ypi.edu.cn",第二行显示"0123456789"。

AT89C51 控制 1602 LCD 显示电路图及最终仿真效果如图 5-10 所示。

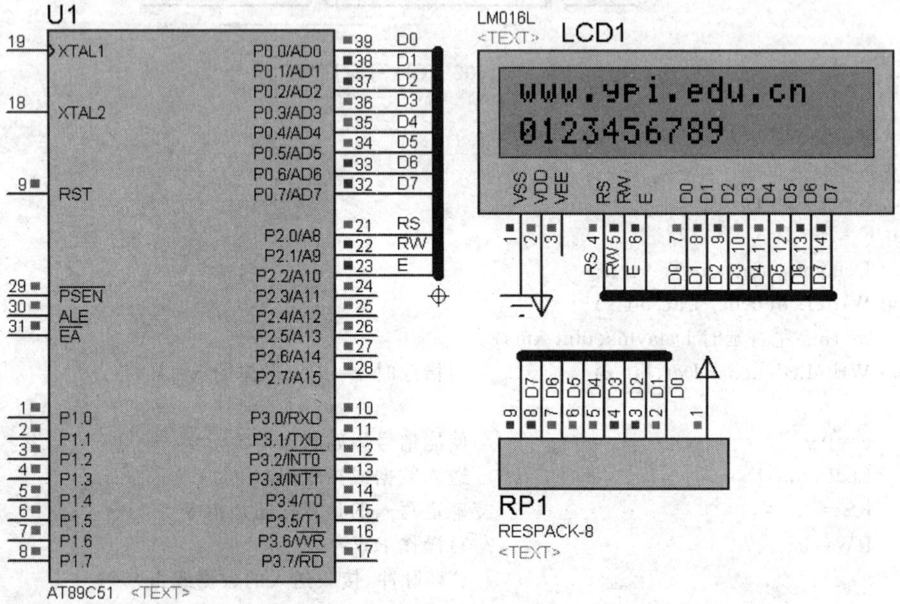

图 5-10 AT89C51 控制 1602 LCD 显示电路图及仿真效果图

程序代码如下。

```
/*头文件包含、宏定义、函数声明见 5.2.2 小节*/
uchar code Institute[]={"www.ypi.edu.cn"};   //第一行显示字符串数组
uchar code Number[]={"0123456789"};          //第二行显示字符串数组
/*函数定义见 5.2.2 小节*/
void main()
{
    uchar y;
    InitLcd();                        //初始化 1602 LCD 液晶模块
    WriteLcd(0x80,0);                 //指定写入数据地址为第一行第一个字符地址
    for(y=0; y<14; y++)
        WriteLcd(Institute[y],1);     //循环写入 Institute 数组中的字符串
    WriteLcd(0xc0,0);                 //指定写入数据地址为第二行第一个字符地址
    for(y=0; y<10; y++)
        WriteLcd(Number[y],1);        //循环写入 Number 数组中的字符串
    while(1);                         //显示数据送入数据 RAM 显示后,程序不再作任何处理
}
```

5.3 任务3　温度报警器的设计

5.3.1 任务与计划

温度报警器任务要求：用 AT89C51 单片机作为控制器，检测数字温度传感器 DS18B20，并将检测到的温度信息"Temp：×××.×℃"显示在 1602 LCD 液晶模块第一行。当温度在 25～30℃之间时，第二行显示"Temp Good!"，蜂鸣器、发光二极管不工作；当温度高于 30℃时，蜂鸣器鸣叫报警，1602 LCD 第二行显示"Temp High!"，并伴随红色发光二极管闪烁；当温度低于 25℃时，蜂鸣器鸣叫报警，1602 LCD 第二行显示"Temp Low!"，并伴随绿色发光二极管闪烁。

工作计划：首先分析任务，然后进行硬件电路设计，再进行软件源程序分析编写，经编译调试后生成 HEX 文件，将 HEX 文件加载到仿真电路，对温度报警器进行仿真演示。

5.3.2 硬件电路与软件程序设计

1. 硬件电路设计

根据任务要求，用数据温度传感器 DS18B20 进行温度转换，用 AT89C51 单片机读取温度数据并进行判断，根据温度值控制 1602 LCD、红色发光二极管、绿色发光二极管蜂鸣器工作。硬件电路如图 5-11 所示。

2. 软件程序编写

（1）软件分析

温度报警器软件设计分为三个部分：DS18B20 温度采集处理、1602 LCD 显示控制、发光二极管和蜂鸣器控制。

① DS18B20 温度采集处理由 DS18B20 初始化、写指令、读数据、取温度、温度处理这五个部分组成。其中 DS18B20 初始化、写指令、读数据、取温度函数在学习情境 5 的任务 1 中已有详细介绍，此处不再赘述。对于温度处理函数，任务有两个：一是将采集到的温度值拆分成便于显示的字符放入数组；二是根据采集到的温度值改写用于 1602 LCD 第二行显示的数组，并控制发光二极管、蜂鸣器的工作状态。

② 1602 LCD 显示控制要完成 1602 LCD 初始化、写 1602 LCD，以及正常工作后随时显示系统工作状态等工作。

③ 发光二极管和蜂鸣器控制主要依据是 DS18B20 温度处理的结果，其中蜂鸣器鸣叫报警采用定时器 T0 方式 2 产生周期为 400μs 的方波驱动蜂鸣器方案。

（2）源程序

```
//省略51头文件包含及部分常用宏定义
#define LcdData P0
//引脚定义
```

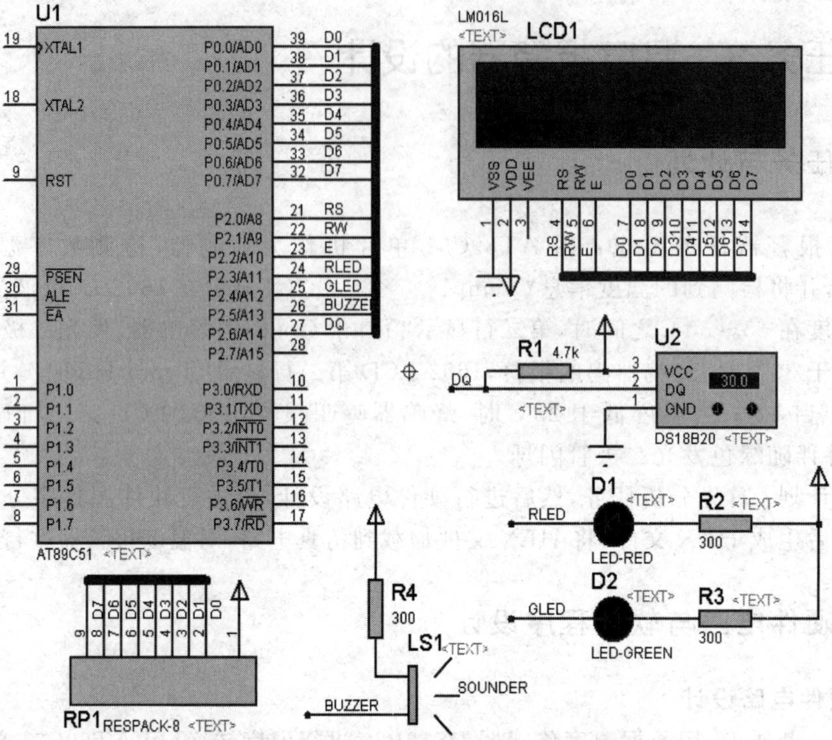

图 5-11　温度报警器电路图

```
//1602 引脚定义见 5.2 节
sbit RLED=P2^3;                          //Red LED
sbit GLED=P2^4;                          //Green LED
sbit BUZZER=P2^5;                        //蜂鸣器
sbit DQ=P2^6;                            //DS18B20 DQ
//全局变量定义
bit Temp_Flag;                           //正负温度标志：温度为正,Temp_Flag=0；否则为 1
uint Temp;                               //温度值
//函数申明
//1602 相关函数见 5.2 节
void RledBlink(void);                              //Red LED 闪烁函数
void GledBlink(void);                              //Green LED 闪烁函数
//DS18B20 相关函数见 5.1 节
void CalcTestTemp();                               //温度处理函数
void InitT0(void);                                 //初始化定时器 T0
uchar FirstLine[13]={"Temp:       C"};             //用于 1602 LCD 第一行显示的数组
uchar SecondLine[10]={"Temp     !"};               //用于 1602 LCD 第二行显示的数组
//ms 级延时函数 Delayms(uint xms)
//写 1602 LCD 指令、数据函数 WriteLcd(uchar Dat,bit x)
//初始化 1602 LCD 函数 InitLcd(void)
//Red LED 闪烁函数
void RledBlink(void)
{
    RLED=0;
    Delayms(200);
```

```
    RLED=1;
    Delayms(200);
}
//Green LED闪烁函数
void GledBlink(void)
{
    GLED=0;
    Delayms(200);
    GLED=1;
    Delayms(200);
}
//以下省略部分提前已经给出的函数
//μs级延时函数 Delayus(uchar xus)
//初始化DS18B20函数 Init_DS18B20(void)
//读DS18B20函数 Read_DS18B20(void)
//写DS18B20函数 Write_DS18B20(uchar Dat)
//取温度函数 GetTemp(void)
void CalcTestTemp()                              //温度处理函数
{
    if(Temp_Flag) FirstLine[5]='-';              //如果温度值为负,显示负号
    else FirstLine[5]=' ';                       //否则不显示温度符号
    if(Temp<1000) FirstLine[6]=' ';              //如果温度值小于100,百位显示空白(不显示0)
    else FirstLine[6]=Temp/1000+0x30;            //取温度百位并转换成ASCII码
    if(Temp<100) FirstLine[7]=' ';               //如果温度值小于10,十位显示空白(不显示0)
    else FirstLine[7]=Temp%1000/100+0x30;        //取温度十位并转换成ASCII码
    FirstLine[8]=Temp%100/10+0x30;               //取温度个位并转换成ASCII码
    FirstLine[9]='.';                            //显示小数点
    FirstLine[10]=Temp%10+0x30;                  //取温度十分位并转换成ASCII码
    FirstLine[11]=0xDF;                          //显示℃中C前面的小圆
    if((Temp_Flag==1)|(Temp<250))                //如果温度为负或小于25℃,温度过低
    {
      GledBlink();                               //绿色发光二极管闪烁
      EA=1;                                      //启动T0定时器,输出方波,蜂鸣器鸣叫报警
      SecondLine[5]=' ';                         //改写1602 LCD第二行显示内容
      SecondLine[6]='L';
      SecondLine[7]='O';
      SecondLine[8]='W';
    }
    //如果温度为正且在25~30℃之间,温度正常
    if((Temp_Flag==0)&(Temp>=250)&(Temp<=300))
    {
      EA=0;                                      //关闭定时器,停止蜂鸣器鸣叫报警
      BUZZER=1;                                  //关闭蜂鸣器
      SecondLine[5]='G';                         //改写1602 LCD第二行显示内容
      SecondLine[6]='O';
      SecondLine[7]='O';
      SecondLine[8]='D';
    }
    //如果温度为正且大于30℃,温度过高
    if((Temp_Flag==0)&(Temp>300))
```

```
        {
            RledBlink();                        //红色发光二极管闪烁
            EA=1;                               //打开 T0 定时器,输出方波,蜂鸣器鸣叫报警
            SecondLine[5]='H';                  //改写 1602 LCD 第二行显示内容
            SecondLine[6]='I';
            SecondLine[7]='G';
            SecondLine[8]='H';
        }
    }
void InitT0(void)                               //初始化定时器 T0
{   //此处定时器不工作,当温度过高或过低时,在温度处理函数中启动或停止
    EA=0;
    ET0=1;
    TMOD=0x02;                                  //T0 工作于定时、方式 2
    TH0=56;                                     //200μs 定时,用于产生告警声波
    TL0=56;
    TR0=1;
}
//T0 定时器中断服务函数
void T0Serv() interrupt 1
{
    BUZZER=~BUZZER;                             //产生方波
}
void main()
{
    uchar y;
    InitLcd();                                  //初始化 1602 LCD
    InitT0();                                   //初始化定时器 T0
    while(1)
    {
        GetTemp();                              //取温度
        CalcTestTemp();                         //温度处理
        WriteLcd(0x80,0);                       //指定显示位置为 1602 LCD 的第一行第一个字符
        for(y=0; y<13; y++)                     //循环送入
            WriteLcd(FirstLine[y],1);           //向 1602 LCD 送第一行显示内容数组
        WriteLcd(0xc0,0);                       //指定显示位置为 1602 LCD 的第二行第一个字符
        for(y=0; y<10; y++)                     //循环送入
            WriteLcd(SecondLine[y],1);          //向 1602 LCD 送第二行显示内容数组
    }
}
```

5.3.3 调试与仿真运行

在程序的调试过程中排除输入和编辑过程中出现的错误,将 Keil 的输出设置为生成 HEX 文件,源程序通过编译后,将 HEX 文件加载到 Proteus 仿真电路中。在仿真环境中单击按钮 ▶ ,进入仿真运行状态。通过调节 DS18B20 分别进行三种状态的仿真:温度低于 25℃时、温度在 25~30℃时和温度高于 30℃时。

仿真运行效果如图 5-12 所示。

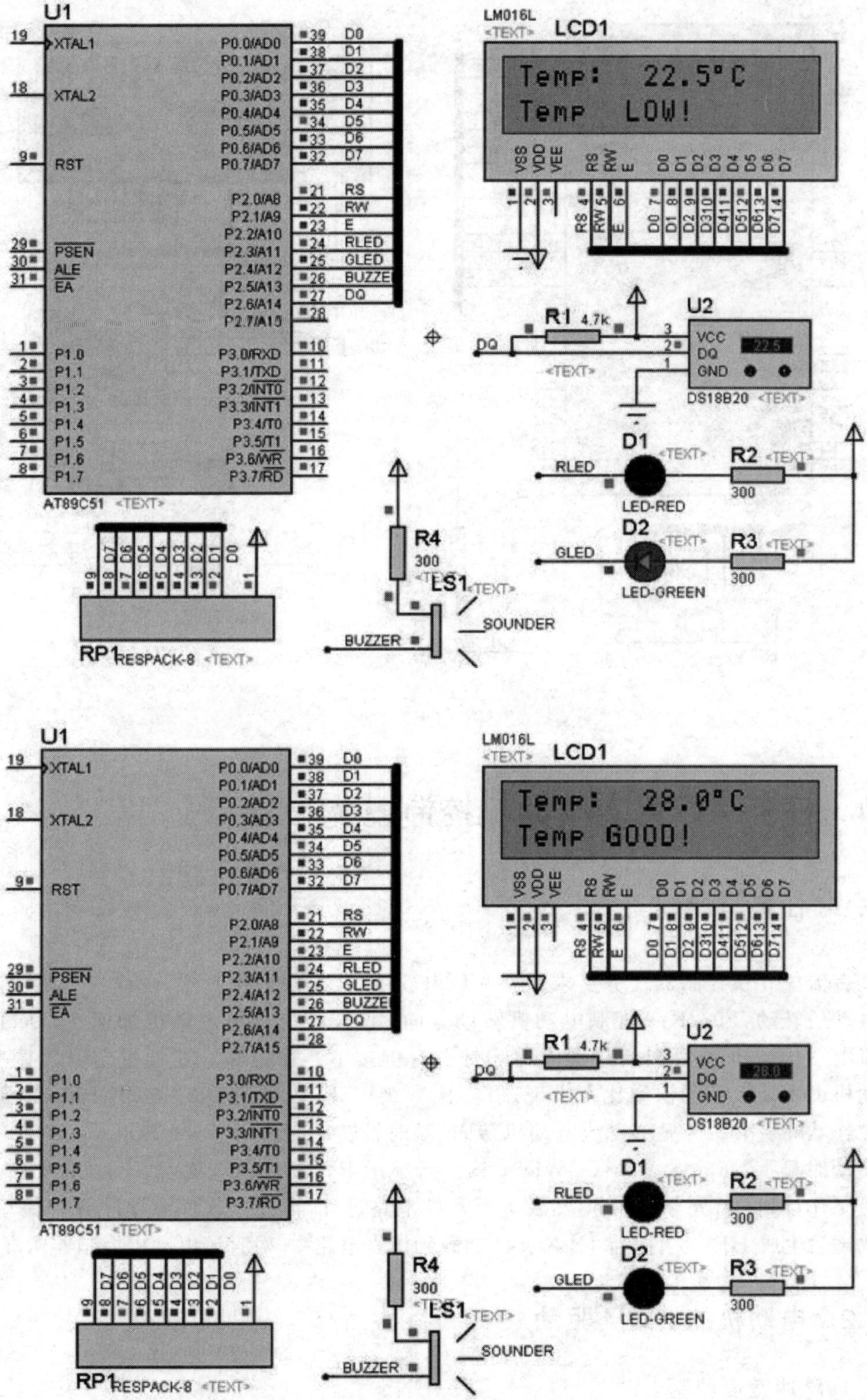

图 5-12　温度报警器仿真效果图

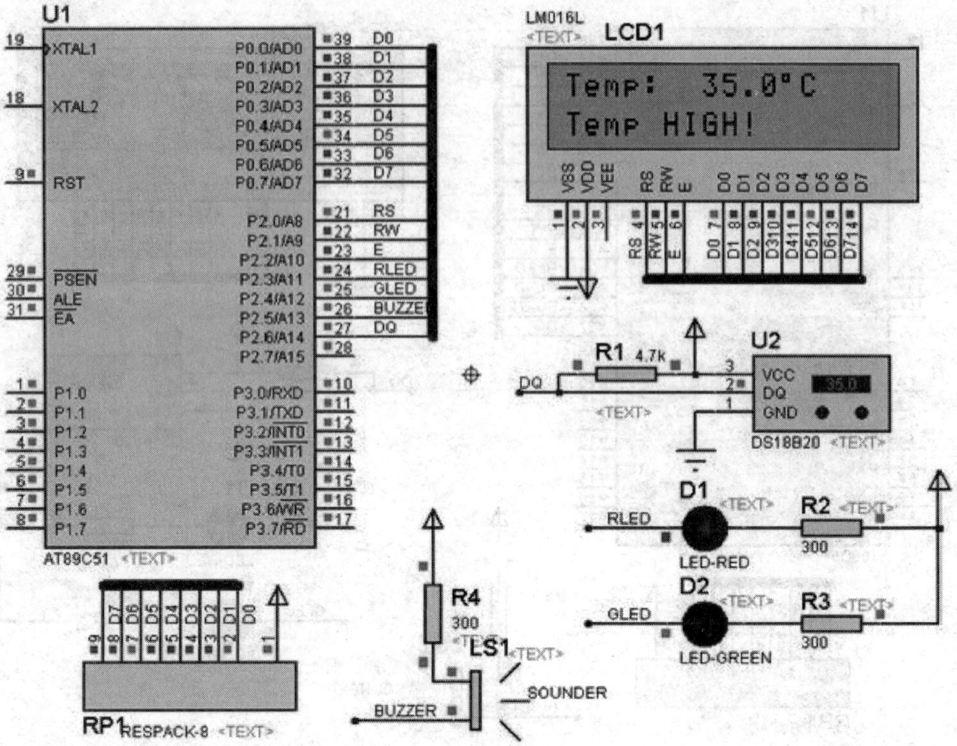

图 5-12(续)

5.4 任务 4 直流电动机控制器的设计

5.4.1 任务与计划

直流电动机控制器任务要求：用 AT89C51 单片机作为控制器，设计三个按键控制直流电动机转动，FuncKey 控制电动机转动方向，IncKey 为直流电动机加速键，DecKey 为直流电动机减速键，用外部中断 0 检测是否有键按下。加速和减速通过定时器调节驱动电动机的 PWM 波的占空比来实现，占空比十级可调，从 0 到 100%。用 1602 LCD 显示出工作状态：第一行显示直流电动机转向，顺时针转动时显示"MotoStatus: CWD"，逆时针转动时显示"MotoStatus:CCWD"；第二行显示 PWM 波占空比"H/L:x%"。

工作计划：首先分析任务，然后进行硬件电路设计，再进行软件源程序分析编写，经编译调试后生成 HEX 文件，将 HEX 文件加载到仿真电路中，对直流电动机控制器仿真演示。

5.4.2 电动机的 PWM 驱动

1. 脉冲宽度调制

脉冲宽度调制(Pulse Width Modulation，PWM)简称脉宽调制。它是按一定规律改变脉冲序列的脉冲宽度，以调节输出量和波形的一种调制方式。在控制系统中最常用的是矩形波PWM信号，在控制时需要调节PWM波的占空比。占空比是正脉冲的持续时间与脉冲总周期的比值，如图5-13所示。控制电动机的转速时，占空比越大，速度越快。如果占空比达到100%，速度达到最快。

当用单片机I/O口输出PWM波信号时，可采用如下两种方法。

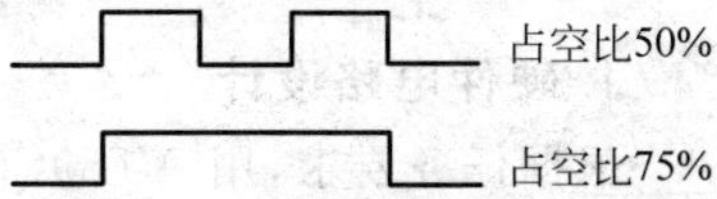

图5-13　PWM波信号占空比

（1）软件延时法：首先设定I/O口为高电平，软件延时保持高电平状态一段时间，然后将I/O口状态取反，软件延时再保持一段时间，将I/O口取反延时，如此循环就可以得到PWM波信号。占空比调节通过控制高、低电平延时时间来实现。

（2）定时器定时法：控制方法和软件延时法类似，只是利用单片机定时器实现高、低电平翻转。

2. H桥直流电动机驱动电路

H桥驱动电路是非常典型的直流电动机驱动电路，如图5-14所示。正因为它的形状酷似字母H所以得名“H桥驱动电路”。

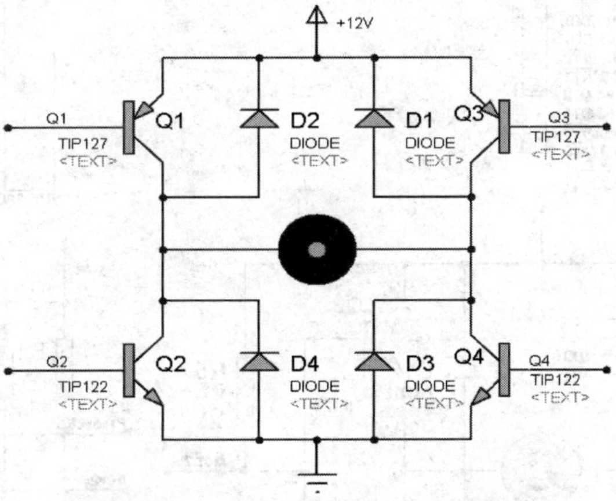

图5-14　H桥直流电动机驱动电路

图5-14所示，H桥式电动机驱动电路主要包括4个三极管和一个电动机。要使电动机运转，必须导通对角线上的一对三极管。根据不同三极管对的导通情况，电流可能会从左至右或从右至左流过电动机，从而控制电动机的转向。当三极管Q1和Q4导通时，电流将从左至右流过电动机，从而驱动电动机顺时针转动；当三极管Q2和Q3导通时，电流将从右至左流过电动机，从而驱动电动机逆时针转动。

需要特别注意的是，驱动电动机时，要保证H桥上两个同侧的三极管不能同时导通。如果三极管Q1和Q2同时导通，那么电流就会从正极穿过两个三极管直接回到负极。此时，电路中除了三极管外没有其他任何负载，因此电路上的电流会非常大，甚至烧坏三极管，所以在使用H桥驱动电路时一定要避免此情况的发生。

用分立元器件制作H桥很麻烦，而且很容易搭错，可以选择封装好的H桥集成电路,例如常用的 L293D、L298N、TA7257P、SN754410 等。接上电源、电动机和控制信号就可以使用了。

5.4.3 硬件电路与软件程序设计

1. 硬件电路设计

根据任务要求,用 AT89C51 单片机作控制器,1602 LCD 显示系统状态,采用分立元器件搭建 H 桥驱动电路,三个按键分别控制转动方向和转速。硬件电路如图 5-15 所示。

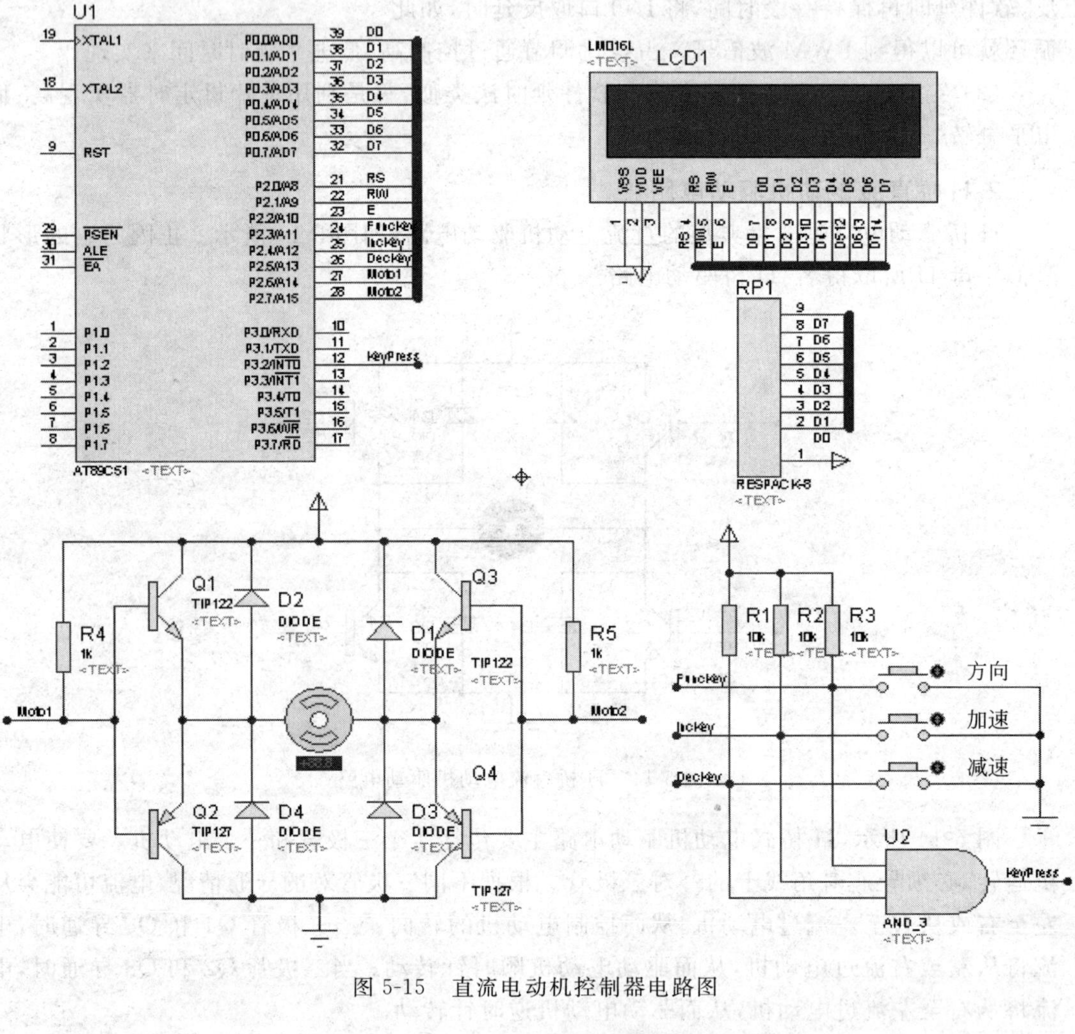

图 5-15 直流电动机控制器电路图

2. 软件程序编写

(1) 软件分析

直流电动机控制器软件设计分三个部分:按键控制电动机、占空比调节和 1602 LCD 显示控制。

① 按键控制电动机通过单片机外部中断 0 检测按键按下状态,当有键按下后触发中

断执行按键检测程序。当 FuncKey 按下,对直流电动机转动方向标志取反,实现直流电动机顺、逆时针转动;当加速键 IncKey 按下,增加 PWM 波占空比,电动机加速;当减速键 DecKey 按下,减小 PWM 波占空比,电动机减速。

② 占空比调节通过定时器定时方式实现。设定 PWM 波周期为 100 个 250μs,用定时器 T0 方式 2 定时 250μs,无符号字符型变量 HPulseNum 和 LPulseNum(LPulseNum＝100－HPulseNum)对 PWM 波高电平、低电平状态计数。位变量 PulseStatus 标志 PWM 电平状态。PulseStatus 为 0 时,表示当前为 PWM 波的高电平段;否则表示当前为 PWM 波的低电平段。每 250μs 时间到,首先判断当前 PWM 波电平状态,再进一步判断当前电平计数状态,然后依照 PWM 波占空比决定是否应该对 PWM 波电平状态取反。要特别说明的是:此处 PWM 波高电平状态指的是电动机被驱动转动的状态,而 PWM 波低电平状态指的是电动机停止状态。

③ 1602 LCD 显示控制要完成 1602 LCD 初始化、写 1602 LCD 以及正常工作后随时显示系统工作状态等工作。

(2) 源程序

源程序代码如下。

```
#include <reg51.h>
//引脚定义
sbit RS=P2^0;                                  //1602 LCD RS
sbit RW=P2^1;                                  //1602 LCD RW
sbit E=P2^2;                                   //1602 LCD E
sbit FuncKey=P2^3;                             //直流电动机转向控制键
sbit IncKey=P2^4;                              //增速键
sbit DecKey=P2^5;                              //减速键
sbit Moto1=P2^6;                               //直流电动机控制端
sbit Moto2=P2^7;                               //直流电动机控制端
#define uchar unsigned char                    //宏定义
#define uint unsigned int
#define LcdData P0
#define CWD Moto1=1;Moto2=0
#define CCWD Moto1=0;Moto2=1
#define Stop Moto1=1; Moto2=1
//全局变量定义
uchar HPulseNum;                               //高电平数(PWM 波高电平持续长度)
uchar LPulseNum;                               //低电平数(PWM 波低电平持续长度)
uchar NumChange;
//直流电机转向状态: 0 为 CWD(顺时针方向); 1 为 CCWD(逆时针方向)
bit MotoStatus;
bit PulseStatus;                               //PWM 波状态: 0 为高电平; 1 为低电平
//函数申明
void Delayms(uint xms);                        //ms 级延时函数
void WriteLcd(uchar Dat,bit x);                //写 1602 LCD 指令、数据函数
void InitLCD(void);                            //初始化 1602 LCD 函数
void StatusLCD(void);                          //1602 LCD 显示状态函数
void InitInt0T0(void);                         //初始化定时器 T0 函数
void KeyScan(void);                            //按键检测函数
```

```
uchar FirstLine[15]={"MotoStatus: CWD"};  //用于 1602 LCD 第一行显示的数组
uchar SecondLine[8]={"H/L:  0%"};         //用于 1602 LCD 第二行显示的数组
//ms 级延时函数 Delayms(uint xms)
//写 1602 LCD 指令、数据函数 WriteLcd(uchar Dat, bit x)
//初始化 1602 LCD 函数 InitLcd(void)
void StatusLCD(void)                       //1602 LCD 显示状态函数
{
    if(!MotoStatus)                        //顺时针时显示 CWD
    {
        FirstLine[11]=' ';
        FirstLine[12]='C';
        FirstLine[13]='W';
        FirstLine[14]='D';
    }
    else                                   //逆时针时显示 CCWD
    {
        FirstLine[11]='C';
        FirstLine[12]='C';
        FirstLine[13]='W';
        FirstLine[14]='D';
    }
    if(NumChange<100)
        SecondLine[4]=' ';                            //占空比小于 100%时，不显示百位
    else
        //取占空比百位并转换成 ASCII 码
        SecondLine[4]=NumChange/100+0x30;
    if(NumChange<10)
        SecondLine[5]=' ';                            //占空比小于 10%时，不显示十位
    else
        //取占空比十位并转换成 ASCII 码
        SecondLine[5]=NumChange%100/10+0x30;
    //取占空比个位并转换成 ASCII 码
    SecondLine[6]=NumChange%10+0x30;
}
void InitInt0T0(void)                                 //初始化外部中断 INT0 和定时器 T0
{
    EA=1;
    EX0=1;
    ET0=1;
    PX0=1;
    PT0=0;
    IT0=1;
    TMOD=0x02;                                        //T0 工作于定时、方式 2
    TH0=6;                                            //250μs 定时
    TL0=6;
    TR0=1;                                            //启动定时器
}
void KeyScan(void)                                    //按键检测函数
{
  if(!FuncKey)                                        //检测方向控制键是否按下
  {
      Delayms(10);                                    //延时去抖
```

```
      if(!FuncKey)
      {
          while(!FuncKey);                        //等待按键释放
          MotoStatus=～MotoStatus;                //直流电动机转动方向改变
      }
    }
    if(!IncKey)                                   //检测加速键是否按下
    {
      Delayms(10);                                //延时去抖
      if(!IncKey)
      {
        while(!IncKey);                           //等待按键释放
        //占空比加大10,周期为100,所以加10相当于加10%
        NumChange+=10;
        if(NumChange>=100) NumChange=100;         //控制上限
      }
    }
    if(!DecKey)                                   //检测减速键是否按下
    {
      Delayms(10);                                //延时去抖
      if(!DecKey)
      {
        while(!DecKey);                           //等待按键释放
        //占空比减小10,周期为100,所以减10相当于减10%
        NumChange-=10;
        if((NumChange<10)|(NumChange>100)) NumChange=0;    //控制下限
      }
    }
}
//INT0中断服务程序
void Int0Serv() interrupt 0
{
  KeyScan();
}
void T0Serv() interrupt 1                   //T0定时器中断服务函数
{
    if(!PulseStatus)                        //如果当前处于PWM波高电平段
    {
        if(HPulseNum--!=0)                  //如果高电平段延时计数不为0
        {
            if(!MotoStatus)                 //如果MotoStatus=0(顺时针)
            {
                CWD;                        //顺时针驱动直流电动机
            }
            else                            //MotoStatus=1(逆时针)
            {
                CCWD;                       //逆时针驱动直流电动机
            }
        }
        else                                //高电平段延时计数为0
        {
            PulseStatus=!PulseStatus;       //取反PWM波电平状态
            LPulseNum=100-NumChange;  //装载低电平段延时计数,为低电平段延时做准备
```

```
            }
        }
        else                                    //当前处于 PWM 波低电平段
        {
            //如果低电平段延时计数不为 0
            if(LPulseNum--!=0)
            {
                Stop;                           //停止驱动直流电动机
            }
            //低电平段延时计数为 0
            else
            {
                //取反 PWM 波电平状态
                PulseStatus=!PulseStatus;
                //装载高电平段延时计数,为高电平段延时做准备
                HPulseNum=NumChange;
            }
        }
}
void main()
{
    uchar y;
    InitLcd();                                  //初始化 1602 LCD
    InitInt0T0();                               //初始化外部中断 INT0 和定时器 T0
    //装载 PWM 波高电平段延时计数,为高电平段延时做准备
    HPulseNum=NumChange;
    while(1)
    {
        StatusLCD();                            //根据当前工作状态改变 1602 LCD 显示状态
        //指定送入的字符显示于 1602 LCD 第一行第一个字符位置
        WriteLcd(0x80,0);
        for(y=0; y<15; y++)                     //循环送入
            WriteLcd(FirstLine[y],1);           //向 1602 LCD 送第一行显示内容数组
        //指定送入的字符显示于 1602 LCD 第二行第一个字符位置
        WriteLcd(0xc0,0);
        for(y=0; y<8; y++)                      //循环送入
            WriteLcd(SecondLine[y],1);          //向 1602 LCD 送第二行显示内容数组
    }
}
```

5.4.4 调试与仿真运行

在程序的调试过程中排除输入和编辑过程中出现的错误,将 Keil 的输出设置为生成 HEX 文件,源程序通过编译后,将 HEX 文件加载到 Proteus 仿真电路中。在仿真环境中单击按钮,进入仿真运行状态。通过按键调节电动机工作状态,进行三种状态的仿真:占空比为 0、顺时针转动、逆时针转动。

仿真运行效果如图 5-16 所示。

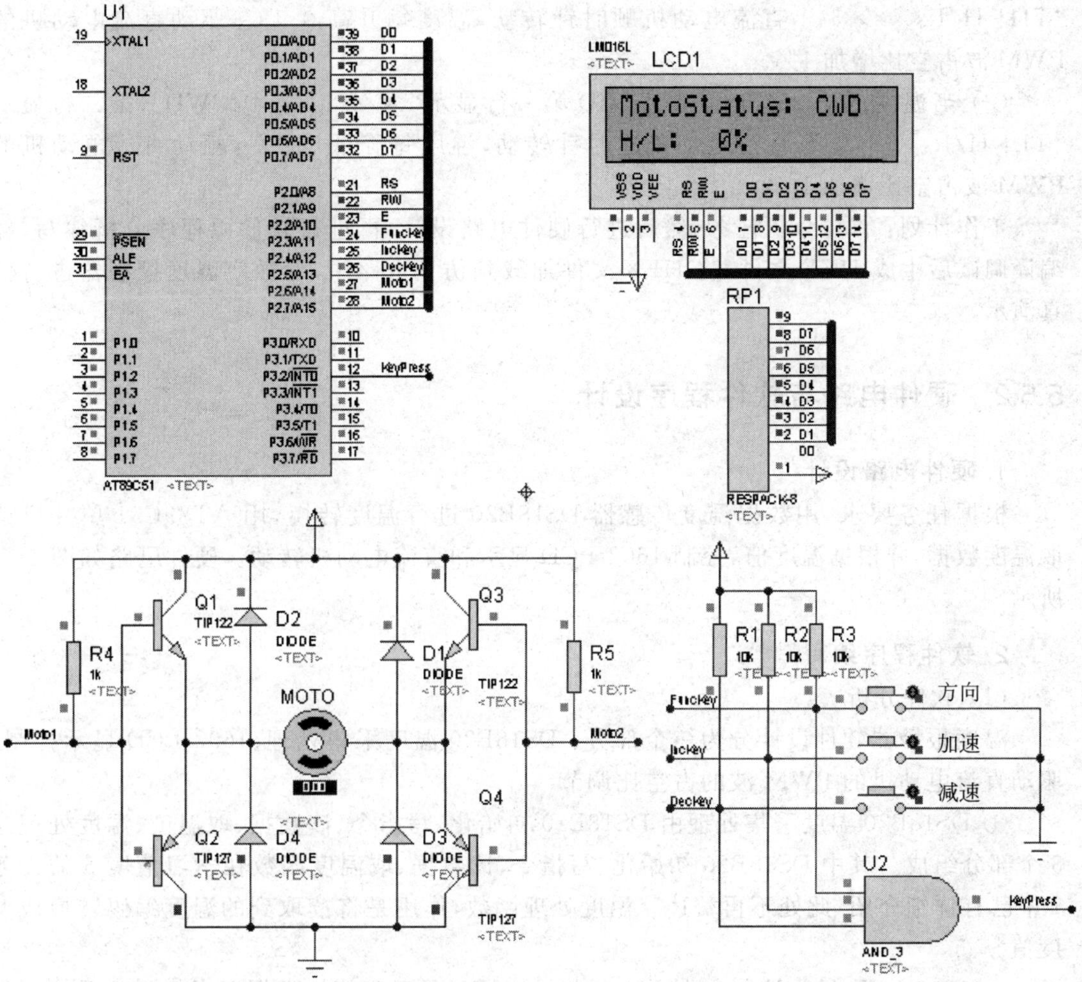

图 5-16　直流电动机控制器仿真效果图

5.5　任务 5　数字温度控制器的设计

5.5.1　任务与计划

数字温度控制器任务要求：用 AT89C51 单片机作为控制器，检测数字温度传感器 DS18B20，并将检测到的温度信息和当前电动机转动方向显示在 1602 LCD 液晶模块上。

(1) 当温度在 25～30℃之间时，第一行显示"×××. ×℃ STOP"，第二行显示"TG! H/L:0%"，驱动直流电动机的 PWM 波占空比为 0，直流电动机不转动。

(2) 当温度高于 30℃时,1602 LCD 第一行显示"×××.×℃ CWD",第二行显示"TH! H/L:×××%",直流电动机顺时针转动,温度每升高 0.1℃,驱动直流电动机的 PWM 波占空比增加 1%。

(3) 当温度低于 25℃时,1602 LCD 第一行显示"×××.×℃ CCWD",第二行显示"TL! H/L:×××%",直流电动机逆时针转动,温度每降低 0.1℃,驱动直流电动机的 PWM 波占空比增加 1%。

工作计划:首先分析任务,然后进行硬件电路设计,再进行软件源程序分析编写,经编译调试后生成 HEX 文件,将 HEX 文件加载到仿真电路中,对数字温度控制器进行仿真演示。

5.5.2 硬件电路与软件程序设计

1. 硬件电路设计

根据任务要求,用数据温度传感器 DS18B20 进行温度转换,用 AT89C51 单片机读取温度数据,并根据温度值,控制 1602 LCD 显示和直流电动机转动。硬件电路如图 5-17 所示。

2. 软件程序编写

(1) 软件分析

温度报警器软件设计分为三个部分:DS18B20 温度采集处理、1602 LCD 显示控制、驱动直流电动机的 PWM 波的占空比调节。

① DS18B20 温度采集处理由 DS18B20 初始化、写指令、读数据、取温度、温度处理这 5 个部分组成。其中 DS18B20 初始化、写指令、读数据、取温度函数在学习情境 5 的任务 1 中已有详细介绍,此处不再赘述。温度处理函数,作用是将读取到的温度编码转换成温度值。

② 1602 LCD 显示控制和占空比调节的依据都是温度值。根据温度值判断系统所处的工作状态(温度过高、正常、过低),并将相应的温度信息、电动机转向、温度状态、PWM 波占空比等信息显示到 1602 LCD 上。

③ 本例中占空比调节方法仍然采用定时器定时产生,与任务 4 中一致,此处不再赘述。

(2) 源程序

源程序代码如下。

```
#include <reg51.h>
//引脚定义
sbit RS=P2^0;                         //1602 LCD RS
sbit RW=P2^1;                         //1602 LCD RW
sbit E=P2^2;                          //1602 LCD E
sbit Moto1=P2^3;                      //直流电动机控制端
sbit Moto2=P2^4;                      //直流电动机控制端
```

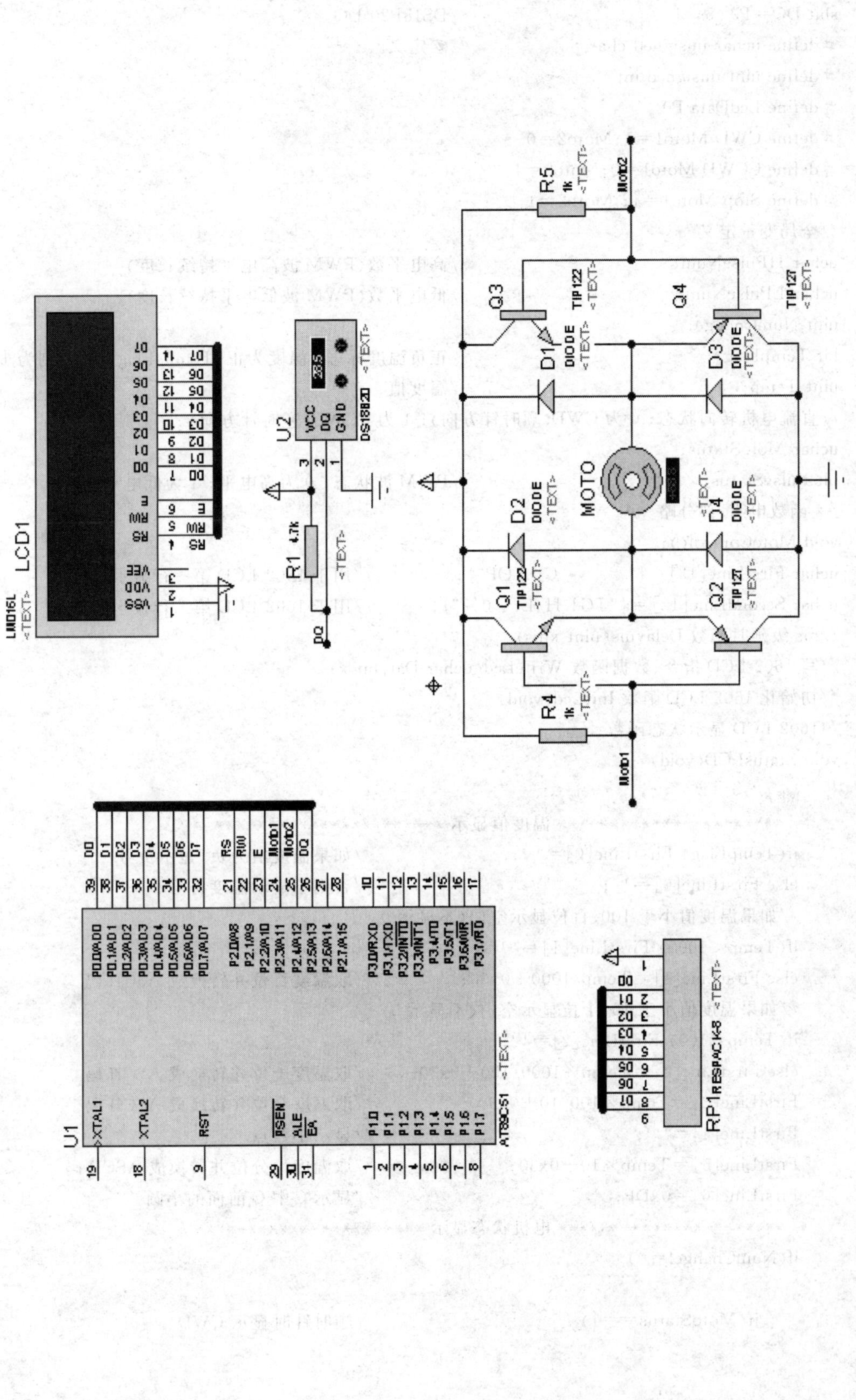

图 5-17 数字温度控制器电路图

```
sbit DQ=P2^5;                           //DS18B20 DQ
#define uchar unsigned char             //宏定义
#define uint unsigned int
#define LcdData P0
#define CWD Moto1=1;Moto2=0
#define CCWD Moto1=0;Moto2=1
#define Stop Moto1=1; Moto2=1
//全局变量定义
uchar HPulseNum;                        //高电平数(PWM 波高电平持续长度)
uchar LPulseNum;                        //低电平数(PWM 波低电平持续长度)
uint NumChange;
bit TempFlag;                           //正负温度标志:温度为正,Temp_Flag=0,否则为 1
uint Temp;                              //温度值
//直流电机转向状态:0 为 CWD(顺时针方向);1 为 CCWD(逆时针方向)
uchar MotoStatus;
bit PulseStatus;                        //PWM 波状态:0 为高电平;1 为低电平
/*函数申明,部分略*/
void MotoControl();
uchar FirstLine[13]={"       C STOP"};          //用于 1602 LCD 第一行显示的数组
uchar SecondLine[12]={"TG! H/L:  0%"};          //用于 1602 LCD 第二行显示的数组
//ms 级延时函数 Delayms(uint xms)
//写 1602 LCD 指令、数据函数 WriteLcd(uchar Dat,bit x)
//初始化 1602 LCD 函数 InitLcd(void)
//1602 LCD 显示状态函数
void StatusLCD(void)
{
    /********************** 温度值显示 **********************/
    if(TempFlag) FirstLine[0]='-';                  //如果温度值为负,显示负号
    else FirstLine[0]=' ';                          //否则不显示温度符号
    //如果温度值小于 100,百位显示空白(不显示 0)
    if(Temp<1000) FirstLine[1]=' ';
    else FirstLine[1]=Temp/1000+0x30;               //取温度百位并转换成 ASCII 码
    //如果温度值小于 10,十位显示空白(不显示 0)
    if(Temp<100) FirstLine[2]=' ';
    else FirstLine[2]=Temp%1000/100+0x30;           //取温度十位并转换成 ASCII 码
    FirstLine[3]=Temp%100/10+0x30;                  //取温度个位并转换成 ASCII 码
    FirstLine[4]='.';                               //显示小数点
    FirstLine[5]=Temp%10+0x30;                      //取温度十分位并转换成 ASCII 码
    FirstLine[6]=0xDF;                              //显示℃中 C 前面的小圆
    /********************** 电机状态显示 **********************/
    if(NumChange!=0)
    {
        if(MotoStatus==1)                           //顺时针时显示 CWD
```

```
        {
            FirstLine[9]=' ';
            FirstLine[10]='C';
            FirstLine[11]='W';
            FirstLine[12]='D';
        }
        if(MotoStatus==2)                          //逆时针时显示 CCWD
        {
            FirstLine[9]='C';
            FirstLine[10]='C';
            FirstLine[11]='W';
            FirstLine[12]='D';
        }
    }
    else
    {
        FirstLine[9]='S';
        FirstLine[10]='T';
        FirstLine[11]='O';
        FirstLine[12]='P';
    }
    /********************** 温度状态显示 **********************/
    if((TempFlag)|(Temp<250))                      //如果温度为负或小于 25℃,温度过低
        SecondLine[1]='L';                         //改写 1602 LCD 第二行显示内容
    //如果温度为正且在 25~30℃之间,温度正常
    if((!TempFlag)&(Temp>=250)&(Temp<=300))
        SecondLine[1]='G';                         //改写 1602 LCD 第二行显示内容
    if((!TempFlag)&(Temp>300))                     //如果温度为正且大于 30℃,温度过高
        SecondLine[1]='H';                         //改写 1602 LCD 第二行显示内容
    /********************** 占空比显示 **********************/
    if(NumChange<100) SecondLine[8]=' ';           //占空比小于 100%时,不显示百位
    else SecondLine[8]=NumChange/100+0x30;         //占空比百位 ASCII 码
    if(NumChange<10) SecondLine[9]=' ';            //占空比小于 10%时,不显示十位
    else SecondLine[9]=NumChange%100/10+0x30;      //占空比十位 ASCII 码
    SecondLine[10]=NumChange%10+0x30;              //占空比个位 ASCII 码
}
/*省略 DS18B20 操作相关函数*/
void InitT0(void)                                  //初始化外部中断 INT0 和定时器 T0
{
    EA=1;
    ET0=1;
    TMOD=0x02;                                     //T0 工作于定时、方式 2
    TH0=56;                                        //200μs 定时
```

```
    TL0=56;
    TR0=1;                              //启动定时器
}
void T0Serv() interrupt 1               //T0 定时器中断服务函数
{
    if(!PulseStatus)                    //如果当前处于 PWM 波高电平段
    {
        if(HPulseNum--!=0)              //如果高电平段延时计数不为 0
        {
            if(MotoStatus!=0)           //如果 MotoStatus!=0(为 0 是停止状态)
            {
                CWD;                    //顺时针驱动直流电动机
            }
            else                        //MotoStatus=1(逆时针)
            {
                CCWD;                   //逆时针驱动直流电动机
            }
        }
        else                            //高电平段延时计数为 0
        {
            PulseStatus=!PulseStatus;   //取反 PWM 波电平状态
                                        //装载低电平段延时计数,为低电平段延时做准备
            LPulseNum=100-NumChange;
        }
    }
    else                                //当前处于 PWM 波低电平段
    {
        if(LPulseNum--!=0)              //如果低电平段延时计数不为 0
        {
            Stop;                       //停止驱动直流电动机
        }
        else                            //低电平段延时计数为 0
        {
            PulseStatus=!PulseStatus;   //取反 PWM 波电平状态
                                        //装载高电平段延时计数,为高电平段延时做准备
            HPulseNum=NumChange;
        }
    }
}
void MotoControl()
{
    if((!TempFlag)&(Temp>300))
```

```
    {
        MotoStatus=1;
        NumChange=Temp-300;
        if(NumChange>=100) NumChange=100;       //控制上限
    }
    if((!TempFlag)&(Temp<=300)&(Temp>=250))
    {
        MotoStatus=0;
        NumChange=0;
    }
    if((Temp<250)|(TempFlag))
    {
        MotoStatus=2;
        NumChange=250-Temp;
        if(NumChange>=100) NumChange=100;       //控制上限
    }
}
void main()
{
    uchar y;
    InitLcd();                                  //初始化 1602 LCD
    InitT0();                                   //初始化外部中断 INT0 和定时器 T0
    HPulseNum=NumChange;                        //装载 PWM 波高电平段延时计数
    while(1)
    {
        GetTemp();
        MotoControl();
        StatusLCD();                            //根据当前工作状态改变 1602 LCD 显示状态
        WriteLcd(0x80,0);                       //指定送入的字符显示位置
        for(y=0; y<13; y++)                     //循环送入
            WriteLcd(FirstLine[y],1);           //向 1602 LCD 送第一行显示内容数组
        WriteLcd(0xc0,0);                       //指定字符显示位置
        for(y=0; y<12; y++)                     //循环送入
            WriteLcd(SecondLine[y],1);          //向 1602 LCD 送第二行显示内容数组
    }
}
```

5.5.3　调试与仿真运行

在程序的调试过程中排除输入和编辑过程中出现的错误，将 Keil 的输出设置为生成 HEX 文件，源程序通过编译后，将 HEX 文件加载到 Proteus 仿真电路中。在仿真环境中单击按钮▶，进入仿真运行状态。依据 DS18B20 检测到的温度状态，有三种调试状态：温度正常、温度过高、温度过低。仿真运行效果如图 5-18 所示。

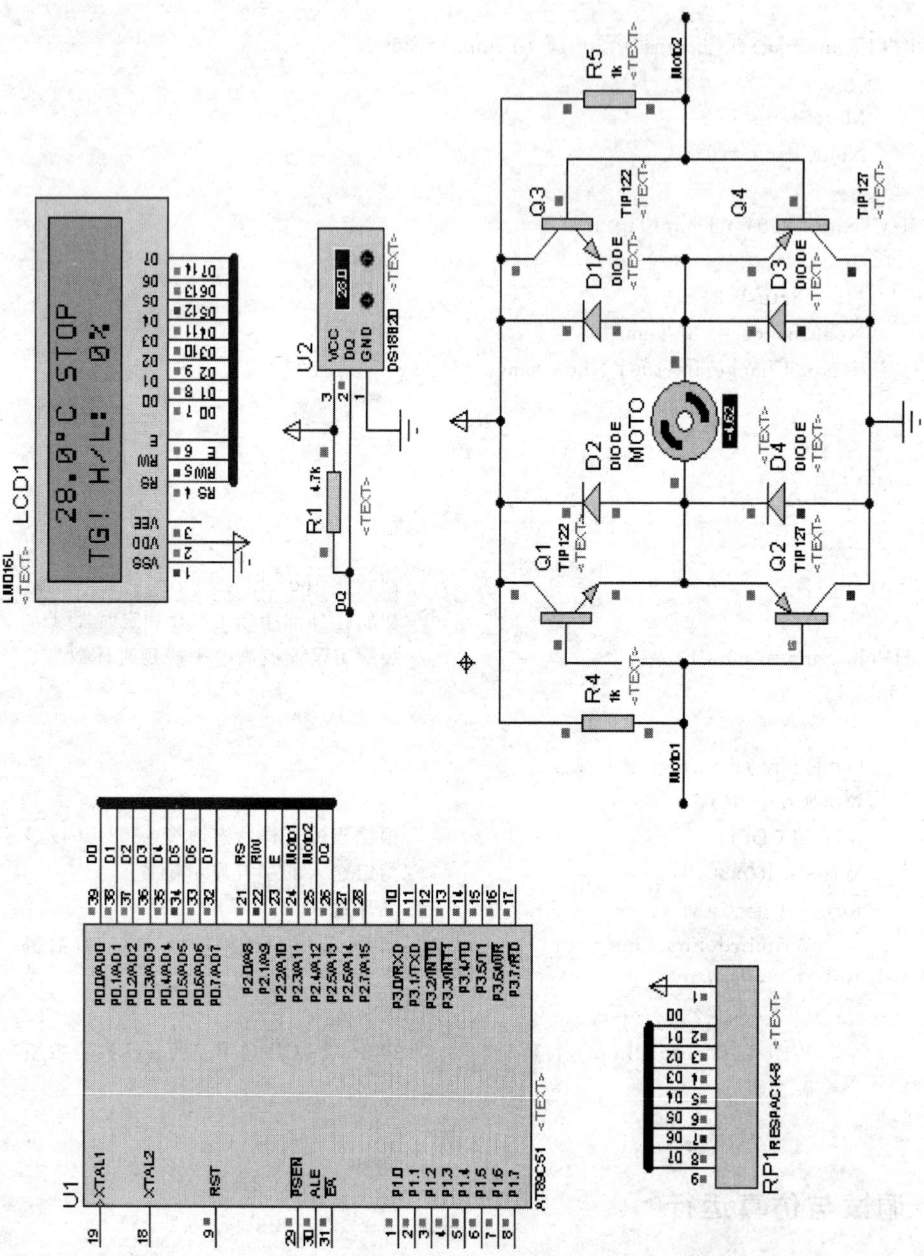

图 5-18 数字温度控制器仿真效果图

总结与思考

总结

数字温度传感器DS18B20是单总线、精度8～12位可调、可以设定高低温告警、数据传输进行循环冗余校验(CRC)的温度传感器；具有微型化、低功耗、高性能、抗干扰能力强、接口简单等很多优点；主要应用于冷库、粮仓、机房、热量计量等很多场合。

1602 LCD液晶模块可以显示2行(每行16个)ASCII码字符，8位并行数据接口，可以与单片机友好连接。

直流电动机常用典型的H桥驱动电路进行驱动，但由于用分立元器件制作H桥很麻烦而且很容易搭错，所以实际应用时，一般选择封装好的H桥集成电路，如L293D、L298N、TA7257P、SN754410等。直流电动机的调速常通过改变PWM波占空比实现，PWM波占空比调节可以通过延时或定时两种方式实现。

思考

1. 在单片机的同一个I/O口上并接两个DS18B20，设计制作多点温度监测系统，并用1602LCD显示两点实时温度。

2. 用1602 LCD设计制作一个滚动显示欢迎词的显示屏，第一行显示“Welcome To”，第二行显示“http://www.ypi.edu.cn”。

习题5

5-1　DS18B20温度测量范围为多少？最大测量精度为多少？

5-2　查看DS18B20数据手册，简述为什么DS18B20通电后测量的第一个数据为+85℃。

5-3　简述DS18B20完成一次温度测量的工作流程。

5-4　修改任务3温度报警器的设计，使1602 LCD显示的温度精确到小数点后面3位。

5-5　什么是PWM？什么是占空比？常用PWM波实现方法有哪些？

5-6　为什么H桥驱动电路两个同侧的三极管不能同时导通？

5-7　常用H桥集成芯片有哪些？它们各自有什么特点？

5-8　用DS18B20设计一个数字温度计，用4位数码管显示。第一位数码管显示温度极性，温度值为正时不显示，为负时显示“－”。温度值精确到一位小数。

5-9　用1602 LCD作为显示器重新完成第1题。

5-10　通过控制电风扇电动机PWM波占空比，设计一个具有多种转动模式的电风扇，风速挡位分为1、2、3挡和自然风挡。

CHAPTER 6

学习情境6

电子日历的设计与制作

6.0 学习情境任务描述

电子日历是一种利用数字电路来显示年、月、日、星期、时、分、秒的计时器，广泛应用于家庭、车站、剧院、商场及办公场所。本学习情境的工作任务是采用单片机来设计一个简易的电子日历，使用DS1302芯片作为电子日历的时钟芯片，使用12864 LCD作为电子日历的液晶显示屏，同时用中文和数字显示当前的日期、星期以及时间信息。从认识I^2C总线开始本学习情境的学习和工作，通过I/O口模拟I^2C总线操作及I^2C芯片的学习，学会I^2C芯片24C04的基本使用方法。通过对DS1302时钟芯片的学习与使用，了解并学会电子日历时钟电路的设计与制作。通过对12864 LCD的学习与使用，了解并学会电子日历显示电路的设计与制作。在收集单片机电子日历的相关信息的基础上，进行单片机电子日历的任务分析和计划制订、硬件电路和软件程序的设计，完成单片机电子日历的制作调试和运行演示，并完成工作任务的评价。

6.0.1 学习目标

(1) 了解I^2C总线与I^2C总线协议。
(2) 掌握MCS-51单片机I/O口模拟I^2C总线的基本操作。
(3) 掌握I^2C芯片24C04的结构与应用。
(4) 掌握DS1302时钟芯片的基本应用。
(5) 掌握12864 LCD的基本应用。
(6) 能进行单片机电子日历硬件电路的设计。
(7) 能进行单片机电子日历软件程序的设计。
(8) 能按照设计任务书的要求，完成简易单片机电子日历的设计调试和制作。

6.0.2 学习与工作内容

本学习情境要求根据工作任务书(见表6-1)的要求，学习I^2C总线的基本操作及DS1302时钟芯片与12864 LCD的相关知识，查阅收集资料，制订工作方案和计划，完成简易电子日历的设计与制作，需要完成以下的工作任务。

表 6-1　简易电子日历设计制作任务书

设计制作任务	设计一个简易的电子日历，单片机选用 AT89C51，使用 DS1302 芯片作为电子日历的时钟芯片，使用 12864 LCD 作为电子日历的液晶显示屏，显示汉字为 16×18 点阵，显示数字为 8×16 点阵，实时显示系统的当前年、月、日和时间
电子日历功能要求	电子日历用中文和数字显示当前的日期、星期以及时间信息，液晶显示第一行显示年、月、日，第二行显示星期，第三行显示当前时间
工具	(1) 单片机开发和电路设计仿真软件：Keil μVision、Proteus (2) PC 及软件程序、示波器、万用表、电烙铁、装配工具
材料	元器件(套)、焊料、焊剂

(1) 认识了解 I^2C 总线与 I^2C 总线协议，学习单片机 I/O 口模拟 I^2C 总线的基本操作，学习 I^2C 芯片 24C04 的应用。

(2) 学习 DS1302 时钟芯片的操作与使用。

(3) 学习 12864 LCD 液晶芯片的操作与使用。

(4) 划分工作小组，以小组为单位开展电子日历设计与制作的工作。

(5) 根据设计任务书的要求，查阅收集相关资料，制订完成任务的方案和计划。

(6) 根据设计任务书的要求，设计出电子日历的硬件电路图。

(7) 根据任务要求和电路图，整理出所需要的元器件和工具仪器清单。

(8) 根据电子日历功能要求和硬件电路原理图，绘制程序流程图。

(9) 根据电子日历功能要求和程序流程图，编写软件源程序并进行编译调试。

(10) 进行软硬件的调试和仿真运行，电路的安装制作，演示汇报。

(11) 进行工作任务的学业评价，完成工作任务的设计制作报告。

6.0.3　学业评价

本学习情境的学业根据工作任务的工作过程进行考核评价，注重学习和工作过程的考核评价，依据完成任务中实际的学习和工作过程分为 10 个评分项目，根据各项目主要完成主体的不同，分别对个人和小组进行考核评价。考核评价表如表 6-2 所示。

表 6-2　学习情境 6 考核评价表

项目名称	分值	组别									
		第一组			第二组			第三组			…
		学生 A	学生 B	学生 C	学生 D	学生 E	学生 F	学生 G	学生 H	学生 I	…
I/O 口模拟 I^2C 总线的学习	5										
I^2C 芯片 24C04 的学习	5										
DS1302 时钟芯片的学习与使用	10										
12864 LCD 液晶模块的学习与使用	10										
电子日历硬件电路设计	10										

续表

项目名称	分值	组别									
		第一组			第二组			第三组			…
		学生 A	学生 B	学生 C	学生 D	学生 E	学生 F	学生 G	学生 H	学生 I	…
电子日历软件程序设计	15										
调试仿真	10										
安装制作	15										
设计制作报告	10										
团队合作能力	10										

6.1 任务 1 认识 I^2C 总线

在单片机系统中,由于串行总线的接口比较简单,有利于系统设计的模块化和标准化,提高系统的可靠性,降低成本,所以串行总线的应用十分广泛。在众多的串行总线中,由于 I^2C 总线只需两根线,支持带电插拔,有大量的外围接口芯片,因此经常被单片机系统所采用。I^2C 总线连接图如图 6-1 所示。

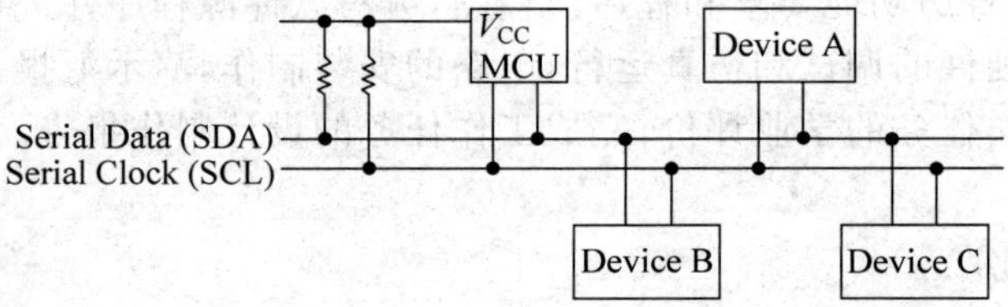

图 6-1 I^2C 总线连接图

6.1.1 I^2C 总线协议

I^2C(Inter-Integrated Circuit)总线是由 Philips 公司开发的两线式串行总线,用于连接微控制器及其外围设备,是微电子通信控制领域广泛采用的一种总线标准,具有接口线少,控制方式简单,器件封装形式的体积小,通信速率较高等优点。

1. I^2C 总线的特点

I^2C 总线的特点主要表现在以下几个方面。

(1) 只要求两条总线线路:一条串行数据线 SDA,一条串行时钟线 SCL。在 I^2C 总线系统中,任何一个 I^2C 总线接口的外围器件,不论其功能差别有多大,都是通过串行数据线(SDA)和串行时钟线(SCL)连接到 I^2C 总线上的。这一特点为用户在设计应用系统中带来了极大的便利性。

(2) 在单片机应用中,一般采用单主结构方式,只存在单片机对从器件的读写操作,每个 I^2C 总线从器件具有唯一的器件地址,各从器件之间互不干扰,相互之间不能进行通信,单片机与 I^2C 器件之间的通信是通过从器件地址实现的。

(3) 软件操作的一致性。由于任何器件通过 I^{2}C 总线与单片机进行数据传送的方式基本都是一样的,这就决定了 I^{2}C 总线软件编写的一致性。

2. I^{2}C 总线数据传送的规则

(1) 在 I^{2}C 总线上的数据线 SDA 和时钟线 SCL 都是双向传输线,它们的接口各自通过一个上拉电阻接到电源正端,如图 6-1 所示。当总线空闲时,SDA 和 SCL 必须保持高电平,为了使总线上所有电路的输出能完成一个“线与”的功能,各接口电路的输出端必须是开路漏极或开路集电极。

(2) 进行数据传送时,在时钟信号高电平期间,数据线上的数据必须保持稳定;只有时钟线上的信号为低电平期间,数据线上的高电平或低电平才允许变化,如图 6-2 所示。

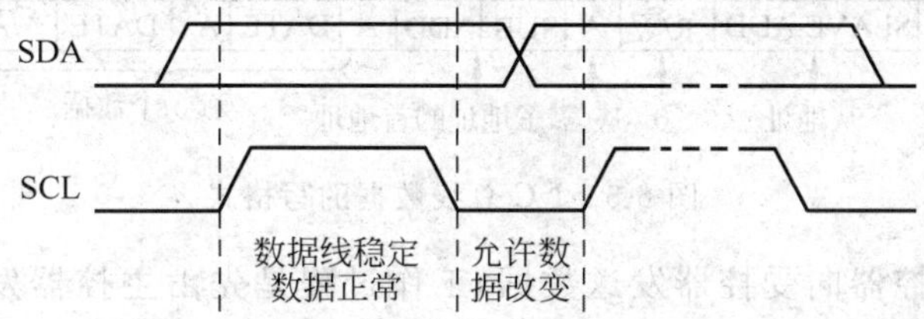

图 6-2　I^{2}C 总线数据有效性

(3) 在 I^{2}C 总线的工作过程中,当时钟线保持高电平期间,数据线由高电平向低电平变化定义为起始信号(S),而数据线由低电平向高电平的变化定义为终止信号(P),如图 6-3 所示。起始信号和终止信号均由主控制器产生。

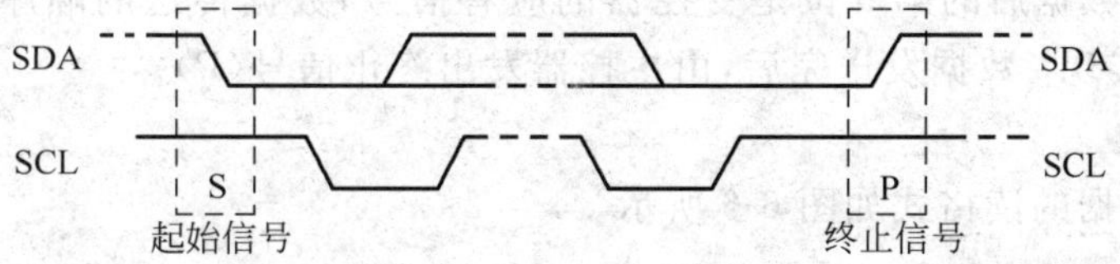

图 6-3　I^{2}C 总线起始信号和终止信号

(4) I^{2}C 总线传送的每 1B 均为 8 位,但每启动一次总线,传送的字节数没有限制,由主控制器发送时钟脉冲及起始信号、寻址字节和停止信号,受控器件必须在收到每个数据字节后做出响应,在传送 1B 后的第 9 个时钟脉冲位,受控器件输出低电平作为应答信号。此时,要求发送器在第 9 个时钟脉冲位上释放 SDA 线,以便受控器送出应答信号,将 SDA 线拉成低电平,表示对接收数据的认可。应答信号用 ACK 或 A 表示。非应答信号用$\overline{ACK}$或 $\overline{A}$ 表示。当确认后,主控器可通过产生一个终止信号来终止总线数据传输。I^{2}C 总线数据传输示意图如图 6-4 所示。

3. I^{2}C 总线数据的读/写格式

总线上传送数据的格式是指为被传送的各项有用数据安排先后顺序,这种格式是根据串行通信的特点、传送数据的有效性、准确性和可靠性而制定的。另外,总线上数据的传送还是双向的,也就是说主控器在指令操作下,既能向受控器发送数据(写入),也能接收受控器中某寄存器内存放的数据(读取),所以传送数据的格式有“写格式”与“读格式”之分。

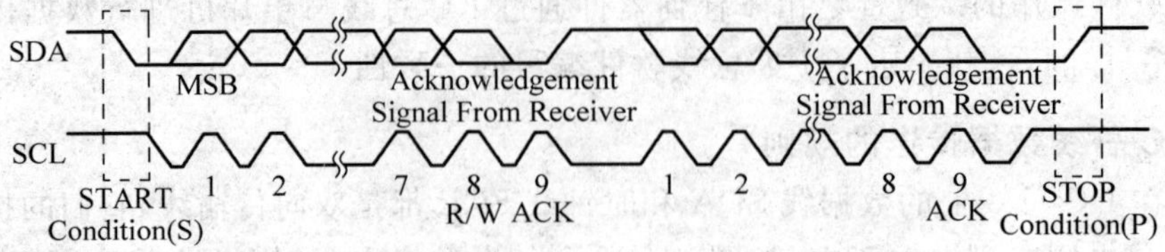

图 6-4 I²C 总线数据传输示意图

(1) 写格式

I²C 总线数据的写格式如图 6-5 所示。

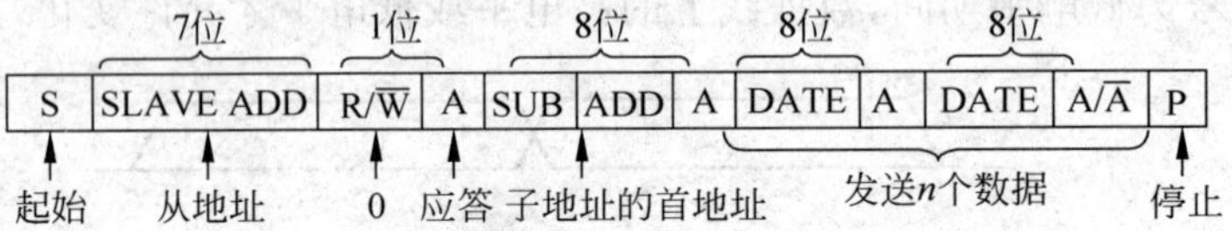

图 6-5 I²C 总线数据的写格式

写格式是指主控器向受控器发送数据，工作过程是先由主控器发出启动信号(S)，随后传送一个带读/写($R/\overline{W}$)标记的从地址(SLAVE ADD)字节，从地址只有 7 位长，第 8 位是“读/写”位($R/\overline{W}$)，用来确定数据传送的方向。对于写格式，$R/\overline{W}$ 应为 0，表示主控器将发送数据给受控器，接着传送第 2B，即从地址的子地址(SUB ADD)。若受控器有多字节的控制项目，该子地址是指第一个地址，因为子地址在受控器中都是按顺序编制的，这就便于某受控器的数据一次传送完毕；接着才是若干字节的控制数据的传送，每传送 1B 的地址或数据后的第 9 位是受控器的应答信号，数据传送的顺序要靠主控器中程序的支持才能实现；数据发送完后，由主控器发出终止信号(P)。

(2) 读格式

I²C 总线数据的读格式如图 6-6 所示。

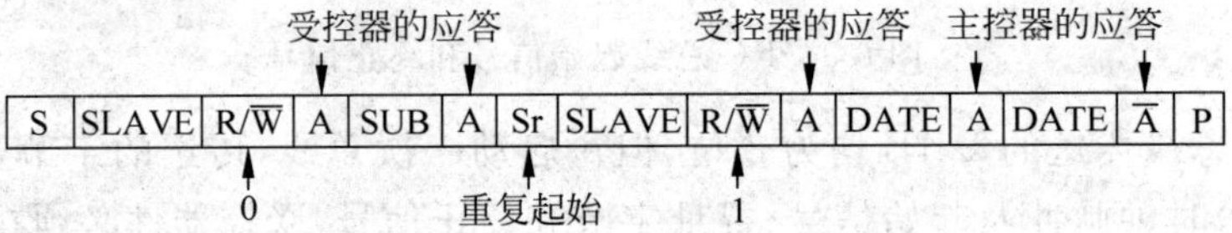

图 6-6 I²C 总线数据的读格式

与写格式不同，读格式首先要找到读取数据的受控器的地址，包括从地址和子地址。所以格式中在启动读操作之前，用写格式发送受控器，再启动读格式，不过前 3 个应答信号因为是指向受控器，所以应由受控器发出；然后，所有数据字节的应答信号因为是指向主控器，因此由主控器发出，不过最后的 A=1。

6.1.2 I/O 口模拟 I²C 总线操作

在大多数单片机系统中，一般只有一个主机，就是单片机本身，其他设备都是从机。因此，I²C 总线的传送机制可以简化。由此可以选用那些不带 I²C 总线接口的单片机，例如 51 单片机，可以在单片机应用系统中通过软件模拟的方式模拟 I^2C 总线的工作时序，访问 I^2C 总线的器件。在使用时，只需要调用各个程序就可以方便地扩展 I^2C 总线接口器件。

为了保证数据传送的可靠性，标准的 I^2C 总线的数据传送有严格的时序要求。图 6-7 给出了起始信号、终止信号和数据位的时序模拟和要求。

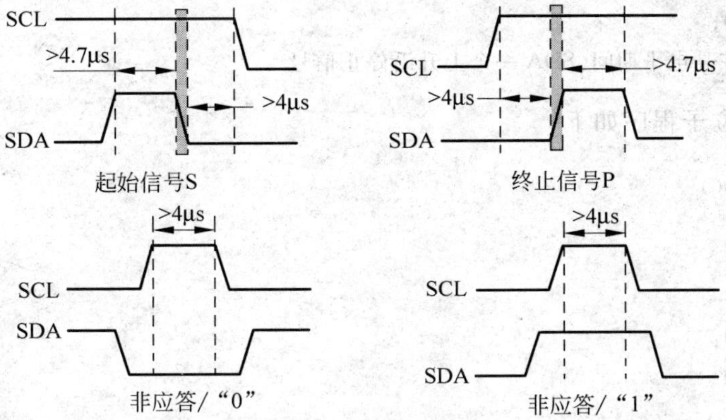

图 6-7　起始信号、终止信号和数据位的时序模拟

(1) 对于起始信号而言，要求在 SDA 跳变成低电平之前，必须保持至少 4.7μs 的高电平，而且起始信号到第一个时钟脉冲的时间间隔要大于 4.0μs。

(2) 对于终止信号而言，在 SDA 发生高电平跳变之前，SCL 必须保持高电平至少 4.7μs，SDA 跳变为高电平之后，还必须保持高电平至少 4.0μs。

(3) 对于数据位、应答位和非应答位而言，只要满足 SCL 的高电平周期大于 4.0μs，并且在此期间 SDA 保持稳定即可。

综上所述，可以在单片机中用软件模拟出 I^2C 总线的接口时序。SDA 线用单片机的 P0 口任意一个引脚来模拟，SCL 线用 P0 口任意一个引脚来模拟。主机采用 80C51 单片机，晶振频率为 12MHz，机器周期为 1μs。

起始信号的时序模拟子程序如下。

```
void start()
{
    SDA=1;
    SCL=1;
    delay();
    SDA=0;
    delay();
    SCL=0;
}    //SCL 在高电平期间，SDA 一个下降沿启动信号
```

终止信号的时序模拟子程序如下。

```
void stop()
{
    SDA=0;
```

```
    SCL=1;
    delay();
    SDA=1;
    delay();
    SDA=0;
    SCL=0;
}   //SCL 在高电平期间,SDA 一个上升沿停止信号
```

发送应答位子程序如下。

```
void respons()
{
    SCL=1;
    delay();
    SCL=0;
    SDA=1;
}
```

发送非应答位子程序如下。

```
void no_respons()
{
    SDA=1;
    SCL=1;
    delay();
    SCL=0;
    SDA=0;
}
```

串行发送一个字节数据的程序如下。

```
void write_date(uchar date)
{
    uchar i,a;
    a=date;
    for(i=0;i<8;i++)                //一个字节,8 位数据
    {
        a=a<<1;                     //数据左移,最高位进 CY
        SCL=0;
        delay();
        SDA=CY;
        delay();
        SCL=1;
        delay();
    }
    SCL=0;
    delay();
```

```
        SDA=1;
        delay();
    }
```

读取一个字节数据的程序如下。

```
uchar read_date()
{
    uchar i,a;
    SCL=0;
    delay();
    SDA=1;
    for(i=0;i<8;i++)
    {
        SCL=1;
        delay();
        a=(a<<1)|SDA;
        SCL=0;
        delay();
    }
    delay();
    return a;
}
```

6.1.3　I²C 芯片 24C04 的使用

24C××为 I²C 串行 E²PROM 存储器，该系列有 24C01、24C02、24C04、24C08、24C16、24C32、24C64 等型号，它们的封装形式、引脚功能及内部结构类似，只是存储容量不同，对应的存储容量分别是 128B、256B、512B、1KB、2KB、4KB、8KB。

1. 24C××芯片的引脚

24C××芯片的引脚如图 6-8 所示。

共有 8 个引脚，各引脚功能如下。

(1) A0、A1、A2：片选或页面选择地址输入端。选用不同的 E²PROM 存储器芯片时，其意义不同，但都要接固定电平，用于多个器件级联时的芯片寻址。

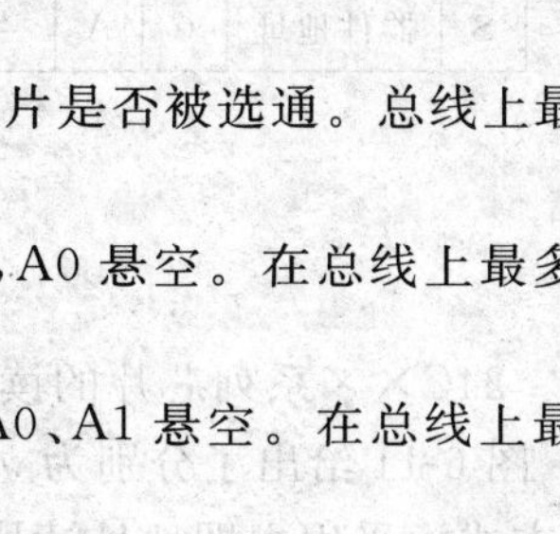

图 6-8　24C××芯片的引脚示意图

对于 24C01/24C02 E²PROM 存储器芯片，这 3 位用于芯片寻址，通过与其所接的接线逻辑电平相比较，判断芯片是否被选通。总线上最多可连接 8 片 24C01/24C02 存储器芯片。

对于 24C04 E²PROM 存储器芯片，用 A1、A2 作为片选，A0 悬空。在总线上最多可连接 4 片 24C04。

对于 24C08 E²PROM 存储器芯片，只用 A2 作为片选，A0、A1 悬空。在总线上最多可连接 2 片 24C08。

对于 24C16 E^2PROM 存储器芯片,A0、A1、A2 都悬空。这 3 位地址作为页地址位 P0、P1、P2。在总线上只能连接 1 片 24C16。

(2) GND:接地。

(3) SDA:串行数据(地址)I/O 端,用于串行数据的输入/输出。这个引脚是漏极开路驱动端,可以与任何数量的漏极开路或集电极开路器件“线或”连接。

(4) SCL:串行时钟输入端,用于输入/输出数据的同步。在其上升沿时,串行写入数据;在下降沿时,串行读取数据。

(5) WP:写保护端,用于硬件数据的保护。WP 接地时,对整个芯片进行正常的读/写操作;WP 接电源 V_{CC}时,对芯片进行数据写保护。

(6) V_{CC}:电源电压,接+5V。

2. 24C××芯片的寻址与读写方式

24C××系列串行 E^2PROM 寻址方式字节的高 4 位为器件地址,且固定为 1010B;低 3 位为器件地址引脚 A2～A0。对于存储容量小于 256B 的芯片,例如 24C01,片内寻址只需 8 位。对于容量大于 256B 的,例如 24C16,其容量为 2KB,因此需要 11 位寻址位。通常,将寻址地址多于 8 位的称为页面寻址,每 256B 作为 1 页。

图 6-9 所示为 24C××系列的字节写时序示意图。主机首先发送起始信号,随后给出器件地址,在收到应答信号后,再将字节地址写入 24C××芯片的地址指针,最后是准备写入的数据字节。对于多于 8 位的地址,主机需连续发送两个 8 位地址字节,并写入 24C××芯片的地址指针。

S	器件地址	0	A	字节地址	L	数据地址	A	P

S	器件地址	0	A	字节地址高 8 位	A	字节地址低 8 位	A	数据字节	A	P

图 6-9 24C××系列字节写时序示意图

图 6-10 所示为 24C××系列芯片的页写时序示意图。与字节写模式不同的是,24C××系列芯片在页写模式下,可以一次写入 8B 或 16B 的数据,每个数据字节之间不需发送停止信号。当 24C××系列芯片收到停止信号后,自动启动内部的写周期,将所有接收到的数据在一个写周期内写入内存中。

S	器件地址	0	A	字节地址	A	数据字节 1	A	…	数据字节 N	A	P

S	器件地址	0	A	字节地址高 8 位	A	字节地址低 8 位	A	数据字节 1	A	…

数据字节 N	A	P

图 6-10 24C××系列页写时序示意图

24C××系列芯片的读操作方式与写操作类似,所不同的是要将数据传送方向位置 1。图 6-11 给出了分别为立即地址读取、随机地址读取和顺序地址读取 3 种不同的读操作方式。采用立即地址读取方式时,主机无须发送要读的字节地址,24C××系列芯片会自动从上次访问地址的下一个地址处读取数据，即上次访问地址为 ADD，则芯片会从 ADD+1 的地址处开始读取数据。

S	器件地址	1	A	数据字节	$\overline{A}$	P

(a) 立即地址读取时序图

S	器件地址	0	A	要读的字节地址	A	Sr	器件地址	1	A	数据字节	$\overline{A}$	P

(b) 随机地址读取时序图

S	器件地址	0	A	要读的字节地址	A	Sr	器件地址	1	A	…	数据字节 1

A	…	1	数据字节 N	$\overline{A}$	P

(c) 顺序地址读取时序图

图 6-11　不同读操作方式的时序图

如果要读取某个特定地址的数据，可以使用随机地址读取的方式。此方式中，主机必须先通过字节写操作方式，将要读的字节地址写入 24C××系列芯片中，然后再次发送起始信号，启动读操作并将总线释放给 24C××，24C××会从之前设置的地址处回送数据字节给主机。

对于内存的读操作往往是连续多字节的，可以采用顺序地址读取的方式。该方式与随机地址读取类似，所不同的是，当主机对于数据字节给出应答位时，24C××会送出下一地址的数据；当主机对于数据字节给出非应答位时，24C××会认为当前操作结束，从而释放总线，主机要随后给出终止信号，结束本次操作。

3. 24C××的命令字节格式

主机发送启动信号后，再发送一个 8 位的含有芯片地址的控制字对器件进行片选。这 8 位片选地址由三部分组成：第一部分是 8 位控制字的高 4 位(D7～D4)，固定为 1010，是 I^2C 总线器件的特征编码；第二部分是最低位 D0，D0 位是读/写选择位 $R/\overline{W}$，决定主机对 E^2PROM 进行读/写操作，$R/\overline{W}=1$，表示读操作，$R/\overline{W}=0$ 表示写操作；第三部分为剩下的 3 位，即 A0、A1、A2，这 3 位根据芯片的容量不同，其意义也不相同。表 6-3 所示为 24C×× E^2PROM 芯片的地址安排(表中，P2、P1、P0 为页地址位)。

表 6-3　24C×× E^2PROM 芯片的地址安排

型　号	容　量	地　址								可扩展的数目
24C01	128B	1	0	1	0	A2	A1	A0	$R/\overline{W}$	8
24C02	256B	1	0	1	0	A2	A1	A0	$R/\overline{W}$	8
24C04	512B	1	0	1	0	A2	A1	P0	$R/\overline{W}$	4
24C08	1KB	1	0	1	0	A2	P1	P0	$R/\overline{W}$	2
24C16	2KB	1	0	1	0	P2	P1	P0	$R/\overline{W}$	1
24C32	4KB	1	0	1	0	A2	A1	A0	$R/\overline{W}$	8
24C64	8KB	1	0	1	0	A2	A1	A0	$R/\overline{W}$	8

6.1.4 24C04 应用设计

1. 设计要求

使用 24C04 存储一个数据，用两只独立按键控制数据的“加”和“减”，限定数值大小为 5～15，并且用两位共阴数码管实时显示数据。

2. 设计分析

因为 24C04 具有断电数据保持的特点，可用来存储数据，所以系统断电后存储的数据不会丢失，当系统重新上电，原来存储的数据仍然为断电之前存储的数据。

3. 硬件电路设计

选用 AT89C51 单片机作为主机，选用 AT24C02 为 E^2PROM 存储器，SDA 线用单片机的 P3.1 引脚来模拟，SCL 线用单片机的 P3.0 引脚来模拟。8 位数码管的段选端接单片机的 P0 口，2 位选端接单片机的 P2 口。具体的电路图如图 6-12 所示。

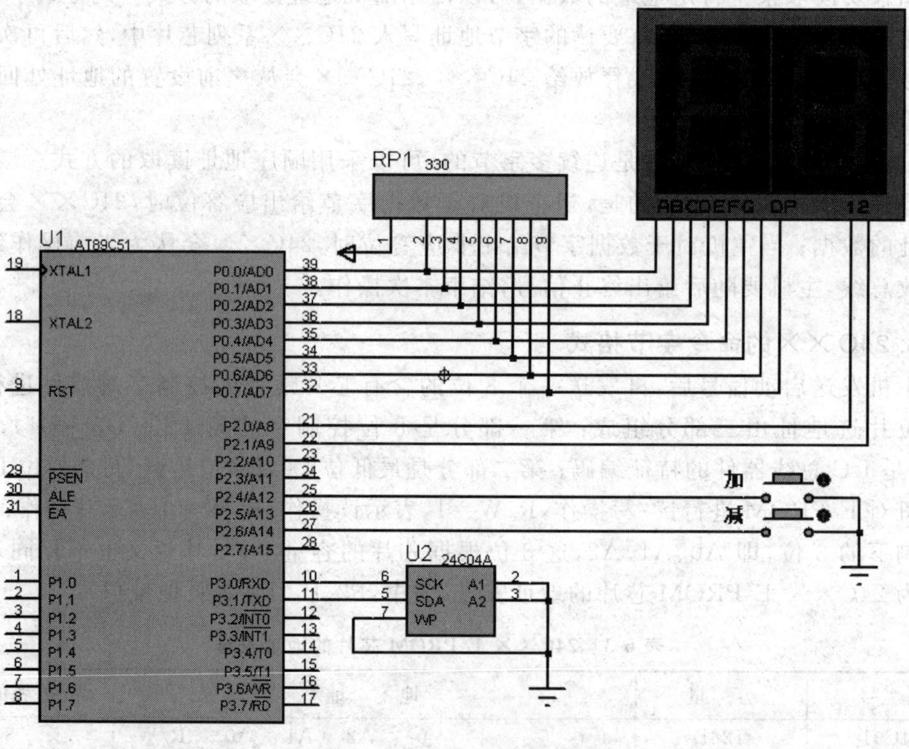

图 6-12 24C04 应用电路图

4. 软件程序编写

本任务控制程序由主程序文件 main. c，按键检测函数文件 key. c，数码管动态扫描函数文件 disp. c，以及 24c02 底层函数文件 at24c02. c 等几个文件组成。

(1) 主函数文件：main. c

根据任务的要求，main 函数负责程序的主流程，即开机读取 E^2PROM 的存储的现有数据，然后循环检测按键并显示。

```
#include<reg51.h>
#include "disp.h"
#include "key.h"
#include "at24c02.h"
unsigned char num;
void main()
{
    num=read_random_address(0x00);
    while(1)
    {
        keyscan();
        display(num);
    }
}
```

(2) 按键检测函数文件：key.c

根据任务的要求，独立按键检测函数负责检测“加”键和“减”键。若“加”键按下，则数值加1，并且限定数值上限为15，然后将新的数值写入 E^2PROM，并重新读出；“减”键功能与“加”键类似。

```
#include <reg51.h>
#include "at24c02.h"
sbit IncKey=P2^4;
sbit DecKey=P2^6;
extern unsigned char num;
void keyscan()
{
    if(IncKey==0)
    {
        while(IncKey==0);
        num++;
        if(num>=15)
        {
            num=15;
        }
        write_random_address(0x00,num);
        num=read_random_address(0x00);
    }
    if(DecKey==0)
    {
        while(DecKey==0);
        num--;
        if(num<=5)
        {
            num=5;
```

```
            }
            write_random_address(0x00,num);
            num=read_random_address(0x00);
        }
    }
```

5. 调试与仿真运行

在程序的调试过程中排除输入和编辑过程中出现的错误，将 Keil 的输出设置为生成 HEX 文件，源程序通过编译后，将 HEX 文件加载到 Proteus 仿真电路中的单片机中，在仿真环境中单击按钮▶，进入仿真运行状态。当第一次单击按钮▶时，LED 显示为 1。以后每单击一次，显示的数字就会加 1，单击 10 次后，显示 10，如图 6-13 显示。

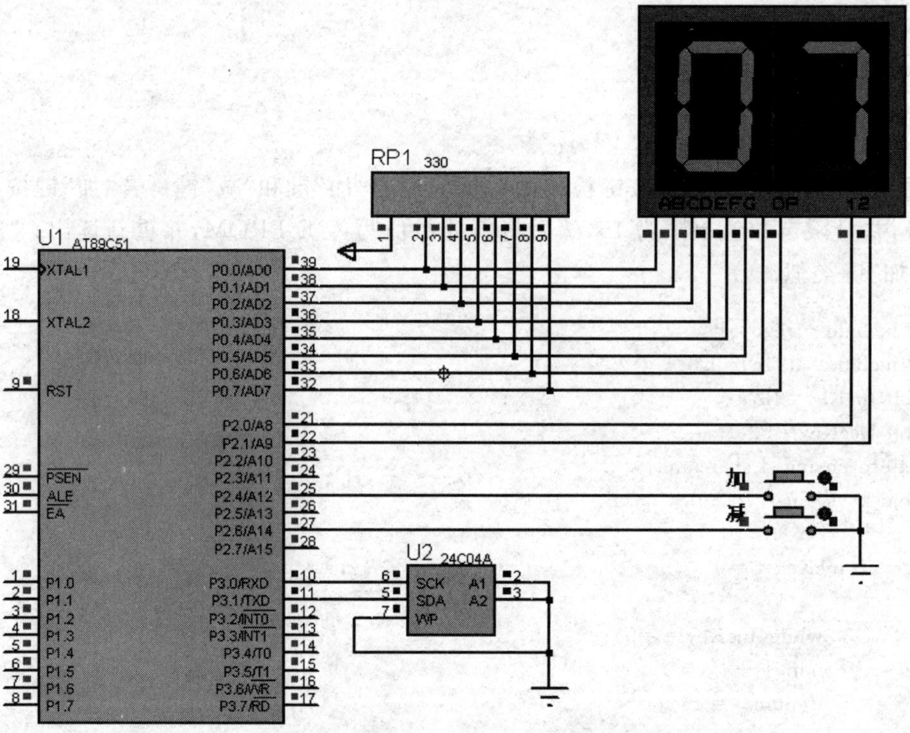

图 6-13　24C04 应用仿真效果图

6.2　任务 2　认识实时时钟电路

6.2.1　DS1302 的使用

1. DS1302 简介

DS1302 是美国 DALLAS 公司推出的一种高性能、低功耗的实时时钟芯片，附加 31B

静态RAM,采用SPI三线接口与CPU进行同步通信,并可采用突发方式一次传送多个字节的时钟信号和RAM数据。实时时钟可提供秒、分、时、日、星期、月和年,当一个月小于31天时可以自动调整,且具有闰年补偿功能。工作电压宽达2.5～5.5V。采用双电源供电,可设置备用电源充电方式,提供了对后备电源进行涓细电流充电的能力。

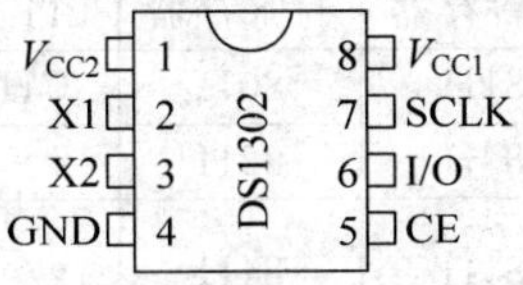

图 6-14　DS1302的外部引脚分配

DS1302的外部引脚分配如图6-14所示；内部结构如图6-15所示。

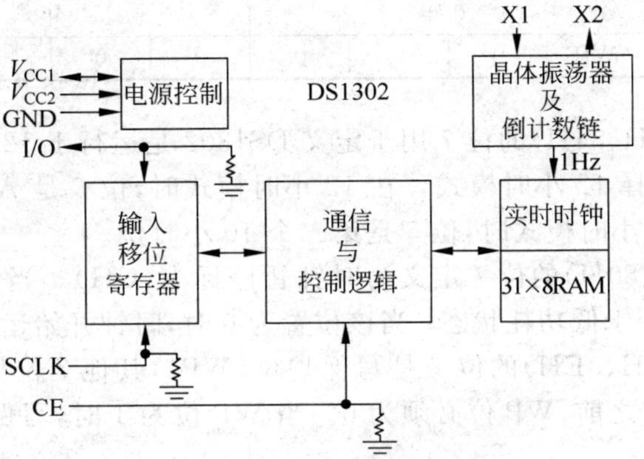

图 6-15　DS1302的内部结构

各引脚的功能如下。

(1) V_{CC2}：主电源。

(2) V_{CC1}：备用电源。在主电源关闭的情况下,也能保持时钟的连续运行。DS1302由V_{CC1}、V_{CC2}两者中的较大者供电。当V_{CC2}大于V_{CC1}+0.2V时,V_{CC2}给DS1302供电；当V_{CC2}小于V_{CC1}时,DS1302由V_{CC1}供电。

(3) X1、X2：振荡源,外接32.768kHz晶振。

(4) SCLK：串行时钟,输入,控制数据的输入与输出。

(5) I/O：三线接口时的双向数据线。

(6) CE：输入信号,在读、写数据期间,必须为高。该引脚有两个功能：首先,CE接通控制逻辑,允许地址/命令序列送入移位寄存器；其次,CE提供终止单字节或多字节数据的传送手段。当CE为高电平时,所有的数据传送被初始化,允许对DS1302进行操作。如果在传送过程中RST置为低电平,则会终止此次数据传送,I/O引脚变为高阻态。上电运行时,在V_{CC}>2.0V之前,CE必须保持低电平。只有SCLK为低电平时,才能将CE置为高电平。

2. DS1302内部寄存器

(1) DS1302有关日历、时间的寄存器

DS1302有关日历、时间的寄存器共有12个,如表6-4所示。其中有7个寄存器(读时81h～8Dh,写时80h～8Ch)存放的数据格式为BCD码形式。

表 6-4 DS1302 有关日历、时间的寄存器

读寄存器	写寄存器	BIT 7	BIT 6	BIT 5	BIT 4	BIT 3	BIT 2	BIT 1	BIT 0	范 围
81H	80H	CH	10 秒			秒				00～59
83H	82H		10 分			分				00～59
85H	84H	12/$\overline{24}$	0	10 AM/PM	时	时				1～12/ 0～23
87H	86H	0	0	10 日		日				1～31
89H	88H	0	0	0	10 月	月				1～12
8BH	8AH	0	0	0	0	0	周日			1～7
8DH	8CH	10 年				年				00～99
8FH	8EH	WP	0	0	0	0	0	0	0	—

小时寄存器(85H、84H)的位 7 用于定义 DS1302 是运行于 12 小时模式还是 24 小时模式。当为高时，选择 12 小时模式。在 12 小时模式时，位 5 是 AM/PM 位，当该位为 1 时，表示 PM。在 24 小时模式时，位 5 是第二个 10 小时位。

秒寄存器(81H、80H)的位 7 定义为时钟暂停标志(CH)。当该位置为 1 时，时钟振荡器停止，DS1302 处于低功耗状态；当该位置为 0 时，时钟开始运行。

控制寄存器(8FH、8EH)的位 7 是写保护位(WP)，其他 7 位均置为 0。在任何对时钟和 RAM 的写操作之前，WP 位必须为 0。当 WP 位为 1 时，写保护位防止对任一寄存器的写操作。

(2) DS1302 与 RAM 相关寄存器

DS1302 与 RAM 相关的寄存器分为两类：一类是单个 RAM 单元，共 31 个，每个单元组态为一个 8 位的字节，其命令控制字为 C0H～FDH，其中奇数为读操作，偶数为写操作；另一类为突发方式下的 RAM 寄存器，此方式下可一次性读写所有 RAM 的 31B，命令控制字为 FEH(写)、FFH(读)。DS1302 中附加 31B 静态 RAM 的地址如表 6-5 所示。

表 6-5 DS1302 与 RAM 相关寄存器

读地址	写地址	数据范围
C1H	C0H	00～FFH
C3H	C2H	00～FFH
C5H	C4H	00～FFH
⋮	⋮	⋮
FDH	FCH	00～FFH

(3) DS1302 的工作模式寄存器

突发模式是指一次传送多个字节的时钟信号和 RAM 数据。突发模式寄存器如表 6-6 所示。

表 6-6 突发模式寄存器

工作模式寄存器	读寄存器	写寄存器
时钟突发模式寄存器(CLOCK BURST)	BFH	BEH
RAM 突发模式寄存器(RAM BURST)	FFH	FEH

3. DS1302 的命令字节格式

每一个数据的传送由命令字节进行初始化，DS1302 的命令字节格式如图 6-16 所示。

7	6	5	4	3	2	1	0
1	RAM / $\overline{CK}$	A4	A3	A2	A1	A0	RD / $\overline{WR}$

图 6-16　DS1302 的命令字节格式

位 6：为 0 表示存取日历时钟数据；为 1 表示存取 RAM 数据。

位 5～位 1(A4～A0)：指示操作单元的地址。

位 0(最低有效位)：为 0 表示要进行写操作；为 1 表示进行读操作。

控制字总是从最低位开始输出。在控制字指令输入后的下一个 SCLK 时钟的上升沿时，数据被写入 DS1302，数据输入从最低位(0 位)开始。同样，在紧跟 8 位的控制字指令后的下一个 SCLK 脉冲的下降沿，读出 DS1302 的数据，读出的数据也是从最低位到最高位。数据读写时序如图 6-17 所示。

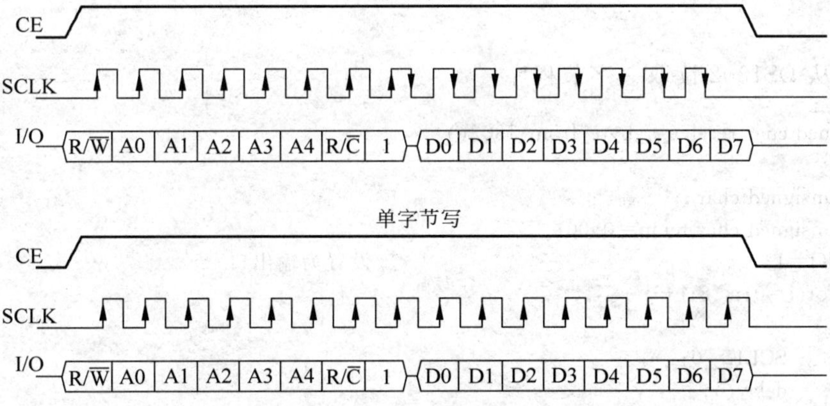

图 6-17　数据读写时序

4. DS1302 与 CPU 的连接

DS1302 与单片机的连接仅需要 3 条线：CE 引脚、SCLK 串行时钟引脚、I/O 串行数据引脚。V_{CC2} 为备用电源，外接 32.768kHz 晶振，为芯片提供计时脉冲。图 6-18 所示为 DS1302 与 AT89C51 单片机连接的电路图。

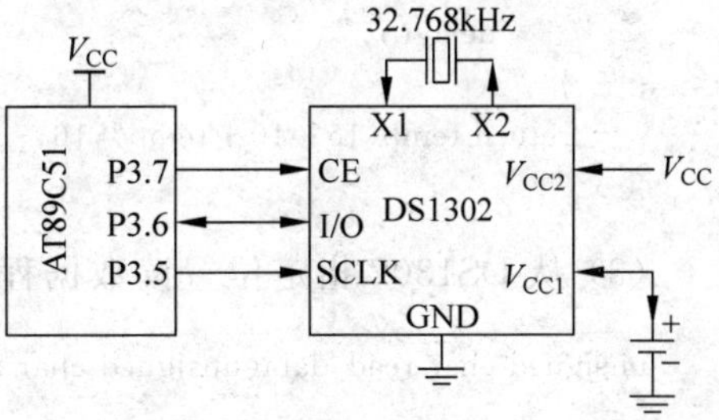

图 6-18　DS1302 与 AT89C51 单片机连接电路图

一般设计流程如下(所有过程须将 CE 置 1)。

(1) 关闭写保护，通过设置控制字使位 7 为 1。

(2) 串行输入控制指令。

(3) 根据需要输入控制指令，完成数据传输。

(4) 可以选择字节模式,即每输入一条控制指令,下 8 个脉冲完成相应一个字节的读写。

(5) 可以选择突发模式,对时钟/日历寄存器或 31×8RAM 进行一次性读写。

(6) 打开写保护。

5. DS1302 驱动程序

(1) 向 DS1302 写入一字节程序:

```
void write_a_byte_to_1302 ( unsigned char dat )
{
    unsigned char i;
    for (i=0; i<8; i++)                        //循环 8 次移位
    {
        SCLK=0;
        delay();                               //延时 5μs
        dat=dat>>1;
        IO=CY;
        SCLK=1;
        delay();
    }
}
```

(2) 从 DS1302 读取一字节程序:

```
unsigned char receive_a_byte_from_1302()
{
    unsigned char i;
    unsigned char temp=0x00;
    IO=1;                                      //设置为输出口
    for(i=0;i<8;i++)
    {
        SCLK=0;
        delay();
        temp=temp>>1;                          //右移一位,最高位补 0
        if(IO==1)
        temp=temp|0x80;
        SCLK=1;
        delay();
    }
    return temp/16*10+temp%16;                 //BCD 码的转换
}
```

(3) 从 DS1302 指定位置读数据程序:

```
unsigned char read_data(unsigned char addr)
{
    unsigned char dat;
    CE=0;
    delay();
    SCLK=0;
```

```
    delay();
    CE=1;
    delay();
    write_a_byte_to_1302(addr);
    dat= receive_a_byte_from_1302();
    SCLK=1;
    CE=0;
    return dat;
}
```

(4) 向 DS1302 某地址写数据程序：

```
void write_data(unsigned char addr,unsigned char dat)
{
   CE=0;
   delay();
   SCLK=0;
   delay();
   CE=1;
   delay();
   write_a_byte_to_1302(addr);
   write_a_byte_to_1302(dat);
   SCLK=1;
   CE=0;
}
```

(5) 初始化 DS1302：

```
void csh_1302(void)
{
    CE=0;
    SCLK=0;
    write_data(protect,0x00);          //禁止写保护
    write_data(write_s,0x56);          //秒位初始化
    write_data(write_m,0x34);          //分钟初始化
    write_data(write_h,0x12);          //小时初始化
    write_data(protect,0x80);          //允许写保护
}
```

6.2.2　DS1302 应用设计

1. 设计要求

使用 DS1302 和数码管设计一个电子钟。从 DS1302 中读取时钟的数据，在 8 位数码管上显示时间，显示格式为××-××-××。

2. 硬件电路设计

选用 AT89C51 单片机作为主机，DS1302 片选端 CE(RST)接单片机的 P1.2 引脚，

时钟端 SCLK 接单片机的 P1.1 引脚，数据端 I/O 接单片机的 P1.0 引脚。8 位数码管的段选端接单片机的 P0 口，位选端接单片机的 P2 口。具体的电路图如图 6-19 所示。

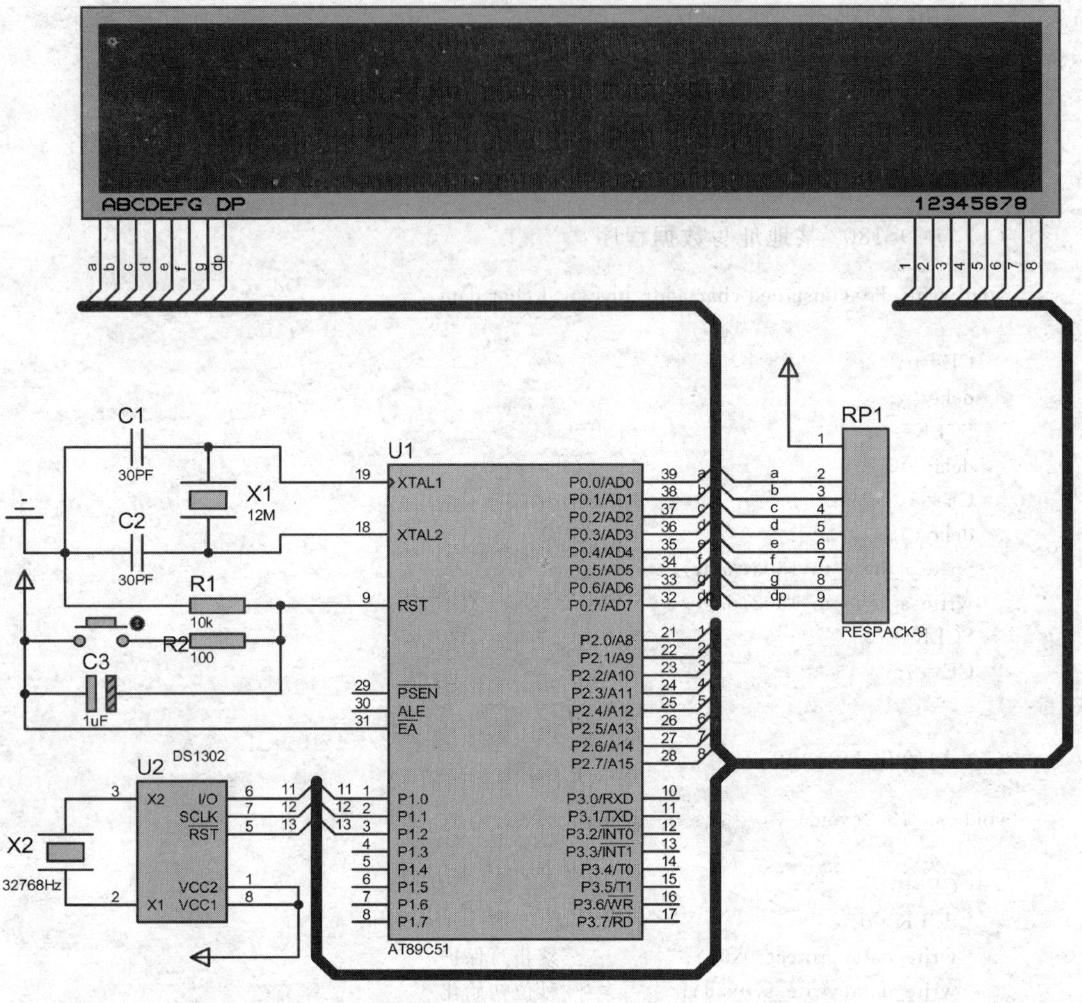

图 6-19　DS1302 应用电路图

3. 软件程序编写

程序源代码如下。

```
#include <reg51.h>
#include<intrins.h>
#define uchar unsigned char

#define uint unsigned int
sbit IO=P1^0;                                   //位定义数据线
sbit SCLK=P1^1;                                 //位定义时钟线
sbit CE=P1^2;                                   //位定义片选端
//共阳数码管段码
uchar code SMG[]={0xC0,0xF9,0xA4,0xB0,0x99,0x92,0x82,0xf8,0x80,0x90};
```

```
//显示缓冲：HH-MM-SS
uchar display_buffer[ ]={0x00,0x00,0xBF,0x00,0x00,0xBF,0x00,0x00};
uchar bit_code[ ]={0x01,0x02,0x04,0x08,0x10,0x20,0x40,0x80};//数码管位码
uchar current_time[3];                              //所读取的日期时间：秒,分,时
void delay()                                        //延时 5μs
{
    _nop_();
    _nop_();
    _nop_();
    _nop_();
    _nop_();
}
void delayxms(uint x)                               //延时程序
{
    uchar i;
    while(x--) for(i=0;i<120;i++);
}
void write_a_byte_to_1302 (uchar dat)               //向 DS1302 写入一字节
{
    ...
}
uchar receive_a_byte_from_1302()                    //从 DS1302 读出一字节
{
    ...
}
uchar read_data(uchar addr)                         //从 DS1302 指定位置读数据
{
    ...
}
void write_data(uchar addr,uchar dat)               //向 DS1302 某地址写数据
{
    ...
}
void get_time()                                     //读取当前时间(秒、分、时)
{
    current_time[0]=read_data(0x81);                //秒
    current_time[1]=read_data(0x83);                //分
    current_time[2]=read_data(0x85);                //时
}
void display()
{
    display_buffer[0]=SMG[current_time[2]/10];
    display_buffer[1]=SMG[current_time[2]%10];
    display_buffer[2]= 0xBF;
    display_buffer[3]=SMG[current_time[1]/10];
    display_buffer[4]=SMG[current_time[1] %10];
    display_buffer[5]= 0xBF;
    display_buffer[6]=SMG[current_time[0]/10];
    display_buffer[7]=SMG[current_time[0] %10];
    for(i=0;i<8;i++)
    {
        P0= display_buffer[i];
        P2= bit_code[i];
```

```
            delayxms(3);
            P0=0x00;
        }
}
void main()                                 //主程序
{
        uchar i;
        while(1)
        {
            get_time();                     //读取当前时间
            display();
        }
}
```

4. 调试与仿真运行

在程序的调试过程中排除输入和编辑过程中出现的错误,将 Keil 的输出设置为生成 HEX 文件,源程序通过编译后,将 HEX 文件加载到 Proteus 仿真电路中的单片机中,在仿真环境中单击按钮 ▶ ,进入仿真运行状态,数码管即时显示当前的时间。仿真效果如图 6-20 所示。

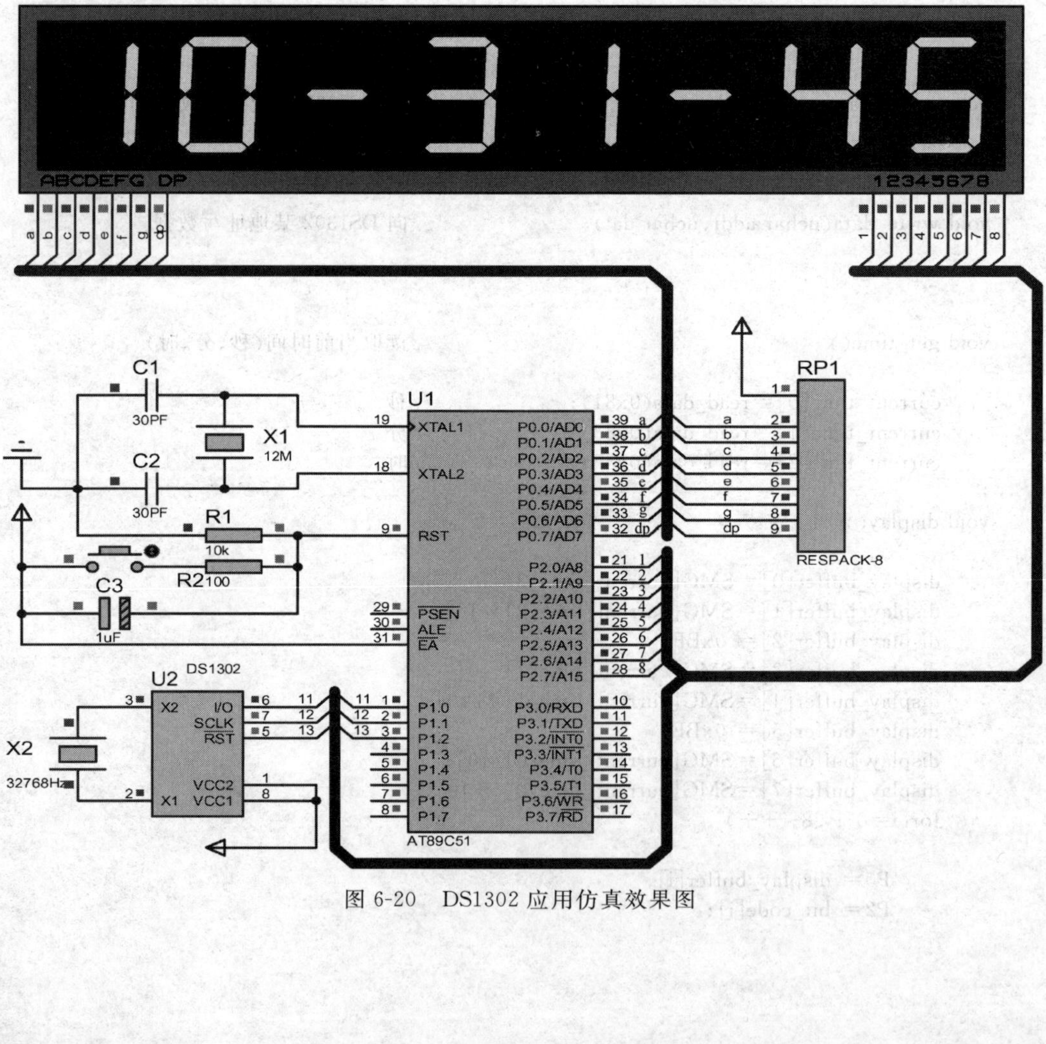

图 6-20 DS1302 应用仿真效果图

6.3 任务 3 认识 12864 LCD 液晶显示模块

12864 LCD 是一种图形点阵液晶显示器，它主要由行驱动器、列驱动器及 128×64 全点阵液晶显示器组成，可完成图形显示，也可以显示 8×4 个(16×16 点阵)汉字，与外部 CPU 接口可采用串行或并行方式控制。图 6-21 所示为 12864 LCD 实物图。

图 6-21　12864 LCD 实物图

6.3.1 12864 LCD 液晶显示模块的使用

1. 接口信号说明

12864 LCD 接口信号说明如表 6-7 所示。

表 6-7　12864 LCD 接口信号说明

管脚号	管脚名称	管脚功能描述
1	V_{SS}	电源地
2	V_{DD}	电源电压
3	V0	液晶显示器驱动电压
4	D/I(RS)	D/I=H，表示 DB7～DB0 为显示数据 D/I=L，表示 DB7～DB0 为指令数据
5	R/$\overline{W}$	R/$\overline{W}$=H，从液晶模块读数据 R/$\overline{W}$=L，将数据写入到液晶模块
6	E	R/$\overline{W}$=L，E 信号下降沿锁存数据 DB7～DB0 R/$\overline{W}$=H，E=H，DDRAM 数据读到 DB7～DB0
7～14	DB0～DB7	8 位数据线
15	CS1	H：选择芯片(右半屏)信号
16	CS2	H：选择芯片(左半屏)信号
17	RET	复位信号，低电平复位
18	VOUT	LCD 驱动负电压
19	LCD+	LCD 背光板电源正端
20	LCD-	LCD 背光板电源负端

2. 接口时序

12864 LCD 模块读写时序如图 6-22 所示。

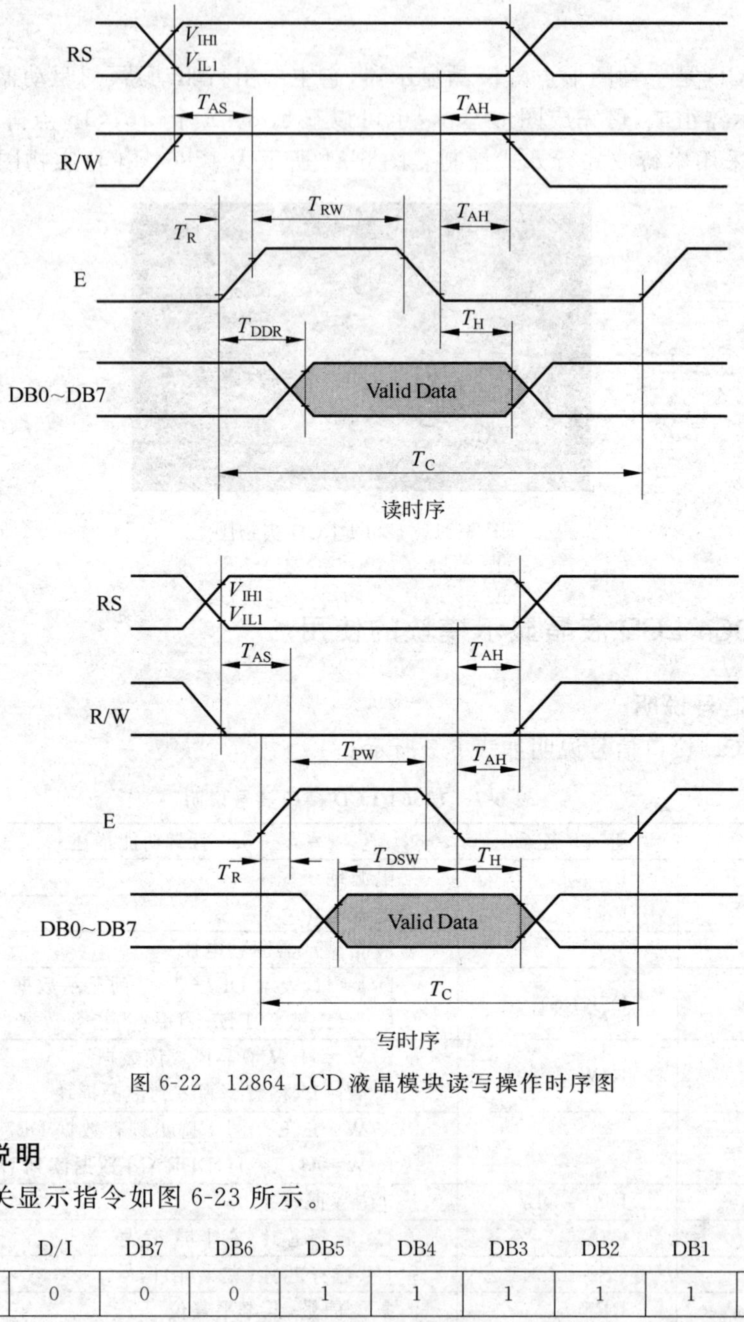

图 6-22　12864 LCD 液晶模块读写操作时序图

3. 指令说明

(1) 开/关显示指令如图 6-23 所示。

RW	D/I	DB7	DB6	DB5	DB4	DB3	DB2	DB1	DB0
0	0	0	0	1	1	1	1	1	D

图 6-23　开/关显示指令

D=1：开显示，显示器可以进行显示操作。

D=0：关显示，不能对显示器进行显示操作。

(2) 显示起始行指令如图 6-24 所示。

RW	D/I	DB7	DB6	DB5	DB4	DB3	DB2	DB1	DB0
0	0	1	1	A5	A4	A3	A2	A1	A0

图 6-24　显示起始行指令

显示起始行由 Z 地址计数器控制，该指令将 A5～A0 6 位地址自动送入 Z 地址计数器，起始行地址可以是 0～63 的任意一行，所设置的行将显示在屏幕的第一行。

(3) 页(X)地址指令如图 6-25 所示。

RW	D/I	DB7	DB6	DB5	DB4	DB3	DB2	DB1	DB0
0	0	1	0	1	1	1	A2	A1	A0

图 6-25　页地址指令

该指令执行后，后面的读写操作将在指定的页内进行，直到重新设置。页地址存在 X 地址计数器中，A2～A0 表示 0～7 页，8 行为 1 页，64 行为 8 页，复位信号可将页地址计数器清零。页地址与 DDRAM 的对应关系如表 6-8 所示。

表 6-8　页地址与 DDRAM 对应关系

CS1＝1						CS2＝1					
Y＝	0	1	…	62	63	0	1	…	62	63	行号
X＝0	DB0↓DB7	DB0↓DB7	DB0↓DB7	DB0↓DB7	DB0↓DB7	DB0↓DB7	DB0↓DB7	DB0↓DB7	DB0↓DB7	DB0↓DB7	0↓7
↓	DB0↓DB7	DB0↓DB7	DB0↓DB7	DB0↓DB7	DB0↓DB7	DB0↓DB7	DB0↓DB7	DB0↓DB7	DB0↓DB7	DB0↓DB7	8↓55
7	DB0↓DB7	DB0↓DB7	DB0↓DB7	DB0↓DB7	DB0↓DB7	DB0↓DB7	DB0↓DB7	DB0↓DB7	DB0↓DB7	DB0↓DB7	56↓63

(4) 列(Y)地址指令如图 6-26 所示。

RW	D/I	DB7	DB6	DB5	DB4	DB3	DB2	DB1	DB0
0	0	0	1	A5	A4	A3	A2	A1	A0

图 6-26　列地址指令

列地址存在 Y 地址计数器中，该指令将 A5～A0 送入 Y 地址计数器。在对 DDRAM 进行读写操作后，Y 地址指针自动加 1，指向下一个 DDRAM 单元。

(5) 读状态指令如图 6-27 所示。

RW	D/I	DB7	DB6	DB5	DB4	DB3	DB2	DB1	DB0
1	0	BF	0	ON/OFF	RST	0	0	0	0

图 6-27 读状态指令

12864 LCD 的忙碌标志位 BF 放置在数据总线的 D7 位,BF 为 1 时表示忙状态,为 0 时表示空闲状态;ON/OFF 为 1 时表示显示打开,为 0 时表示显示关闭;RST 为 1 时表示复位,为 0 时表示正常。该指令读忙碌标志(BF)、复位标志(RST)和显示状态位(ON/OFF)。

(6) 写显示数据指令如图 6-28 所示。

RW	D/I	DB7	DB6	DB5	DB4	DB3	DB2	DB1	DB0
0	1	D7	D6	D5	D4	D3	D2	D1	D0

图 6-28 写显示数据指令

将数据 D7～D0 写入 DDRAM 的相应单元,Y 地址计数器自动加 1。写数据到 DDRAM 前,先要设置页地址和列地址。

(7) 读显示数据指令如图 6-29 所示。

RW	D/I	DB7	DB6	DB5	DB4	DB3	DB2	DB1	DB0
1	1	D7	D6	D5	D4	D3	D2	D1	D0

图 6-29 读显示数据指令

将 DDRAM 的内容 D7～D0 读到数据总线上。读指令执行后,Y 地址计数器自动加 1,读 DDRAM 数据前,先要设置页地址和列地址。

4. 12864 LCD 驱动程序

(1) LCD 半屏显示。

```
void left()                              //左半屏显示
{
    CS1=1;
    CS2=0;
}
void right()                             //右半屏显示
{
    CS1=0;
    CS2=1;
}
```

(2) 判断 LCD 是否繁忙。

```
void LCD_Check_Busy()
{
    do
```

```
    {
        E=0;
        DI=0;
        RW=1;
        P0=0xff;
        E=1;
        _nop_();
        E=0;
    }
    while(P0&0x80);                    //P0.7 口
}
```

(3) 向 12864 LCD 写命令。

```
void LCD_Write_Command (uchar c)
{
    LCD_Check_Busy();
    P0=0xFF;
    RW=0;
    DI=0;
    E=1;
    _nop_();
    P0=c ;
    E=0;
    _nop_();
}
```

(4) 向 12864 LCD 写数据。

```
void LCD_Write_Date(uchar d)                    //向 LCD 发送数据
{
    LCD_Check_Busy();
    P0=0xFF;
    RW=0;
    DI=1;
    E=1;
    _nop_();
    P0=d ;
    E=0;
    _nop_();
}
```

(5) 设置显示初始页。

```
void page_first(uchar p)
{
    uchar i=p;
    p=i|0xb8;
```

```
    LCD_Check_Busy();
    LCD_Write_Command(p);
}
```

(6) 设置显示初始列。

```
void col_first(uchar c)
{
    uchar i=c;
    c=i|0x40;
    LCD_Check_Busy();
    LCD_Write_Command(c);
}
```

(7) 清除屏幕。

```
void Clear_LCD()
{
    uint i,j;
    left();
    LCD_Write_Command(0x3f);
    right();
    LCD_Write_Command(0x3f);
    left();
    for(i=0;i<8;i++)
    {
        page_first(i);
        col_first(0x00);
        for(j=0;j<64;j++)
        {
            LCD_Write_Date(0x00);            //空格编码
        }
    }
    right();
    for(i=0;i<8;i++)
    {
          page_first(i);
          col_first(0x00);
          for(j=0;j<64;j++)
          {
              LCD_Write_Date(0x00);          //空格编码
          }
    }
}
```

6.3.2 12864 LCD 液晶显示模块的应用设计

1. 设计要求

在 12864 LCD 液晶上第一行显示“扬州工业职业”,第二行显示“技术学院”,第三行显示“电气信息工程学院”,第四行显示“欢迎您!”。

2. 硬件电路设计

具体的电路图如图 6-30 所示。

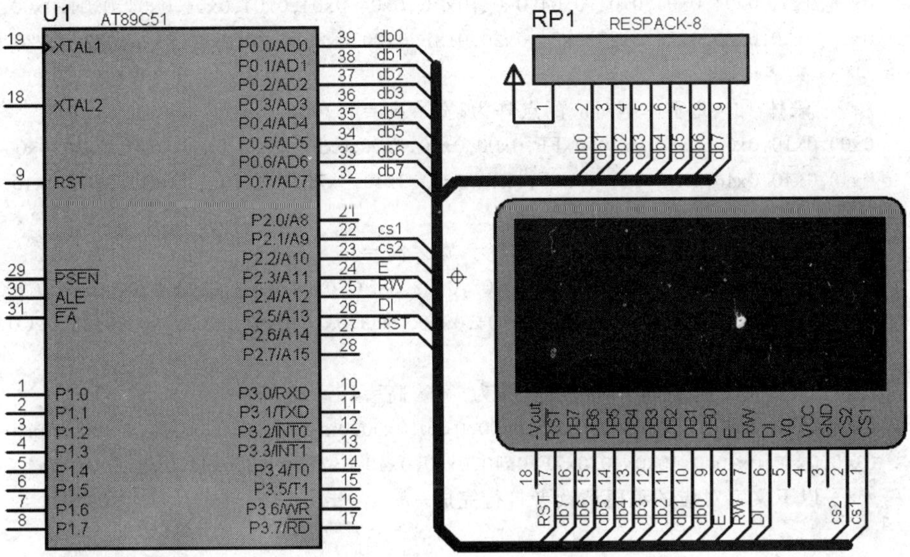

图 6-30　12864 LCD 应用电路图

3. 软件程序编写

```
#include<reg51.h>
#include<absacc.h>
#include<intrins.h>
#define uchar unsigned char
#define uint unsigned int

sbit CS1=P2^1;        //定义选择芯片左半屏信号
sbit CS2=P2^2;        //定义选择芯片右半屏信号
sbit DI=P2^5;         //定义选择显示类型
sbit RW=P2^4;         //定义读写信号
sbit E=P2^3;          //定义数据锁存信号

uchar code num[]={
    /*-- 文字: 扬 --*/
    /*-- 宋体 12; 此字体下对应的点阵为:宽×高=16×16 --*/
    0x10,0x10,0x10,0xFF,0x10,0x90,0x00,0x42,0xE2,0x52,0x4A,0xC6,0x42,0x40,0xC0,0x00,
    0x04,0x44,0x82,0x7F,0x01,0x20,0x10,0x8C,0x43,0x20,0x18,0x47,0x80,0x40,0x3F,0x00,
    /*-- 文字: 州 --*/
    /*-- 宋体 12; 此字体下对应的点阵为:宽×高=16×16 --*/
    0x00,0xE0,0x00,0xFF,0x00,0x20,0xC0,0x00,0xFE,0x00,0x20,0xC0,0x00,0xFF,0x00,0x00,
```

```
    0x81,0x40,0x30,0x0F,0x00,0x00,0x00,0x00,0x3F,0x00,0x00,0x00,0x00,0xFF,0x00,0x00,
    /*-- 文字: 工 --*/
    /*-- 宋体 12; 此字体下对应的点阵为:宽×高=16×16 --*/
    0x00,0x04,0x04,0x04,0x04,0x04,0x04,0xFC,0x04,0x04,0x04,0x04,0x04,0x04,0x00,0x00,
    0x20,0x20,0x20,0x20,0x20,0x20,0x20,0x3F,0x20,0x20,0x20,0x20,0x20,0x20,0x20,0x00,
    /*-- 文字: 业 --*/
    /*-- 宋体 12; 此字体下对应的点阵为:宽×高=16×16 --*/
    0x00,0x10,0x60,0x80,0x00,0xFF,0x00,0x00,0x00,0xFF,0x00,0x00,0xC0,0x30,0x00,0x00,
    0x40,0x40,0x40,0x43,0x40,0x7F,0x40,0x40,0x40,0x7F,0x42,0x41,0x40,0x40,0x40,0x00,
    /*-- 文字: 职 --*/
    /*-- 宋体 12; 此字体下对应的点阵为:宽×高=16×16 --*/
    0x02,0x02,0xFE,0x92,0x92,0xFE,0x02,0x02,0xFC,0x04,0x04,0x04,0x04,0xFC,0x00,0x00,
    0x08,0x18,0x0F,0x08,0x04,0xFF,0x04,0x80,0x63,0x19,0x01,0x01,0x09,0x33,0xC0,0x00,
    /*-- 文字: 业 --*/
    /*-- 宋体 12; 此字体下对应的点阵为:宽×高=16×16 --*/
    0x00,0x10,0x60,0x80,0x00,0xFF,0x00,0x00,0x00,0xFF,0x00,0x00,0xC0,0x30,0x00,0x00,
    0x40,0x40,0x40,0x43,0x40,0x7F,0x40,0x40,0x40,0x7F,0x42,0x41,0x40,0x40,0x40,0x00,
    /*--以下文字对应的编码请读者自行完成--*/
}
/*--以下是 LCD 驱动程序--*/
void left()                         //清左半屏,右半屏显示
{
    /*...省略...*/
}
void right()                        //清右半屏,左半屏显示
{
    /*...省略...*/
}
void LCD_Check_Busy()               //判断 LCD 是否繁忙
{
    /*...省略...*/
}
void LCD_Write_Command(uchar c)     //将命令写入 12864
{
    /*...省略...*/
}
void LCD_Write_Data(uchar c)        //将数据写入 12864
{
    /*...省略...*/
}
void page_first(uchar p)            //设置显示初始页(共 8 页)
{
    /*...省略...*/
}
void col_first(uchar c)             //设置显示初始列
```

```
{
    /*…省略…*/
}
void Clear_LCD()//清屏
{
    /*…省略…*/
}
/*…16*16 汉字任意位置显示,纵向取模,字节倒序…*/
void display(uchar *s, uchar page, uchar col)
{
    uchar i,j;
    page_first(page);                  //上半部
    col_first(col);
    for(i=0;i<16;i++)
    {
        LCD_Write_Date(*s);
        s++;
    }
    page_first(page+1);                //下半部
    col_first(col);
    for(j=0;j<16;j++)
    {
        LCD_Write_Date(*s);
        s++;
    }
}
/*--以下是主函数--*/
void main()
{
    Clear_LCD();
    left();                            //左半屏
    display(num,0x00,16);              //扬,第 1 页,第 2 个字
    display(num+32,0x00,32);           //州,第 1 页,第 3 个字
    display(num+64,0x00,48);           //工,第 1 页,第 4 个字
    right();                           //右半屏
    display(num+96,0x00,0);            //业,第 1 页,第 1 个字
    display(num+128,0x00,16);          //职,第 1 页,第 2 个字
    display(num+160,0x00,32);          //业,第 1 页,第 3 个字

    left();                            //左半屏
    display(num+192,0x02,32);          //技,第 3 页,第 3 个字
    display(num+224,0x02,48);          //术,第 3 页,第 4 个字
    right();                           //右半屏
    display(num+256,0x02,0);           //学,第 3 页,第 1 个字
    display(num+288,0x02,16);          //院,第 3 页,第 1 个字
```

```
    left();                                 //左半屏
    display(num+320,0x04,0);                //电,第 5 页,第 1 个字
    display(num+352,0x04,16);               //气,第 5 页,第 2 个字
    display(num+384,0x04,32);               //信,第 5 页,第 3 个字
    display(num+416,0x04,48);               //息,第 5 页,第 4 个字
    right();                                //右半屏
    display(num+448,0x04,0);                //工,第 5 五页,第 1 个字
    display(num+480,0x04,16);               //程,第 5 页,第 2 个字
    display(num+512,0x04,32);               //学,第 5 页,第 3 个字
    display(num+544,0x04,48);               //院,第 5 页,第 4 个字

    left();                                 //左半屏
    display(num+576,0x06,32);               //欢,第 7 页,第 3 个字
    display(num+608,0x06,48);               //迎,第 7 页,第 4 个字
    right();                                //右半屏
    display(num+640,0x06,0);                //您,第 7 页,第 1 个字
    display(num+672,0x06,16);               //!,第 7 页,第 2 个字
    while(1);
}
```

4. 调试与仿真运行

在程序的调试过程中排除输入和编辑过程中出现的错误,将 Keil 的输出设置为生成 HEX 文件,源程序通过编译后,将 HEX 文件加载到 Proteus 仿真电路中的单片机中,在仿真环境中按下 ▶ 键,进入仿真运行状态,在 12864 LCD 上即显示"扬州工业职业技术学院电气信息工程学院欢迎您!"字样,如图 6-31 所示。

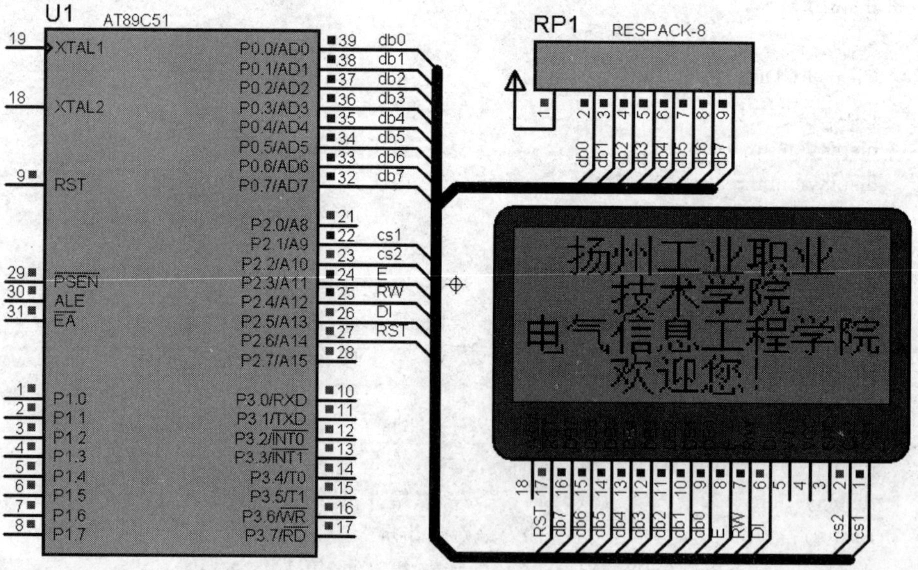

图 6-31　12864 LCD 应用仿真效果图

6.4 任务 4 电子日历的设计

6.4.1 任务与计划

电子日历工作任务要求：采用 AT89C51 单片机控制，使用 DS1302 作为时钟芯片，设计仿真电子日历，要求用中文和数字组合显示当前时间信息并且按秒刷新。设计 3 个独立按键，用于日期时间的调整。显示方式如下。

第一行显示“20××年××月××日”字样，顶格显示。

第二行显示“××时××分××秒”字样，顶格显示。

第三行显示“星期×”字样，顶格显示。

其中，AT89C51 单片机 P1 口提供引脚与 DS1302 时钟电路相连，AT89C51 单片机 P0 口与 P2 口提供相应引脚与 12864 LCD 相连。

工作计划：首先进行工作任务分析。根据任务要求，学习 I^2C 总线与 I^2C 总线协议的相关知识，收集单片机电子日历的相关资料，结合 DS1302 芯片的使用说明和 12864 LCD 的工作原理，进行电子日历方案设计。然后进行硬件电路设计、流程图设计和软件程序编写。在完成程序的调试和编译后，进行单片机电子日历的仿真运行，综合电路和程序进行系统调试纠错，运行正常后进行演示评价。在完成全部仿真后，进行电子日历实物电路的装配、制作和调试。

6.4.2 硬件电路与软件程序设计

1. 方案框图

根据任务要求，单片机电子日历主控制芯片为 8051 单片机，实时读取 DS1302 时钟芯片时间信息，12864 LCD 模块作为显示器。电子日历方案框图如图 6-32 所示。

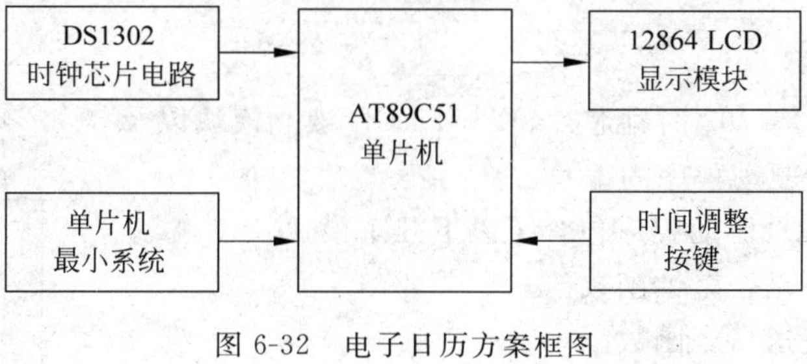

图 6-32 电子日历方案框图

2. 电路图

根据任务和方案框图，选择器件的型号和参数，确定硬件电路图，单片机时钟频率选择 11.0592MHz，DS1302 时钟芯片电路和时间调整按键等相关引脚与单片机 P3 口相连，12864 LCD 电路相关引脚与单片机 P0 与 P2 口相连。电子日历电路图如图 6-33 所示。

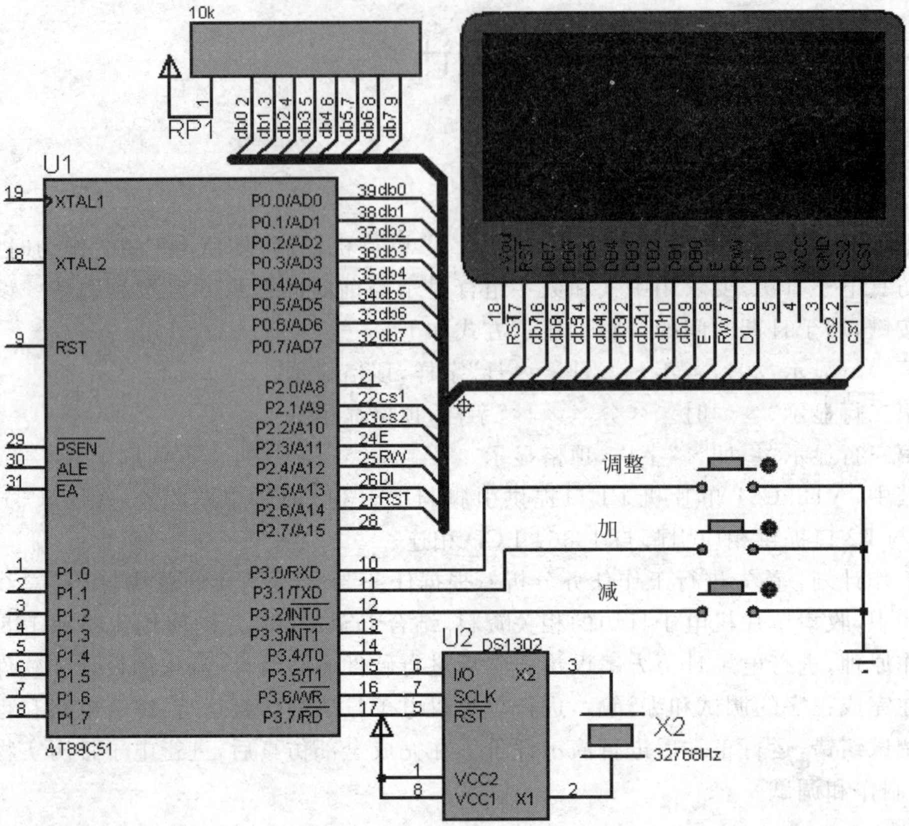

图 6-33 电子日历电路图

3. 流程图

根据工作任务要求和电子日历的功能要求,在方案设计和电路设计的基础上,绘制电子日历流程图。主程序流程图如图 6-34 所示。

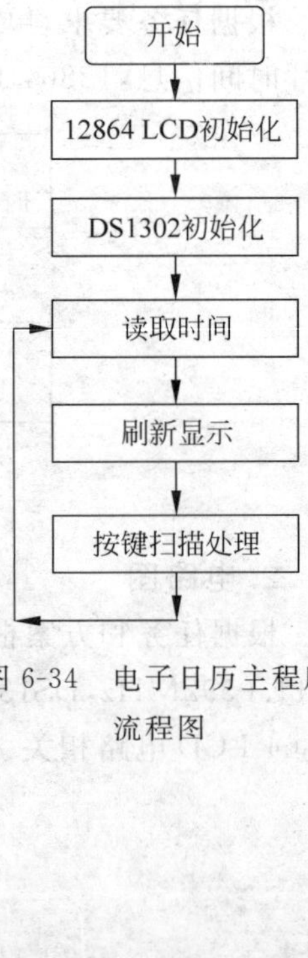

图 6-34 电子日历主程序流程图

4. 源程序编写

该程序要对 DS1302 时钟芯片、12864 LCD 液晶模块以及 3 位独立按键进行驱动程序的编写。

(1) 12864 LCD 驱动程序包含了以下几个模块。

① 检查 LCD 是否繁忙函数。

② 向 LCD 发送命令函数。

③ 向 LCD 发送数据函数。

④ LCD 初始化设置函数。

⑤ LCD 通用显示函数。

(2) DS1302 时钟芯片驱动程序包含了以下几个模块。

① 向 DS1302 写入一字节函数。

② 从 DS1302 读出一字节函数。

③ 从 DS1302 指定位置读取数据函数。

④ 向 DS1302 某地址写入数据函数。

⑤ 1302 设置时间函数。

⑥ 1302 读取当前日期时间函数。

(3) 独立按键检测处理程序包含以下功能。

① 检测“调整”键并记录按键键值 0～7。0 表明当前为正常显示状态，1～7 表明当前调整对象分别为年、月、日、时、分、秒、星期。

② 在“调整”键键值不为 0 的前提下检测“加”和“减”按键。

③ “加”键按下，根据“调整”键的键值决定被加 1 的对象。

④ “减”键按下，根据“调整”键的键值决定被减 1 的对象。

程序清单如下。

```
#include<reg51.h>
#include<intrins.h>
#include<string.h>
#define uchar unsigned char
#define uint unsigned int
sbit CS1=P2^1;                          //定义选择芯片左半屏信号
sbit CS2=P2^2;                          //定义选择芯片右半屏信号
sbit DI=P2^5;                           //定义选择显示类型
sbit RW=P2^4;                           //定义读写信号
sbit E=P2^3;                            //定义数据锁存信号
sbit MKey=P3^0;                         //“调整”键
sbit IKey=P3^1;                         //“加”键
sbit DKey=P3^2;                         //“减”键
sbit IO=P3^5;                           //DS1302 数据线
sbit CLK=P3^6;                          //DS1302 时钟线
sbit RST=P4^7;                          //DS1302 复位线

uchar Time_Buffer[7];                   //日期缓存，0～6 依次为秒、分、时、日、月、周日、年
//宏定义年、月、日、时、分、秒、周
#define nian Time_Buffer[6]
#define zhou Time_Buffer[5]
#define yue Time_Buffer[4]
#define ri Time_Buffer[3]
#define shi Time_Buffer[2]
#define fen Time_Buffer[1]
#define miao Time_Buffer[0]
/*--年，月，日，星期，时，分，秒，汉字点阵(16×16)--*/
uchar code Date_Time_Words[]=
{
    0x40,0x20,0x10,0x0C,0xE3,0x22,0x22,0x22,0xFE,0x22,0x22,0x22,0x22,0x02,0x00,0x00, //年
    0x04,0x04,0x04,0x04,0x07,0x04,0x04,0x04,0xFF,0x04,0x04,0x04,0x04,0x04,0x04,0x00,
    0x00,0x00,0x00,0x00,0x00,0xFF,0x11,0x11,0x11,0x11,0x11,0xFF,0x00,0x00,0x00,0x00, //月
```

```
    0x00,0x40,0x20,0x10,0x0C,0x03,0x01,0x01,0x01,0x21,0x41,0x3F,0x00,0x00,0x00,0x00,
    0x00,0x00,0x00,0xFE,0x42,0x42,0x42,0x42,0x42,0x42,0x42,0xFE,0x00,0x00,0x00,0x00,//日
    0x00,0x00,0x00,0x3F,0x10,0x10,0x10,0x10,0x10,0x10,0x10,0x3F,0x00,0x00,0x00,0x00,
    /*--省略了星期,时,分,秒--*/
};
/*--周日汉字点阵(16×16)--*/
uchar code Weekday_Words[]=
{
    0x00,0x00,0x00,0xFE,0x42,0x42,0x42,0x42,0x42,0x42,0x42,0xFE,0x00,0x00,0x00,0x00,//日
    0x00,0x00,0x00,0x3F,0x10,0x10,0x10,0x10,0x10,0x10,0x10,0x3F,0x00,0x00,0x00,0x00,
    0x00,0x80,0x80,0x80,0x80,0x80,0x80,0x80,0x80,0x80,0x80,0x80,0x80,0xC0,0x80,0x00,//一
    0x00,0x00,0x00,0x00,0x00,0x00,0x00,0x00,0x00,0x00,0x00,0x00,0x00,0x00,0x00,0x00,
    0x00,0x00,0x04,0x04,0x04,0x04,0x04,0x04,0x04,0x04,0x04,0x06,0x04,0x00,0x00,0x00,//二
    0x00,0x10,0x10,0x10,0x10,0x10,0x10,0x10,0x10,0x10,0x10,0x10,0x10,0x18,0x10,0x00,
    /*--省略了三,四,五,六--*/
};
/*--数字字符点阵(8×16)--*/
uchar code Digits[]=
{
    0x00,0xE0,0x10,0x08,0x08,0x10,0xE0,0x00,0x00,0x0F,0x10,0x20,0x20,0x10,0x0F,0x00,//0
    0x00,0x10,0x10,0xF8,0x00,0x00,0x00,0x00,0x00,0x20,0x20,0x3F,0x20,0x20,0x00,0x00,//1
    0x00,0x70,0x08,0x08,0x08,0x88,0x70,0x00,0x00,0x30,0x28,0x24,0x22,0x21,0x30,0x00,//2
    /*--省略了 3、4、5、6、7、8、9--*/
};
/*--以下程序为 12864 LCD 驱动程序,详细程序可参考前面的内容--*/
/*--屏幕显示--*/
void left()//左半屏显示
{
    /*--省略--*/
}
void right()//右半屏显示
{
    /*--省略--*/
}
/*--判断 LCD 是否繁忙--*/
void LCD_Check_Busy()
{
    /*--省略--*/
}
/*--向 LCD 发送命令--*/
void LCD_Write_Command(uchar c)
{
    /*--省略--*/
}
/*--向 LCD 发送数据--*/
void LCD_Write_Date(uchar d)
```

```
{
    /*--省略--*/
}
/*--设置初始页--*/
void page_first(uchar p)
{
    /*--省略--*/
}
/*--设置初始列--*/
void col_first(uchar c)
{
    /*--省略--*/
}
/*--任意位置显示汉字--*/
void Display_Word(uchar page,uchar col,uchar *s)
{
    uchar i,j;
    page_first(page);                        //上半部
    col_first(col);
    for(i=0;i<16;i++)
    {
        LCD_Write_Date(*s);
        s++;
    }
    page_first(page+1);                      //下半部
    col_first(col);
    for(j=0;j<16;j++)
    {
        LCD_Write_Date(*s);
        s++;
    }
}

/*--任意位置显示字符--*/
void Display_Char(uchar page,uchar col,uchar *s)
{
    uchar i,j;
    page_first(page);                        //上半部
    col_first(col);
    for(i=0;i<8;i++)
    {
        LCD_Write_Date(*s);
        s++;
    }
    page_first(page+1);                      //下半部
    col_first(col);
    for(j=0;j<8;j++)
```

```
        {
            LCD_Write_Date( * s);
            s++;
        }
    }

/*--初始化 LCD --*/
void LCD_initialize()
{
    CS1=1;
    CS2=1;
    LCD_Write_Command(0x38);          //8 位形式,2 行字符
    LCD_Write_Command(0x0F);          //开显示
    LCD_Write_Command(0x01);          //清屏
    LCD_Write_Command(0xC0);          //设置起始行
}
/*--以下程序为 DS1302 驱动程序,详细程序可参考前面的内容--*/
/*--向 DS1302 写入一字节--*/
void Write_A_Byte_To_1302(uchar x)
{
    /*--省略--*/
}
/*--从 DS1302 读取一字节--*/
uchar Receive_A_Byte_From_1302()
{
    /*--省略--*/
}
/*--从 DS1302 指定位置读数据--*/
uchar Read_1302(uchar addr)
{
    /*--省略--*/
}
/*--向 DS1302 某地址写入数据--*/
void Write_1302(uchar addr, uchar dat)
{
    /*--省略--*/
}

/*--读取当前日期时间--*/
void READ_Time()
{
    uchar i;
    for(i=0;i<7;i++)
    {
        Time_Buffer[i] =Read_1302(0x81+2 * i);
    }
}
```

```
/*--写入当前日期时间--*/
void Write_Time()
{
    unsigned char i;
    for(i=0;i<7;i++)
    {
        Write_1302(0x8E,0x00);          //打开寄存器写入
        Write_1302(0x80+2*i,((Time_Buffer[i]/10)<<4)|(Time_Buffer[i]%10));
        Write_1302(0x8E,0x80);
    }
}
/******************** 刷新显示 ************ **/
void Display()
{
    left();                                                  //左半屏显示
    Display_Char(0,0,Digits+2*16);                           //显示 2
    Display_Char(0,8,Digits);                                //显示 0
    /*--显示固定汉字:年月日 ,星期,时分秒*/
    Display_Word(0,32,Date_Time_Words+0*32);                 //"年"字的显示
    right();                                                 //右半屏显示
    Display_Word(0,0,Date_Time_Words+1*32);                  //"月"字的显示
    Display_Word(0,32,Date_Time_Words+2*32);                 //"日"字的显示
    left();                                                  //显示左半屏
    Display_Word(2,16,Date_Time_Words+5*32);                 //"时"字的显示
    Display_Word(2,48,Date_Time_Words+6*32);                 //"分"字的显示
    right();                                                 //右半屏显示
    Display_Word(2,80,Date_Time_Words+7*32);                 //"秒"字的显示
    left();                                                  //显示左半屏
    Display_Word(4,0,Date_Time_Words+3*32);                  //"星"字的显示
    Display_Word(4,16,Date_Time_Words+4*32);                 //"期"字的显示
    left();                                                  //显示左半屏
    Display_Char(0,16,Digits+ Time_Buffer [6]/10*16);        //显示年的十位数,占 8 列
    Display_Char(0,24,Digits+ Time_Buffer [6]%10*16);        //显示年的个位数,占 8 列
    left();                                                  //显示左半屏
    Display_Char(0,48,Digits+ Time_Buffer [4]/10*16);        //显示月的十位数,占 8 列
    Display_Char(0,56,Digits+ Time_Buffer [4]%10*16);        //显示月的个位数,占 8 列
    right();                                                 //显示左半屏
    Display_Char(0,16,Digits+ Time_Buffer [3]/10*16);        //显示日的十位数,占 8 列
    Display_Char(0,24,Digits+ Time_Buffer [3]%10*16);        //显示日的个位数,占 8 列
    left();                                                  //显示左半屏
    Display_Word(4,32,Weekday_Words+( Time_Buffer [5]-1)*32);   //显示周日,占 16 列
    left();                                                  //显示左半屏
    Display_Char(2,0,Digits+ Time_Buffer [2]/10*16);         //显示时的十位数,占 8 列
    Display_Char(2,8,Digits+ Time_Buffer [2]%10*16);         //显示时的个位数,占 8 列
    left();                                                  //显示左半屏
    Display_Char(2,32,Digits+ Time_Buffer [1]/10*16);        //显示分的十位数,占 8 列
    Display_Char(2,40,Digits+ Time_Buffer [1]%10*16);        //显示分的个位数,占 8 列
```

```
    right();                                              //显示右半屏,秒显示在右半屏部分
    Display_Char(2,64,Digits+ Time_Buffer [0]/10 * 16);  //显示秒的十位数,占8列
    Display_Char(2,72,Digits+ Time_Buffer [0]%10 * 16);  //显示秒的个位数,占8列
}
/ ************* 按键检测处理函数 ********** /
void keyscan()
{
    if(MKey==0)
    {
        while(MKey==0);
        MKeyNum++;
        if(MKeyNum>=7)
        {
            MKeyNum=7;
        }
    }

    if(MKeyNum!=0)
    {
        if(IKey==0)
        {   while(IKey==0);
            switch (MKeyNum)
            {
                case 1:
                    nian++;
                    if(nian>=100) nian=0;
                    break;
                case 2:
                {
                    yue++;
                    if(yue>12) yue=1;
                    break;
                }
                case 3:
                {
                    ri++;
                    if(ri>31) ri=1;
                    break;
                }
                case 4:
                {
                    shi++;
                    if(shi>=24) shi=0;
                    break;
                }
                case 5:
```

```
                {
                    fen++;
                    if(fen>=60) fen=0;
                    break;
                }
                case 6:
                {
                    miao++;
                    if(miao>=60) miao=0;
                    break;
                }
                case 7:
                {
                    zhou++;
                    if(zhou>7) zhou=1;
                    break;
                }
                default: break;
            }
            Write_Time();
        }
        if(DKey==0)
        {
            while(DKey==0);
            switch (MKeyNum)
            {
                case 1:
                {
                    if(nian==0) nian=99;
                    else nian--;
                    break;
                }
                case 2:
                {
                    if(yue==1) yue=12;
                    else yue--;
                    break;
                }
                case 3:
                {
                    if(ri==1) ri=31;
                    else ri--;
                    break;
                }
                case 4:
                {
                    if(shi==0) shi=23;
```

```
                else shi--;
                break;
            }
            case 5:
            {
                if(fen==0) fen=59;
                else fen--;
                break;
            }
            case 6:
            {
                if(miao==0) miao=59;
                else miao--;
                break;
            }
            case 7:
            {
                if(zhou==1) zhou=7;
                else zhou--;
                break;
            }
            default: break;
        }
        Write_Time();
    }
  }
}
/ ************* 主函数 *********** /
void main()
{
    LCD_initialize();                                   //LCD 初始化
    Init_DS1302();
    while(1)
    {
        Get_Time();                                     //读取时间
        Display();                                      //刷新显示
        keyscan();                                      //按键检测处理
    }
}
```

6.4.3 调试与仿真运行

在程序的调试过程中排除输入和编辑过程中出现的错误,将 Keil 的输出设置为生成 HEX 文件。源程序通过编译后,将 HEX 文件加载到 Proteus 仿真电路中的单片机中,在仿真环境中按下 ▶ 键,进入仿真运行状态。12864 LCD 显示当前日历"调整""加"

“减”按键用于时间日期的调整，调整键用于选择调整对象；“加”键每按下一次，被调整对象加 1；减键每按下一次，被调整对象减 1，如图 6-35 所示。

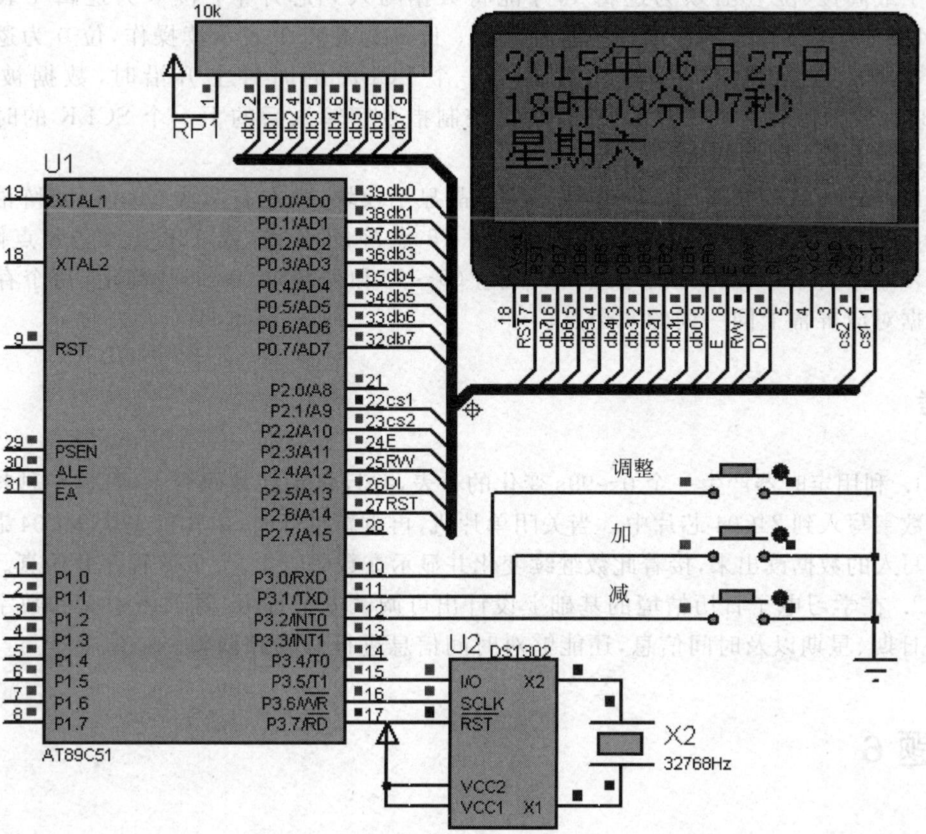

图 6-35　电子日历仿真效果图

总结与思考

总结

I^2C 总线只要求两条总线线路：一条串行数据线 SDA，一条串行时钟线 SCL。SDA 线上的数据必须在时钟的高电平周期保持稳定。数据线的高或低电平状态只有在 SCL 线的时钟信号是低电平时才能改变。SCL 线是高电平时，SDA 线从高电平向低电平切换，表示起始条件；SCL 线是高电平时，SDA 线由低电平向高电平切换，表示停止条件。发送到 SDA 线上的每个字节必须为 8 位，每次传输可以发送的字节数量不受限制。每个字节后必须跟一个响应位，相关的响应时钟脉冲由主机产生。在响应的时钟脉冲期间发送器释放 SDA 线（高）。在响应的时钟脉冲期间，接收器必须将 SDA 线拉低，使它在这个时钟脉冲的高电平期间保持稳定的低电平。

DS1302 芯片与单片机的连接仅需要 3 条线：CE 引脚、SCLK 串行时钟引脚、I/O 串行数据引脚。V_{CC2} 为备用电源，外接 32.768kHz 晶振，为芯片提供计时脉冲。DS1302 的控制字最高位(位 7)必须为逻辑 1，才能将数据写入到芯片中；位 6 为逻辑 1 表示存取 RAM 数据，为 0 则表示存取日历时钟数据；位 0 为逻辑 1 表示读操作，位 0 为逻辑 0 表示写操作。在控制指令字输入后的下一个 SCLK 的时钟上升沿时，数据被写入到 DS1302，数据输入从位 0 开始。同样，在控制指令字输入后的下一个 SCLK 的时钟下降沿时读出 DS1302 的数据。

12864 LCD 模块是 128×64 点阵的液晶显示模块，由左右两块 64×64 点阵液晶拼接而成，每屏可显示 4 行 8 列共 32 个 16×16 点阵的汉字，或 128 个 8×8 点阵字符，DDRAM 中每个存储单元的地址由页地址(0～7)和列地址(0～63)确定，每个存储单元的数据对应屏幕上同一列的 8 个点。

思考

1. 利用定时器产生一个 0～99s 变化的秒表，并且显示在数码管上，每过一秒将这个变化的数字写入到 24C04 芯片中。当关闭单片机，再重新打开时，单片机先从 24C04 芯片中将原来写入的数据读出来，接着此数继续变化并显示在数码管上，完成该程序并仿真。

2. 在学习电子日历情境的基础上设计出可调试电子日历，要求用中文和数字显示当前的日期、星期以及时间信息，还能够对时间信息进行修改和调整。

习题 6

6-1 I^2C 总线的特点是什么？

6-2 简述 I^2C 总线协议中的应答位 A 和非应答位 $\overline{A}$ 各有什么作用。

6-3 叙述 24C04 芯片各引脚的功能。

6-4 向 24C04 芯片中的 0x02 地址写入一字节数据(0xFF)，请写出该程序。

6-5 试设计出 DS1302 时钟芯片和 AT89C51 单片机的连接框图。

6-6 采用 AT89C51 单片机作为控制核心，控制 12864 LCD 显示中文汉字，要求在 12864 LCD 中用中文显示出“我爱学单片机”字样，第一行顶格显示。

6-7 采用 AT89C51 单片机作为控制核心，用 12864 LCD 与 DS18B20 设计一个温度计，要求用中文汉字和数字符号来显示当前的温度，显示格式如下。

第一行：当前温度，从第三个汉字(第 32 列)开始显示。

第二行：××摄氏度，从第三个汉字(第 32 列)开始显示。

APPENDIX A

附录 A

MCS-51 指令表

十六进制代码	指令	功能	对标志影响				字节数	周期数
			P	OV	AC	CY		
算术运算指令								
28～2F	ADD A,Rn	A←(A)＋(Rn)	√	√	√	√	1	1
25 direct	ADD A,direct	A←(A)＋(direct)	√	√	√	√	2	1
26,27	ADD A,@Ri	A←(A)＋((Ri))	√	√	√	√	1	1
24 data	ADD A,＃data	A←(A)＋data	√	√	√	√	2	1
38～3F	ADDC A,Rn	A←(A)＋(Rn)＋(CY)	√	√	√	√	1	1
35 direct	ADDC A,direct	A←(A)＋(direct)＋(CY)	√	√	√	√	2	1
36,37	ADDC A,@Ri	A←(A)＋((Ri))－(CY)	√	√	√	√	1	1
34 data	ADDC A,＃data	A←(A)＋data＋(CY)	√	√	√	√	2	1
98～9F	SUBB A,Rn	A←(A)－(Rn)－(CY)	√	√	√	√	1	1
95 direct	SUBB A,direct	A←(A)－(direct)－(CY)	√	√	√	√	2	1
96,97	SUBB A,@Ri	A←(A)－((Ri))－(CY)	√	√	√	√	1	1
94 data	SUBB A,＃data	A←(A)－data－(CY)	√	√	√	√	2	1
04	INC A	A←(A)＋1	√	×	×	×	1	1
08～0F	INC Rn	Rn←(Rn)＋1	×	×	×	×	1	1
05 direct	INC direct	direct←(direct)＋1	×	×	×	×	2	1
06,07	INC @Ri	(Ri)←((Ri))＋1	×	×	×	×	1	1
A3	INC DPTR	DPTR←(DPTR)＋1	×	×	×	×	1	1
14	DEC A	A←(A)－1	√	×	×	×	1	1
18～1F	DEC Rn	Rn←(Rn)－1	×	×	×	×	1	1
15 direct	DEC direct	direct←(direct)－1	×	×	×	×	2	1
16,17	DEC @Ri	(Ri)←((Ri))－1	×	×	×	×	1	1
A4	MUL AB	AB←(A)·(B)	√	√	×	√	1	4
84	DIV AB	AB←(A)/(B)	√	√	×	√	1	4
D4	DA A	对 A 进行十进制调整	√	×	√	√	1	1
逻辑运算指令								
58～5F	ANL A,Rn	A←(A)∧(Rn)	√	×	×	×	1	1
55 direct	ANL A,direct	A←(A)∧(direct)	√	×	×	×	2	1
56,57	ANL A,@Ri	A←(A)∧((Ri))	√	×	×	×	1	1
54 data	ANL A,＃data	A←(A)×data	√	×	×	×	2	1

续表

十六进制代码	指令	功能	对标志影响				字节数	周期数
			P	OV	AC	CY		
52 direct	ANL direct,A	direct←(direct)∧(A)	×	×	×	×	2	1
53 direct data	ANL direct,#data	direct←(direct)∧data	×	×	×	×	3	2
48～4F	ORL A,R*n*	A←(A)∨(R*n*)	√	×	×	×	1	1
45 direct	ORL A,direct	A←(A)∨(direct)	√	×	×	×	2	1
46,47	ORL A,@R*i*	A←(A)∨((R*i*))	√	×	×	×	1	1
44 data	ORL A,#data	A←(A)∨data	√	×	×	×	2	1
42 direct	ORL direct,A	direct←(direct)∨(A)	×	×	×	×	2	1
43 direct data	ORL direct,#data	direct←(direct)∨data	×	×	×	×	3	2
68～6F	XRL A,R*n*	A←(A)⊕(R*n*)	√	×	×	×	1	1
65 direct	XRL A,direct	A←(A)⊕(direct)	√	×	×	×	2	1
66,67	XRL A,@R*i*	A←(A)⊕((R*i*))	√	×	×	×	1	1
64 data	XRL A,#data	A←(A)⊕data	√	×	×	×	2	1
62 direct	XRL direct,A	direct←(direct)⊕(A)	×	×	×	×	2	1
63 direct data	XRL direct,#data	direct←(direct)⊕data	×	×	×	×	3	2
E4	CLR A	A←0	√	×	×	×	1	1
F4	CPL A	A←($\overline{A}$)	×	×	×	×	1	1
23	RL A	A 循环左移一位	×	×	×	×	1	1
33	RLC A	A 带进位循环左移一位	√	×	×	√	1	1
03	RR A	A 循环右移一位	×	×	×	×	1	1
13	RRC A	A 带进位循环右移一位	√	×	×	√	1	1
		数据传送指令						
E8～EF	MOV A,R*n*	A←(R*n*)	√	×	×	×	1	1
E5 direct	MOV A,direct	A←(direct)	√	×	×	×	2	1
E6,E7	MOV A,@R*i*	A←((R*i*))	√	×	×	×	1	1
74 data	MOV A,#data	A←data	√	×	×	×	2	1
F8～FF	MOV R*n*,A	R*n*←(A)	×	×	×	×	1	1
A8～AF direct	MOV R*n*,direct	R*n*←(direct)	×	×	×	×	2	2
78～7F data	MOV R*n*,#data	R*n*←data	×	×	×	×	2	1
F5 direct	MOV direct,A	direct←(A)	×	×	×	×	2	1
88～8F direct	MOV direct,R*n*	direct←(R*n*)	×	×	×	×	2	2
85 direct1 direct2	MOV direct1,direct2	direct1←(direct2)	×	×	×	×	3	2
86,87 direct	MOV direct,@R*i*	direct←((R*i*))	×	×	×	×	2	2
75 direct data	MOV direct,#data	direct←data	×	×	×	×	3	2
F6,F7	MOV @R*i*,A	(R*i*)←(A)	×	×	×	×	1	1
A6,A7 direct	MOV @R*i*,direct	(R*i*)←(direct)	×	×	×	×	2	2
76,77 data	MOV @R*i*,#data	(R*i*)←data	×	×	×	×	2	1
90 dadaH dadaL	MOV DPTR,#dada16	DPTR←data16	×	×	×	×	3	2
93	MOVC A,@A+DPTR	A←((A)+(DPTR))	√	×	×	×	1	2

续表

十六进制代码	指　令	功　能	对标志影响				字节数	周期数
			P	OV	AC	CY		
83	MOVC　A,@A+PC	A←((A)+(PC))	√	×	×	×	1	2
E2,E3	MOVX　A,@R*i*	A←((R*i*))	√	×	×	×	1	2
E0	MOVX　A,@DPTR	A←((DPTR))	√	×	×	×	1	2
F2,F3	MOVX　@R*i*,A	(R*i*)←(A)	×	×	×	×	1	2
F0	MOVX　@DPTR,A	(DPTR)←(A)	×	×	×	×	1	2
C0 direct	PUSH　direct	SP←(SP)+1,(SP)←(direct)	×	×	×	×	2	2
D0 direct	POP　direct	direct←(SP),SP←(SP)−1	×	×	×	×	2	2
C8～CF	XCH　A,R*n*	(A)↔(R*n*)	√	×	×	×	1	1
C5 direct	XCH　A,direct	(A)↔(direct)	√	×	×	×	2	1
C6,C7	XCH　A,@R*i*	(A)↔((R*i*))	√	×	×	×	1	1
D6,D7	XCHD　A,@R*i*	(A)0−3↔(R*i*)−3	√	×	×	×	1	1
C4	SWAP　A	A半字节交换	×	×	×	×	1	1
		位操作指令						
C3	CLR　C	CY←0	×	×	×	√	1	1
C2 bit	CLR　bit	bit←0	×	×	×		2	1
D3	SETB　C	CY←1	×	×	×	√	1	1
D2 bit	SETB　bit	bit←1	×	×	×		2	1
B3	CPL　C	CY←$(\overline{CY})$	×	×	×	√	1	1
B2 bit	CPL　bit	bit←$(\overline{bit})$	×	×	×		2	1
82 bit	ANL　C,bit	CY←(CY)∧(bit)	×	×	×	√	2	2
B0 bit	ANL　C,/bit	CY←(CY)∧(bit)	×	×	×	√	2	2
72 bit	ORL　C,bit	CY←(CY)∨(bit)	×	×	×	√	2	2
A0 bit	ORL　C,/bit	CY←(CY)∨(bit)	×	×	×	√	2	2
A2 bit	MOV　C,bit	CY←(bit)	×	×	×	√	2	1
92 bit	MOV　bit,C	bit←(CY)	×	×	×	×	2	2
		控制转移指令						
$a_{10\sim8}$10001$a_{7\sim0}$	ACALL　$addr_{11}$	PC←(PC)+2,SP←(SP)+1 (SP)←$(PC)_L$,SP←(SP+1) (SP)←(PC)H,PC10～0←$addr_{11}$	×	×	×	×	2	2
12$a_{15\sim8}$ $a_{7\sim0}$	LCALL　$addr_{16}$	PC←(PC)+3,SP←(SP)+1 (SP)←$(PC)_L$,SP←(SP)+1, (SP)←$(PC)_H$,PC←$addr_{16}$	×	×	×	×	3	2
22	RET	PC_H←((SP)),SP←(SP)−1 PC_L←((SP)),SP←(SP)−1	×	×	×	×	1	2
32	RETI	PC_H←((SP)),SP←(SP)−1 PC_L←((SP)),SP←(SP)−1 从中断返回	×	×	×	×	1	2

续表

十六进制代码	指　令	功　能	对标志影响				字节数	周期数
			P	OV	AC	CY		
$a_{10\sim8}00001a_{7\sim0}$	AJMP　$addr_{11}$	PC←(PC)+2 PC10－0←$addr_{11}$	×	×	×	×	2	2
$02a_{15\sim8}$ $a_{7\sim0}$	LJMP　$addr_{16}$	PC←(PC)+3,PC←$addr_{16}$	×	×	×	×	3	2
80 rel	SJMP　rel	PC←(PC)+2,PC←(PC)+rel	×	×	×	×	2	2
73	JMP　@A+DPTR	PC←(A)+(DPTR)	×	×	×	×	1	2
60 rel	JZ　rel	PC←(PC)+2,若(A)=0,则 PC←(PC)+rel	×	×	×	×	2	2
70 rel	JNZ　rel	PC←(PC)+2,若(A)≠0,则 PC←(PC)+rel	×	×	×	×	2	2
40 rel	JC　rel	PC←(PC)+2,若 CY=1,则 PC←(PC)+rel	×	×	×	×	2	2
50 rel	JNC　rel	PC←(PC)+2,若 CY=0,则 PC←(PC)+rel	×	×	×	×	2	2
20 bit rel	JB　bit,rel	PC←(PC)+3,若(bit)=1,则 PC←(PC)+rel	×	×	×	×	3	2
30 bit rel	JBC　bit,rel	PC←(PC)+3,若(bit)=1,则 bit←0,PC←(PC)+rel	×	×	×	×	3	2
10 bit rel	JBC bit,rel	PC←(PC)+3,若(bit)=1,则 bit←0,PC←(PC)+rel	×	×	×	×	3	2
B5 direct rel	CJNE A,direct,rel	PC←(PC)+3 若(A)≠(direct),则 PC←(PC)+rel 若(A)<(direct),则 CY←1	×	×	×	×	3	2
B4 data rel	CJNE A,#data,rel	PC←(PC)+3 若(A)不等于 data,则 PC←(PC)+rel 若(A)<data,则 CY←1	×	×	×	×	3	2
B8～BF data rel	CJNE @R*n*, #data,rel	PC←(PC)+3 若((R*n*))不等于 data,则 PC←(PC)+rel 若((R*n*))<data,则 CY←1	×	×	×	×	3	2
B6,B7 data rel	CJNE R*i*,#data,rel	PC←(PC)+3 若((R*n*))不等于 data,则 PC←(PC)+rel 若((R*n*))<data,则 CY←1	×	×	×	×	3	2
D8～DF rel	DJNZ R*n*,rel	PC←(PC)+2,R*n*←(R*n*)－1 若(R*n*)不等于 0,则 PC←(PC)+rel	×	×	×	×	2	2

续表

十六进制代码	指　令	功　能	对标志影响				字节数	周期数
			P	OV	AC	CY		
D5 direct rel	DJNZ direct,rel	PC←(PC)+3 direct←(direct)−1 若(direct)不等于 0,则 PC←(PC)+rel	×	×	×	×	3	2
00	NOP	空操作,PC←PC+1	×	×	×	×	1	1

注：28～2F 分别表示 R*n* 选择 R0～R7 时的机器码，如“ADD A,R0”的机器码为 28H。

附录B APPENDIX B

ASCII码字符表

低位	高位	0	1	2	3	4	5	6	7
		000	001	010	011	100	101	110	111
0	0000	NUL	DLE	SP	0	@	P	、	p
1	0001	SOH	DC1	!	1	A	Q	a	q
2	0010	STX	DC2	"	2	B	R	b	r
3	0011	ETX	DC3	#	3	C	S	c	s
4	0100	EOT	DC4	$	4	D	T	d	t
5	0101	ENQ	NAK	%	5	E	U	e	u
6	0110	ACK	SYN	&	6	F	V	f	v
7	0111	BEL	ETB	'	7	G	W	g	w
8	1000	BS	CAN	(	8	H	X	h	x
9	1001	HT	EM	)	9	I	Y	i	y
A	1010	LF	SUB	*	:	J	Z	j	z
B	1011	VT	ESC	+	;	K	[	k	{
C	1100	FF	FS	,	<	L	\	l	|
D	1101	CR	GS	—	=	M	]	m	}
E	1110	SO	RS	.	>	N	↑	n	~
F	1111	SI	US	/	?	O	↓	o	DEL

ASCII 码字符表表中符号说明：

符　号	说　　明	符　号	说　　明
NUL	空	DC1	设备控制 1
SOH	标题开始	DC2	设备控制 2
STX	正文开始	DC3	设备控制 3
ETX	本文结束	DC4	设备控制 4
EOT	传输结束	NAK	否定
ENQ	询问	SYN	空转同步
ACK	承认	ETB	信息组传送结束
BEL	报警符	CAN	作废
BS	退一格	EM	纸尽
HT	横向列表	SUB	减
LF	换行	ESC	换码
VT	垂直制表	FS	文字分隔符
FF	走纸控制	GS	组分隔符
CR	回车	RS	记录分隔符
SO	移位输出	US	单元分隔符
SI	移位输入	SP	空格
DLE	数据链换码	DEL	作废

APPENDIX C

附录 C

常用集成电路芯片

表 C-1 74 系列集成电路

型 号	功 能	型 号	功 能
7400	2 输入端四与非门	74151	8 选 1 数据选择器
7401	集电极开路 2 输入端四与非门	74153	双 4 选 1 数据选择器
7402	2 输入端四或非门	74154	4-16 线译码器
7403	集电极开路 2 输入端四与非门	74155	图腾柱输出译码器/分配器
7404	六反相器	74156	开路输出译码器/分配器
7405	集电极开路六反相器	74157	同相输出四 2 选 1 数据选择器
7406	集电极开路六反相高压驱动器	74158	反相输出四 2 选 1 数据选择器
7407	集电极开路六正相高压驱动器	7416	开路输出六反相缓冲/驱动器
7408	2 输入端四与门	74160	可预置 BCD 异步清除计数器
7409	集电极开路 2 输入端四与门	74161	可预置四位二进制异步清除计数器
7410	3 输入端 3 与非门	74162	可预置 BCD 同步清除计数器
74107	带清除主从双 J-K 触发器	74163	可预置四位二进制同步清除计数器
74109	带预置清除正触发双 J-K 触发器	74164	八位串行入/并行输出移位寄存器
7411	3 输入端 3 与门	74165	八位并行入/串行输出移位寄存器
74112	带预置清除负触发双 J-K 触发器	74166	八位并入/串出移位寄存器
7412	开路输出 3 输入端三与非门	74169	二进制四位加/减同步计数器
74121	单稳态多谐振荡器	7417	开路输出六同相缓冲/驱动器
74122	可再触发单稳态多谐振荡器	74170	开路输出 4×4 寄存器堆
74123	双可再触发单稳态多谐振荡器	74173	三态输出四位 D 型寄存器
74125	三态输出高有效四总线缓冲门	74174	带公共时钟和复位六 D 触发器
74126	三态输出低有效四总线缓冲门	74175	带公共时钟和复位四 D 触发器
7413	4 输入端双与非施密特触发器	74180	9 位奇数/偶数发生器/校验器
74132	2 输入端四与非施密特触发器	74181	算术逻辑单元/函数发生器
74133	13 输入端与非门	74185	二进制—BCD 代码转换器
74136	四异或门	74190	BCD 同步加/减计数器
74138	3-8 线译码器/复工器	74191	二进制同步可逆计数器
74139	双 2-4 线译码器/复工器	74192	可预置 BCD 双时钟可逆计数器
7414	六反相施密特触发器	74193	可预置四位二进制双时钟可逆计数器
74145	BCD—十进制译码/驱动器	74194	四位双向通用移位寄存器
7415	开路输出 3 输入端三与门	74195	四位并行通道移位寄存器
74150	16 选 1 数据选择/多路开关	74196	十进制/二—十进制可预置计数锁存器

续表

型　号	功　　能	型　号	功　　能
74197	二进制可预置锁存器/计数器	74366	门使能输入三态输出六反相线驱动器
7420	4输入端双与非门	74367	4/2线使能输入三态六同相线驱动器
7421	4输入端双与门	74368	4/2线使能输入三态六反相线驱动器
7422	开路输出4输入端双与非门	7437	开路输出2输入端四与非缓冲器
74221	双/单稳态多谐振荡器	74373	三态同相八D锁存器
74240	八反相三态缓冲器/线驱动器	74374	三态反相八D锁存器
74241	八同相三态缓冲器/线驱动器	74375	4位双稳态锁存器
74243	四同相三态总线收发器	74377	单边输出公共使能八D锁存器
74244	八同相三态缓冲器/线驱动器	74378	单边输出公共使能六D锁存器
74245	八同相三态总线收发器	74379	双边输出公共使能四D锁存器
74247	BCD—7段15V输出译码/驱动器	7438	开路输出2输入端四与非缓冲器
74248	BCD—7段译码/升压输出驱动器	74380	多功能八进制寄存器
74249	BCD—7段译码/开路输出驱动器	7439	开路输出2输入端四与非缓冲器
74251	三态输出8选1数据选择器/复工器	74390	双十进制计数器
74253	三态输出双4选1数据选择器/复工器	74393	双四位二进制计数器
74256	双四位可寻址锁存器	7440	4输入端双与非缓冲器
74257	三态原码四2选1数据选择器/复工器	7442	BCD—十进制代码转换器
74258	三态反码四2选1数据选择器/复工器	74447	BCD—7段译码器/驱动器
74259	八位可寻址锁存器/3-8线译码器	7445	BCD—十进制代码转换/驱动器
7426	2输入端高压接口四与非门	74450	16：1多路转接复用器多工器
74260	5输入端双或非门	74451	双8：1多路转接复用器多工器
74266	2输入端四异或非门	74453	四4：1多路转接复用器多工器
7427	3输入端三或非门	7446	BCD—7段低有效译码/驱动器
74273	带公共时钟复位八D触发器	74460	十位比较器
74279	四图腾柱输出S-R锁存器	74461	八进制计数器
7428	2输入端四或非门缓冲器	74465	三态同相2与使能端八总线缓冲器
74283	4位二进制全加器	74466	三态反相2与使能八总线缓冲器
74290	二/五分频十进制计数器	74467	三态同相2使能端八总线缓冲器
74293	二/八分频四位二进制计数器	74468	三态反相2使能端八总线缓冲器
74295	四位双向通用移位寄存器	74469	八位双向计数器
74298	四2输入多路带存储开关	7447	BCD—7段高有效译码/驱动器
74299	三态输出八位通用移位寄存器	7448	BCD—7段译码器/内部上拉输出驱动
7430	8输入端与非门	74490	双十进制计数器
7432	2输入端四或门	74491	十位计数器
74322	带符号扩展端八位移位寄存器	74498	八进制移位寄存器
74323	三态输出八位双向移位/存储寄存器	7450	2-3/2-2输入端双与或非门
7433	开路输出2输入端四或非缓冲器	74502	八位逐次逼近寄存器
74347	BCD—7段译码器/驱动器	74503	八位逐次逼近寄存器
74352	双4选1数据选择器/复工器	7451	2-3/2-2输入端双与或非门
74353	三态输出双4选1数据选择器/复工器	74533	三态反相八D锁存器
74365	门使能输入三态输出六同相线驱动器	74534	三态反相八D锁存器

续表

型 号	功 能	型 号	功 能
7454	四路输入与或非门	7474	带置位复位正触发双 D 触发器
74540	八位三态反相输出总线缓冲器	7476	带预置清除双 J-K 触发器
7455	4 输入端二路输入与或非门	7483	四位二进制快速进位全加器
74563	八位三态反相输出触发器	7485	四位数字比较器
74564	八位三态反相输出 D 触发器	7486	2 输入端四异或门
74573	八位三态输出触发器	7490	可二/五分频十进制计数器
74574	八位三态输出 D 触发器	7493	可二/八分频二进制计数器
74645	三态输出八同相总线传送接收器	7495	四位并行输入/输出移位寄存器
74670	三态输出 4×4 寄存器堆	7497	6 位同步二进制乘法器
7473	带清除负触发双 J-K 触发器		

表 C-2 CD4000 系列集成电路

型 号	功 能	型 号	功 能
CD4000	双 3 输入端或非门＋单非门 TI	CD4028	BCD 码十进制译码器 NSC/MOT/TI
CD4001	四 2 输入端或非门 HIT/NSC/TI/GOL	CD4029	可预置可逆计数器 NSC/MOT/TI
CD4002	双 4 输入端或非门 NSC	CD4030	四异或门 NSC/MOT/TI/GOL
CD4006	18 位串入/串出移位寄存器 NSC	CD4031	64 位串入/串出移位存储器 NSC/MOT/TI
CD4007	双互补对加反相器 NSC		
CD4008	4 位超前进位全加器 NSC	CD4032	三串行加法器 NSC/TI
CD4009	六反相缓冲/变换器 NSC	CD4033	十进制计数/7 段译码器 NSC/TI
CD4010	六同相缓冲/变换器 NSC	CD4034	8 位通用总线寄存器 NSC/MOT/TI
CD4011	四 2 输入端与非门 HIT/TI	CD4035	4 位并入/串入—并出/串出移位寄存 NSC/MOT/TI
CD4012	双 4 输入端与非门 NSC		
CD4013	双主—从 D 型触发器 FSC/NSC/TOS	CD4038	三串行加法器 NSC/TI
CD4014	8 位串入/并入—串出移位寄存器 NSC	CD4040	12 级二进制串行计数/分频器 NSC/MOT/TI
CD4015	双 4 位串入/并出移位寄存器 TI		
CD4016	四传输门 FSC/TI	CD4041	四同相/反相缓冲器 NSC/MOT/TI
CD4017	十进制计数/分配器 FSC/TI/MOT	CD4042	四锁存 D 型触发器 NSC/MOT/TI
CD4018	可预制 1/N 计数器 NSC/MOT	CD4043	4 三态 R-S 锁存触发器(1 触发) NSC/MOT/TI
CD4019	四与或选择器 PHI		
CD4020	14 级串行二进制计数/分频器 FSC	CD4044	4 三态 R-S 锁存触发器(0 触发) NSC/MOT/TI
CD4021	08 位串入/并入-串出移位寄存器 PHI/NSC		
		CD4046	锁相环 NSC/MOT/TI/PHI
CD4022	八进制计数/分配器 NSC/MOT	CD4047	无稳态/单稳态多谐振荡器 NSC/MOT/TI
CD4023	三 3 输入端与非门 NSC/MOT/TI		
CD4024	7 级二进制串行计数/分频器 NSC/MOT/TI	CD4048	4 输入端可扩展多功能门 NSC/HIT/TI
		CD4049	六反相缓冲/变换器 NSC/HIT/TI
CD4025	三 3 输入端或非门 NSC/MOT/TI	CD4050	六同相缓冲/变换器 NSC/MOT/TI
CD4026	十进制计数/7 段译码器 NSC/MOT/TI	CD4051	八选一模拟开关 NSC/MOT/TI
CD4027	双 J-K 触发器 NSC/MOT/TI	CD4052	双 4 选 1 模拟开关 NSC/MOT/TI

续表

型　号	功　　能	型　号	功　　能
CD4053	三组二路模拟开关 NSC/MOT/TI	CD40106	六施密特触发器 NSC/TI
CD4054	液晶显示驱动器 NSC/HIT/TI	CD40107	双2输入端与非缓冲/驱动器 HAR/TI
CD4055	BCD—7段译码/液晶驱动器 NSC/HIT/TI	CD40108	4字×4位多通道寄存器
		CD40109	四低—高电平位移器
CD4056	液晶显示驱动器 NSC/HIT/TI	CD40110	十进制加/减,计数,锁存,译码驱动 ST
CD4059	N分频计数器 NSC/TI	CD40147	10-4线编码器 NSC/MOT
CD4060	14级二进制串行计数/分频器 NSC/TI/MOT	CD40160	可预置BCD加计数器 NSC/MOT
		CD40161	可预置4位二进制加计数器 NSC/MOT
CD4063	四位数字比较器 NSC/HIT/TI	CD40162	BCD加法计数器 NSC/MOT
CD4066	四传输门 NSC/TI/MOT	CD40163	4位二进制同步计数器 NSC/MOT
CD4067	16选1模拟开关 NSC/TI	CD40174	六锁存D型触发器 NSC/TI/MOT
CD4068	八输入端与非门/与门 NSC/HIT/TI	CD40175	四D型触发器 NSC/TI/MOT
CD4069	六反相器 NSC/HIT/TI	CD40181	4位算术逻辑单元/函数发生器
CD4070	四异或门 NSC/HIT/TI	CD40182	超前位发生器
CD4071	四2输入端或门 NSC/TI	CD40192	可预置BCD加/减计数器 NSC/TI
CD4072	双4输入端或门 NSC/TI	CD40193	可预置4位二进制加/减计数器 NSC/TI
CD4073	三3输入端与门 NSC/TI		
CD4075	三3输入端或门 NSC/TI	CD40194	4位并入/串入—并出/串出移位寄存器 NSC/MOT
CD4076	四D寄存器		
CD4077	四2输入端异或非门 HIT	CD40195	4位并入/串入—并出/串出移位寄存 NSC/MOT
CD4078	8输入端或非门/或门		
CD4081	四2输入端与门 NSC/HIT/TI	CD40208	4×4多端口寄存器
CD4082	双4输入端与门 NSC/HIT/TI	CD4501	4输入端双与门及2输入端或非门
CD4085	双2路2输入端与或非门	CD4502	可选通三态输出六反相/缓冲器
CD4086	四2输入端可扩展与或非门	CD4503	六同相三态缓冲器
CD4089	二进制比例乘法器	CD4504	六电压转换器
CD4093	四2输入端施密特触发器 NSC/MOT/ST	CD4506	双二组2输入可扩展或非门
		CD4508	双4位锁存D型触发器
CD4094	8位移位存储总线寄存器 NSC/TI/PHI	CD4510	可预置BCD码加/减计数器
		CD4511	BCD锁存,7段译码,驱动器
CD4095	3输入端J-K触发器	CD4512	八路数据选择器
CD4096	3输入端J-K触发器	CD4513	BCD锁存,7段译码,驱动器(消隐)
CD4097	双路八选一模拟开关	CD4514	4位锁存,4-16线译码器
CD4098	双单稳态触发器 NSC/MOT/TI	CD4515	4位锁存,4-16线译码器
CD4099	8位可寻址锁存器 NSC/MOT/ST	CD4516	可预置4位二进制加/减计数器
CD40100	32位左/右移位寄存器	CD4517	双64位静态移位寄存器
CD40101	9位奇偶校验器	CD4518	双BCD同步加计数器
CD40102	8位可预置同步BCD减法计数器	CD4519	四位与或选择器
CD40103	8位可预置同步二进制减法计数器	CD4520	双4位二进制同步加计数器
CD40104	4位双向移位寄存器	CD4521	24级分频器
CD40105	先入先出 FI～FD 寄存器	CD4522	可预置BCD同步1/N计数器

续表

型 号	功 能	型 号	功 能
CD4526	可预置 4 位二进制同步 1/N 计数器	CD4551	四 2 通道模拟开关
CD4527	BCD 比例乘法器	CD4553	三位 BCD 计数器
CD4528	双单稳态触发器	CD4555	双二进制四选一译码器/分离器
CD4529	双四路/单八路模拟开关	CD4556	双二进制四选一译码器/分离器
CD4530	双 5 输入端优势逻辑门	CD4558	BCD 八段译码器
CD4531	12 位奇偶校验器	CD4560	"N"BCD 加法器
CD4532	8 位优先编码器	CD4561	"9"求补器
CD4536	可编程定时器	CD4573	四可编程运算放大器
CD4538	精密双单稳	CD4574	四可编程电压比较器
CD4539	双四路数据选择器	CD4575	双可编程运放/比较器
CD4541	可编程序振荡/计时器	CD4583	双施密特触发器
CD4543	BCD—七段锁存译码/驱动器	CD4584	六施密特触发器
CD4544	BCD—七段锁存译码/驱动器	CD4585	4 位数值比较器
CD4547	BCD—七段译码/大电流驱动器	CD4599	8 位可寻址锁存器
CD4549	函数近似寄存器		

APPENDIX D

附录D

集成电路常见封装形式

	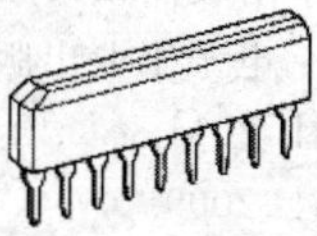		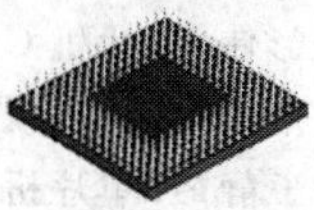
DIP：双列直插式封装。引脚从封装两侧引出，封装材料有塑料和陶瓷两种，是最普及的插装型封装，引脚间距为2.54mm	SIP：单列直插式封装。引脚在芯片单侧排列。ZIP：Z型直插式封装。引脚也在芯片单侧排列，引脚比SIP粗短些	SDIP：收缩双列直插式封装。引脚在芯片两侧排列，引脚间距为1.778mm	PGA：针栅阵列插入式封装。封装底面垂直阵列布置引脚，如同针栅，引脚间距为2.54mm或1.27mm

SOP：小外形封装。表面贴装型封装，引脚端子从封装的两个侧面引出，像字母L状。引脚间距为1.27mm	QFP：方形扁平封装。表面贴装型封装，引脚端子从封装的四周引出，有LQFP、PQFP、BQFP、TQFP、FQFP等多种不同材质形式的封装	LCCC：无引线陶瓷封装。表面贴装型封装，在陶瓷基板的四周都有电极焊盘	PLCC：方形塑料封装。表面贴装型封装，四周都有管脚，引脚间距为1.27mm
			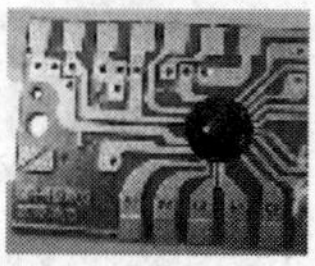
CLCC：方形陶瓷封装。表面贴装型封装，四周都有管脚，引脚间距为1.27mm	SOJ：小外形J引脚封装。表面贴装型封装，引脚端子从两个侧面引出，呈J字形，引脚间距1.27mm	BGA：球栅阵列封装。表面贴装型封装，底面阵列式布置球形端子，而不采用针脚引脚。与PGA相比，不会出现针脚变形问题	COB：板上芯片封装。裸芯片贴装方式，又称“软封装”。IC芯片直接粘贴在PCB板上，引脚焊在铜箔上并用塑胶包封，成本低

参考文献

[1] 俞国亮. MCS-51 单片机原理与应用[M]. 北京：清华大学出版社，2008.

[2] 杨欣. 51 单片机应用从零开始[M]. 北京：清华大学出版社，2008.

[3] 郭志勇. 单片机应用技术项目教程[M]. 北京：中国水利水电出版社，2011.

[4] 刘建清. 从零开始学单片机技术[M]. 北京：国防工业出版社，2008.

[5] 黄维翼. 单片机应用与项目实践[M]. 北京：清华大学出版社，2010.

[6] 彭伟. 单片机 C 语言程序设计实训 100 例[M]. 北京：电子工业出版社，2009.

[7] 朱蓉. 单片机技术及应用[M]. 北京：机械工业出版社，2011.

[8] 王静霞. 单片机应用技术[M]. 北京：电子工业出版社，2009.